泵闸工程目视精细化管理

BENGZHA GONGCHENG MUSHI JINGXIHUA GUANLI

主　编　方正杰
副主编　李　志　董慧勤　谢　昊　刘　星

河海大学出版社
·南京·

内容提要

本书将目视精细化管理理论在上海市管泵闸工程的应用实践进行总结归纳，提出泵闸工程目视项目的功能配置要求，分别制订导视类、公告类、名称编号类、安全类目视化标准，同时对泵闸工程精细化的内涵、单位文化目视化、信息可视化、目视系统优化设计以及目视项目实施路径进行了探索。本书是上海市管泵闸工程运行维护精细化的指导性用书，也可作为各类从事水利工程管理精细化和安全生产标准化工作人员的参考用书。

图书在版编目(CIP)数据

泵闸工程目视精细化管理 / 方正杰主编. -- 南京：河海大学出版社，2022.3
ISBN 978-7-5630-7478-5

Ⅰ.①泵… Ⅱ.①方… Ⅲ.①水利工程管理 Ⅳ.①TV6

中国版本图书馆 CIP 数据核字(2022)第 033783 号

书　　名	泵闸工程目视精细化管理
书　　号	ISBN 978-7-5630-7478-5
责任编辑	龚　俊
特约编辑	梁顺弟　许金凤
特约校对	丁寿萍　卞月眉
封面设计	徐娟娟
出版发行	河海大学出版社
地　　址	南京市西康路 1 号(邮编：210098)
电　　话	(025)83737852(总编室)　(025)83722833(营销部)
经　　销	江苏省新华发行集团有限公司
排　　版	南京布克文化发展有限公司
印　　刷	南京迅驰彩色印刷有限公司
开　　本	787 毫米×1092 毫米　1/16
印　　张	25
字　　数	605 千字
版　　次	2022 年 3 月第 1 版
印　　次	2022 年 3 月第 1 次印刷
定　　价	168.00 元

泵闸工程目视精细化管理

主　编　方正杰
副主编　李　志　董慧勤　谢　昊　刘　星
参加编写人员

周振宇　朱鹏程　蔡浩一　王新旗
顾　玮　郁　军　于瑞东　张逸信
沈　强　付瑞婷　何　韵　赵　俊
姜震宇　王　亮　张　艳　田　菁
陈亦军　杨　潇　潘　源　王冠亚
张　鹏　杨　琦　姜翔宇　马　玲
徐林赟　徐　晶　刘竹娟　孙　玥
郁佳蔚　张镡月　唐祎琳　栾　杰
葛思凡　沈先荣　张明阳

参加审查人员

华　明　田爱平　姜　峥　王葆青

序

"上海这种超大城市，管理应该像绣花一样精细。"这是2017年3月5日，习近平总书记在参加十二届全国人大五次会议上海代表团审议时对上海提出的要求。2018年1月31日，上海正式发布《贯彻落实〈中共上海市委、上海市人民政府关于加强本市城市管理精细化工作的实施意见〉三年行动计划（2018—2020年）》，提出了未来的城市管理要做到"三全四化"的要求，并在落细落小上下功夫，在全社会共同参与上下功夫，在全面从严上下功夫。

上海迅翔水利工程有限公司（简称迅翔公司）隶属上海城投公路投资（集团）有限公司。迅翔公司秉持上海城投公路投资（集团）有限公司"让城市生活更美好"的企业愿景，传承"创新、专业、诚信、负责"的企业精神，立足社会公共服务，努力打造卓越的水利、水运工程运行养护企业。2018年8月以来，迅翔公司按照上海市城市管理精细化要求，运用目视管理理念，在市管泵闸运行维护中，倡导精益求精的工作态度，弘扬追求卓越的"工匠精神"，转变工程管理传统思维模式，把精细化管理作为泵闸工程规范化管理的"升级版"、安全运行的"总开关"；贯彻"精、准、细、严"的核心思想，在泵闸工程现场积极推行标准化、流程化、信息化等基本方法，构建全过程、重细节、闭环化、可追溯的目视管理机制，重点推进"八大管理目视化"（管理事项目视化、管理标准目视化、管理制度目视化、管理流程目视化、管理安全目视化、管理文化目视化、管理平台目视化、管理评价目视化），通过细化目标任务、明晰工作标准、规范作业流程、健全管理制度、加强安全管理、构建信息平台、弘扬先进文化、强化考核评价，探索符合现代化要求的泵闸工程现场精细化管理模式，促进泵闸工程管理由粗放向规范、由规范向精细、由传统经验型向现代科学型管理转变，保证泵闸工程安全运行，促进水利工程管理水平提档升级。

《泵闸工程目视精细化管理》一书是对3年来上海市管泵闸现场目视精细化管理的总结和探索。作为泵闸运维标准化体系部分内容展示，本书符合规范性要求，其导视及定置类、公告类、名称编号类、安全类等目视化标准以及功能配置要求严格执行国家和行业标准；本书具有一定的创新性，其阐述的技术工艺、管理方法、文化理念力求适应水利工程管理科学化、法制化、智能化、现代化要求。同时，本书具有一定的实用性，既可作为上海市管泵闸运维精细化的指导性用书,也可作为各类从事水利工程管理精细化和安全生产标准化工作人员的参考用书。

"十四五"期间,上海市将全面提升城市精细化管理水平,水务行业将着力构建机制健全、运行规范、监管智慧、服务高效的精细化管理体系,我们应当立足实际,以点带面,拓展延伸,永续渐进,实现目视精细化管理全覆盖,促进管理体系不断完善、管理技术不断升级、管理能力不断增强、管理质效不断提升,努力打造与国际化大都市相匹配的泵闸工程精细化管理上海品牌。

上海城投(集团)有限公司副总裁

胡欣

2021 年 11 月

前言

目视管理是一种管理理念和管理方法。目视管理以管理范围内一切看得见摸得着的物品为对象，进行统一管理，使现场规范化、标准化。精细化管理是通过规则的系统化和量化，组织管理各单位、各项目现场精确、高效、协同和持续运行。目视管理是精细化管理的直观表达形式。泵闸工程目视精细化管理的本质意义就在于它是一种对管理单位和运维单位发展规划和目标任务进行分解、细化及落实的过程，是在泵闸工程运行现场提升工作成效和整体执行能力的一个重要途径。

上海迅翔水利工程有限公司隶属上海城投公路投资（集团）有限公司，目前主要为上海市堤防泵闸建设运行中心、上海市港航事业发展中心、上海市宝山区堤防水闸管理所、上海市闵行区防汛管理服务中心等单位提供全生命周期的水利、水运工程运营管理和工程建设管理服务，其中承担了市、区属淀东水利枢纽、蕰藻浜东闸、大治河西闸、苏州河河口水闸、大治河西枢纽二线船闸和西弥浦泵闸等 18 座大中型水闸（船闸）、水利泵站和市属泵闸工程集控中心的运行养护工作。2018 年 8 月以来，该公司按照水利部水利工程标准化建设和上海市泵闸工程精细化管理要求，先后在张家塘泵闸、淀东泵闸、元荡节制闸、大治河二线船闸开展试点，将目视管理理论和精细化管理理论有机结合，将目视精细化管理与市管泵闸工程现场运维有机结合，完善管理架构，梳理管理事项，落实管理职责，修订管理制度，明确管理标准，优化管理流程，强化管理安全，规范管理台账，构建管理平台，重视管理考核，倡导管理文化，通过 3 年多来的宣传发动、精心组织、以点带面、持续改进，市管泵闸工程现场井然有序，公司员工履职尽责，确保了市管泵闸工程安全运行和管理水平的提升，其泵闸工程现场目视精细化管理带来的成效赢得了水利部、上海市诸多水利专家的赞誉。

我们现将目视精细化管理在泵闸工程运维中应用的理论与实践进行总结归纳，汇编成《泵闸工程目视精细化管理》一书。本书作为市管泵闸工程运维标准化体系部分内容，在对泵闸工程进行管理区域和管理事项划分的基础上，明确泵闸管理区域目视项目的功能配置要求，从导视及定置类、公告类、名称编号类、安全类等方面分别制订目视化标准，同时对泵闸工程精细化的内涵、单位文化目视化、信息可视化、目视系统优化设计以及目视项目实施路径进行了探索,以便进一步提升泵闸工程精细化管理水平。

  本书在编写过程中,许多单位和同行提供了泵闸工程目视精细化管理的相关参考资料,水利专家沙治银、兰士刚、胡险峰、白涛、阮华夫等提出了指导意见,在此对他们表示感谢!

编者

2021 年 10 月

目录

第1章 泵闸工程目视管理解析 ··· 1
1.1 目视管理的概念 ··· 1
1.2 目视管理的作用 ··· 3
1.3 泵闸工程目视管理的对象和分类 ··································· 6
1.4 泵闸工程目视管理的基本要求 ····································· 7

第2章 泵闸工程目视管理的手段 ······································· 9
2.1 泵闸工程目视管理基本工具和企业 VI 系统设计 ····················· 9
2.2 定点摄影法 ·· 14
2.3 定置管理 ·· 14
2.4 红牌作战法 ·· 15
2.5 色彩管理 ·· 17
2.6 管理看板 ·· 17
2.7 形迹管理 ·· 19
2.8 识别管理 ·· 20
2.9 信息管理 ·· 21
2.10 精细化管理 ··· 22

第3章 泵闸工程目视管理项目的功能配置 ······························ 25
3.1 泵闸工程管理区域及管理事项的划定 ······························ 25
3.2 泵闸工程目视管理项目功能配置基本要求 ·························· 35
3.3 泵闸工程上、下游引河目视化功能配置 ···························· 36
3.4 泵房或水闸桥头堡入口（门厅）目视化功能配置 ···················· 39
3.5 泵房、水闸桥头堡、启闭机房目视化功能配置 ······················ 41
3.6 泵房（水闸）进出水侧及清污机桥、交通桥目视化功能配置 ·········· 48
3.7 变配电间目视化功能配置 ·· 51
3.8 中控室、集控中心目视化功能配置 ································ 56

1

3.9	安全工具室目视化功能配置	60
3.10	防汛物资及备品件仓库目视化功能配置	61
3.11	档案资料室目视化功能配置	64
3.12	其他室内区域(含项目部)目视化功能配置	66
3.13	泵闸工程管理区目视化功能配置	70
3.14	泵闸工程检修间及日常维修养护时目视化功能配置	73
3.15	泵闸工程大修或专项工程施工现场目视化功能配置	75
3.16	泵闸工程及管理区消防器材目视化功能配置	80

第4章 泵闸工程导视及定置类目视项目指引 82

4.1	泵闸工程导视及定置类目视项目一般规定	82
4.2	工程路网导视标牌	82
4.3	工程区域总平面分布图标牌	83
4.4	工程区域内建筑物导视标牌	84
4.5	建筑物内楼层导视标牌及楼层索引标牌	85
4.6	巡视标志	87
4.7	防汛物资调运线路图标牌	91
4.8	表计界限范围标识	92
4.9	设备运行状态标识	93
4.10	设备阀门位置指示标识	93
4.11	螺栓、螺母松紧标识	94
4.12	方向引导标识	95
4.13	防踏空标识	95
4.14	防碰撞(含墙角墩柱)标识	96
4.15	防绊脚标识	97
4.16	挡鼠板及标志	98
4.17	闸门上沿警示线	98
4.18	室外立柱涂色警示标识	99
4.19	禁止阻塞区域标识	99
4.20	物品原位置标识	100
4.21	移动物品原位置标识	101
4.22	库房物品定置	101
4.23	办公场所物品定置	108
4.24	安全帽定置	111
4.25	钥匙定置	112
4.26	出入门防撞条及推拉标志	112
4.27	泵闸工程上、下游拦河浮筒油漆标志、钢丝绳防护标志	113

4.28　设备机座区域线 …………………………………………………… 114
　4.29　风机出风口飘带标识 ……………………………………………… 114
　4.30　吊物孔盖板定置 …………………………………………………… 115

第5章　泵闸工程公告类目视项目指引 ……………………………… 116
　5.1　泵闸工程公告类目视项目一般规定 ……………………………… 116
　5.2　参观须知标牌或外来人员告知牌 ………………………………… 116
　5.3　工程简介标牌 ……………………………………………………… 117
　5.4　工程平面图、立面图、剖面图标牌 ……………………………… 118
　5.5　工程管理标牌及运行养护单位介绍牌 …………………………… 120
　5.6　组织架构告知牌 …………………………………………………… 120
　5.7　管理范围和保护范围公告牌 ……………………………………… 121
　5.8　水法规告示标牌 …………………………………………………… 122
　5.9　工程建设永久性责任标牌 ………………………………………… 123
　5.10　工程主要技术参数表标牌 ………………………………………… 124
　5.11　设备揭示表标牌 …………………………………………………… 125
　5.12　电气主接线图标牌 ………………………………………………… 127
　5.13　水泵装置性能曲线图标牌 ………………………………………… 129
　5.14　水闸技术曲线标牌 ………………………………………………… 130
　5.15　启闭机控制原理图标牌 …………………………………………… 131
　5.16　油系统图标牌、气系统图标牌、水系统图标牌 ………………… 131
　5.17　仓库物资平面分布图标牌 ………………………………………… 132
　5.18　泵闸工程管理制度标牌 …………………………………………… 133
　5.19　工牌、关键岗位标牌、岗位职责及安全生产职责标牌 ………… 134
　5.20　值班人员明示牌 …………………………………………………… 135
　5.21　设备管理责任标牌 ………………………………………………… 135
　5.22　泵闸工程调度规程、操作规程或操作步骤标牌 ………………… 136
　5.23　变压器相关标志 …………………………………………………… 137
　5.24　常用电气绝缘工具及登高工具试验标牌 ………………………… 139
　5.25　泵闸工程运维流程图看板 ………………………………………… 141
　5.26　泵闸工程运维相关作业指导书看板 ……………………………… 145
　5.27　日常维护清单看板 ………………………………………………… 148
　5.28　泵闸工程和设备管护标准看板 …………………………………… 149
　5.29　泵闸工程集控中心每日工作要点看板 …………………………… 150
　5.30　设备养护卡 ………………………………………………………… 150
　5.31　网络拓扑图标牌 …………………………………………………… 151
　5.32　视频监视系统提醒标志 …………………………………………… 152

5.33 二级计算机设备登记卡 …… 153
5.34 泵闸工程运行养护项目部公示栏 …… 153
5.35 泵闸工程专项维修施工公告类标识牌 …… 154
5.36 室内党务公开、所务公开管理看板 …… 157
5.37 室外名人名言牌 …… 157
5.38 生态保护温馨提示牌 …… 158
5.39 卫生间标识标牌 …… 159
5.40 水利科普宣传牌 …… 159
5.41 泵闸运维教学装置展示 …… 160

第6章 泵闸工程名称编号类目视项目指引 …… 162

6.1 一般规定 …… 162
6.2 管理单位名称或项目部名称标牌 …… 162
6.3 建(构)筑物标牌 …… 163
6.4 房间名称标牌 …… 164
6.5 管理线桩(牌) …… 164
6.6 上、下游水位标志 …… 165
6.7 工程观测设施名称标牌 …… 165
6.8 里程桩或里程牌 …… 166
6.9 百米桩 …… 167
6.10 设备名称标牌 …… 168
6.11 编号标牌 …… 169
6.12 设备设施涂色 …… 171
6.13 设备管道方向标识 …… 176
6.14 管道名称流向标牌及颜色标准 …… 177
6.15 闸阀标牌 …… 178
6.16 物资名称标牌 …… 179
6.17 液位、液压标志 …… 180
6.18 盘式闸门开度指示标志 …… 181
6.19 直升式闸门开高指示牌 …… 181
6.20 起重机吊钩及额定起重量标牌 …… 181
6.21 消力坎位置标识牌 …… 182
6.22 电缆、数据线标签 …… 182
6.23 电缆走向标志桩或电缆走向标牌 …… 183
6.24 地下隐蔽管道阀门井和检查井标牌 …… 184
6.25 工作环境标志 …… 185
6.26 开关柜内主要说明项目及资料标志 …… 185

- 6.27 开关室记录表定置 ... 186
- 6.28 高低压进线相序标志 ... 187
- 6.29 额定电压标识 ... 187
- 6.30 电气设备面板开关标识 ... 188
- 6.31 泵闸工程主要高程告知牌 ... 188
- 6.32 钢丝绳标牌 ... 189
- 6.33 树木铭牌 ... 190

第7章 泵闸工程安全类目视项目指引 ... 191

- 7.1 泵闸工程安全类目视项目分类 ... 191
- 7.2 泵闸工程安全生产目视化总体要求 ... 191
- 7.3 安全色及安全标志 ... 192
- 7.4 消防安全目视化 ... 209
- 7.5 泵闸工程管理区交通标志 ... 215
- 7.6 泵闸工程安全定置线 ... 226
- 7.7 安全操作规程牌 ... 227
- 7.8 危险源登记管理卡 ... 228
- 7.9 危险源风险告知及防范措施牌 ... 229
- 7.10 泵闸工程运行突发故障应急处置看板 ... 232
- 7.11 泵闸工程上、下游组合式安全标牌 ... 233
- 7.12 临水栏杆组合式安全标牌 ... 234
- 7.13 设备接地标志 ... 235
- 7.14 绝缘垫及铺设标志 ... 235
- 7.15 水泵进人孔安全警示标志 ... 236
- 7.16 配电室等设备间入口安全标志 ... 237
- 7.17 职业健康目视项目 ... 237
- 7.18 安全围栏 ... 243
- 7.19 消防平面布置及逃生线路图 ... 244
- 7.20 作业安全提示牌（看板） ... 245
- 7.21 电梯安全标识 ... 246
- 7.22 应急响应联系名单 ... 247

第8章 泵闸工程目视精细化项目的探索与创新 ... 249

- 8.1 泵闸管理单位和运维单位文化目视化的探索 ... 249
- 8.2 泵闸工程精细化管理手册编制与宣传的探索 ... 259
- 8.3 进一步开展泵闸安全生产目视化的探索 ... 266

  8.4 二维码在泵闸工程运维中的应用探索 ················ 277

  8.5 LED 显示屏在泵闸工程运维中的应用探索 ············ 278

  8.6 灯箱在泵闸工程运维中的应用探索 ················ 280

  8.7 船闸调度微信小程序应用探索(以大治河二线船闸为例) ····· 281

  8.8 泵闸巡查小程序应用探索(以黄浦江上游泵闸为例) ······· 284

  8.9 安防系统在泵闸运维中的应用探索 ················ 286

  8.10 钉钉平台在泵闸运维中的应用探索 ················ 289

  8.11 泵闸智慧运维平台应用探索 ···················· 290

  8.12 数字标识标牌的应用前景 ······················ 293

  8.13 泵闸工程目视精细化项目的设计探索 ··············· 294

第 9 章 泵闸工程目视精细化管理的实施 ················ 300

  9.1 泵闸工程目视精细化管理实施的总体思路和工作要点 ······ 300

  9.2 泵闸工程目视精细化管理的工作流程 ··············· 301

  9.3 泵闸工程目视精细化的准备工作 ················· 302

  9.4 泵闸工程目视精细化基础工作中的"整理" ············ 304

  9.5 泵闸工程目视精细化基础工作中的"整顿" ············ 307

  9.6 泵闸工程目视精细化基础工作中的"清扫" ············ 308

  9.7 开展业务培训,提升泵闸工程目视精细化的实施能力 ······ 314

  9.8 目视项目中的标识标牌制作 ···················· 322

  9.9 标识标牌安装与维护 ························ 327

  9.10 其他目视项目的实施 ························ 334

  9.11 泵闸工程目视项目实施中的保障措施 ··············· 336

附录 A 泵闸工程规章制度明示一览表 ··················· 338

附录 B 泵闸工程运维岗位职责及安全生产职责明示一览表 ········ 341

附录 C 泵闸工程运维安全操作规程明示一览表 ·············· 347

附录 D 泵闸工程运行巡视内容明示一览表 ················· 349

附录 E 泵站工程图表明示位置一览表 ··················· 353

附录 F 水闸工程图表明示位置一览表 ··················· 354

附录 G 泵闸工程管护标准一览表 ······················ 355

附录 H 泵闸工程设备日常维护清单 ···················· 376

附录 I RAL 标准色标色卡图 ························ 382

参考文献 ·································· 384

第 1 章

泵闸工程目视管理解析

1.1 目视管理的概念

1.1.1 从交通便行引导标志说起

道路交通标志,指的是用图案、符号、文字、特定的颜色和几何形状向人们传达道路信息,表达交通管理指令的静态交通安全设施。交通标志在道路交通管理中占有重要地位,人们称其为永不下岗的"交警",如图 1.1 所示。

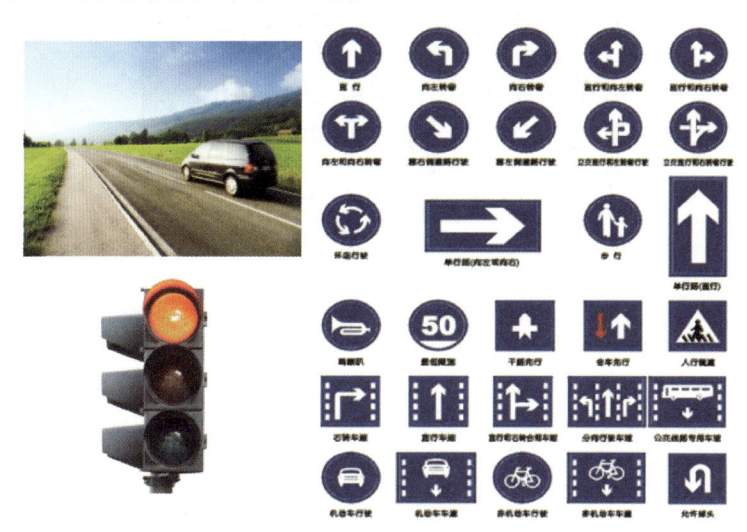

图 1.1 交通标志示意图

指示标志,是指示车辆、行人行进的标志。

红绿灯是设置在交叉路口的红、黄、绿三色信号灯。交叉路口是交通交会地,来自四面八方的车辆在这里交集,由三色信号灯将其分流到路口通往的各个地方。信号灯放射红光,车辆被禁止通行,车辆停于停止线以内;信号灯放射黄光,预告车辆通行即将结束,红灯将亮;信号灯放射绿光,车辆一路放行,通行无阻。红、黄、绿三种色光,即使在恶劣的气候条件下,仍有很强的穿透力,行人、驾车人很远就能看见。有了信号灯的指挥,行人和车辆的安全就有了保障。

"十"字交叉路口标志,如图 1.2 所示。过"十"字路口时,我们一定要听从信号灯的指

图 1.2 "十"字交叉路口标志

挥;不然的话,很容易发生交通意外事故。

图 1.3 所示是淀东水利枢纽工作桥南端的交通警示标志,它告诉我们前方桥面狭窄,机动车禁行,必须注意行驶安全。

图 1.3 淀东水利枢纽工作桥交通标志

图 1.4 所示是元荡节制闸防汛通道端部的交通标志,如果此处不设置安全围栏和禁行标志,就有发生交通事故的危险。

图 1.4 元荡节制闸防汛通道端部交通标志

1.1.2 目视管理的概念

目视管理是一种以公开化和视觉显示为特征的管理方式。目视管理以管理范围内一切看得见摸得着的物品为对象,进行统一管理,使现场规范化、标准化,它是精细化管理的直观表达形式。它通过形象直观、色彩适宜的各种视觉感知信息来组织现场范围内的各项管理活动;它以视觉信号为基础手段,运用定位、画线、挂标示牌、信息化等目视技巧及方法,将各种状态、方法和异常明示化,使人们自主、完全地理解、接受并执行各项工作,及时发现问题,以提高现场管理水平和生产效率。

目视管理是指整理、整顿、清扫、清洁等活动结束后,通过人的五感(视觉、触觉、听觉、嗅觉、味觉)采集信息后,利用大脑对其进行简单判定(并非逻辑思考)而直接产生"对"或"错"的结论的管理方法,简单地讲,目视管理就是用眼睛看得懂而非用大脑想得到的管理方法。因而,目视管理也可认为是一目了然的管理。

目视管理是融合规划、建筑、空间、雕塑、逻辑、色彩、美学、材质于一体的产物,它既不是简单的文字,更不是所谓的牌子,它是与环境相融的独一无二的艺术作品。因而,它又是一种文化。

1.2 目视管理的作用

1.2.1 目视管理的原则

1. 激励原则

目视管理应起到对员工的激励作用,对生产改善起到推动作用。

2. 标准化原则

目视管理的工具与使用色彩应规范化与标准化,应统一各种目视化的管理工具,便于理解与记忆。

3. 群众性原则

目视管理是让"管理看得见",其群众性体现在两个方面:一是要得到员工理解与支持,二是要让员工参与和支持。

4. 实用性原则

目视管理应讲究实用,切忌形式主义,要真正起到现场管理的作用。

1.2.2 目视管理的作用

目视管理以视觉信号为基本手段,以公开化为基本规则,尽可能地将管理者的要求和意图让大家都看得见,借以推动看得见的管理、自主管理、自我控制。

1. 目视管理形象直观,有利于提高工作效率

就泵闸工程而言,现场管理和运行维护人员组织泵闸工程运行维护,实质是在发布各种信息。操作人员有秩序地进行各种作业,就是接收信息后采取行动的过程。在设备运行条件下,整个系统高速运转,要求信息传递和处理既快又准。如果与每个操作人员有关

的信息都要由管理人员直接传达,那么不难想象,拥有大量运行、养护、检修、后勤保障的泵闸工程现场,将要配备多少管理人员。

目视管理为解决这个问题找到了简捷之路。它告诉我们,操作人员接收信息最常用的器官是眼、耳和神经末梢,其中又以视觉最为普遍。

可以发出视觉信号的手段有仪器、计算机、信号灯、标识标牌、图表等。其特点是形象直观,容易认读和识别,简单方便。在有条件的泵闸工程运维区域和岗位,应充分利用视觉信号显示手段,迅速而准确地传递信息,无须管理人员现场指挥即可有效地组织泵闸工程运行维护。

2. 目视管理透明度高,有利于现场人员互相监督和激励

目视管理实施后,对泵闸工程运行维护等作业的各种要求可以做到公开化。干什么、怎样干、干多少、什么时间干、在何处干等问题一目了然,这就有利于现场人员默契配合、互相监督,使违反劳动纪律的现象不容易隐藏。

例如,根据不同泵闸工程和岗位工种的特点,明确责任人、工作职责和工作标准,明确规定穿戴不同的工作服和工作帽,很容易使那些擅离职守、串岗聊天的人处于众目睽睽之下,促其自我约束,逐渐养成良好习惯。又如,对项目部班组实行任务挂牌制度、考核制度、公示制度,公司经过考核,按优秀、良好、较差等予以公示和奖惩。这样,目视管理就能起到鼓励先进,鞭策后进的激励作用。

泵闸工程现场管理既要求有严格的管理,又需要培养人们自主管理、自我控制的习惯与能力,目视管理为此提供了有效的具体方式。

3. 目视管理将管理事项细化,有利于产生良好的生理和心理效应

对于改善生产运行条件和环境,人们往往比较注意从物质技术方面着手,而忽视现场人员的生理、心理和社会特点。例如,控制泵闸工程设备和工作流程的仪器、仪表及其标识应当配齐,正常工作范围应当明示,这是加强现场管理不可缺少的物质条件。

如果要问:哪种形状的刻度表容易认读?数字和字母的线条粗细的比例多少才最好?白底黑字是否优于黑底白字等,人们对此一般考虑不多。然而这些却是降低误读率、减少事故所必须认真考虑的生理和心理需要。又如,谁都承认泵闸工程现场环境应该干净整洁,但是,不同泵闸工程现场,其设施设备的名称编号、指向流向、管护标准是什么,是否采用不同的颜色?安全风险四色空间分布现状如何?诸如此类的色彩等问题也同人们的生理、心理和社会特征有关。

目视管理的长处就在于,它十分重视综合运用管理学、生理学、心理学和社会学等多学科的研究成果,能够比较科学地改善同现场人员视觉感知有关的各种环境因素,使之既符合现代技术要求,又适应人们的生理和心理特点,这样,就会产生良好的生理和心理效应,调动并保护员工的工作积极性。

4. 目视管理可展示形象,有利于促进单位文化的建立和弘扬

目视管理通过对员工的合理化建议的展示,对优秀事迹和先进人物的表彰,设置公开讨论栏,设置关怀温情专栏,对企业宗旨方向、远景规划等各种健康向上的内容进行宣传教育,能使所有员工形成一种非常强烈的凝聚力和向心力,这些都是建设优秀企业文化的一种良好开端。

1.2.3　目视管理效果案例

这里以上海市管泵闸工程设施设备中的几个部位为例,初见实施目视管理具有显著的效果。

1. 检修排水泵目视整理

上海市管某泵闸工程原先排水泵锈蚀严重,各闸阀状态不明,其实行目视管理后,明确了各个闸阀启闭状态,设备焕然一新,如图1.5所示。

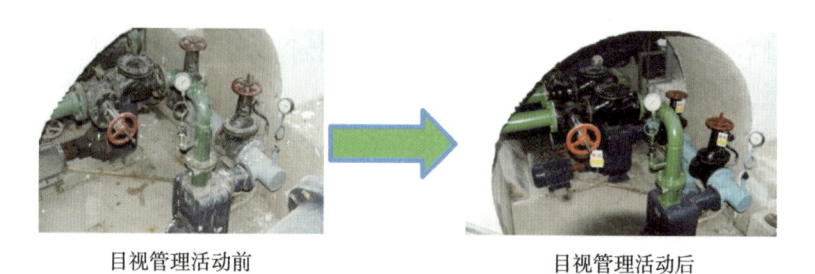

目视管理活动前　　　　　　　　　　　目视管理活动后

图1.5　检修排水泵目视管理前后效果比较

2. 市管泵闸运行养护项目部资料室档案资料定置

我们对原先资料全部重新整理,并通过不同颜色的标线进行定位,所取用的文件盒一目了然,如图1.6所示。

图1.6　档案资料定置

3. 市管泵闸运维现场设置安全标志

我们通过对带电设备增加安全标志,在墙面、地面增设安全出口、安全上下楼梯方向等标志,增强警示效果,如图1.7所示。

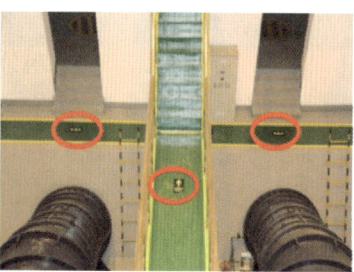

图1.7　泵闸运维现场设置安全标志

1.3 泵闸工程目视管理的对象和分类

1.3.1 泵闸工程目视管理的对象

泵闸工程目视管理的对象主要是：

(1) 负责泵闸工程管理和运维的各类人员的行动。

(2) 整体环境。为了塑造形象，培养独有的管理单位和运维单位文化，在整体形象上要形成一种独有的标准，比如整体的着色，道路的规划，单位文化的宣传，管理单位、企业及项目部形象的展示等。

(3) 泵房、闸室及附属建(构)筑物的状态、名字、用途、使用及联络方法。

(4) 设施、设备、装备的状态。

(5) 材料及备品件的良或不良、数量、位置、品名、用途。

(6) 工器具的良或不良、数量、位置、品名、用途、使用方法。

(7) 运行与维修养护资源配置条件、作业流程、方法工艺及其检验标准(含指导书)。

(8) 运行与维修养护的进行状态、显示看板。

(9) 办公文件及管理资料的保管、取用方法。

(10) 对管理、运维以及外来人员进行安全教育的禁止、警告、引导、提示等标志的明示，安全风险及作业危害的告知及控制措施。

(11) 非运行现场的目视管理。为了追求现场管理的高效化，与泵闸工程运行现场密切合作的非运行部门及场所也应导入目视管理。非运行现场的目视管理主要指信息的共有化以及业务的标准化、原则化、简单化等，借此迅速而正确地将信息提供给运行现场，以有效地解决问题。

1.3.2 泵闸工程目视管理项目分类

泵闸工程目视管理项目可按照功能、区域、专业、形态等进行分类。

1. 按功能分类

该类可分为导视及定置类、公告类、名称编号类、安全类等。

2. 按区域分类

该类可分为泵闸运行场所、办公场所、库房、附属设施、道路、管理区环境等。

3. 按专业分类

该类可分为水工、机械、电气、信息化、水文、土建、环境、消防等。

4. 按物质形态分类

该类通常以牌匾、球体、柱体等形体表现，表现形态也有固态、气态、液态和光电投影等多种，现代标识已经发展到由多种表现方式通过多种媒介组合来实现表达目的。

5. 按工作状态分类

该类可分为运行管理、维修养护、施工作业、安全管理、水行政管理、单位文化等。

6. 按表现形式分类

该类可分为色彩、编号、指向、流向、标牌、标签、分区、划线、图表、定置、看板、信息可视化等。

7. 按服务人群感觉分类

该类有基于听觉、视觉、触觉、嗅觉的标识。

8. 工程中的标识标牌分类

（1）按材料分类。材料是指做标识标牌的主材料，主要指表现文字和在表面上比较突出的部分的材料。

① 木质标牌。包括实木标牌、仿木标牌。

② 光滑标牌。是指画面或板面有油性、非常光滑的标牌。

③ 夜光材料（氖）标牌。是指用夜光材料（氖）作为标牌的板面或文字主材料的标牌（霓虹灯）。

④ 丙烯酸质标牌（亚克力）。是指用丙烯酸质材料做板面主材料的标牌。

⑤ 金属标牌（铜、铁、铝、锡、钛金、不锈钢及合金）。是指在没有特别指定板面的情况下，用金属作为标牌的板面或文字主材料的标牌。

⑥ 电光板。是指用发光二极管或夜光管呈现出单色或彩色表现效果的标牌。按发光二极管和表现方式，可分为夜光电光板、LCD、LED、CRT、FDT显示屏等种类。

⑦ 纺织品和纸品牌以及各类新型材料等。

（2）按安装方式分类。可分为地柱式标牌、贴附式标牌、吊挂式标牌、悬挂式标牌等。

① 地柱式标牌一般比较高大显眼且精致，能很好地吸引人们的目光，多在地面下填充预埋件，并打螺栓稳固。

② 贴附式标牌。是指垂直面贴附或安装在墙面上（或设备上）的标识标牌，常见的为粘贴式安装，丝杆插销安装，打孔悬挂安装。

③ 吊挂式标牌。多为指引方向的，一般放在较为显眼的地方，标识标牌也足够大，易于被人们发现。

④ 悬挂式标牌。是指标识标牌的一面贴附在墙面上，但整体还是远离地面的标识标牌。

9. 工程中的设备和物料定置分类

（1）固定设备定置。

（2）移动设备定置。

（3）防汛物料定置。

（4）工程备品件定置。

（5）一般工具定置。

（6）专用工具定置。

（7）办公设施定置。

（8）文件资料和文件夹的定置。

1.4 泵闸工程目视管理的基本要求

目视管理推行过程中，要防止搞形式主义，一定要从泵闸工程管理单位和运维企业实际出发,有重点、有计划地逐步展开。基本要求是:统一、简约、鲜明、实用、严格。

(1) 统一,即目视管理要实行标准化,消除五花八门的杂乱现象。

(2) 简约,即各种视觉显示信号应易懂,一目了然。

(3) 鲜明,即各种视觉显示信号要清晰,位置适宜,泵闸现场人员都能看得见、看得清。

(4) 实用,即不摆花架子,少花钱、多办事,讲究实效。

(5) 严格,即泵闸现场所有人员都必须严格遵守和执行有关规定,有错必纠,赏罚分明。

第 2 章

泵闸工程目视管理的手段

2.1 泵闸工程目视管理基本工具和企业 VI 系统设计

2.1.1 泵闸工程目视管理基本工具

1. 文字、数字

文字、数字对提示信息进行描述、解释说明，如图 2.1 所示。

图 2.1 工程或设备编号

2. 油漆、胶带、颜色

通过颜色的差异，对环境安全等级、警示级别进行区分，对提示物与所处背景进行颜色区分，如图 2.2 所示。

3. 图形、照片、漫画

（1）图形。提炼安全信息等主要内容，以图片形式直观展现，避免信息细节遗漏和烦琐文字描述，如图 2.3、图 2.4 所示。

（2）照片。以照片形式，记录现场安全信息，确保信息的真实性与精准性，情景再现让记忆更加深刻。

（3）漫画。漫画的特点是形式生动有趣，情节轻松愉快，用它作为安全培训方法和安全警示方式，有助于缓解人的心理压力，有助于加深人们对安全内容的理解。

图 2.2　色彩的应用示例

图 2.3　图形的应用示例

4. 线条、线路

（1）方向箭头。作为方向指示工具，方向箭头帮助人们迅速判明方向，避免理解迟缓，如图 2.5 所示。

图 2.4　漫画的应用示例

图 2.5　方向箭头的应用示例

（2）警示线。设置在危险源的周围，以提示危险存在。

（3）禁止线。通过禁止线，告知禁止逾越的范围，避免人们因错误闯入而受到伤害或伤害他人。

（4）路线图。以路线图的方式告知交通路线、疏散路线，避免人们因选择错误的路线而受到伤害。

（5）定位线。通过定位线，进行精确定位，帮助物料工具等进行准确放置与取用，如图 2.6 所示。

图 2.6　线条的应用示例

5. 标识标牌(图 2.7)

图 2.7　标识标牌的应用示例

(1) 标牌。通过设置标牌,对机械设备、电气设备、水工建筑物等的管理事项进行标示,让人们更了解设备的安全特性、工程的管理要领。

(2) 指示牌。标示具体安全行为动作,指示人们遵照执行以保证安全。

(3) 警示牌。设置在危险源附近显而易见的位置,以方便人们对危险源进行初步了解。

(4) 禁止牌。通过禁止牌,明确告知现场禁止的行为,避免人们在无意间的危险举动。

(5) 标签。用来标示设备或工器具分类或内容,通过关键字词,便于自己和他人查找和定位自己目标的工具。

6. 视频

视频录像可对现场情况进行全面监控,帮助管理者掌握现场实际情况。同时,视频记录也是事故原因调查中最直接、最权威的证据。

7. 宣传牌和宣传栏

宣传牌和宣传栏可用来宣传管理单位和运维企业文化、目标、制度等,让宣传内容长期可见。

8. LED 显示屏

LED 显示屏可滚动播出泵闸运维相关临时信息,播出的信息量大,而且日夜可见。

2.1.2　泵闸工程目视管理推进中的基本工具

1. 红标签

它是使用于对泵闸工程现场整理、整顿、清扫、清洁的红牌作战法的红色纸张。管理工作改善的基础是将平常生产活动中不需要的物品贴上红色标签,使每个人看了都能够明白。

2. 标示板

它的目的是清楚标示物品放置的场所,重点是让每个人都知道物品在哪里,摆放了多少数量,是何种物品。

3. 线条标示

使用白色油漆或胶带,清楚划分出泵闸工程运行及作业场所与通道的区分线,以及临时物品的放置场所等。在泵闸工程现场整顿中,将架子上的库存量或物品放置场所里半成品等的最大库存量用红线来标示。库存量的最低或最高限用蓝色或红色的胶带、涂料来表示。如此,一眼就能够识别出不足或者过剩。

4. 警示灯

泵闸工程运维现场第一线的工程管理员、班长或组长,必须随时掌握作业人员或机器设备是否正常运行。将泵闸工程现场发生的异常信息立即通知管理、监督者而设置的工具,就是警示灯。

5. 看板

包括显示泵闸工程运行和维护的人员配置看板、材料领用状况看板和作业指示看板。

6. 运行维护管理板

标示泵闸工程运行维护的计划数、实际实绩数量、登记设备停止原因、工程运作状况等事项。根据这些记录,现场负责人能够掌握和了解实际数量是有进展还是迟延。

7. 标准作业图

使工程布置或作业程序一眼看去就能明白的图表。标准作业组合图是泵闸工程有效地组合人、机器和物件,决定运行、巡检、观测、评级、养护、修理等工作的进行方法的图表。

8. 柏拉图

根据对泵闸工程设施设备的巡视检查、观测试验、维修养护等分析计算的品质管理,按照出现运维质量或缺陷问题的原因以及发生频数做成隐患柏拉图,以便对其进行有效控制和排除。

2.1.3 企业 VI 设计

1. VI(视觉识别,Visual Identity)的概念

企业 VI 设计,是以标志、标准字、标准色为核心展开的完整的、系统的视觉表达体系,是将企业理念、企业文化、服务内容、企业规范等抽象概念转换为具体记忆和可识别的形象符号,从而塑造出排他性的企业形象。

2. VI 系统

(1) 基本要素系统。如企业名称、企业 LOGO(徽标)、企业造型、标准字(中英文标准字、单位标志/标准字标准组合规范、单位标志/标准字禁止使用的组合)、标准色(单位标准色/辅助色)、象征图案、宣传口号、认证标识等。

(2) 应用系统。产品造型、办公用品、企业环境、交通工具、服装服饰、广告媒体、招牌、包装系统、公务礼品、陈列展示以及印刷出版物等。

3. 企业 VI 设计及基本元素示例

(1) 单位 LOGO,指的是单位为自己的主题或者活动等设计的 LOGO(商标)。LOGO 是徽标或者商标的英文说法,起到对徽标拥有单位的识别和推广的作用,通过形象的 LOGO 可以让消费者记住单位主体和品牌文化,如图 2.8、图 2.9 所示。

图 2.8　上海城投(集团)有限公司 LOGO　　图 2.9　上海市堤防泵闸建设运行中心 LOGO

(2) 单位中英文标准字，如图 2.10 所示。

图 2.10　单位中英文标准字

(3) 单位标准色/辅助色，如图 2.11 所示。

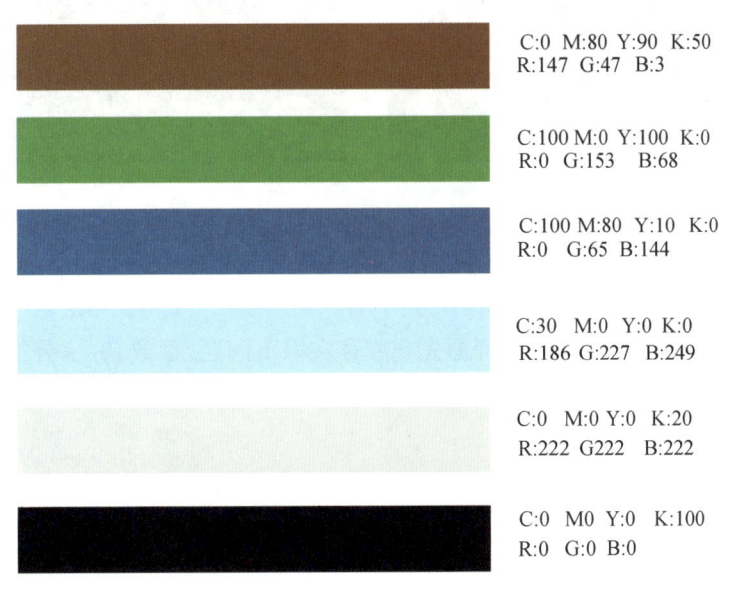

C:0　M:80　Y:90　K:50
R:147　G:47　B:3

C:100　M:0　Y:100　K:0
R:0　G:153　B:68

C:100　M:80　Y:10　K:0
R:0　G:65　B:144

C:30　M:0　Y:0　K:0
R:186　G:227　B:249

C:0　M:0　Y:0　K:20
R:222　G222　B:222

C:0　M0　Y:0　K:100
R:0　G:0　B:0

图 2.11　单位标准色/辅助色

2.2 定点摄影法

2.2.1 基本概念

定点摄影法是将现场改善前后的情况进行摄影留存,以作为现场改善前后的对照、不同部门的横向比较和问题剖析的方法。在将拍摄的结果进行公布时只须选取一些普遍性、有代表性的照片实景,以便于后期追踪和对被曝光部门形成压力,促其改进。照片还须附有以下详细信息:拍摄地点、所属主管是谁、直接责任人是谁、违反哪些具体的管理规定内容以及限期整改的时间等。

2.2.2 泵闸工程定点摄影照片的使用方法

（1）将实施目视管理前的情形与实施目视管理后的改善情况加以定点摄影。

（2）将泵闸工程运维过程中未进行改善或存在问题点的区域通过摄影照片张贴在宣传栏、公布在钉钉平台栏目(内部群)醒目位置,标明存在的问题、责任者、拍摄时间等信息,也可以通过项目部班组或部门之间照片的横向对比,使存在问题的责任者形成无形的整改压力。

（3）选择改善前后效果对比明显的照片作为范例,直观地告诉现场员工应该怎样去做、如何去创新,形成竞赛氛围,调动员工的改善积极性,如图2.12所示。

图 2.12 某泵闸工程仓库改善前后照片

2.2.3 泵闸工程定点摄影案例

例如图2.12所示的某泵闸工程原先仓库存在以下问题:摆放杂乱、分类不清、货架锈蚀、难以取用、备件缺失等,概括一下就是环境差、效率低。改善后,物料固定摆放在相应位置,整齐划一。

2.3 定置管理

2.3.1 基本概念

定置管理是根据物流运动的规律性,按照人的生理、心理、效率、安全的需求,对生产现场中的人、物、场所三者之间的关系进行科学的分析研究,使之达到最佳结合状态的一门科学管理方法。它以物在场所的科学定置为前提,以完整的信息系统为媒介,以实现人和物的有效结合为目的,通过对生产现场的整理、整顿,把生产中不需要的物品清除掉,把需要的物品放在规定位置上,使其随手可得,促进生产现场管理文明化、科学化,达到高效生产、优质生产、安全生产。定置管理应把握"三定"原则。

1. 定位置

规定设备定位、物品堆放、工具放置、通道、班组(个人)工作场地位置。

2. 定数量

对各区域堆放物品、设备、工具的数量加以限制。

3. 定区域

对各个堆放区可具体划分为合格品区、不合格品区、待检区等。

2.3.2 泵闸工程定置管理主要内容

1. 工程区域定置

工程区域包括泵闸厂房和生活区。泵闸厂房定置包括主副厂房、控制室、值班室、上、下游配套运行设施、工程配套设施、库房等方面的定置。泵闸工程生活区定置包括道路维护、管理单位和运行养护项目部办公、食宿设施、园林修造、环境美化等方面的定置。

2. 作业现场区域定置

作业现场区域定置包括泵闸工程设施运维区、机电设备运维区、专项维修施工区、工程监(观)测区、物品停放区等的定置。

3. 现场可移动物品区域定置

现场可移动物品区域定置包括劳动对象定置(如可移动设备等),工具、量具的定置,废物的定置(如废品、杂物)等。

2.3.3 泵闸工程定置管理步骤

(1) 开展泵闸工程定置方法研究。包括管理区域、管理事项的划定方法、不同部件的定置规范的收集、认定。

(2) 开展泵闸工程运维中的人、物结合状态分析,改造不合理的状态,清除混乱状态,以达到提高运维工作效率和工作质量的目的。

(3) 开展物流、信息流分析,通过分析,掌握泵闸工程运维不断变化的规律和信息的连续性,并对不符合标准的物流、信息流进行改正。

(4) 开展泵闸工程定置管理的单体设计。

(5) 定置实施,即对泵闸工程运维现场的材料、机械、操作者、方法进行科学的整理、整顿,将所有的物品定位,按定置图定置,使人、物、场所三者结合状态达到最佳。

2.4 红牌作战法

2.4.1 基本概念

红牌作战法,是将醒目的红色现场问题卡(见图 2.13)贴在有问题的设备(工具物品)上,以期引起相关责任人员的注意,及时解决问题。

所谓"红牌作战法",就是"整理"的目视化。工作现场的物品当中,碰到不需要的,或出现缺陷的,就在上面贴上"红牌"标签,这是因为红色的标签会非常醒目。光用脑袋去想,工作会毫无进展,所以干脆什么也别想,将暂时不用或印象中没有用过的物品(设备、工具、材料、日常用具等)统统贴上"红牌"标签,这样现场的管理者或员工看见物品就能判断其是否有用,是否需要改善。

2.4.2 红牌作战法的优点

理想的情况是,不用贴红牌也能当场果断地丢掉不需要的物品。但是不能随意丢弃管理的资产。而如果当场一个一个认真去思考的话,整理的工作就无法推进。因此作为整理小技巧的红牌作战法很有现实意义。

实际上贴完"红牌"以后的工作更为重要。如果贴了标签后什么也不做就毫无意义,而且浪费了贴标签的时间。可能的话把贴了红牌的物品集中到一起,然后本着基本要丢弃的原则,再分别去确认是否要维修或丢弃。维修应按项目管理流程进行,属于固定资产的物品报废应履行报废手续。

2.4.3 红牌作战法实施对象

(1)工作场所的无用品、非必需品。
(2)机、地、台、窗、墙、顶等污渍、灰尘、垃圾等。
(3)工作现场定置管理缺失、管理不善的现象。
(4)整理整顿死角、清扫死角等。
(5)其他需要改善的问题:
① 超出期限者(包括过期的标语、通告);
② 物品缺陷者(含损坏物);
③ 物品可疑者(不明之物);
④ 物品混杂者(合格品与不合格品、规格或状态混杂);
⑤ 不使用的东西(不用又舍不得丢的物品);
⑥ 过多的东西(虽要使用但过多)。

图 2.13 现场问题卡(红色)

2.4.4 红牌作战法实施步骤

(1)方法培训。对泵闸项目部全员进行红牌使用的业务培训,清楚可以、应该张贴的对象。

(2)材料准备。包括作战使用的特定红牌,张贴用的胶带、笔、发行记录表、垫板。

(3)到现场红牌作战。到各区域找问题、贴红牌,每张发行的红牌都要按单位或区域进行记录。应明确判定的标准,明确什么是必需品,什么是非必需品,目的就是要引导或让所有的员工都养成习惯,把非必需品全部改放在应该放的位置。

(4)红牌的发行。红牌应使用醒目的红色纸,记明发现区的问题、内容、理由。

(5)挂红牌。相关人员也觉得应该挂时才能挂。红牌要挂在引人注目的地方,不要让现场的人员自己贴,要理直气壮地贴红牌,不要顾及面子。红牌就是命令,不容置疑。挂红牌一定要集中,时间的跨度不可过长,也不要让大家因为挂红牌而感到厌烦。

(6) 挂牌的对策与评价。也就是对红牌要跟进,一旦这个区域或这个组,或这个设备挂出红牌,所有的人都应该有一种意识,马上都要跟进,落实措施,对实施的效果要进行评价,甚至要将改善前后的实际状况拍摄下来,作为经验或成果向大家展示。

2.5 色彩管理

2.5.1 基本概念

色彩管理是根据"色彩"即可判定物品、区域的属性、性质及特点的一种目视管理方法。

色彩是现场管理中常用的一种视觉信号,目视管理要求科学、合理、巧妙地运用色彩,并实现统一的标准化管理,不允许随意涂抹,这是因为色彩的运用受多种因素制约。泵闸工程机械设备、电气设备等应按要求进行涂色,并应把握颜色的使用原则。

(1) 技术因素。不同色彩的波长、反射系数各不相同。例如,强光照射的设备,涂成蓝灰色,由于其反射系数适度,不会过分刺激眼睛。危险信号涂成红色,既是传统习惯,也是因为红色穿透力强,信号鲜明。

(2) 生理和心理因素。不同色彩给人以不同的重量感、空间感、冷暖感、软硬感、清洁感等情感效应。例如,浅蓝、蓝绿、白色等冷色调,给人清爽舒心之感;红、橙、黄等暖色调,使人感觉温暖;铅灰色,能起到降低心理温度的作用。

(3) 社会因素。各个民族、国家对颜色有各自不同的喜好与习惯,比如我国人民普遍喜欢绿色,认为是生命和青春的标志。

2.5.2 泵闸工程色彩管理主要内容

(1) 对泵闸工程工作区、物料摆放区、通道等区域采用不同颜色油漆进行区分。使用油漆标示引线,主要包含区域线、箭头指引线、定置线、虎纹线、斑马线。

(2) 对泵闸工程管道及其附件等采用不同颜色油漆进行区分。

(3) 对电气设备按规定的标准色进行区分。

(4) 对泵闸工程主机组及其部件采用不同颜色加以区分。

(5) 对盘、柜上模拟母线的标识牌采用不同颜色加以区分。

(6) 对建筑物及附属设施不同部位采用不同颜色加以区分。

2.6 管理看板

2.6.1 基本概念

管理看板是发现问题、解决问题的非常有效且直观的手段,是目视管理的常用工具,是优秀的现场管理者必不可少的工具之一。管理看板对数据、信息等的状况一目了然的表现,是对于管理项目、特别是情报进行的透明化管理活动。它主要传递项目名称、工作量、作业时间、作业方法、作业工具、流程和质量要求等方面的信息、指令。它通过各种形式如标语、现况板、图表、电子屏等把文件上、脑子里或现场等隐藏的情报揭示出来,以便向员工宣传各类管理维护信息,及时掌握管理现状和必要的情报,从而能够快速制定并实施应对措施。

泵闸工程管理看板的作用:

1. 传递泵闸工程现场的运维信息,统一思想

泵闸运维现场人员较多,而且由于分工的不同导致信息传递不及时的现象时有发生。而实施管理看板后,任何人都可从看板中及时了解现场的运维信息,并从中掌握自己的工作任务,避免了信息传递中的遗漏。

此外,针对泵闸运维过程中出现的问题,运维人员可提出自己的意见或建议,这些意见和建议大多都可通过看板来展示,供大家讨论,以便统一员工的思想,使大家朝着共同的目标去努力。

2. 杜绝现场管理中的漏洞

通过看板,泵闸工程现场管理人员可以直接掌握调度运用进度、巡检质量、安全生产等现状,为其进行管控决策提供直接依据。

3. 绩效考核的公平化、透明化

通过看板,泵闸工程现场的工作业绩一目了然,使得对工作的绩效考核公开化、透明化,同时也能起到激励先进、督促后进的作用。

4. 保证运维现场作业秩序,提升单位形象

现场管理看板既可提示作业人员根据看板信息进行作业,对现场设备、物料进行科学、合理地配置和运用,也可使泵闸现场作业有条不紊地进行,给参观泵闸工程现场的人们留下良好的印象,提升管理单位和运维单位的形象。

2.6.2 泵闸工程现场管理看板主要内容

1. 设备看板

泵闸设备看板可粘贴于设备上,也可在不影响人流、物流及作业的情况下放置于设备周边合适的位置。设备看板的内容包括设备的基本情况、管理职责、巡检情况、巡检部位示意图、检修揭示图、主要故障处理程序、保养记录等内容。

2. 安全质量看板

安全质量看板的主要内容有运行养护现场每日、每周、每月的安全和运行品质状况分析,安全和运行品质趋势图,隐患或故障事故的件数及说明,员工的技能状况、改进成果等。

3. 班组管理看板

班组管理看板的内容包括调度运行、巡检计划、作业计划、计划的完成率、作业进度、设备运行与维护状况、项目部及班组的组织结构、员工出勤等内容。

4. 工序作业管理看板（现场作业指导书）

工序作业管理看板主要指泵闸工程维修养护时在工序之间作业使用的看板，如具体某项操作规程、工作流程和工艺要求等。

5. 宣传、培训看板

根据泵闸工程管理需要，通过看板进行企业文化、安全文化、管理文化、廉洁文化、班组合理化建议的展示，安全和运维知识的培训等。

2.7 形迹管理

2.7.1 基本概念

形迹管理，顾名思义，是指依照物体的形迹进行管理，即针对零部件、工具、夹具等物品，在其存放位置根据其投影之形状以绘图或者嵌入凹模的方式进行定位标识，使其便于取用、归位。通过这种勾勒物品形状的方法，按图案对应放置物品，实现管理的直观化，任何人都能一目了然地知道各种物品应该放置的位置和方式。形迹管理有助于物品存放有序，物品缺失能被及时发现，如图 2.14 所示。

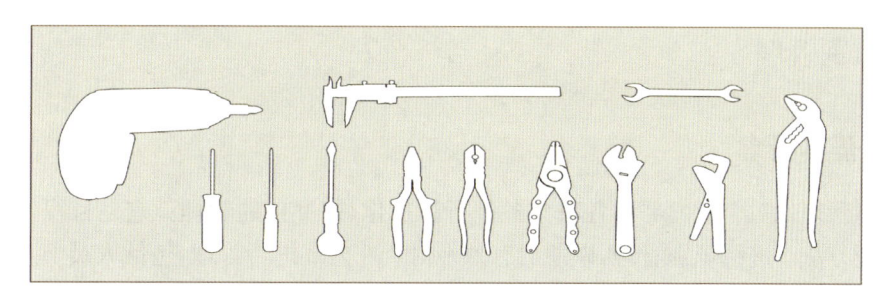

图 2.14 形迹管理示意图

实施形迹管理的目的：

(1) 便于取放。使每个物品都有固定的形迹图案，且摆放整齐、规范，便于物品的取用、归位。

(2) 减少物品找寻时间。由于物品摆放整齐、规范，而不是杂乱无章，这样大大减少物品找寻的时间，且使用起来方便，提高工作效率。

(3) 加强物品管理，容易及时发现物品丢失。一旦物品丢失，其形迹自然会显现出来，以减少物品清查时间，同时也很快会发现物品的缺失，时刻提醒操作者尽快找回丢失的物品或者工具。

例如，原先的工具柜虽然进行了整理，简单将工器具分类放置在各个格子里，但是依旧显得杂乱。采用重型工具柜，扳手类工具采用挂钩立面放置，使其一目了然，如图 2.15 所示。

图 2.15　形迹管理前后对比图

2.7.2　泵闸工程形迹管理主要内容

泵闸工程常被使用、形迹相对好画或者制作的物品或者工具，都适合采用形迹管理法。例如室内常摆放的灭火器、垃圾桶、扫把；墙上、壁柜上常挂着的工具；抽屉内常备的文具；工具箱内常在凹模中存放的工具和物品等。

2.8　识别管理

2.8.1　基本概念

识别管理是对企业内部的各项事务进行标准化、制度化的管理。它是目视管理中的一种管理方法。进行识别管理，以便更有效地对企业内部进行管理，包括人员、工种、员工熟练程度、机器设备、职务、作业产品和环境等各个方面的识别。通过对各种事务进行规范化、标准化的管理，达到事半功倍的效果，减少人员和设备的浪费，有效地利用时间，为企业创造更大的效益。

2.8.2　泵闸工程识别管理主要内容

1. 人员、职务、工种、资格和熟练程度识别

例如，通过衣帽的颜色、工牌，以及醒目的标示牌来区别。不同的工作服，其工种不一样；不同的作业人员，使用的安全帽不一样。

2. 工程设备识别

泵闸工程设备的识别，内容比较广泛，有机器设备的名称、型号、产地、管理编号、管理责任人、使用的人员、警示、状态、检查维修的日期、这台设备是否有缺陷，以及评级后的等级，这些都是工程设备的识别。

3. 作业识别

作业识别内容包括名称、类型、型号、规章、管理编号、数量、作业状态等。作业状态包括开始、中段、结束 3 种状态；检验状态包括未检的、检查中、已经检查过的状态；作业类别包括泵站、水闸、船闸的运行、观测、检测、试验、保养、维修、大修（含表面处理、组装、调试

等)各种类别的作业。

作业识别的方法：工序操作指引、指导书、标示牌、记录卡等。

4. 环境识别

（1）通道。识别人行道、机动车车道、消防通道、特别通行道。

（2）区域。识别办公室、运行区、作业区、检查区、设备缺陷区、外围管理区。

（3）设施设备。识别电路、油、气、水等管道、消防设施等。

环境识别一般是通过颜色和各类标示牌来区分。

2.9 信息管理

2.9.1 基本概念

信息管理是指对人类社会信息活动的各种相关因素（主要是人、信息、技术和机构）进行科学的计划、组织、控制和协调，以实现信息资源的合理开发与有效利用的过程。它既包括微观上对信息内容的管理——信息的组织、检索、加工、服务等，又包括宏观上对信息机构和信息系统的管理。

随着以互联网、物联网、大数据、云计算等为代表的信息技术的迅猛发展，信息化、智能化建设已成为新时期水利工程管理的重要任务，泵闸工程管理单位和运维单位应利用先进的信息化技术手段推进工程管理信息化、智能化，改变工程管理方式、提升管理效能，让管理工作落实更到位、调度控制更精准、过程管控更规范、信息掌握更及时、成效评价更便捷，提升现代化管理水平。

泵闸工程管理单位和运维单位应基于现代信息技术和水利工程管理发展新形势，切合泵闸工程管理特点和实际需求，将信息化与精细化深度融合，重点围绕业务管理、工程监测监控两大核心板块，构建安全、先进、实用的信息化管理平台。平台建设要紧扣泵闸工程精细化管理的"事项、标准、流程、制度、考核、成效"等重点环节，体现"系统化、全过程、留痕迹、可追溯"的思路，力求形成完整的工作链、信息流，实行管理事项清单化、管理要求标准化、管理流程闭环化、管理档案数字化、管理成效可视化、管理审核网格化，以工程管理信息化促进精细化更有效、更快捷地落地和推广。

2.9.2 本书所述泵闸工程信息目视管理内容

本书所述泵闸工程目视精细化管理中的信息管理，仅涉及一些简单运用，包括：

（1）LED显示屏、多点触摸屏。利用LED显示屏、多点触摸屏等，滚动播出泵闸工程相关临时信息，播出的信息量大，而且昼夜可见。

（2）视频。通过视频录像，对现场情况进行全面的监控，帮助管理者掌握现场实际情况。另外，视频记录也是事故原因调查中最直接的证据。

（3）语音提示。有声信号。

（4）特殊设施。感温纸、信号灯、灯箱等。

（5）二维码、钉钉内部平台的应用。

(6) 泵闸工程调度、巡检等微信小程序的应用。

(7) 泵闸智慧运维平台简介。

有关泵闸工程信息化展示、监控及管理平台的详细阐述，可参见泵闸工程信息化管理、智慧泵闸相关文献，本书仅涉及相关内容。

2.10 精细化管理

2.10.1 基本概念

精细化管理是一种管理理念，一门管理技术。

精细化管理是通过规则的系统化和细化，运用程序化、标准化、数据化和信息化的手段，组织管理各单元精确、高效、协同和持续运行。

日本丰田精细化管理模式12项要点：

(1) 消除各种浪费。

(2) 关注流程，提高整体效益。

(3) 建立无间断流程以快速应变。

(4) 降低库存。

(5) 全过程的高质量，一次做对。

(6) 基于顾客需求的拉动生产。

(7) 标准化与工作创新。

(8) 尊重员工，给员工授权。

(9) 团队工作。

(10) 满足顾客需要。

(11) 精益供应链。

(12) 自我反省和现地现物。

精细化管理的内涵——精、准、细、严、全：

(1) "精"是五精：精华（文化、技术、智慧）、精髓（管理）、精品（质量）、精通（外部协调）、精密（内部协调）。

(2) "准"是两准：准确、准时。

(3) "细"是四细：细分市场和客户、细分职能和岗位、细分项目（战略、决策、目标、任务、计划、指令）、细化制度。

(4) "严"是四严：严格执行制度、严格执行标准、严格执行流程、严格考核。

(5) "全"是三全：全员性、全面性、全过程性。

2.10.2 泵闸工程精细化管理的目的

(1) 确保泵闸工程安全运行。实施泵闸工程精细化管理，深入贯彻"安全第一、预防为主、综合治理"的安全生产方针，进一步建立健全各项规章制度和操作规程，在泵闸工程运行养护现场，规范员工行为，优化作业环境，消除安全隐患，确保泵闸工程安全运行。

(2) 提升泵闸工程管理水平。实施泵闸工程精细化管理,不断学习借鉴先进的管理理念和现代化的管理模式,总结积累近年来泵闸工程现场运行养护的经验和做法,进一步在泵闸工程运行养护过程中规范操作流程,统一运维标准,加强信息化建设,全面提升泵闸工程运行管理水平。

　　(3) 适应泵闸工程管理体制改革要求。随着水利工程管理单位体制改革的推进,各级泵闸工程管理单位将变成公益性、全额拨款事业单位,工作重心逐步转向泵闸工程管理。实施泵闸工程精细化管理,构建职能清晰、权责明确、科学规范、安全高效的管理体系,进一步明确工作内容、标准和要求,有助于推行绩效考核,转变工作作风,提高工作效率。

2.10.3　上海泵闸工程精细化管理基本要求

1. 安全生产标准化

　　从加强责任落实、消除安全隐患、确保运行安全入手,明确安全生产目标,完善规章制度,落实安全措施,加强风险管控,实现安全生产标准化。建立安全生产责任制,制定安全管理制度,排查治理隐患,加强危险源监控,建立预防机制,规范生产行为,使各环节符合安全生产法律法规和标准规范的要求。

2. 运行操作规范化

　　从规范操作行为、提高工作效率、确保运行稳定入手,完善泵闸工程操作程序,理顺运行流程,做到操作讲规范、工作讲程序,实现运行操作规范化。依据上海市防汛防台、活水畅流、船舶通航等工作要求,健全完善并严格执行泵闸工程运行调度方案;根据泵闸工程设施设备运行要求,制定相关运行操作程序和操作规范;细化交接班和应急处置工作流程和要求;规范各项运行台账记录。

3. 检查养护常态化

　　从规范检查养护的标准、频率、方法、内容等入手,细化完善检查养护制度、台账,实现检查养护常态化。按照《泵站技术管理规程》(GB/T 30948—2021)、《水闸技术管理规程》(SL 75—2014)、《上海市水闸维修养护技术规程》(SSH/Z 10013—2017)、《上海市水利泵站维修养护技术规程》(SSH/Z 10012—2017)等要求,完善泵闸工程观测、设施设备养护工作,健全检查排查常态机制和故障排除跟踪制度,加强维修养护台账管理。

4. 泵闸调度智能化

　　从提高信息技术运用、泵闸工程信息共享等入手,充分利用已建的公共信息服务平台,结合水利行业现有的信息系统资源,建立健全一个覆盖本地区的泵闸水资源调度的监测管理平台,来满足防汛安全、水环境保护和改善、应对水污染突发事件等水资源调度工作的需要,实现泵闸调度智能化。

5. 教育培训全员化

　　从强化岗位责任制、安全生产培训等工作入手,推进"一岗双责"建设,细化泵闸运行管理各工种的岗位规范,落实岗位责任制,健全员工考核奖励制度,促进制度与岗位的有效融合;定期开展全员"三级教育"、安全培训、岗位培训、继续教育等培训工作,增强员工操作技能水平,提高个人防护意识和能力,实现教育培训全员化。

"十四五"期间,上海市管泵闸将全面提升泵闸精细化管理水平,构建机制健全、运行规范、监管智慧、服务高效的泵闸工程精细化管理体系,打造与国际化大都市相匹配的泵闸工程精细化管理上海品牌。

关于泵闸工程目视精细化管理的总体思路及工作要点,参见本书第9章9.1节。

第3章

泵闸工程目视管理项目的功能配置

3.1 泵闸工程管理区域及管理事项的划定

3.1.1 泵闸工程管理区域划定

根据泵闸工程使用功能，对泵闸工程管理区域进行划定，以淀东水利枢纽为例，可划分为25个区域，具体名称和区域范围见表3-1。

表 3-1 淀东水利枢纽管理区域划分

序号	区域名称	区域范围
1	泵站厂房	包括水泵层和电机层建筑物及主机组、部分电气设备、泵站油气水系统等辅助设备。
2	节制闸闸室	包括胸墙、闸墩、潜孔式平面直升门及倒挂式液压启闭设备。
3	启闭机房	包括泵站和水闸启闭设备、液压系统等。
4	高压线路及电缆	包括35 kV架空线路、电力电缆等。
5	变压器室	包括主变室、站变室。
6	高低压室	包括35 kV高压开关室、10 kV高压开关室、高压电容器室、二次屏室等。
7	二次设备室、通信室等	包括继电保护屏柜、变频器、蓄电池、通信室、电容器补偿室、消防报警系统等。
8	站房门厅	包括主入口、次入口、楼梯间等。
9	上、下游引河	包括上、下游河道、堤防（防汛墙）及监观测设施。
10	泵房（水闸）进出水侧	包括泵房（水闸）进出水池（外河消力池）、外河翼墙、岸墙、清污机桥及清污机、检修闸门、出水口拍门、快速闸门、交通桥、监（观）测系统设施及其他附属设施。
11	船闸闸首	包括上闸首、下闸首、电气设备、启闭设备等设施设备。
12	船闸闸室	包括水工建筑物、闸门、阀门及附属设施。
13	引航道	包括上、下游护航设施、系航设施、信号装置及标志等。
14	中控室	包括泵闸及船闸的计算机综合自动化系统等。

续表

序号	区域名称	区域范围
15	泵闸安全工具间	放置安全专用设备、工具。
16	泵房检修间	用于泵闸维修或检修的场所。
17	管理单位办公室	包括管理人员、技术人员办公用房。
18	项目部物资仓库	包括防汛物资、一般物料、备品件管理区。
19	学习活动室	包括员工培训区、活动室、党建学习室、技师工作室。
20	运行养护项目部办公室、值班室	包括项目部管理人员、技术人员办公用房。
21	会议室	包括管理单位和运行养护项目部会议室。
22	员工食宿区	包括食堂、员工住宿区。
23	卫生间	包括泵房卫生间、管理单位和运维单位卫生间。
24	管理区	包括传达室、门禁系统、安全围栏、道路、停车场、绿化管理区、人文景观区、休闲区等。
25	临时专项维修施工区	根据泵闸大修或施工需要,临时设置主入口、作业区、物料区等。

3.1.2 泵闸工程管理事项划定

1. 管理事项划定一般要求

(1) 泵闸工程管理单位及运行养护项目部、专项维修项目部应根据工程类型和特点,按照泵闸工程管理精细化和标准化相关规定,制订泵闸工程运行养护年度工作计划,分解年度管理事项,编制年度管理事项清单。

(2) 管理事项清单应包含泵闸工程各项常规性工作及重点专项工作,分类全面、清晰。

(3) 管理事项清单应详细说明每个管理事项的名称、具体内容、实施的时间或频率、工作要求及形成的成果、责任人等。

(4) 对工程管理事项可按周、月、年等时间段进行细分,各时间段的工作任务应明确,内容应具体详细、针对性强。

(5) 每个管理事项须明确责任对象,逐条逐项落实到岗位、人员。

(6) 岗位设置应符合相关要求,人员数量及技术素质满足工程管理要求。

(7) 各运行养护项目部应建立管理事项落实情况台账资料,定期进行检查和考核。

(8) 当管理要求及工程状况发生变化时,应对管理事项清单及时进行修订完善。

2. 管理事项排查方法

管理事项排查一般采用树状分类法。在对管理事项排查过程中,先确定大的分类标准,将某些方面相似的事项归为一类,然后对同类事项再分类。

3. 泵闸工程管理事项划分实例

(1) 泵闸工程运行养护管理事项一般可分为以下七大类:

① 组织管理；

② 运行管理；

③ 检查评级观测试验；

④ 维修养护（含管理区绿化养护）；

⑤ 安全管理；

⑥ 环境管理；

⑦ 经济管理。

（2）每大类管理事项可分为若干项管理事项。以淀东泵闸运行养护项目部为例，其安全管理事项清单见表 3-2。

表 3-2　淀东泵闸运行养护项目部安全管理事项清单

序号	分类	管理事项	实施时间或频次	工作要求及成果
1	安全生产目标管理	制订项目部安全生产目标，并进行目标分解	年初	包括生产安全事故控制、生产安全事故隐患排查治理、职业健康、安全生产管理等目标。
				根据公司安全生产目标和项目部在安全生产中的职能，分解安全生产总目标和年度目标。
2		落实安全责任制	年初	1.与各班组、管理和作业人员签订安全生产责任书。 2.进一步明确安全员岗位职责。 3.完善各类人员的安全生产职责、权限和考核奖惩等内容。
3		安全生产计划、总结	年初，年末	组织编制年度安全生产计划、总结并上报。
4		月度计划、小结	月末	进行月度安全生产计划、小结。
5		安全生产例会	每月1次	跟踪落实上次会议要求，总结分析安全生产情况，评估存在的风险，研究解决安全生产工作中的问题，并形成会议纪要。
6		安全信息上报、零事故报告	每月25—30日	按水利部和管理单位相关规定执行。
7		安全生产台账	全年	按安全生产标准化要求执行。
8		安全生产标准化活动	全年	按管理单位和公司要求开展安全生产标准化活动。
9		安全生产标准化实施绩效评定及安全生产年度考核自评	年末	按管理单位和公司关于安全标准化实施绩效评定要求和安全生产考核奖惩管理办法，开展年度考核自评。根据考评结果进行整改。
			年末	按管理单位和公司要求，对安全生产法律法规、技术标准、规章制度、操作规程执行情况进行评估。根据评估结果，进行整改。

续表

序号	分类	管理事项	实施时间或频次	工作要求及成果
10	安全投入与管理	制订安全投入和经费使用计划	年初	制订安全投入和经费使用计划,报上级审批。
11		完善安全设施	适时	1.完善消防设施。 2.完善高空作业设施。 3.完善水上作业设施。 4.完善电气作业设施。 5.完善防盗设施。 6.完善防雷设施。 7.完善助航设施。 8.完善劳保设施。 9.完善安全标志等目视项目,推进安全生产目视化。
12		安全费用台账	全年	建立安全生产费用使用台账。专款专用。
13		从业人员及时办理相关保险	适时	按照有关规定,为从业人员及时办理相关保险。
14	安全制度化管理	法规标准识别	年初	向班组成员传达并配备适用的安全生产法律法规。
15		执行安全生产规章制度	适时	1.建立健全安全生产规章制度。 2.将安全生产规章制度发放到相关工作岗位,并组织培训,督促加以执行。
16		执行安全操作规程	适时	编制、修订并督促执行安全操作规程。
			必要时	新技术、新材料、新工艺、新设备设施投入使用前,组织编制或修订相应的安全操作规程。
			适时	安全操作规程发放到班组作业人员,并督促加以执行。
17	安全教育	制订安全教育培训计划	年初	制订安全教育培训计划并上报。
18		制订安全文化建设计划	按年度计划执行	制订安全文化建设计划,并按计划开展安全文化活动。
19		管理人员安全教育	全年	对全体管理人员进行教育培训,确保其具备正确履行岗位安全生产职责的知识与能力。
20		新员工安全教育	上岗前,7—8月	督促新员工上岗前接受三级安全教育培训。
21		转岗、离岗人员安全教育	适时	督促作业人员转岗、离岗一年以上重新上岗前,进行安全教育培训,经考核合格后上岗。

续表

序号	分类	管理事项	实施时间或频次	工作要求及成果
22	安全教育	在岗作业人员安全教育	全年	对在岗作业人员进行安全生产教育和培训。
23		特种作业人员安全教育	适时	特种作业人员接受规定的安全作业培训。
24		相关方及外来人员安全教育	不定期	督促检查相关方的作业人员进行安全生产教育培训及持证上岗情况。
			适时	对外来人员进行安全教育。
25		安全生产月活动	6—7月	按计划开展安全生产月活动。
26	配合水行政管理	水法规宣传教育	全年	配合管理单位开展水法规宣传教育。
			3月	配合管理单位开展世界水日、中国水周宣传活动。
27		土地权属划定	全年	配合管理单位做好管理和保护范围落实、土地权属划定、界桩界牌设置等工作。
28		配合水政巡视及查处违章事件	全年	配合管理单位做好水政巡视检查工作。
			泵闸工程运维必要时	1.配合管理单位在市水政监察部门的业务指导下,责令停止违法行为,限期改正。2.配合和协助公安、司法等部门查处发生在工程管理范围内的水事治安和刑事案件。
29		配合涉水项目批后监管	项目实施阶段	1.实施前应到现场监督项目放样和定界。2.涉水项目实施阶段巡视。3.参与涉水项目完工验收。4.涉水建设项目的巡视检查、记录及督促整改。
30		配合水质监测与管理	全年	配合管理单位进行水质监测与管理。
31		配合做好河长制相关工作	必要时	配合管理单位做好河长制相关工作。
32	泵站配合安全鉴定	配合管理单位开展泵站安全鉴定	首次在工程竣工验收后25年内进行,以后每5~10年进行1次	1.配合管理单位安全鉴定计划编制。2.配合委托鉴定单位。3.配合组织现场检查,提供相关资料。4.配合安全鉴定报告审查。5.配合安全鉴定成果归档。6.配合安全鉴定意见落实。
33	配合节制闸安全评价(鉴定)	配合管理单位开展节制闸安全评价(鉴定)	工程竣工验收后5年内进行,以后每隔10年进行1次	1.配合安全现状调查。2.配合委托安全检测单位。3.配合组织现场检测,提供相关资料。4.配合组织安全复核和评价。5.配合安全评价(鉴定)报告审查。6.配合安全评价(鉴定)报告上报及归档。7.配合安全评价(鉴定)意见落实。

续表

序号	分类	管理事项	实施时间或频次	工作要求及成果
34	安全风险管理及安全隐患治理	完善安全风险管理制度	年初	完善安全风险管理制度、重大危险源管理制度、隐患排查治理制度。
35		安全风险辨识	年初	对安全风险进行全面、系统的辨识,对辨识资料进行统计、分析、整理和归档。
36		安全风险评估及风险分析	适时	安全风险评估。
			每季度1次	每季度组织1次安全生产风险分析,通报安全生产状况及发展趋势,及时采取预防措施。
37		落实风险分级防控措施	全年	按风险分级防控要求,落实防控措施,包括工程技术措施、管理控制措施、个体防护措施等。
38		安全风险告知	年初,适时	在重点区域设置针对存在安全风险的岗位,明示安全风险告知卡,明确主要安全风险、隐患类别、事故后果、管控措施、应急措施及报告方式等内容。
39		落实重大危险源控制预案	年初	对确认的重大危险源进行安全评估,确定等级,制订管理措施和应急预案。
40		重大危险源监控、登记建档	全年	对重大危险源采取措施进行监控,包括技术措施(设计、建设、运行、维护、检查、检验等)和组织措施(职责明确、人员培训、防护器具配置、作业要求等),并登记建档。
41		安全隐患治理责任制	年初	建立并落实从项目经理到相关从业人员的事故隐患排查治理和防控责任制。
42		制订隐患排查清单	全年,及时完善	组织制订各类活动、场所、设备设施的隐患排查清单。
43		专项安全检查	重要节假日	组织节假日安全检查,对排查出的事故隐患,定人、定时、定措施进行整改。
44			冬季	组织冬季安全检查,对排查出的事故隐患,定人、定时、定措施进行整改。
45			每月1次	组织消防专项检查,对排查出的事故隐患,定人、定时、定措施进行整改。
46			适时	组织作业安全检查,对排查出的事故隐患,定人、定时、定措施进行整改。
47			适时	配合进行船闸上、下游违章专项检查,对排查出的事故隐患,定人、定时、定措施进行整改。
48			适时	配合专项工程施工安全检查,对排查出的事故隐患,定人、定时、定措施进行整改。

续表

序号	分类	管理事项	实施时间或频次	工作要求及成果
49	安全风险管理及安全隐患治理	专项安全检查	适时	配合进行信息化系统安全隐患排查,对排查出的事故隐患,定人、定时、定措施进行整改。
50		制订并实施重大事故隐患治理方案	全年	对重大事故隐患,制订并实施治理方案。
51		建立安全隐患排查治理台账,做好信息上报工作	全年	完善安全隐患排查治理台账。
			每月底	安全隐患排查治理信息上报,要求项目部每月进行安全信息上报,包括零事故报告。
52	现场安全管理	安全设施管理	全年	督促在建项目安全设施严格执行"三同时"制度;临边、孔洞、沟槽等危险部位的栏杆、盖板等设施齐全、牢固可靠;高处作业等危险作业部位按规定设置安全网等设施;垂直交叉作业等危险作业场所设置安全隔离棚;机械、传送装置等的转动部位安装防护栏等安全防护设施;临水和水上作业有可靠的救生设施;暴雨、台风等极端天气前后组织有关人员对安全设施进行检查或重新验收。
53		检修管理	全年	督促制订并落实综合检修计划,落实"五定"原则(即定检修方案、定检修人员、定安全措施、定检维修质量、定检维修进度),检修方案应包含作业安全风险分析、控制措施、应急处置措施及安全验收标准,严格执行操作票、工作票制度,落实各项安全措施;检修质量符合要求;大修工程有设计、批复文件,有竣工验收资料;各种检修记录规范。
54		特种设备管理	全年	按规定进行登记、建档、使用、维护保养、自检、定期检验以及报废;有关记录规范。
			年初	制订特种设备事故应急措施和救援预案。
			适时	达到报废条件的及时向有关部门申请办理注销。
			全年	建立特种设备技术档案。
55		设施设备安装、验收、拆除及报废	必要时	协助管理单位,对新设施设备按规定进行验收,设施设备安装、拆除及报废应办理审批手续,拆除前应制订方案,涉及危险物品的应制订处置方案,作业前应进行安全技术交底并保存相关资料。

续表

序号	分类	管理事项	实施时间或频次	工作要求及成果
56	现场安全管理	临时用电	各种作业时	督促按有关规定编制临时用电专项方案或安全技术措施,并经验收合格后投入使用;用电配电系统、配电箱、开关柜符合相关规定;自备电源与网供电源的联锁装置安全可靠,电气设备等按规范装设接地或接零保护;现场起重机等起吊设备与相邻建筑物、供电线路等的距离符合规定;定期对施工用电设备设施进行检查。
57		危化品管理	年初	建立危险化学品的管理制度。
			全年	购买、运输、验收、储存、使用、处置等管理环节符合规定,并按规定登记造册。
			适时	落实警示性标志和警示性说明及其预防措施。
58		高处作业	作业时	严格执行安全操作规程,加强检查监督。
59		起重吊装作业	作业时	严格执行安全操作规程,加强检查监督。
60		水上水下作业	作业时	严格执行安全操作规程,加强检查监督。
61		焊接作业	作业时	严格执行安全操作规程,加强检查监督。
62	应急管理	生产安全应急预案	适时,每年1次	编制生产安全应急预案及报批。
			汛前,每年1次	编报泵闸(含船闸)突发故障应急预案或处置方案(含防汛预案)。
			每年至少1次	开展预案演练。
63		防汛物资专项管理	全年	按上级防汛工作要求,加强防汛物资专项管理。
64		突发事件应急处置	及时	如发生突发事件及时按预案进行应急处置。
65		配合事故处理	必要时	配合事故处理、事故报告。
			年底或汛前	配合应急处置总结与评估。
66	安全保卫	泵闸工程非运行期值班	非运行期	加强泵闸工程值班管理。
67		相关方管理	检修、施工期间	1.严格审查检修、施工等单位的资质和安全生产许可证,并在发包合同中明确安全要求。 2.与进入管理范围内从事检修、施工作业的单位签订安全生产协议,明确双方安全生产责任和义务。 3.对进入管理范围内从事检修、施工作业过程实施有效的监督,并进行记录。
68		配合管理单位安防系统维护	全年	配合管理单位开展安防系统维护。

续表

序号	分类	管理事项	实施时间或频次	工作要求及成果
69	安全保卫	抓好消防管理	年初	建立消防管理制度,建立健全消防安全组织机构,落实消防安全责任制。
			适时	防火重点部位和场所配备足够的消防设施、器材,并完好有效。
			全年	建立消防设施、器材台账。
			作业时	严格执行动火审批制度。
			每年不少于1次	按规定开展消防培训和演练。
70		配合管理单位管理区交通管理	全年	配合管理单位管理区交通管理。
71		配合市重大活动、专项活动安保工作	必要时	配合市重大活动、专项活动安保工作。
72		配合管理单位综合治理达标创建	必要时	配合管理单位综合治理达标创建。
73	职业健康	防护设施、防护用品配置	适时	配备相适应的职业病防护设施、防护用品。
74		防护设施、防护用品检测	按规程要求	做好防护设施、防护用品检测工作。
75		职业健康检查	适时	对从事接触职业病危害的作业人员应按规定组织上岗前、在岗期间和离岗时职业健康检查,建立健全职业卫生档案和员工健康监护档案。
76		职业健康可视化	年初	公布有关职业病防治的规章制度、操作规程、职业病危害事故应急救援措施。
77		落实针对性的预防和应急救治措施	全年	落实针对性的预防和应急救治措施。
78		夏季防暑降温	夏季高温时	做好夏季防暑降温工作。
79	防汛防台专项工作	完善防汛组织,落实防汛责任制	4月底前	完善防汛组织,落实防汛责任制,项目部与班组、项目部与员工分别签订防汛责任书。
80		落实防汛抢险队伍	汛前	根据抢险需求和工程实际情况,确定抢险队伍的组成、人员数量和联系方式,明确抢险任务,提出设备要求等。
81		防汛制度完善	汛前	完善防汛工作制度、防汛值班制度、汛期巡视制度、信息报送制度、防汛抢险制度等,并公布。

33

续表

序号	分类	管理事项	实施时间或频次	工作要求及成果
82	防汛防台专项工作	防汛预案编制、上报与演练	汛前	1.修订防汛预案,并上报。 2.开展防汛演练,制订演练计划、方案,并组织实施和总结。
83		检查和补充备品备件、防汛物资	汛前	1.协助管理单位根据《防汛物资储备定额编制规程》(SL 298—2004)储备一定数量的防汛抢险物资。 2.协助管理单位完善防汛物资代储协议。 3.加强防汛物资仓库(备品备件库)管理。 4.编制防汛物资调配方案。 5.加强防汛物资(含备品备件)保管,建立防汛物资(含备品备件)台账。 6.按规定程序,做好防汛物资调用、报废及更新工作。 7.补充工程及设备的备品备件。
84		配合管理单位清除管理范围内上、下游河道的行洪障碍物	汛前	配合管理单位清除管理范围内上、下游河道的行洪障碍物,保证水流畅通。
85		防汛通信畅通	汛前	配合管理单位做好水情传递以及泵闸工程与管理单位、上级防汛指挥机构之间的联系通畅。
86		完善交通和供电、备用电源、起重设备	汛前	1.对防汛道路进行全面清理,对交通供电设施设备进行维修养护,确保道路与供电畅通。 2.做好备用电源、起重设备维修保养工作。
87		完成度汛应急养护项目	汛前	1.完成度汛应急养护项目。 2.对跨汛期的维修养护项目,应制订度汛方案并上报。
88		汛前检查工作总结	5月底	分别上报管理单位、上级主管部门。
89		加强汛期防汛值班及信息上报	汛期	1.按相关制度执行,并加强督查。 2.做好防汛防旱信息报送工作。 3.做好突发险情报告工作。
90		工程防汛调度	工程运行期	按管理单位工程调度方案执行。
91		工程防汛运行	工程运行期	严格执行操作票等制度,确保工程安全运行。
92		加强汛期巡视检查	汛期	按技术管理细则相关规定执行。落实巡视人员、内容、频次、记录、信息上报等。
93		异常情况和设备缺陷记录	汛期、运行期	及时记录工程在运行中发生的异常情况和设备存在的缺陷,以便制订下一年度的维修计划。

续表

序号	分类	管理事项	实施时间或频次	工作要求及成果
94	防汛防台专项工作	防暑降温及设备安全	高温季节	做好高温季节防暑降温及设备安全工作。
95		汛期应急处置工作	汛期	按汛期应急处置方案进行。
96		汛后检查、观测、保养、维修、电气设备、电器安全用具预防性试验	汛后	开展汛后工程检查、工程观测、工程保养、工程维修、电气设备、电气安全用具预防性试验工作,并做好记录、资料整理。
97		备品备件、防汛抢险器材和物资核查	汛后	检查核实机电设备备品备件、防汛抢险器材和物资消耗情况,编制物资器材补充计划。
98		观测资料、水情报表等资料汇编	汛后	督促做好观测资料、水情报表等资料的汇编工作。
99		防汛工作总结	汛后	督促做好防汛工作总结,并上报管理单位和上级主管部门。
100		编报下年度维修养护计划	汛后	根据汛期特别检查、汛后检查等,编报下年度维修养护计划。

3.2 泵闸工程目视管理项目功能配置基本要求

根据泵闸工程的水工建筑物、机电设备及外围环境的规范化管理技术要求,目视管理项目的功能配置(定置),是实现泵闸工程标准化、精细化管理的必备条件。

泵闸工程目视管理项目功能配置应首先掌握基本要求,包括:

(1)泵闸工程的生产活动所涉及的场所、设备(设施)、检修施工等特定区域以及其他有必要提醒人们注意危险有害因素的地点,应配置相应的目视标识。

(2)新(改、扩)建泵闸工程标识标牌的设置(调整)应在工程投入使用前完成。

(3)目视标识应清晰醒目、规范统一、安装可靠、便于维护,适应使用环境要求。

(4)目视标识颜色、规格、材质、内容等应严格遵循国家相关法律、法规、标准的要求。标识所用的颜色应符合《安全色》(GB 2893—2008)的规定。

(5)标识标牌设计应依据泵闸工程的资源、特色、管理理念进行设计,并充分考虑标识所适用的对象和环境,为泵闸工程制定标准的视觉符号。

(6)注意色彩的纯度和色度,所应用色彩既要能直观反映工程及管理区域的特色,又要有与众不同的识别性。

(7)对标识图形的视觉调整也是非常关键的,目的是取得视觉上的和谐和对比,使标

（8）标识标牌的设置应综合考虑、布局合理，防止出现信息不足、位置不当或数量过多等现象。

（9）现有的标识标牌缺失、数量不足、设置不符合要求的，应及时补充、完善或替换。

（10）标识标牌设置条件、内容发生变化时，应及时更换或去除。

（11）目视标识设置后，不应存在对人身造成伤害、影响设备安全的潜在风险或妨碍正常工作。

（12）泵闸工程管理和运行养护单位应建立目视项目的管理台账，并纳入信息化系统进行管理，并及时更新完善。

3.3 泵闸工程上、下游引河目视化功能配置

泵闸工程上、下游引河目视化功能配置见表3-3。

表3-3 泵闸工程上、下游引河目视化功能配置

序号	项目名称	配置位置	基本要求	备注
一	导视及定置类			
1	工程路网导视标牌	公路主干道、次干道路口	标牌内容包括名称、方向、距离和地址等。	参见4.2节。
2	工程区域总平面分布图	上、下游合适位置或管理区主入口	由主图、图名称和图例组成。主图可为鸟瞰图、效果图等。主图中应标注主要和附属建筑物名称、河道名称、相应的附属设施等，并醒目标注观察者位置。	参见4.3节。
3	工程区域内建筑物导视标牌	宜设置在道路交叉路口处	内容为建筑物、构筑物名称和方向指示等。同一单位的泵闸工程区域内建筑物导视标牌的规格、材料、风格应力求协调一致，式样及色彩还应与本泵闸工程目视化整体风格相协调。	参见4.4节。
4	河长制公示牌	上、下游适当位置	按市河长制管理机构的相关规定内容制作。应包含人员姓名、单位名称、担任职务、联系电话等内容。	上、下游各1块。
5	参观路线标志	按规定的参观路线设置	参照巡视点地贴标志制作安装。	需要时设置。
6	巡视标志	巡视路线、巡视点及检查重点部位	张贴巡查路线图；粘贴重点检查部位提示牌；粘贴巡视点地贴标志；悬挂巡检内容标识牌。按相应标准制作安装。	参见4.6节。
7	通航允许船只吨位提示牌	船闸上、下游适当位置	按船舶通航相关规定制作。	上、下游各1块。
8	通航红绿灯	船闸上、下游适当位置	设置红绿灯提示通航状态。设置应符合《内河助航标志》（GB 5863—1993）的要求。	参见7.5节。

续表

序号	项目名称	配置位置	基 本 要 求	备 注
9	通航限高设备及标识	船闸上、下游适当位置	限制通行船只高度。设置应符合《内河助航标志》(GB 5863—1993)的要求。	参见 7.5 节。
二	公告类			
1	围墙或围网	封闭管理区外围	根据管理需要,对应实行封闭管理的管理区域,设置围墙或围网,其设置的风格应与泵闸工程管理单位整体建筑风格相协调。	
2	管理线桩(牌)	按管理范围和确权范围布设	应包含勘测点、界桩点、重要基础设施、工程名称、编号、公告主体等内容。	参见 6.5 节。
3	管理保护范围告示牌	按相关法规布设	应包含工程管理区域、工程保护区域、勘测点、重要基础设施、公告主体等内容。	参见 5.7 节。
4	水法规相关标牌	上、下游河道、堤防、岸墙、翼墙	内容可从国家及地方相关法律法规、规章中摘选。其中水法规告示标牌数量可根据实际需要确定,泵闸工程上、下游合计不宜少于 4 块。	参见 5.8 节。
5	通航显示屏	适当位置	显示最新船闸信息,按专项设计方案实施。	参见 8.5 节。
6	日常维护清单看板	墙面醒目位置	使运行和管理人员熟悉日常维护清单,便于按日常维护清单要求每天、每周、每月等不同周期进行保养、维护、检修等作业。应根据泵闸工程相应的作业指导书要求编制。	参见 5.27 节。
7	泵闸工程和设备管护标准看板	墙面或设备醒目位置	使运行和管理人员熟悉工程和设备管护标准,做到工作标准明确,业务考核有依据。应以所管工程的技术管理细则为依据,结合实际情况制定。	参见 5.28 节。
8	泵闸工程运行养护项目部相关公示栏	合理设置	通过合理化建议、优秀事迹和先进人物的表彰公示,设置公开讨论栏、关怀温情专栏,对企业宗旨方向、远景规划等内容公示,增强员工凝聚力和向心力,同时也是为了体现公开、公正、公平。	参见 8.1 节。
9	宣传栏、文化墙	利用走廊、墙面等	通过展示,体现企业文化内涵、企业形象、员工风采等内容,彰显单位文化,展现精神风貌,展示对外窗口形象。	参见 8.1 节。
10	泵闸工程管理区夜景设置	必要时	按其设置指引进行专项设计。	参见 8.1 节。
三	名称编号类			
1	设施设备名称标牌	按规定要求进行	对设备名称标注,以便于建档立卡管理。同时,设置二维码标牌,推进设备信息的电子化管理。	参见 6.10 节。

续表

序号	项目名称	配置位置	基本要求	备注
2	设施设备编号	按规定要求进行	同类设施设备按顺序编号,内容包括设备名称及阿拉伯数字编号。	参见6.11节。
3	里程桩、百米桩	上、下游引河堤防	设置一定数量的里程桩、百米桩,准确定位工程所在河道堤防的位置。	参见6.8节、6.9节。
4	水文观测设施及标志	上、下游边墩(或翼墙)处	布设水尺、水位计等水位观测设施及标志。	按规定定期校正。
5	河床观测设施及标志	按规范要求设置	按观测任务书要求和制作标准设置河床断面桩。	参见6.7节。
6	沉降、位移及测压管观测设施及标志	按规范要求设置	对泵闸工程及其管理区建筑物观测标点、测压管管口名称进行标示,以便于对照路线图和作业指导书进行观测管理。	参见6.7节。
7	泵闸工程观测点分布图	上、下游适当位置	按实际观测点绘制平面分布图。	必要时。
8	上、下游水位标志	在河坡或翼墙相应的整数值刻度位置	对泵闸工程设计水位进行标注,对照上、下游水位尺,在河坡或翼墙相应的整数值刻度位置,最长白线位置高程对齐高程实际值。	参见6.6节。
四	安全类			
1	摄像机及视频监视提示标识	上、下游管理范围内	布置合理数量和形式的摄像机,使管理范围内视频监视可全面覆盖,无死角。	参见5.32节。
2	照明设备	上、下游	用于夜间观测泵闸工程进出水池,合理设置。	
3	公共救生设施	上、下游适当位置	配备救生圈、救生衣、救生绳等,便于出现淹溺事故时紧急使用。	参见7.17节。
4	安全警示组合标牌	上、下游	禁止游泳、禁止捕鱼、禁止垂钓、禁止驶入、禁止停泊、当心落水、禁止抛锚等。不通航节制闸或泵站上、下游引河设置禁行标志。	参见7.11节。上、下游各4块。
5	危险源登记管理卡	醒目位置	内容包括安全风险名称、风险等级、所在工程部位、事故后果、主要管控措施、主要应急措施、责任人等。	参见7.8节。
6	四色安全风险空间分布图	醒目位置	包括编号风险源名称、风险因素、风险等级、风险颜色预防建议、责任人等。	参见8.3节。
7	危险源告知牌	醒目位置	内容包含名称、地点、责任人、控制措施和安全标志等。	参见7.9节。
8	作业安全提示牌	上、下游	规范员工操作行为、提示注意事项。上、下游各2块。	参见7.3节。

续表

序号	项目名称	配置位置	基本要求	备注
9	上、下游拦河浮筒油漆标志、钢丝绳防护标志	上、下游拦河浮筒及钢丝绳	使运行和管理人员熟悉上、下游拦河浮筒油漆标志、钢丝绳防护标志相关知识,提醒外来船只及相关作业人员注意安全。	参见4.27节。
10	运行突发故障应急处置看板	醒目位置	告知运行维护及管理人员熟悉泵闸工程运行突发故障或事故的原因及处置的方法。	参见7.10节。
11	临水栏杆组合式安全标识牌	醒目位置	设置组合式安全标识牌,教育和引导管理人员、外来人员遵纪守法,确保工程安全运用。	参见7.12节。
12	设备接地标志	按规范设置	扁铁接地线标志在全长度或区间段及每个连接部位表面附近,应涂以15~100 mm宽度相等的绿色和黄色相间的条纹标志。	参见7.13节。
13	安全文化目视化	合理布置	将安全方针、安全理念、安全标语、安全要求等编制成标牌、看板、动漫、视频或漫画等在现场进行播放或展示,力求取得宣传效果。	参见8.1节。

3.4 泵房或水闸桥头堡入口(门厅)目视化功能配置

泵房或水闸桥头堡入口(门厅)目视化功能配置见表3-4。

表3-4 泵房或水闸桥头堡入口(门厅)目视化功能配置

序号	项目名称	配置位置	基本要求	备注
一	导视及定置类			
1	门牌及相关标识	门口处	设置标示门牌、玻璃门防撞条及推拉标志,按相应标准制作安装。	参见6.4节、4.26节。
2	楼层导视标牌	在建筑物或多层建筑物楼梯入口处	含楼层导视、楼层索引、上下楼梯踏步标识等。泵闸工程内的建筑物为多层建筑时,应设置建筑物内楼层导视标牌,标注每层功能间名称。	参见4.5节。
3	电梯标识	如有,合理设置在电梯内外侧	1.应设置"楼层指示""电梯安全使用须知""严禁超载""防止坠落""严禁拍打""请勿在厅门处停留""火警时请勿乘坐电梯"等警示牌。 2.电梯轿厢内应粘贴专业部门的检验合格证(或特种设备使用标志)。 3.应设有通风装置、超限报警装置、照明装置、救援电话、紧急呼救按钮等。	参见7.21节。

续表

序号	项目名称	配置位置	基 本 要 求	备 注
4	防绊脚提示标识	人行通道、巡检路线上横向贯穿的管道或障碍物处	有明显的防绊提示,且标准统一。	参见4.15节。
二	公告类			
1	工程介绍牌	门厅入口	文字内容应包括工程名称、位置、规模、功能、建成时间、关键技术参数、设计标准及服务范围等内容。图片应包括工程规划图或所在水系图等,宜明确工程受益范围。泵闸工程概况还应包括工程等级、主水泵型号、主电机型号、启闭机型号、闸门形式、设计流量、校核流量、泵组单机流量、单机功率、单机扬程、工程效益等主要技术指标。	参见5.3节。
2	运行管理介绍牌及运行养护单位介绍牌	门厅入口或建筑物醒目位置	应包括管理单位及运行养护单位名称、职责、人员配置、日常管理行为、精细化和规范化管理亮点等内容。	参见5.5节。
3	领导视察简介牌	必要时	按标识标牌的标准设计制作,介绍有关领导检查视察有关信息。	
4	LED显示屏	必要时	用于播放泵闸工程运维重要信息。	参见8.5节。
5	宣传册	必要时	宣传管理单位文化。	参见8.1节。
6	参观须知或外来人员告知牌	门厅入口	提示参观人员或外来人员进入工程管理范围或泵闸工程现场的注意事项,保障工程安全运用。	参见5.2节。
7	值班人员明示	门厅入口	应包括岗位、姓名、照片、电话等。值班人员明示牌用于明示当班人员。	参见5.20节。
8	组织架构告知牌	门厅入口,其他重要位置	1.项目部组织架构告知牌内容应包括运行养护项目部项目经理、技术负责人、工程管理员、运行班长、运行人员、检修班长、检修人员、档案资料员、材料员、安全员等。 2.安全生产组织告知牌应明示泵闸工程整个安全组织网络体系。 3.防汛责任人告知牌应明示泵闸工程管理单位和运维单位的防汛行政责任人、技术责任人、巡查责任人名单。	参见5.6节。

续表

序号	项目名称	配置位置	基本要求	备注
9	泵闸工程运行养护项目部相关公示栏	合理设置	通过合理化建议,对优秀事迹和先进人物的表彰公示,设置公开讨论栏、关怀温情专栏,对企业宗旨方向、远景规划等内容公示,增强员工凝聚力和向心力。同时也是为了体现公开、公正、公平。	参见8.1节。
10	宣传栏、文化墙	走廊、墙面等	通过展示,体现单位文化内涵、企业形象、员工风采等内容,展现精神风貌,展示对外窗口形象。内容包括室内"党务公开"管理看板。	参见8.1节。
三	安全类			
1	危险源告知牌	醒目位置	内容包含名称、地点、责任人员、控制措施和安全标志等。	参见7.9节。
2	摄像机及视频监视提示标识	合理定置	布置合理数量和形式的摄像机,使管理范围内视频监视可全面覆盖,无死角。提醒标识可根据实际尺寸定制。	参见5.32节。
3	安全帽定置	门厅入口处	一般不少于10个,并有运维企业标识。	参见4.24节。
4	消防器材分布图及疏散平面图	门厅或楼梯口醒目位置	按标识标牌的标准设计制作,分布图上须有消防器材标号信息。	参见7.19节。
5	四色安全风险空间分布图	醒目位置	应包括编号风险源名称、风险因素、风险等级、风险颜色预防建议、责任人等。	参见8.3节。

3.5 泵房、水闸桥头堡、启闭机房目视化功能配置

泵房、水闸桥头堡、启闭机房目视化功能配置见表3-5。

表3-5 泵房、水闸桥头堡、启闭机房目视化功能配置

序号	项目名称	配置位置	基本要求	备注
一	导视及定置类			
1	门牌及相关标识	门口处	设置标示门牌、玻璃门防撞条及推拉标志,按相应标准制作安装。	参见6.4节、4.26节。
2	巡视标志	巡视路线、巡视点及检查重点部位	张贴巡查路线图;粘贴重点检查部位提示牌;粘贴巡视点地贴标志;悬挂巡检内容标识牌。按相应标准制作安装。	参见4.6节。

续表

序号	项目名称	配置位置	基本要求	备注
3	参观路线标志	允许参观区域	根据工程实际情况,设置参观路线标志。	需要时设置。
4	表计界限范围标识	表计上	在各种表计上制作"表计分段指示标记",明显地区分不同的刻度范围。	参见4.8节。
5	设备运行状态标识	选择主流程设备、重要设备、关键设备及管理需要标识的设备	通过设备运行状况标识,把正常的运行方式予以公告,设备运行、备用、维护等状态一目了然。现采用四色盘标示,可根据实际尺寸定制。	参见4.9节。
6	设备阀门位置指示标识	设备上	包括扳手型阀门标识和轮式阀门标识,按标准制作和悬挂。	参见4.10节。
7	螺栓、螺母松紧标识	螺栓、螺母处	螺丝和螺母松动一目了然,提高巡检的效率。按相应标准制作。	参见4.11节。
8	方向引导标识	泵房内部交叉路口	按相应标准制作。	参见4.12节。
9	防踏空标识	在台阶或楼地面有高差处	按相应标准配置。	参见4.13节。
10	防碰撞标识	容易碰撞处	按相应标准配置。	参见4.14节。
11	防绊脚提示标识	现场人行通道、巡检路线上横向贯穿的管道或障碍物处	有明显的防绊提示,且标准统一。	参见4.15节。
12	仪器设备定位	合理定位	仪器设备定位摆放整齐,无多余物。	参见4.22节。
13	暂放物标识	暂放物	不在暂放区的暂放物应有标识或围栏。	参见4.22节。
14	非正常状态标识	仪器、设备	仪器、设备状态良好,非正常状态应有明显标识。	参见4.22节。
15	检验标签	仪器、仪表	仪器、仪表检验标签张贴规范,在有效期内。	参见5.24节。
16	废弃管线标识	管线	废弃管线及时清除,预留的应设置标识。	参见4.22节。
17	工具形迹管理	合理定置	各类工具使用后及时归位,实行形迹化管理。	参见4.22节。
18	办公桌面物品定置	合理定置	规范桌面定置管理,培养将物品放置原位的习惯,提高工作效率。	参见4.23节。
19	文件资料和文件夹定置	合理定置	文件资料和文件夹合理定置,有序管理。	参见4.23节。

续表

序号	项目名称	配置位置	基本要求	备注
20	"小心地滑"提醒标志	需要时设置	定制。	参见7.3节。
21	墙角墩柱安全标识	墙角墩柱	以画黄色、黑色相间油漆线为原则来标示危险区域,在难以涂色的部位,可以悬挂或贴附危险区域标示牌。	参见7.6节。
22	设备基座区域线	设备基座	在基座的侧面边沿,标示黑黄相间线。	参见4.28节。
23	风机出风口飘带标识	风机出风口	用双面胶或强力胶固定在出风口合适的位置处,判定风机工作状态。	参见4.29节。
24	吊物孔盖板定置及标识	吊物孔处	按相应标准制作安装。	参见4.30节。
二	公告类			
1	工程建设永久性责任标牌	建筑物外侧适当位置	对工程建设永久性责任标牌张贴公告,明确参建各方责任和义务。应包括工程名称、开竣工日期、建设、勘察、设计、施工、监理单位全称及负责人等内容。	参见4.9节。
2	主要技术参数表标牌	泵房、启闭机房	应包括工程位置、所在河流、运用性质、开竣工时间、主要技术参数、主要设备型号等。	参见5.10节。
3	泵闸平面分布图、立面图、剖面图标牌	墙面醒目位置	平面图、立面图、剖面图中应标注主要建筑名称、特征水位、关键高程、关键参数等。	参见5.4节。
4	电气设备揭示表标牌	墙面醒目位置	应包括主要电气设备的规格型号、制造时间、安装时间、投运时间、大修、养护周期及设备评级等内容。主要电气设备包括变压器、主电机、高低压开关柜等。	参见5.11节。
5	机械设备揭示表标牌	墙面醒目位置	应包括主要机械设备的规格型号、制造时间、安装时间、投运时间、大修、养护周期及设备评级等内容。水闸机械设备包括启闭机、闸门等。泵站机械设备包括主水泵、油气水系统、断流设施、起重设备及清污系统等。	参见5.11节。
6	水泵装置性能曲线标牌	墙面适当位置	使运行和管理人员熟悉水泵装置流量与叶片角度及扬程的关系。通过纵坐标的扬程和横坐标的流量数据来确定具体的数值。	参见5.13节。
7	节制闸技术曲线标牌	墙面适当位置	应包括闸下安全水位-流量关系曲线、闸门开高-水位-流量关系曲线。	参见5.14节。

续表

序号	项目名称	配置位置	基 本 要 求	备 注
8	供排水系统图	醒目位置	按标识标牌相应标准设计制作。	参见5.16节。
9	启闭机控制原理图	设备上	处理启闭机系统故障时,查阅系统图快捷、方便。应标明主要设备名称、编号、图例等。	参见5.15节。
10	工作流程图	墙面适当位置	含调度反馈流程、操作流程、试运行流程、突发故障应急处理流程。流程图应根据泵闸工程相应的作业指导书要求编制。	参见5.25节。
11	设备责任牌	粘贴或悬挂于设备上	包括设备名称、型号、责任人、制造厂家、投运时间、设备评级、评定时间等。	参见5.21节。
12	日常维护清单看板	墙面醒目位置	使运行和管理人员熟悉日常维护清单,便于按日常维护清单要求每天、每周、每月等不同周期进行保养、维护、检修等作业。应根据泵闸工程相应的作业指导书要求编制。	参见5.27节。
13	泵闸工程和设备管护标准	墙面或设备醒目位置	使运行和管理人员熟悉工程和设备管护标准,做到工作标准明确,业务考核有依据。应以所管工程的技术管理细则为依据,结合所管工程实际情况制定。	参见5.28节。
14	机电设备日常保养卡	维修养护设备附近	记录日常养护情况,要求泵闸工程养护人员如实、及时、规范填写,以达到日常管理要求。	参见5.30节。
15	管理制度标牌	墙面醒目位置	按制度标牌标准制作安装。具体内容见附录A。	参见5.18节。
16	调度规程、安全操作规程、操作说明书标牌	墙面或设备上	将泵闸工程调度规程、操作规程或操作步骤标牌正确明示,使运行、维护和各类管理人员熟悉、掌握,自觉运用。	参见5.22节。
17	作业指导书看板	设备上醒目位置	将作业指导书简化为图文版,明确具体操作的方法、步骤、措施、标准和人员责任,通过实物与图文比对反映现场运行、养护等作业重点,提高发现问题能力。	参见5.26节。
18	计算机设备登记卡	粘贴在计算机的上方或外侧面板上	制作计算机目视化标签,根据泵闸工程实际运维情况指定哪些电脑允许使用U口、光驱、软驱,在计算机目视化标签中做好标识;同时,将需要封掉的光驱、软驱、U口采用透明胶带封住。	如有,参见5.33节。

续表

序号	项目名称	配置位置	基本要求	备注
19	泵闸工程运行养护项目部相关公示栏	合理设置	通过合理化建议,对优秀事迹和先进人物的表彰,设置公开讨论栏、关怀温情专栏,对企业宗旨方向、远景规划等内容公示,增强员工凝聚力和向心力。同时也是为了体现公开、公正、公平。	参见8.1节。
20	宣传栏、文化墙	利用走廊、墙面等	通过展示,体现企业文化内涵、企业形象、员工风采等内容,彰显单位文化,展现精神风貌,展示对外窗口形象。	参见8.1节。
三	名称编号类			
1	管理单位名称及项目部名称标牌	入口处	按相应标准制作安装。	参见6.2节。
2	房间名称标牌	入口处	按相应标准制作安装。	参见6.4节。
3	设施设备名称标牌	按规定要求进行	对设备名称标注,以便于建档立卡管理。同时,设置二维码标牌,推进设备信息的电子化管理。	参见6.10节。
4	设施设备编号	按规定要求进行	同类设施设备按顺序编号,内容包括设备名称及阿拉伯数字编号。	参见6.11节。
5	闸阀铭牌	闸阀上	对管路的闸阀功能进行标注,以便于运行和管理人员熟悉闸阀的转向及具体用途。闸阀标牌包括闸阀名称和旋转方向标识。	参见6.15节。
6	设施设备涂色	按规定要求进行	安全色采用国家标准(GB 2893—2008),部分可参照能源行业相关颜色标准(NB/T 10502—2021)。	参见6.12节。
7	设备管道方向标识	按规定要求进行	使运行和管理人员熟悉泵闸工程设备、管道的旋转、示流方向,以便于管理。	参见6.13节。
8	管道名称流向色彩标识	按规定要求进行	管道名称、流向标牌内容包括管道功能、介质名称及流向等。	参见6.14节。
9	液位指示线	按相应标准设置	使运行和管理人员熟悉油、气、水等显示方式及刻度位置。分为旋转设备液位指示线和非旋转设备油箱液位指示线。	参见6.17节。
10	闸门开度指示标志	按相应标准设置	对照水闸启闭机的形式,制作不同形式的闸门开度指示牌。	参见6.18节、6.19节。
11	起重机吊钩及额定起重量标牌	起重机吊钩上	按相应标准设置。	参见6.20节。

续表

序号	项目名称	配置位置	基本要求	备注
12	线缆标签	线缆管理电话线、数据线、电源线、LAN电缆、HUB网络数据线	电源线、网线、数据线分类整理,有标签。让管理人员熟悉电缆参数、位置、走向等,方便查找,插拔准确快捷,减少误操作。	参见6.22节。
13	工作环境标志	需要时设置	依据泵闸工程技术管理细则和运行、巡查作业指导书要求,对工作环境的温湿度指示进行明示,随时监控,保持室内的温湿度在标准范围之内。	参见6.25节。
14	泵闸工程主要高程告知牌	泵房或水闸桥头堡的入口、出口、门厅、电机层、水泵层等位置	使运行和管理人员了解主要部位所处的高程,确保机组运行在正常水位状态,防止运行和检修过程中,因操作失误造成水淹等事故。	参见6.31节。
15	运维资料管理	合理定置	分类定位放置,有相应标识,明确责任人,有编号,文件盒形迹化隔离,文件盒本体标签统一规范。	参见4.23节。
16	着装管理	工作人员	按规定岗位要求穿工作服,配工牌,穿戴防护用品。	参见7.17节。
四	安全类			
1	设备安全区域警示线	设备安全区域	将设备安全区域用红黑线在地面设置标识。	参见7.6节。
2	安全防护围栏	有空洞的地方	将有空洞的地方进行围挡。	参见7.18节。
3	闸门上沿警示线	闸门上沿	按相应标准制作。	参见4.17节。
4	摄像机及视频监视提示标识	合理定置	布置合理数量和形式的摄像机,使管理范围内视频监视可全面覆盖,无死角。	参见5.32节。
5	危险源登记管理卡	醒目位置	包括安全风险名称、风险等级、所在工程部位、事故后果、主要管控措施、主要应急措施、责任人等。	参见7.8节。
6	四色安全风险空间分布图	醒目位置	包括编号风险源名称、风险因素、风险等级、风险颜色、预防建议、责任人等。	参见8.3节。
7	危险源告知牌	醒目位置	内容包含名称、地点、责任人员、控制措施和安全标志等。	参见7.9节。
8	安全警示标志	泵房上下的铁架或梯子上	悬挂"作业人员从此上下""非工作人员不得攀爬"等标识牌。	参见7.3节。
9	作业安全提示牌	上、下游	规范员工操作行为、提示注意事项。上、下游各2块。	参见7.3节。

续表

序号	项目名称	配置位置	基 本 要 求	备 注
10	防坠物标志	起吊作业区域	设置"防止坠物"等标识。	参见7.3节。
11	职业危害告知牌	醒目位置	通过标识标牌设计制作,提醒运行管理人员泵房存在的噪声、电磁辐射等职业危害,应采取必要的防范措施。	参见7.17节。
12	消防器材分布图、疏散平面图	醒目位置	按标识标牌相应标准设计制作,分布图上须有消防器材标号信息。	参见7.19节。
13	轴温测量仪、振动测量仪、噪声测量仪	合理配置、定置	按工程监观测要求配置。合理定置,定期检验。	
14	劳动保护	合理配置	配置防噪耳机、防毒面具等,对员工在噪声增大部位或有毒气体部位作业提供保护。	参见7.17节。
15	其他安全类标识标牌	合理设置	注意安全、当心触电、当心机械伤人、当心坑洞、禁止烟火、当心坠落、当心碰头、禁止烟火、必须按规程操作等。	参见7.3节。
16	泵闸工程突发故障应急处置看板	醒目位置	告知运行维护及管理人员熟悉泵闸工程突发故障或事故的原因及处置的方法。	参见7.10节。
17	临水栏杆组合式安全标识牌	醒目位置	在临水栏杆设置组合式安全标识牌,教育和引导管理人员、外来人员遵纪守法,确保工程安全运用。	参见7.12节。
18	设备接地标志	按规范设置	扁铁接地线标志在全长度或区间段及每个连接部位表面附近,应涂以15~100 mm宽度相等的绿色和黄色相间的条纹标志。	参见7.13节。
19	绝缘垫	设备前后	在继电保护控制柜(或高低压开关柜、其他屏柜、控制箱)前后铺设8~10 mm厚绝缘垫。厚度根据功能区要求配置。	参见7.14节。
20	水泵进人孔安全警示标志	进人孔盖板上	对水泵进人孔注意事项进行安全警示说明。	参见7.20节。
21	安全文化目视化	合理布置	将安全方针、安全理念、安全标语、安全要求等现场安全文化宣传内容进行策划,编制成标牌、看板、动漫、视频或漫画等在现场进行播放或展示,力求取得宣传效果。	参见8.1节。

3.6 泵房(水闸)进出水侧及清污机桥、交通桥目视化功能配置

泵房(水闸)进出水侧及清污机桥目视化功能配置见表3-6。

表3-6 泵房(水闸)进出水侧及清污机桥目视化功能配置

序号	项目名称	配置位置	基本要求	备注
一	导视及定置类			
1	巡视标志	巡视路线、巡视点及检查重点部位	张贴巡查路线图；粘贴重点检查部位提示牌；粘贴巡视点地贴标志；悬挂巡检内容标识牌。按相应标准制作安装。	参见4.6节。
2	参观路线标志	按规定的参观路线设置	参照巡视点地贴标志制作安装。	需要时设置。
3	表计界限范围标识	表计上	在变压器、断路器、互感器、避雷器、供排水系统等设备温度、压力、油位、电流表和电压表的各种表计上制作"表计分段指示标记"，明显地区分不同的刻度范围。	参见4.8节。
4	设备运行状态标识	选择主流程设备、重要设备、关键设备及管理需要标识的设备	通过设备运行状况标识，把正常的运行方式予以公告，设备运行、备用、维护等状态一目了然。现采用四色盘标示，可根据实际尺寸定制。	参见4.9节。
5	设备阀门位置指示标识	设备上	包括扳手型阀门标识和轮式阀门标识，按标准制作和悬挂。	参见4.10节。
6	螺栓、螺母松紧标识	需要时	按相应标准制作。	参见4.11节。
7	防踏空标识	在台阶或楼地面有高差处	按相应标准配置。	参见4.13节。
8	防碰撞标识	容易碰撞处	按相应标准配置。	参见4.14节。
9	防绊脚提示标识	现场人行通道、巡检路线上障碍物处	有明显的防绊提示，且标准统一。	参见4.15节。
10	上、下游拦河浮筒油漆标志、钢丝绳防护标志	上、下游拦河浮筒及钢丝绳	使运行和管理人员熟悉上、下游拦河浮筒油漆标志、钢丝绳防护标志相关知识，提醒外来船只及相关作业人员注意安全。	参见4.27节。
11	暂放物标识	暂放物	不在暂放区的暂放物应有标识或围栏。	参见4.22节。
12	工具形迹管理	合理定置	工具使用后及时归位，实行形迹化管理。	参见4.22节。

续表

序号	项目名称	配置位置	基 本 要 求	备 注
13	吊物孔盖板定置及标识	吊物孔处	按相应标准制作安装。	参见4.30节。
二	公告类			
1	日常维护清单看板	墙面醒目位置	使运行和管理人员熟悉日常维护清单,便于按日常维护清单要求每天、每周、每月等不同周期进行保养、维护、检修等作业。应根据泵闸工程相应的作业指导书要求编制。	参见5.27节。
2	泵闸工程和设备管护标准看板	墙面或设备醒目位置	使运行和管理人员熟悉工程和设备管护标准,做到工作标准明确,业务考核有依据。应以所管工程的技术管理细则为依据,结合所管工程实际情况制定。	参见5.28节。
3	机电设备日常保养卡	维修养护设备附近	记录日常养护情况,要求泵闸工程养护人员如实、及时、规范填写,以达到日常管理要求。	参见5.30节。
4	安全操作规程、操作说明书标牌	墙面或设备上	将操作规程或操作步骤标牌正确明示,使运行、维护和各类管理人员熟悉、掌握,自觉运用。	参见5.22节。
5	设备责任牌	粘贴或悬挂于设备上	包括设备名称、型号、责任人、制造厂家、投运时间、设备评级、评定时间等。	参见5.21节。
6	泵闸工程运行养护项目部相关公示栏	合理设置	通过合理化建议,对优秀事迹和先进人物的表彰公示,设置公开讨论栏、关怀温情专栏,对企业宗旨方向、远景规划等内容公示,增强员工凝聚力和向心力。同时也是为了体现公开、公正、公平。	参见8.1节。
三	名称编号类			
1	设施设备名称标牌	按规定要求进行	对设备名称标注,以便于建档立卡管理。同时,设置二维码标牌,推进设备信息的电子化管理。	参见6.10节。
2	设施设备编号	按规定要求进行	同类设施设备按顺序编号,内容包括设备名称及阿拉伯数字编号。	参见6.11节。
3	闸阀铭牌	闸阀上	对管路的闸阀功能进行标注,以便于运行和管理人员熟悉闸阀的转向及具体用途。闸阀标牌包括闸阀名称和旋转方向标识。	参见6.15节。
4	设施设备涂色	按规定要求进行	安全色采用国家标准(GB 2893—2008),部分可参照能源行业相关颜色标准(NB/T 10502—2021)。	参见6.12节。

续表

序号	项目名称	配置位置	基 本 要 求	备 注
5	设备管道方向标识	按规定要求进行	使运行和管理人员熟悉泵闸工程设备、管道的旋转、示流方向,以便于管理。	参见6.13节。
6	管道名称流向色彩标识	按规定要求进行	管道名称、流向标牌内容包括管道功能、介质名称及流向等。	参见6.14节。
7	闸门上沿警示线	闸门上沿	按相应标准制作。	参见4.17节。
8	上、下游水位标志	对照上、下游水位尺,在河坡或翼墙相应的整数值刻度位置	对照上、下游水位尺,在河坡或翼墙相应的整数值刻度位置,最长白线位置高程对齐高程实际值。	参见6.6节。
9	液位指示线	按相应标准设置	使运行和管理人员熟悉油、气、水等显示方式及刻度位置。分为旋转设备液位指示线和非旋转设备油箱液位指示线。	参见6.17节。
10	闸门开度指示标志	按相应标准设置	对照水闸启闭机的形式,制作不同形式的闸门开度指示牌。	参见6.18节、6.19节。
11	消力坎位置标志	消力坎位置	依据水闸技术管理规程要求,消能水跃必须发生在消力坎以内。由于消力坎在水下,为便于运行时观察,应对其位置进行明示。	参见6.21节。
12	泵闸工程主要高程告知牌	泵房或水闸桥头堡的入口、出口、门厅、电机层、水泵层等位置	使运行和管理人员了解主要部位所处的高程,确保机组运行在正常水位状态,防止运行和检修过程中,因操作失误造成水淹等事故。	参见6.31节。
13	地下隐蔽管道阀门井和检查井标识	地下隐蔽管道阀门井和检查井上	按相应标准设置。	参见6.24节。
四	安全类			
1	设备安全区域警示线	合理设置	将设备安全区域用红黑线在地面设置标识。	参见7.6节。
2	安全防护围栏	有空洞的地方	将有空洞的地方进行围挡。	参见7.18节。
3	摄像机及视频监视提示标识	合理定置	布置合理数量和形式的摄像机,使管理范围内视频监视可全面覆盖,无死角。提醒标识可根据实际尺寸定制。	参见5.32节。
4	危险源登记管理卡	醒目位置	内容包括安全风险名称、风险等级、所在工程部位、事故后果、主要管控措施、主要应急措施、责任人等。	参见7.8节。

续表

序号	项目名称	配置位置	基本要求	备注
5	四色安全风险空间分布图	醒目位置	包括编号风险源名称、风险因素、风险等级、风险颜色、预防建议、责任人等。	参见8.3节。
6	危险源告知牌	醒目位置	内容包含名称、地点、责任人员、控制措施和安全标志等。	参见7.9节。
7	防坠物标志	起吊作业区域	设置"防止坠物"等标识。	参见7.3节。
8	安全操作规程牌	醒目位置	包括施工机械安全操作规程牌、主要工种安全操作规程牌。	参见5.22节。
9	泵闸工程突发故障应急处置看板	醒目位置	告知运行维护及管理人员熟悉泵闸工程突发故障或事故的原因及处置的方法。	参见7.10节。
10	临水栏杆组合式安全标识牌	醒目位置	在临水栏杆设置组合式安全标识牌,教育和引导管理人员、外来人员遵纪守法,确保工程安全运用。	参见7.12节。
11	设备接地标志	按规范要求设置	扁铁接地线标志在全长度或区间段及每个连接部位表面附近,应涂以15～100 mm宽度相等的绿色和黄色相间的条纹标志。	参见7.13节。
12	安全文化目视化	合理布置	将安全方针、安全理念、安全标语、安全要求等现场安全文化宣传内容进行策划,编制成标牌、看板、动漫、视频或漫画等在现场进行播放或展示,力求取得宣传效果。	参见8.1节。

3.7 变配电间目视化功能配置

变配电间目视化功能配置见表3-7。

表3-7 变配电间目视化功能配置

序号	项目名称	配置位置	基本要求	备注
一	导视及定置类			
1	门牌及相关标识	门口处	设置房间标示门牌、玻璃门防撞条及推拉标志,按相应标准制作安装。	参见6.4节、4.26节。
2	巡视标志	巡视路线、巡视点及检查重点部位	张贴巡查路线图;粘贴重点检查部位提示牌;粘贴巡视点地贴标志;悬挂巡检内容标识牌。按相应标准制作安装。	参见4.6节。

51

续表

序号	项目名称	配置位置	基本要求	备注
3	表计界限范围标识	表计上	在变压器、断路器、互感器、避雷器、供排水系统等设备温度、压力、油位、电流表和电压表的各种表计上制作"表计分段指示标记",明显地区分不同的刻度范围。	参见4.8节。
4	设备运行状态标识	选择主流程设备、重要设备、关键设备及管理需要标识的设备	通过设备运行状况标识,把正常的运行方式予以公告,设备运行、备用、维护等状态一目了然。现采用四色盘标示,可根据实际尺寸定制。	参见4.9节。
5	设备阀门位置指示标识	设备上	包括扳手型阀门标识和轮式阀门标识,按标准制作和悬挂。	参见4.10节。
6	防踏空标识	在台阶或楼地面有高差处	按相应标准配置。	参见4.13节。
7	防碰撞标识	容易碰撞处	按相应标准配置。	参见4.14节。
8	防绊脚提示标识	现场人行通道、巡检路线上有障碍物处	有明显的防绊提示,且标准统一。	参见4.15节。
9	挡鼠板及标识	门口处	配备40 cm高的不锈钢材质的挡鼠板,并张贴警示标志。	参见4.16节。
10	检修手车及标识	高压开关室等处配置	统一靠墙摆放,标注名称用途,用黄色警示线分区隔离。	参见4.22节。
11	暂放物标识	暂放物	不在暂放区的暂放物应有标识或围栏。	参见4.22节。
12	风机出风口飘带标识	风机出风口	用双面胶或强力胶固定在出风口合适的位置处,判定风机工作状态。	参见4.29节。
13	吊物孔盖板定置及标识	吊物孔处	按相应标准制作安装。	参见4.30节。
二	公告类			
1	管理制度标牌	墙面醒目位置	按制度标牌的标准制作安装。具体内容见附录A。	参见5.18节。
2	电气主接线图标牌、电气低压系统图标牌	开关室	按电力行业规程规范要求,在高压开关室配置电气一次主接线图、在0.4kV开关室配置0.4kV电气系统接线图,使泵闸工程运行和管理人员熟悉电气工程母线及电压等级、设备名称、断路器编号及接线工作原理。	参见5.12节。
3	电气设备系统接线图	在电气设备上	按设计图纸制作。	参见5.12节。

续表

序号	项目名称	配置位置	基本要求	备注
4	电气设备揭示牌	墙面醒目位置	应包括主要电气设备的规格型号、制造时间、安装时间、投运时间、大修、养护周期及设备评级等内容。主要电气设备包括变压器、主电机、高低压开关柜等。	参见5.11节。
5	设备责任牌	粘贴或悬挂于设备上	设备管理责任标牌应包括设备名称、型号、责任人、制造厂家、投运时间、设备评级、评定时间等。	参见5.21节。
6	变压器相关标志、电气设备安全距离标志	设备本体或附近	包括变压器、电机等温度、温升标准值标志；变压器油位、温度管理标志；变压器等设备安全距离标志。	参见5.23节。
7	常用电气绝缘工具及登高工具试验标志	合理定置	使管理人员清楚常用电气绝缘工具及登高工具的规格型号、数量、试验情况。安全工具及登高工具定期试验后,应在工具上粘贴试验合格标签。	参见5.24节。
8	调度规程、安全操作规程、操作说明书标牌	墙面或设备上	将泵闸工程调度规程、操作规程或操作步骤标牌正确明示,使运行、维护和各类管理人员熟悉、掌握,自觉运用。	参见5.22节。
9	作业指导书明示	墙面或设备上醒目位置	将作业指导书简化为图文版,明确具体操作的方法、步骤、措施、标准和人员责任,通过实物与图比对反映现场运行、养护等作业重点,提高发现问题能力。	参见5.26节。
10	泵闸工程常见故障应急处理流程图	墙面醒目位置	根据泵闸工程相应的作业指导书要求编制。	参见5.25节。
11	日常维护清单看板	墙面醒目位置	使运行和管理人员熟悉日常维护清单,便于按日常维护清单要求每天、每周、每月等不同周期进行保养、维护、检修等作业。应根据泵闸工程相应的作业指导书要求编制。	参见5.27节。
12	泵闸工程和设备管护标准	墙面或设备醒目位置	使运行和管理人员熟悉工程和设备管护标准,做到工作标准明确,业务考核有依据。应以所管工程的技术管理细则为依据,结合所管工程实际情况制定。	参见5.28节。
13	机电设备日常保养卡	维修养护设备附近	记录日常养护情况,要求泵闸工程养护人员如实、及时、规范填写,以达到日常管理要求。	参见5.30节。

续表

序号	项目名称	配置位置	基本要求	备注
14	计算机设备登记卡	粘贴在计算机的上方或外侧面板上	制作计算机目视化标签,根据泵闸工程设备实际运维情况指定哪些电脑允许使用U口、光驱、软驱,在计算机目视化标签中做好标识;同时,将需要封掉的光驱、软驱、U口采用透明胶带封住。	如有,参见5.33节。
三	名称编号类			
1	设施设备名称标牌	按规定要求进行	对设备名称标注,以便于建档立卡管理。同时,设置二维码标牌,推进设备信息的电子化管理。设备名称标牌指的是电气、机械等设备的名称标注,包括屏柜柜眉柜名、开关设备名称、接地开关设备名称标牌等。	参见6.10节。
2	设施设备编号	按规定要求进行	同类设施设备按顺序编号,内容包括设备名称及阿拉伯数字编号。	参见6.11节。
3	控制柜按钮功能指示及控制面板标识	设备本体上	标识清晰,控制对象明确。按标识标牌相应标准设计制作。	参见6.30节。
4	检验标签	仪器、仪表上	仪器、仪表检验标签张贴规范,在有效期内。	参见5.24节。
5	线缆标签	线缆管理电话线、数据线、电源线、LAN电缆、HUB网络数据线等	电源线、网线、数据线分类整理,有标签。让管理人员熟悉电缆参数、位置、走向等,方便查找,插拔准确快捷、减少误操作。	参见6.22节。
6	工作环境标志	合理设置	依据泵闸工程技术管理细则和运行、巡查作业指导书要求,对工作环境的温湿度指示进行明示,随时监控,保持室内的温湿度在标准范围之内。	参见6.25节。
7	开关柜内主要说明项目及资料标志	泵闸工程运维现场各种类型在用的高压柜、电气控制柜、PLC柜等	将与电气控制柜相关的布局图、端子号、图纸、常见故障等信息存放在电柜里,减少资料查找时间,方便现场查阅需要。	参见6.26节。
8	运维资料	合理定置	分类定位放置,有相应标识,明确责任人,有编号,文件盒形迹化隔离,文件盒本体标签统一规范。	参见4.23节。
9	着装管理	工作人员	按规定岗位要求穿工作服,配工牌,穿戴防护用品。	参见7.17节。

续表

序号	项目名称	配置位置	基本要求	备注
四	安全类			
1	摄像机及视频监视提示标识	合理定置	布置合理数量和形式的摄像机，使管理范围内视频监视可全面覆盖，无死角。	参见5.32节。
2	绝缘垫	设备前后	在继电保护控制柜（或高低压开关柜、其他屏柜、控制箱）前后铺设8～10 mm厚绝缘垫。厚度根据功能区要求配置。	参见7.14节。
3	安全警示线	在绝缘垫周围	粘贴黄色警示线，提醒请勿靠近。	参见7.6节。
4	照明设施	合理定置	配备必要的日常和事故照明灯具，以及应急逃生指示灯。	
5	安全告知牌	门口处	配置安全警示警告系列标识。	参见7.16节。
6	危险源登记管理卡	醒目位置	内容包括安全风险名称、风险等级、所在工程部位、事故后果、主要管控措施、主要应急措施、责任人等。	参见7.8节。
7	四色安全风险空间分布图	醒目位置	内容包括编号、风险源名称、风险因素、风险等级、风险颜色、预防建议、责任人等。	参见8.3节。
8	危险源告知牌	安装在醒目位置	内容包含名称、地点、责任人员、控制措施和安全标志等。	参见7.9节。
9	职业危害告知牌	门口或其他醒目位置	通过标识标牌设计制作，提醒运行管理人员变配电间存在电磁辐射职业危害，应采取必要的防范措施。	参见7.17节。
10	安全操作规程牌	醒目位置	包括施工机械安全操作规程牌、主要工种安全操作规程牌。	参见5.22节。
11	消防布置及逃生路线图	合理定置	按标识标牌设计的标准制作，分布图上需有消防器材标号信息。	参见7.19节。
12	其他安全类标识标牌	合理定置	注意安全、当心爆炸、当心触电、当心磁场、当心高温表面、禁止烟火、禁止攀登、禁止用水灭火、未经许可禁止入内、必须按规程操作等。	参见7.3节。
13	设备接地标志	按规范设置	扁铁接地线标志在全长度或区间段及每个连接部位表面附近，应涂以15～100 mm宽度相等的绿色和黄色相间的条纹标志。	参见7.13节。
14	泵闸工程突发故障应急处置看板	醒目位置	告知运行维护及管理人员熟悉泵闸工程突发故障或事故的原因及处置的方法。	参见7.10节。

3.8 中控室、集控中心目视化功能配置

中控室、集控中心目视化功能配置见表3-8。

表3-8 中控室、集控中心目视化功能配置

序号	项目名称	配置位置	基本要求	备注
一	导视及定置类			
1	门牌及相关标识	门口处	设置房间标示门牌、玻璃门防撞条及推拉标志,按相应标准制作安装。	参见6.4节、4.26节。
2	规程规范资料及定置、编号	文件柜	包括泵闸工程技术管理规程、泵站运行规程、电力安全工作规程、现场应急处置方案等。	
3	精细化管理资料及定置、编号	文件柜	包括技术管理细则、规章制度汇编、流程管理手册、运行管理指导书、检查评级指导书、维修养护指导书、运行操作手册、维修养护操作手册、预案汇编等。	参见8.2节。
4	技术图纸资料及定置、编号	文件柜	包括泵闸工程电气一次二次接线图、油气水辅机系统图、平立剖面图等。	参见4.25节。
5	运维资料	合理定置	分类定位放置,有相应标识,明确责任人,有编号,文件盒形迹化隔离,文件盒本体标签统一规范。	参见4.25节。
6	巡视标志	巡视路线、巡视点及检查重点部位	张贴巡查路线图;粘贴重点检查部位提示牌;粘贴巡视点地贴标志;悬挂巡检内容标识牌。按相应标准制作安装。	参见4.6节。
7	参观路线标志	允许参观路线	粘贴带荧光的参观视路线标识,应包含图形、箭头、文字符号等内容。	需要时设置。
8	表计界限范围标识	表计上	在各种表计上制作"表计分段指示标记",明显地区分不同的刻度范围。	参见4.8节。
9	设备运行状态标识	选择主流程设备、重要设备、关键设备及管理需要标识的设备	通过设备运行状况标示,把正常的运行方式予以公告,设备运行、备用、维护等状态一目了然。现采用四色盘标示,可根据实际尺寸定制。	参见4.9节。
10	防踏空标识	在台阶或楼地面有高差处	按相应标准配置。	参见4.13节。
11	防碰撞标识	容易碰撞处	按相应标准配置。	参见4.14节。
12	防绊脚提示标识	现场人行通道、巡检路线上有障碍物处	有明显的防绊提示,且标准统一。	参见4.15节。

续表

序号	项目名称	配置位置	基本要求	备注
13	泵闸工程钥匙集中存放	设专柜存放	泵闸工程钥匙集中存放，统一编号，专人保管，并有借用登记。	参见4.25节。
14	打印机及定置	合理定置	A3黑白激光打印机1台。	参见4.23节。
15	值班电话及定置	合理定置	电力调度专用电话、防汛值班电话（带传真功能）。	参见4.23节。
16	茶水柜及定置	合理定置	用于放置值班人员茶杯、水壶器具等。	参见4.23节。
17	安全角及标识	合理定置	放置安全帽、对讲机、应急照明灯、红外线讲解笔、录音笔以及钥匙盒等。	参见4.23节。
18	文件存储箱	合理定置	暂存手填运行资料及打印运行资料。	参见4.23节。
19	办公桌面物品定置	合理定置	规范桌面定置管理，培养将物品放置原位的习惯，提高工作效率。	参见4.23节。
20	文件资料和文件夹定置	合理定置	文件资料和文件夹合理定置，有序管理。	参见4.23节。
21	风机出风口飘带标识	风机出风口	用双面胶或强力胶固定在出风口合适的位置处，判定风机工作状态。	参见4.29节。
二	公告类			
1	宣传册	办公桌等位置	制作宣传册宣传管理单位文化。	参见8.2节。
2	工牌、岗位指示牌、岗位职责牌、安全职责牌	可立于对应的值班座位处，或张贴于墙面醒目位置	1.泵闸工程运维单位工牌分为3种：管理人员、专职人员、操作工。每种分为不同颜色。2.泵闸工程运维关键岗位标牌、岗位职责及安全生产职责标牌按照运行管理人员的岗位设置，内容按照岗位职责制定。	参见5.19节。
3	管理制度标牌	墙面适当位置	含计算机监控系统管理制度、运行值班制度、交接班制度、巡回检查制度、操作票制度，具体内容见附录A。	参见5.18节。
4	值班人员名单	适当位置	悬挂可替换式值班人员名单。内容应包括岗位、姓名、照片、电话等。值班人员明示牌用于明示当班人员。	参见5.20节。
5	组织架构告知牌	门厅入口、中控室及其他重要位置	1.项目部组织架构告知牌内容应包括运行养护项目部项目经理、技术负责人、工程管理员、运行班长、运行人员、检修班长、检修人员、档案资料员、材料员、安全员等。2.安全生产组织告知牌应明示泵闸工程整个安全组织网络体系。3.防汛责任人告知牌应明示泵闸工程管理单位和运维单位的防汛行政责任人、技术责任人、巡查责任人名单。	参见5.6节。

续表

序号	项目名称	配置位置	基本要求	备注
6	被控闸联系名单	在适当位置、在墙面或控制台面	悬挂可替换式被控闸值班人员名单及联系方式。	
7	应急响应联系名单	在墙面或控制台面	按生产安全应急救援预案、防汛防台专项预案、现场突发事件应急处置方案要求执行。	参见7.22节。
8	泵闸工程调度规程明示	墙面或设备上	将泵闸工程调度规程正确明示,使运行、维护和各类管理人员熟悉、掌握,自觉运用。	参见5.22节。
9	工作流程图	墙面适当位置	含调度反馈流程、操作流程、试运行流程、突发故障应急处理流程。流程图应根据泵闸工程相应的作业指导书要求编制。	参见5.25节。
10	水泵装置性能曲线图	墙面适当位置	使运行和管理人员熟悉水泵装置流量与叶片角度及扬程的关系。通过纵坐标的扬程和横坐标的流量数据来确定具体的数值。	参见5.13节。
11	节制闸技术曲线图	墙面适当位置	应包括闸下安全水位-流量关系曲线、闸门开高-水位-流量关系曲线。	参见5.14节。
12	信息化系统拓扑图	墙面适当位置	按照实际情况绘制网络结构图,包括二级系统、PLC等设备的网络连接情况。	参见5.31节。
13	每日工作要点看板	墙面适当位置	按标识标牌相应标准制作。	参见5.29节。
14	设备责任牌	粘贴或悬挂于设备上	明确设备的名称、编号、部门、维护人、职责,以便发生故障时及时处理。设备管理责任标牌应包括设备名称、型号、责任人、制造厂家、投运时间、设备评级、评定时间等。	参见5.21节。
15	日常维护清单看板	墙面醒目位置	使运行和管理人员熟悉日常维护清单,便于按日常维护清单要求每天、每周、每月等不同周期进行保养、维护、检修等作业。应根据泵闸工程相应的作业指导书要求编制。	参见5.27节。
16	泵闸工程和设备管护标准	墙面或设备醒目位置	使运行和管理人员熟悉工程和设备管护标准,做到工作标准明确,业务考核有依据。应以所管工程的技术管理细则为依据,结合所管工程实际情况制定。	参见5.28节。
17	计算机设备登记卡	粘贴在计算机的上方或外侧面板上	制作计算机目视化标签,根据泵闸工程设备实际运维情况指定哪些电脑允许使用U口、光驱、软驱,在计算机目视化标签中做好标识;同时,将需要封掉的光驱、软驱、U口采用透明胶带封住。	参见5.33节。

续表

序号	项目名称	配置位置	基 本 要 求	备 注
18	船闸调度微信小程序应用	张贴或LED屏、手机APP宣传	编制船闸调度微信小程序应用指引。	参见8.7节。
19	泵闸巡查微信小程序应用	张贴或LED屏、手机APP宣传	编制泵闸巡查小程序应用指引。	参见8.8节。
三	名称编号类			
1	电气设备编号	设备本体上	电气设备编号同一类设备上进行编号。要求标识醒目、大小位置统一,定时更换。	参见6.9节。
2	设施设备名称标牌	按规定要求进行	对设备名称标注,以便于建档立卡管理。同时,设置二维码标牌,推进设备信息的电子化管理。	参见6.10节。
3	按钮功能指示标志	设备本体上	按相应标准制作安装。	参见6.30节。
4	线缆标签	线缆管理电话线、数据线、电源线、LAN电缆、HUB网络数据线等	电源线、网线、数据线分类整理,有标签。让管理人员熟悉电缆参数、位置、走向等,方便查找,插拔准确快捷、减少误操作。	参见6.22节。
5	检验标签	仪器、仪表	仪器、仪表检验标签张贴规范,在有效期内。	参见5.24节。
6	工作环境标志	需要时设置	对工作环境的温湿度指示进行明示,随时监控室内温度及湿度,保持室内的温湿度在标准范围之内。	参见6.25节。
7	着装管理	运维人员	按规定岗位要求穿工作服,配工牌,穿戴防护用品。	参见7.17节。
四	安全类			
1	摄像机及视频监视提示标识	合理定置	布置合理数量和形式的摄像机,使管理范围内视频监视可全面覆盖,无死角。提醒标识可根据实际尺寸定制。	参见5.32节。
2	安全警示线	需要时	粘贴黄黑相间警示线。	参见7.6节。
3	中控室逃生路线图	中控室醒目位置	按标识标牌相应标准设计制作,分布图上需有消防器材标号信息。	参见7.19节。
4	柜式空调定置	合理配置	可在本室配置3匹以上空调1台,以改善监控设备运行条件。	参见4.22节。
5	安全告知牌	中控室入口	配置安全警示警告系列标识。	参见7.16节。
6	突发故障应急处置看板	醒目位置	告知运行维护及管理人员熟悉泵闸工程突发故障或事故的原因及处置的方法。	参见7.10节。

续表

序号	项目名称	配置位置	基本要求	备注
7	设备接地标志	按规范设置	扁铁接地线标志在全长度或区间段及每个连接部位表面附近，应涂以15~100mm宽度相等的绿色和黄色相间的条纹标志。	参见7.13节。

3.9 安全工具室目视化功能配置

安全工具室目视化功能配置见表3-9。

表3-9 安全工具室目视化功能配置

序号	项目名称	配置位置	基本要求	备注
一	导视及定置类			
1	门牌及相关标识	门口处	设置房间标示门牌、玻璃门防撞条及推拉标志，按相应标准制作安装。	参见6.4节、4.26节。
二	公告类			
1	管理制度标牌	墙面醒目位置	按制度标牌标准制作安装。具体内容见附录A。	参见5.18节。
2	安全用具使用前检查操作提示卡	墙面或工具柜	按相关规范要求设置。	
3	常用电气绝缘工具及登高工具试验标志	合理定置	使管理人员清楚常用电气绝缘工具及登高工具的规格型号、数量、试验情况。安全工具及登高工具定期试验后，应在工具上粘贴试验合格标签。	参见5.24节。
4	安全工具管护标准	墙面或设备醒目位置	使运行和管理人员熟悉管护标准，做到工作标准明确，业务考核有依据。应以所管工程的技术管理细则为依据，结合所管工程实际情况制定。	参见5.28节。
5	计算机设备登记卡	粘贴在计算机的上方或外侧面板上	制作计算机目视化标签，根据实际情况指定哪些电脑允许使用U口、光驱、软驱，在计算机目视化标签中做好标识；同时，将需要封掉的光驱、软驱、U口采用透明胶带封住。	如有，参见5.33节。
三	名称编号类			
1	安全工具柜及标识	合理配置、定置	柜面标识明确，与柜内分类对应，带温湿度控制功能。	参见4.22节。
2	检验标签	仪器、仪表	仪器、仪表检验标签张贴规范，在有效期内。	参见5.24节。

续表

序号	项目名称	配置位置	基本要求	备注
3	工具形迹管理	合理定置	各类工具使用后及时归位,实行形迹化管理。	参见4.22节。
4	暂放物标识	暂放物	不在暂放区的暂放物应有标识或围栏。	参见4.22节。
四	安全类			
1	接电线、高压验电器、绝缘靴、绝缘手套、防毒面具、安全帽、安全绳、安全带	整齐摆放	分类标识,定期校验,标签张贴规范。质量满足电力安全规范要求。	数量应满足使用要求。
2	"禁止合闸有人工作"标牌	整齐摆放	满足电力安全规范要求。	10块大,10块小(泵闸)。
3	"禁止合闸线路有人工作"标牌	整齐摆放	满足电力安全规范要求。	10块大,10块小(泵闸)。
4	其他安全标识标牌	整齐摆放	包括止步高压危险、禁止攀登高压危险,在此工作,从此上下,从此进出,应满足电力安全规范要求。	大、小各10块(泵闸)。

3.10 防汛物资及备品件仓库目视化功能配置

防汛物资及备品件仓库目视化功能配置见表3-10。

表3-10 防汛物资及备品件仓库目视化功能配置

序号	项目名称	配置位置	基本要求	备注
一	导视及定置类			
1	仓库铭牌、门牌及相关标识	门口处	设置仓库铭牌、标示门牌、玻璃门防撞条及推拉标志,按相应标准制作安装。	参见6.3节、6.4节、4.26节。
2	工具柜标识	工具柜	柜面标识明确,与柜内分类对应。	参见4.22节。
3	备品件标识	合理定置	按相应标准设置。	参见4.22节。
4	物料底盘颜色标识	合理定置	按相应标准设置。	参见4.22节。
5	货架定置	合理定置	放置合理,本身的标识清楚。	参见4.22节。
6	零件堆放限高线标识	合理定置	按相应标准设置。	参见4.22节。
7	工具形迹管理	合理定置	各类工具使用后及时归位,实行形迹化管理。	参见4.22节。

续表

序号	项目名称	配置位置	基本要求	备注
8	暂放物标识	暂放物	不在暂放区的暂放物应有标识或围栏。	参见4.22节。
9	办公桌面物品定置	合理定置	规范桌面定置管理,培养将物品放置原位的习惯,提高工作效率。	参见4.23节。
10	文件资料和文件夹定置	合理定置	文件资料和文件夹合理定置,有序管理。	参见4.23节。
11	"小心地滑"提醒标志	需要时设置	定制。	参见7.3节。
12	墙角墩柱安全标识	墙角墩柱	以画黄色、黑色相间油漆线为原则来标示危险区域,在难以涂色的部位,可以悬挂或贴附危险区域标示牌。	参见4.28节。
13	设备基座区域线	设备基座	在基座的侧面边沿,标示黑黄相间线。	参见4.28节。
14	风机出风口飘带标识	风机出风口	用双面胶或强力胶固定在出风口合适的位置处,判定风机工作状态。	参见4.29节。
二	公告类			
1	物资管理组织网络图	适当位置	按标识标牌相应标准设计制作。	参见5.6节。
2	仓库管理员岗位职责等标牌	适当位置	包括岗位标牌、岗位职责及安全生产职责标牌,按照标志标牌设计标准制作。	参见5.19节。
3	防汛物资代储和调运线路图	适当位置	应包括防汛物资仓库所在位置、本工程所在位置、物资调运线路图以及必要的文字说明。按标识标牌相应标准设计制作。	参见4.7节。
4	防汛物资平面分布图	适当位置	有明确的区域说明,按标识标牌相应标准设计制作,及时更新。	参见5.17节。
5	管理制度标牌	墙面醒目位置	按制度标牌标准制作安装。具体内容见附录A。	参见5.18节。
6	日常维护清单看板	墙面醒目位置	使运行和管理人员熟悉日常维护清单,便于按日常维护清单要求每天、每周、每月等不同周期进行保养、维护、检修等作业。应根据泵闸工程相应的作业指导书要求编制。	参见5.27节。
7	管护标准看板	墙面或设备醒目位置	使运行和管理人员熟悉工程和设备管护标准,做到工作标准明确,业务考核有依据。应以所管工程的技术管理细则为依据,结合所管工程实际情况制定。	参见5.28节。

续表

序号	项目名称	配置位置	基 本 要 求	备 注
8	工作流程图	墙面适当位置	工作流程图看板包括备件管理流程、防汛设备试运行操作流程等。	参见5.25节。
9	常用电气绝缘工具及登高工具试验标志	合理定置	使管理人员清楚常用电气绝缘工具及登高工具的规格型号、数量、试验情况。安全工具及登高工具定期试验后,应在工具上粘贴试验合格标签。	参见5.24节。
10	机电设备日常保养卡	维修养护设备附近	记录日常养护情况,要求泵闸工程养护人员如实、及时、规范填写,以达到日常管理要求。	参见5.30节。
11	计算机设备登记卡	粘贴在计算机的上方或外侧面板上	制作计算机目视化标签,根据实际情况指定哪些电脑允许使用U口、光驱、软驱,在计算机目视化标签中做好标识;同时,将需要封掉的光驱、软驱、U口采用透明胶带封住。	如有,参见5.33节。
三	名称编号类			
1	物资卡片	合理设置	齐全、准确、无遗漏。应包括物资或者备品件的名称、数量、规格、生产日期或者质保期限等。	参见6.16节。
2	报废物资标识	报废物资	报废物资及时按规定程序处理,暂存的应设置标识。	参见4.22节。
3	着装管理	工作人员	按规定岗位要求穿工作服,配工牌,穿戴防护用品。	参见7.17节。
4	物资台账资料	合理定置	分类定位放置,有相应标识,明确责任人,有编号,文件盒形迹化隔离,文件盒本体标签统一规范。	参见4.23节。
5	工作环境标志	需要时设置	依据泵闸工程技术管理细则和运行、巡查作业指导书要求,对工作环境的温湿度指示进行明示,随时监控,保持室内的温湿度在标准范围之内。	参见6.25节。
四	安全类			
1	摄像机及视频监视提示标识	合理定置	布置合理数量和形式的摄像机,使管理范围内视频监视可全面覆盖,无死角。	参见5.32节。
2	安全告知牌	在仓库入口位置	配置安全警示警告系列标识,或危险源告知书。	参见7.16节。
3	检验标签	仪器、仪表	仪器、仪表检验标签张贴规范,在有效期内。	参见5.24节。
4	车辆停放	停车处	定位停放,停放区域明确,标识清楚。	参见7.5节。

续表

序号	项目名称	配置位置	基本要求	备注
5	危险品定位和标识	如有,应按规定设置	有明确的摆放区域,分类定位,标识明确,远离火源,隔离摆放,并有专人隔离,有明显的警示标识。	参见 4.22 节。
6	安全操作规程	醒目位置	包括施工机械安全操作规程牌、主要工种安全操作规程牌。	参见 5.22 节。
7	危险源登记管理卡	醒目位置	内容包括安全风险名称、风险等级、所在工程部位、事故后果、主要管控措施、主要应急措施、责任人等。	参见 7.8 节。
8	四色安全风险空间分布图	醒目位置	内容包括编号风险源名称、风险因素、风险等级、风险颜色、预防建议、责任人等。	参见 8.3 节。
9	危险源告知牌	醒目位置	内容包含名称、地点、责任人员、控制措施和安全标志等。	参见 7.9 节。
10	突发故障应急处置看板	醒目位置	告知运行维护及管理人员熟悉突发故障或事故的原因及处置的方法。	参见 7.10 节。
11	设备接地标志	按规范设置	扁铁接地线标志在全长度或区间段及每个连接部位表面附近,应涂以 15~100 mm 宽度相等的绿色和黄色相间的条纹标志。	参见 7.13 节。
12	安全文化	合理布置	将安全方针、安全理念、安全标语、安全要求等进行宣传。	参见 8.1 节。

3.11 档案资料室目视化功能配置

档案资料室目视化功能配置见表 3-11。

表 3-11 档案资料室目视化功能配置

序号	项目名称	配置位置	基本要求	备注
一	导视及定置类			
1	门牌及相关标识	门口处	设置档案室铭牌、房间标示门牌、玻璃门防撞条及推拉标志,按相应标准制作安装。	参见 6.3 节、6.4 节、4.26 节。
2	工具形迹管理	合理定置	各类工具使用后及时归位,实行形迹化管理。	参见 4.22 节。
3	暂放物标识	暂放物	不在暂放区的暂放物应有标识或围栏。	参见 4.22 节。
4	办公桌面物品定置	合理定置	规范桌面定置管理,培养将物品放置原位的习惯,提高工作效率。	参见 4.23 节。

续表

序号	项目名称	配置位置	基 本 要 求	备 注
5	文件资料和文件夹定置	合理定置	文件资料和文件夹合理定置,有序管理。	参见4.23节。
6	风机出风口飘带标识	风机出风口	用双面胶或强力胶固定在出风口合适的位置处,判定风机工作状态。	参见4.29节。
二	公告类			
1	档案组织网络图	适当位置	按标识标牌相应标准设计制作。	参见5.6节。
2	档案资料员职责	适当位置	包括岗位标牌、岗位职责及安全生产职责标牌,按照标志标牌设计标准制作。	参见5.19节。
3	管理制度标牌	墙面醒目位置	包括立卷归档制度、档案保密制度、档案库房管理制度、档案查阅利用制度、档案鉴定销毁制度,按制度标牌制作安装。	参见5.18节。
4	设备和设施责任牌	设备设施上或附近	应包含设备和设施的名称、型号、生产厂家和管理责任人姓名等内容。	参见5.21节。
5	工作流程图	需要时设置	包括立卷归档、库房管理、档案查阅、鉴定销毁等流程明示。	参见5.25节。
6	日常维护清单看板	墙面醒目位置	使运行和管理人员熟悉日常维护清单,便于按日常维护清单要求每天、每周、每月等不同周期进行保养、维护、检修等作业。应根据泵闸工程相应的作业指导书要求编制。	参见5.27节。
7	管护标准看板	墙面或设备醒目位置	使运行和管理人员熟悉档案室管护标准,做到工作标准明确,业务考核有依据。应以所管工程的技术管理细则为依据,结合所管工程实际情况制定。	参见5.28节。
8	设施设备日常保养卡	维修养护设备附近	记录日常养护情况,要求管理人员如实、及时、规范填写,以达到日常管理要求。	参见5.30节。
9	计算机设备登记卡	粘贴在计算机的上方或外侧面板上	制作计算机目视化标签,根据档案管理实际情况指定哪些电脑允许使用U口、光驱、软驱,在计算机目视化标签中做好标识;同时,将需要封掉的光驱、软驱、U口采用透明胶带封住。	如有,参见5.33节。
三	名称编号类			
1	档案资料卡片	合理设置	齐全、准确、无遗漏。	
2	档案柜定置、编号	合理定置	放置合理,本身的标识清楚。	参见4.23节。
3	工作环境标志	需要时设置	对工作环境的温湿度指示进行明示,随时监控室内温度及湿度,保持室内的温湿度在标准范围之内。	参见6.25节。

续表

序号	项目名称	配置位置	基本要求	备注
4	着装管理	工作人员	按规定岗位要求穿工作服,配工牌,穿戴防护用品。	参见7.17节。
四	安全类			
1	照明设施	合理设置	配备必要的日常和事故照明灯具,以及应急逃生指示灯。	
2	摄像机及视频监视提示标识	合理定置	布置合理数量和形式的摄像机,使管理范围内视频监视可全面覆盖,无死角。提醒标识可根据实际尺寸定制。	参见5.32节。
3	安全消防装置及标识	合理设置	按消防设计要求布设火灾报警装置,配备必要的灭火器、消防沙。	参见7.4节。
4	八防措施及相关标识	合理设置	满足防盗、防光、防高温、防火、防潮、防尘、防鼠、防虫要求。	参见7.4节。
5	文件资料定置	合理定置	分类定位放置,有相应标识,明确责任人,有编号,文件盒形迹化隔离,文件盒本体标签统一规范。	参见4.23节。
6	安全操作规程标牌	醒目位置	包括施工机械安全操作规程牌、主要工种安全操作规程牌。	参见5.22节。
7	危险源登记管理卡	醒目位置	内容包括安全风险名称、风险等级、所在工程部位、事故后果、主要管控措施、主要应急措施、责任人等。	参见7.8节。
8	四色安全风险空间分布图	醒目位置	内容包括编号风险源名称、风险因素、风险等级、风险颜色、预防建议、责任人等。	参见8.3节。
9	突发故障应急处置看板	醒目位置	告知运行维护及管理人员熟悉突发故障或事故的原因及处置的方法。	参见7.10节。

3.12 其他室内区域(含项目部)目视化功能配置

其他室内区域(含项目部)目视化功能配置见表3-12。

表3-12 其他室内区域(含项目部)目视化功能配置

序号	项目名称	配置位置	基本要求	备注
一	导视及定置类			
1	门牌及相关标识	门口处	设置标示门牌、玻璃门防撞条及推拉标志,按相应标准制作安装。	参见6.4节、4.26节。
2	物品定置	合理定置	办公桌椅、办公设施合理归位,有必要的温馨提示。	参见4.22节。

续表

序号	项目名称	配置位置	基本要求	备注
3	楼梯间相关标识	合理定置	按标识标牌相应标准设计制作。	参见4.5节。
4	卫生间物品定置	合理定置	物品定置摆放，标识明确。	参见4.22节。
5	清洁用具定置	合理定置	清洁用具用品定位摆放，标识明确。	参见4.22节。
6	暂放物标识	暂放物	不在暂放区的暂放物应有标识或围栏。	参见4.22节。
7	危险品定位和标识	如有，按规定执行	有明确的摆放区域，分类定位，标识明确，远离火源，隔离摆放，并有专人隔离，有明显的警示标识。	参见7.3节。
8	会议室席卡	需要时	根据实际情况定制。	
9	办公桌面物品定置	合理定置	规范桌面定置管理，培养将物品放置原位的习惯，提高工作效率。	参见4.23节。
10	文件资料和文件夹定置	合理定置	文件资料和文件夹合理定置，有序管理。	参见4.23节。
11	"小心地滑"提醒标志	需要时设置	定制。	参见7.3节。
12	风机出风口飘带标识	风机出风口	用双面胶或强力胶固定在出风口合适的位置处，判定风机工作状态。	参见4.29节。
二	公告类			
1	规章制度明示	合理配置	柴油发电机房、食堂、卫生间、值班室、门卫、其他附属用房等处。	参见5.18节。
2	操作规程明示	合理配置	柴油发电机房、食堂相关作业人员和设备的安全操作规程应明示。	参见5.22节。
3	岗位职责明示	合理配置	各类管理人员、作业人员、门卫的岗位职责应明示。包括岗位标牌、岗位职责及安全生产职责标牌，按照标志标牌设计标准制作。	参见5.19节。
4	设备管理责任标牌	柴油发电机房、食堂、会议室等	应包含设备的名称、型号、生产厂家和管理责任人姓名等内容。	参见5.21节。
5	作业流程或作业指引	柴油发电机房、食堂等	按管理规范编制。	参见5.25节。
6	管护标准看板	墙面或设备醒目位置	以所管工程的技术管理细则为依据，结合所管工程实际情况制定。	参见5.28节。
7	机电设备日常保养卡	维修养护设备附近	记录日常养护情况，要求管理人员如实、及时、规范填写，以达到日常管理要求。	参见5.30节。

续表

序号	项目名称	配置位置	基本要求	备注
8	计算机设备登记卡	粘贴在计算机的上方或外侧面板上	制作计算机目视化标签,根据实际情况指定哪些电脑允许使用U口、光驱、软驱,在计算机目视化标签中做好标识;同时,将需要封掉的光驱、软驱、U口采用透明胶带封住。	如有,参见5.33节。
9	办公区展板	合理设置	项目部办公区设置展板,版面设置合理,标题明确,内容充实,及时更新,无张贴过期物。	参见5.36节。
10	室内盆栽	合理摆放	适当定位,摆放整齐,明确责任人。	
11	泵闸工程运行养护项目部相关公示栏	合理设置	对合理化建议公示,对优秀事迹和先进人物的表彰公示,设置公开讨论栏,设置关怀温情专栏,对企业宗旨方向、远景规划等内容公示。	参见8.1节。
12	水利科普宣传、泵闸工程检修教学仿真装置	员工学习活动室、技师工作室等	需要时,按专项设计要求实施。	参见5.40节、5.41节。
13	船闸调度微信小程序应用	项目部张贴或手机APP宣传	编制船闸调度微信小程序应用指引。	参见8.7节。
14	泵闸巡查微信小程序操作指引	项目部张贴或手机APP宣传	编制水闸巡查微信小程序应用指引。	参见8.8节。
三	名称编号类			
1	设施设备名称标牌	按规定要求进行	对设施设备名称标注,以便于建档立卡管理。同时,设置二维码标牌,推进设备信息的电子化管理。	参见6.10节。
2	设施设备编号	按规定要求进行	对设施设备进行编号排序,以便于建档立卡管理,使员工正确确认设备,提高工作效率,增加安全保障。	参见6.11节。
3	闸阀铭牌	闸阀上	对管路的闸阀功能进行标注,以便于运行和管理人员熟悉闸阀的转向及具体用途。包括闸阀名称和旋转方向标识。	参见6.15节。
4	设施设备涂色	按规定要求进行	安全色采用国家标准(GB 2893—2008),部分可参照能源行业相关颜色标准(NB/T 10502—2021)。	参见6.12节。
5	设备管道方向标识	按规定要求进行	使运行和管理人员熟悉泵闸工程设备、管道的旋转、示流方向,以便于管理。	参见6.13节。
6	管道名称流向色彩标识	按规定要求进行	管道名称、流向标牌内容包括管道功能、介质名称及流向等。	参见6.14节。

续表

序号	项目名称	配置位置	基 本 要 求	备 注
7	地下隐蔽管道阀门井和检查井标识	合理设置	按相应标准设置。	参见6.24节。
8	卫生间清扫巡检表和记录	按规定要求进行	按岗位职责和工作标准执行,清扫巡检表和记录完整、规范。	
9	节电(水)宣传牌	合理定置	按标识标牌相应标准设计制作。	
10	食堂物品相关标识	食堂物品	桌椅、公用就餐设施有明显标识。设施使用有必要的温馨提示。	参见4.22节。
11	办公室文件资料定置	合理定置	分类定位放置,有相应标识,明确责任人,有编号,文件盒形迹化隔离,文件盒本体标签统一规范。	参见4.23节。
12	工作环境标志	需要时设置	对工作环境的温湿度指示进行明示,随时监控室内温度及湿度,保持室内的温湿度在标准范围之内。	参见6.25节。
13	着装管理	工作人员	按规定岗位要求穿工作服,配工牌,穿戴防护用品。	参见7.17节。
四	安全类			
1	安全标志	食堂、柴油发电机房等	当心火灾、当心爆炸、当心触电、噪声有害、禁止烟火、未经许可禁止入内、必须按规程操作等。	参见7.3节。
2	消防设施分布图及逃生路线图	宿舍等	按相应标准制作。	参见7.4节。
3	值班室监视设备及标识	合理定置	按专项设计实施。	参见5.38节。
4	电气开关标识	合理定置	按标识标牌相应标准设计制作。	参见6.30节。
5	安全操作规程标牌	柴油发电机房、食堂等醒目位置	包括设备安全操作规程牌、岗位安全操作规程牌。	参见5.22节。
6	危险源登记管理卡	醒目位置	内容包括安全风险名称、风险等级、所在工程部位、事故后果、主要管控措施、主要应急措施、责任人等。	参见7.8节。
7	四色安全风险空间分布图	醒目位置	分布图内容包括编号风险源名称、风险因素、风险等级、风险颜色、预防建议、责任人等。	参见8.3节。
8	危险源告知牌	柴油发电机房、食堂等醒目位置	内容包含名称、地点、责任人员、控制措施和安全标志等。	参见7.9节。

续表

序号	项目名称	配置位置	基本要求	备注
9	突发故障应急处置看板	醒目位置	告知运行维护及管理人员熟悉突发故障或事故的原因及处置的方法。	参见7.10节。
10	临水栏杆组合式安全标识牌	醒目位置	在临水栏杆设置组合式安全标识牌，教育和引导管理人员、外来人员遵纪守法，确保工程安全运用。	参见7.12节。
11	设备接地标志	按规范设置	扁铁接地线标志在全长度或区间段及每个连接部位表面附近，应涂以15~100 mm宽度相等的绿色和黄色相间的条纹标志。	参见7.13节。
12	医药箱配置及职业健康设备标志	项目部办公室	每个项目部至少配置1个。	参见7.17节。

3.13 泵闸工程管理区目视化功能配置

泵闸工程管理区目视化功能配置见表3-13。

表3-13 泵闸工程管理区目视化功能配置

序号	项目名称	配置位置	基本要求	备注
一	导视及定置类			
1	管理线桩(牌)	按管理范围和工程确权范围布设	应包含勘测点、界桩点、重要基础设施、工程名称、编号、公告主体等内容。	参见6.5节。
2	工程路网导视标牌	宜设置在公路主干道、公路次干道或干线公路的路口和路旁	标牌内容包括名称、方向、距离和地址等。	参见4.2节。
3	工程区域总平面分布图	上、下游合适位置或管理区主入口	由主图、图名称和图例组成。主图可为鸟瞰图、效果图等。主图中应标注主要及附属建筑物名称、河道名称、相应的附属设施等，并醒目标注观察者位置。	参见4.3节。
4	工程区域内建筑物导视标牌	宜设置在道路交叉路口处	内容为建筑物、构筑物名称和方向指示等。同一单位的泵闸工程区域内建筑物导视标牌的规格、材料、风格应力求协调一致，式样及色彩还应与本泵闸工程目视化整体风格相协调。	参见4.4节。
5	交通标志	道路、公路桥、工作桥	交通标志、标线齐全，执行国家标准《道路交通标志和标线》(GB 5768—2009)。包括限载、限宽、限高、限速、限行、禁停等标志。	参见7.5节。

续表

序号	项目名称	配置位置	基 本 要 求	备 注
6	道路、管理区照明	合理设置	道路夜间配有适当的照明设施,草坪灯布置合理。	参见8.1节。
7	巡视标志	巡视路线、巡视点及检查重点部位	张贴巡查路线图;粘贴重点检查部位提示牌;粘贴巡视点地贴标志;悬挂巡检内容标识牌。按相应标准制作安装。	参见4.6节
二	公告类			
1	管理保护范围告示牌	按相关法规布设	应包含工程管理区域、工程保护区域、勘测点、重要基础设施、公告主体等内容。	参见5.7节。
2	水法规相关标牌	上、下游河道、堤防、岸墙、翼墙	内容可从国家及地方相关法律法规、规章中摘选。其中水法规告示标牌数量可根据实际需要确定。	参见5.8节。
3	管理区和设施责任牌	设施上或附近	应包含管理区和设施的名称、特征值和管理责任人姓名等内容。	
4	日常维护清单看板	墙面醒目位置	使运行和管理人员熟悉日常维护清单,便于按日常维护清单要求每天、每周、每月等不同周期进行保养、维护、检修等作业。应根据泵闸工程相应的作业指导书要求编制。	参见5.27节。
5	管护标准看板	墙面或设备醒目位置	以所管工程的技术管理细则为依据,结合所管工程实际情况制定。	参见5.28节。
6	设施设备日常保养卡	维修养护设施、设备附近	记录日常养护情况,要求泵闸工程养护人员如实、及时、规范填写,以达到日常管理要求。	参见5.30节。
7	计算机设备登记卡	粘贴在计算机的上方或外侧面板上	制作计算机目视化标签,根据泵闸工程实际运维情况指定哪些电脑允许使用U口、光驱、软驱,在计算机目视化标签中做好标识;同时,将需要封掉的光驱、软驱、U口采用透明胶带封住。	如有,参见5.33节。
8	绿化标识	合理设置	有铭牌、警示关怀牌、责任制标牌。	参见5.39节。
9	泵闸工程运行养护项目部相关公示栏	合理设置	通过合理化建议,对优秀事迹和先进人物的表彰公示,设置公开讨论栏、关怀温情专栏,对企业宗旨方向、远景规划等内容公示,增强员工凝聚力和向心力。同时也是为了体现公开、公正、公平。	参见8.1节。
10	宣传栏、文化墙	利用走廊、墙面等	通过展示,体现单位文化内涵、企业形象、员工风采等内容,展现精神风貌,展示对外窗口形象。	参见8.1节。

续表

序号	项目名称	配置位置	基本要求	备注
11	名人名言牌	必要时	按参考标准制作安装。	参见5.37节。
12	卫生间宣传标识	合理设置	定制。	参见5.36节。
13	泵闸工程管理区夜景设置	必要时	根据设置指引设计制作。	参见8.1节。
14	泵闸工程城市家具设置	必要时	根据设置指引设计制作。	参见8.1节。
15	垃圾箱设置及标识	合理定置	垃圾分类,垃圾箱合理定置、编号。	参见7.17节。
三	名称编号类			
1	管理单位名称标牌及项目部名称标牌	门口	按相应标准制作安装。	参见6.2节。
2	设施设备名称标牌	按规定要求进行	对设备名称标注,以便于建档立卡管理。同时,设置二维码标牌,推进设备信息的电子化管理。	参见6.10节。
3	设施设备编号	按规定要求进行	同类设施设备按顺序编号,内容包括设备名称及阿拉伯数字编号。	参见6.11节。
4	设施设备涂色	按规定要求进行	安全色采用国家标准(GB 2893—2008),部分可参照能源行业相关颜色标准(NB/T 10502—2021)。	参见6.12节。
5	电缆走向标志桩	沿电缆走向布置	参照电力部门技术管理规程要求,对电缆走向和所在位置进行明示。	参见6.23节。
6	地下隐蔽管道阀门井和检查井标识	合理设置	按相应标准设置。	参见6.24节。
四	安全类			
1	道路栏杆	合理设置	道路有必要的栏杆和警示标志。	参见7.18节。
2	防汛通道禁止占用标识	防汛通道两端及交叉口	按相应标准执行。	参见7.3节。
3	室外立柱涂色警示	室外立柱底部	按相应标准涂色。	参见4.18节。
4	摄像机及视频监视提示标识	合理定置	布置合理数量和形式的摄像机,使管理范围内视频监视可全面覆盖,无死角。提醒标识可根据实际尺寸定制。	参见5.32节。
5	危险源登记管理卡	醒目位置	内容包括安全风险名称、风险等级、所在工程部位、事故后果、主要管控措施、主要应急措施、责任人等。	参见7.8节。

续表

序号	项目名称	配置位置	基本要求	备注
6	四色安全风险空间分布图	醒目位置	分布图应包括编号风险源名称、风险因素、风险等级、风险颜色、预防建议、责任人等。	参见8.3节。
7	危险源告知牌	安装在醒目位置	内容包含名称、地点、责任人员、控制措施和安全标志等。	参见7.9节。
8	室外通行线标示		通道划分明确,保持通畅,执行国家标准《道路交通标志和标线》(GB 5768—2009)。	参见7.5节。
9	车辆停放	停车处	定位停放,停放区域明确,标识清楚。	参见7.5节。
10	临水栏杆组合式安全标识牌	醒目位置	在临水栏杆设置组合式安全标识牌,教育和引导管理人员、外来人员遵纪守法,确保工程安全运用。	参见7.12节。
11	设备接地标志	按规范设置	扁铁接地线标志在全长度或区间段及每个连接部位表面附近,应涂以15～100 mm宽度相等的绿色和黄色相间的条纹标志。	参见7.13节。
12	安全文化目视化	合理布置	将安全方针、安全理念、安全标语、安全要求等现场安全文化宣传内容进行策划,编制成标牌、看板、动漫、视频或漫画等在现场进行播放或展示。	参见8.1节。

3.14 泵闸工程检修间及日常维修养护时目视化功能配置

泵闸工程检修间及日常维修养护时目视化功能配置见表3-14。

表3-14 泵闸工程检修间及日常维修养护时目视化功能配置

序号	项目名称	配置位置	基本要求	备注
一	导视及定置类			
1	设备运行状态标识	正在检修的设备上	通过设备运行状况标识,把正常的运行方式予以公告,设备运行、备用、维护等状态一目了然。现采用四色盘标示,可根据实际尺寸定制。	参见4.9节。
2	起重工具、拆卸工具、登高工具、劳保用品	合理定置	整齐摆放,分类标识,定期校验,标签张贴规范。	参见4.22节。
3	"小心地滑"标志	需要时设置	定制。	参见7.3节。
4	吊物孔盖板定置及标识	吊物孔处	按相应标准制作安装。	参见4.30节。

73

续表

序号	项目名称	配置位置	基本要求	备注
二	公告类			
1	规章制度明示	墙面醒目位置	按制度标牌制作安装。	参见5.18节。
2	安全操作规程、操作步骤标牌	墙面或设备上	将操作规程或操作步骤标牌正确明示。	参见5.22节。
3	作业指导书明示	墙面或设备上	将作业指导书简化为图文版,明确具体操作的方法、步骤、措施、标准和人员责任,通过实物与图文比对反映现场运行、养护等作业重点,提高发现问题能力。	参见5.26节。
4	检修组织网络图	墙面醒目位置	将检修组织网络图制作成图牌,在检修作业时相应区域摆放。	参见5.6节。
5	检修作业记录表	检修现场	在现场放置检修作业记录表。	
6	检修作业工作流程图	醒目位置	设备检修流程、突发故障应急处理流程等按相应标准制作安装。	参见5.25节。
7	检修设备管理责任牌	粘贴或悬挂于设备上	设备管理责任标牌应包括设备名称、型号、责任人、制造厂家、投运时间、设备评级、评定时间等。	参见5.21节。
8	检修设备日常保养卡	检修设备附近	记录日常养护情况,要求泵闸工程养护人员如实、及时、规范填写,以达到日常管理要求。	参见5.30节。
9	泵闸工程检修公示栏	醒目位置	通过合理化建议、检修或管理情况通报等内容公示,增强员工凝聚力和向心力。同时也是为了体现公开、公正、公平。	参见8.1节。
三	名称编号类			
1	起重机吊钩及额定起重量标牌	起重机吊钩上	按相应标准设置。	参见6.20节。
2	着装管理	工作人员	按规定岗位要求穿工作服,配工牌,穿戴防护用品。	参见7.17节。
四	安全类			
1	安全警示线	检修区域	将检修区域用红黑线在地面设置标识。	参见7.6节。
2	安全围栏	作业区域	将作业区域进行围挡。	参见7.18节。
3	摄像机及视频监视提示标识	合理定置	布置合理数量和形式的摄像机,使管理范围内视频监视可全面覆盖,无死角。提醒标识可根据实际尺寸定制。	参见5.32节。
4	劳动防护用品	合适位置	配置安全帽、安全绳、安全网、焊接切割防护用品,合理定置,定期检验。	参见7.17节。

续表

序号	项目名称	配置位置	基 本 要 求	备 注
5	危险源告知牌、四色安全风险分布图	醒目位置	按照检修间排查后危险源规定内容设计制作,安装在醒目位置,明确防范措施和责任。检修间应设置四色安全风险分布图。	参见 7.8 节、7.9 节。
6	上下行标志	作业人员上下的铁架或梯子上	应悬挂"作业人员从此上下""非工作人员不得攀爬"等标识标牌。	参见 7.3 节。
7	防坠物标识	起吊作业区域	设置"防止坠物"等标识。	参见 7.3 节。
8	泵闸工程突发故障应急处置看板	醒目位置	告知运行维护及管理人员熟悉泵闸工程突发故障或事故的原因及处置的方法。	参见 7.10 节。
9	设备接地标志	按规范设置	扁铁接地线标志在全长度或区间段及每个连接部位表面附近,应涂以 15～100 mm 宽度相等的绿色和黄色相间的条纹标志。	参见 7.13 节。

3.15 泵闸工程大修或专项工程施工现场目视化功能配置

泵闸工程大修或专项工程施工现场目视化功能配置见表 3-15。

表 3-15 泵闸工程大修或专项工程施工现场目视化功能配置

序号	项目名称	配置位置	基 本 要 求	备 注
一	施工现场出入口			
1	安全标志	施工现场出入口醒目位置	应设置"施工重地 闲人免进""进入施工现场必须戴安全帽"标志,可单独也可采用组合形式设置。	参见 5.35 节。
2	七牌二图	施工现场出入口醒目位置	根据建筑施工安全检查相关规定,施工现场应设有"七牌二图"。"七牌"是指工程概况牌、文明施工牌、消防保卫牌、安全生产纪律牌、管理人员及监督电话牌、安全生产天数牌、重大危险源告知牌。"二图"是指施工现场平面分布图、消防平面分布图。	参见 5.35 节。
3	工程效果图	施工现场出入口	根据需要设置。	参见 5.35 节。
4	重大危险源告知牌	重大危险源处	在重大危险源现场设置明显的安全警示标志和重大危险源告知牌,重大危险源告知牌内容包含名称、地点、责任人员、控制措施和安全标志等。	如有,参见 7.9 节。
5	限速 5 km/h、鸣号	频繁施工车辆进出的出入口	两标志可单独或组合设置,标志应正反双面设置。	参见 7.5 节。

续表

序号	项目名称	配置位置	基本要求	备注
二	基本规定			
1	相关施工基础性标牌	现场作业位置	安全生产六大纪律牌。	参见 5.35 节。
		现场作业位置	10 项安全技术措施牌。	
		电焊作业位置	作业现场焊割"十不烧"规定牌。	
		起吊作业位置	起重吊装"十不吊"规定牌。	
2	安全操作规程牌	相关作业位置	包括施工机械安全操作规程牌、主要工种安全操作规程牌。	参见 5.22 节。
3	施工现场管理办法牌	设置在项目部会议室	按标识标牌的标准制作安装。	参见 5.35 节。
4	施工现场环境卫生标准牌	项目部会议室	按标识标牌的标准制作安装。	参见 5.35 节。
5	施工现场组织机构图、安全生产组织网络图、环境保护管理网络图	项目部会议室	按标识标牌的标准制作安装。	参见 5.35 节。
6	突发事件应急处理流程图	项目部会议室	告知作业人员及管理人员熟悉突发故障或事故的原因及处置的方法。	参见 7.10 节。
7	施工现场责任标牌	项目部会议室	按标识标牌的标准制作安装。	参见 5.35 节。
8	岗位职责牌	岗位工作场所	按标识标牌的标准制作安装。	参见 5.35 节。
9	安全标志	高处作业平台的醒目位置	应设置"当心坠落、禁止抛物、必须系安全带"等标志。	参见 7.3 节。
		现场醒目位置	应设置"禁止酒后上岗"标志。	参见 7.3 节。
		防护栏杆处	应设置"注意安全、禁止攀越"等标志。	参见 7.3 节。
10	着装管理	作业人员	按规定岗位要求穿工作服,配工牌,穿戴防护用品。	参见 7.17 节。
11	摄像机及视频监视提示标识	合理定置	布置合理数量和形式的摄像机,使管理范围内视频监视可全面覆盖,无死角。提醒标识可根据实际尺寸定制。	参见 5.32 节。
三	吊装作业区			
1	安全标志	吊装作业现场醒目位置	应设置"当心吊物、当心落物、禁止停留"标志。	参见 7.3 节。
		起重机吊臂上	应设置"吊臂下方严禁站人"标志。	
		旋转式起重机尾部	应设置"旋转半径内严禁站人"标志。	

续表

序号	项目名称	配置位置	基 本 要 求	备 注
2	相关安全标牌	起重机操作室旁	应设置安全操作规程牌、十不吊规定牌。	参见5.35节。
		起重设备醒目位置	应设置安装验收牌、使用告示牌、安全责任牌。	
		吊钩处	应设置限重牌。	参见7.5节。
四	焊接作业区			
1	安全标志	焊接作业区醒目位置	应设置"当心触电、当心弧光、当心火灾、禁止放易燃物、必须戴防护手套、必须戴防护面罩、必须穿防护服"标志。	参见7.3节。
		跨越通航河道、道路,高处施焊场所	应设置"禁止掉落焊花"标志。	
		容器内焊接作业	应设置"注意通风"标志。	
2	安全操作规程牌	作业现场	应设置相应的"安全操作规程牌"。	参见5.35节。
五	气割作业区			
1	安全标志	气割作业区醒目位置	应设置"当心火灾、必须戴防护手套、必须戴防护眼镜"标志。	参见7.3节。
		作业现场的氧气、乙炔瓶处	应设置"禁止暴晒、禁止烟火、当心爆炸"标志。	
2	安全操作规程牌	作业现场	应设置相应的安全操作规程牌。	参见7.3节。
六	出入通道			
1	安全标志	出入通道口	禁止停留、注意安全、当心落物、必须戴安全帽、仅供行人通行等。	参见7.3节。
		设置在车行通道	应设置相关交通安全标志。	参见7.5节。
		楼梯口	设置"注意安全、必须戴安全帽"标志。	参见7.5节。
		沿线交叉口	应设置"非作业人员禁止入内、当心车辆行人、前方施工、减速慢行、注意安全"标志。	参见7.3节。
2	临时性道路交通标志	交叉施工等作业区两端	设置锥形交通路标、限速标志、交通警告、警示、诱导标志等道路交通标志。	参见7.3节。
3	配备交通指挥人员或设置交通信号灯	施工作业区两端配置	配备必要的交通指挥人员或设置交通信号灯。	参见7.3节、7.5节。

续表

序号	项目名称	配置位置	基本要求	备注
七	临时施工用电			
1	安全标志	配电房门口	应设置"禁止烟火、高压危险、禁止靠近、非电工禁止入内"等标志。	参见7.3节。
		配电箱箱门上	应设置"有电危险、当心触电、必须加锁"等标志。	
		配电箱、用电设备处	应设置"必须接地"标志。	
		配电箱、临近带电设备围栏上等	应设置"当心触电"标志。	
		跨线施工或通车道路的用电线路的绝缘套管处	应设置"电缆净空、限高"等标识标牌。	
2	"下有电缆、禁止开挖"标志	埋地电缆路径下方	埋地电缆路径应设置方位标志与"下有电缆、禁止开挖"的警示标志。	参见7.3节。
3	"禁止合闸、有人工作"标志	1.一经合闸即可送电到工作地点的开关的操作把手上 2.用电设备维修、故障、停用、无人值守状态下	1.一经合闸即可送电到工作地点的开关的操作把手上均应悬挂"禁止合闸、有人工作"的标识牌。 2.用电设备维修、故障、停用、无人值守状态下均应悬挂"禁止合闸、有人工作"的标识牌。	参见7.3节。
4	其他安全标志	设置有暴露的电缆或地面下有电缆处施工的地点	应设置"当心电缆"标志。	参见7.3节。
		设置在裸露的带电体处	应设置"禁止触摸"标志。	
5	配电箱支架设置及相关标志	施工现场	符合《施工现场临时用电安全技术规范》(JGJ 46—2005)的有关规定,并在柜门上设置"有电危险、当心触电"等标志以及专业电工责任牌。	参见7.3节。
八	材料堆放区或机械设备处			
1	相关标牌	原材料堆放区	应设置材料标识牌。	参见5.35节。
		半成品、成品堆放区	应设置半成品材料标识牌、成品材料标识牌。	
		废旧物品存放处	应设置废旧物品存放处提示牌。	
		机械设备处	应设置机械设备标牌、安全操作规程牌。	

续表

序号	项目名称	配置位置	基本要求	备注
2	相关安全标志	设备检修、更换零部件处	设备检修、更换零部件时应在机械醒目位置设置"禁止启动"标志。	参见7.3节。
		检修或专人定时操作的设备醒目处	应设置"禁止转动"标志。	
		机械设备处	应设置"当心机械伤人"标志。	
		氧气、乙炔瓶存放区醒目位置	应设置"当心爆炸、禁止烟火、禁止暴晒、禁止用水灭火"等标志。	
		氧气存放区	应设置"氧气存放处"标志。	
		乙炔存放区	应设置"乙炔存放处"标志。	
3	危险品定位和标识	按规定定置	有明确的摆放区域，分类定位，标识明确，远离火源，隔离摆放，并有专人隔离，有明显的警示标识。	
九	水上作业			
1	安全标志	临边防护栏杆上	水上作业平台应设"禁止攀爬、禁止翻越、当心落水"等安全标志，并符合有关规定。	参见7.3节。
2	航行相关警示标志	水上作业区域	按当地海事港航部门要求设置安全警示标志。夜间施工时锚系设施的浮漂一律涂刷荧光漆，标志清晰、醒目。	参见7.5节。
3	交通安全标志	作业区施工通道	应设置"直行、向左（右）转弯"等指示标志。	
十	道路维修施工			
1	交通安全标志	施工区域前方适当位置	应设置"前方施工 减速慢行"及限速等标志；"禁止超车、道路变窄""进入施工现场 注意安全、减速慢行"等标志。	参见7.3节、7.5节。
		须改道施工的，应在改道前方适当位置设置	应设置"左道封闭向右改道""右道封闭向左改道""向左行驶""向右行驶"等标志。	
		限高门架上	应设置"限高、限宽、限重、限速"等标志。	
		封闭一侧的道路两端	应设置"禁止通行"等标志及交通诱导标志。	
		施工道路终点	应设置"解除禁止超车、解除限速"等标志。	
		施工区域通车路段	应设置"禁止停车"等标志。	
2	其他交通标志	新建道路与原有道路平面交叉处	标志必须按照相关规定设置，并按当地主管部门要求和批准的具体方案确定。	

3.16　泵闸工程及管理区消防器材目视化功能配置

泵闸工程及管理区消防器材目视化功能配置见表3-16。

表3-16　泵闸工程及管理区消防器材目视化功能配置

序号	项目名称	配置位置	基本要求	备注
1	消防器材目视一般要求	合理定置	位置合理设置,有禁止阻塞线,消防器材定置编号统一编号。消防设施牌图形、颜色、内容应符合《消防安全标志 第1部分:标志》(GB 13495.1—2015)、《消防安全标志设置要求》(GB 15630—1995)的规定。	参见7.4节。
2	禁止标志及火警电话号码	消防器材放置点醒目位置	应设置"消防器材、严禁挪用""火警119"等标志。	参见7.4节。
3	提示标志	指示消防器材的位置方向	应设置提示标志。	参见7.4节。
4	手动报警器按钮及标识	合理设置	按相应标准执行。	参见7.4节。
5	消防设备编号、定置牌	灭火器箱、消火栓本体上方或旁边	按相应标准执行。	参见7.4节。
6	火灾报警装置		按设计要求进行。	参见7.4节。
7	消防器材管理责任牌	消防器材放置点	应设置消防器材管理责任牌,并有定期检验记录。	参见7.4节。
8	消防系统平面分布图	门厅、出入口	消防系统平面分布图绘图正确,有统一编号。	参见7.19节。
9	人员疏散路线图及人员逃生标识	合理设置	人员疏散路线图绘图正确,紧急出口指示明确,逃生指示醒目,人员逃生标识符合标准(GB 15630—1995)要求。	参见7.19节。
10	"安全出口"标识	运行、维护及生活区人员密集场所的安全出口、疏散通道处	按相应标准制作安装。	参见7.3节。
11	消防应急照明灯	在安全出口及紧急疏散路线处	在安全出口及紧急疏散路线周围应设置应急灯。	参见7.4节。
12	警示标志	主副厂房、控制室、值班室、仓库入口等	设置"禁止烟火""禁止燃放鞭炮""当心火灾——易燃物质""当心爆炸——爆炸性物质"等警示标志。	参见7.3节。
13	发光标志	视线障碍的灭火器材设置点	应设置指示其位置的发光标志。	

续表

序号	项目名称	配置位置	基本要求	备注
14	消防系统及设备操作示意图	设备本体或附近	设置消防系统操作示意图,比如:电源切换操作、水泵切换操作等。	参见7.4节。
15	灭火器操作使用提示卡	灭火器本体或附近	根据实际尺寸定制。	参见7.4节。
16	日常维护清单看板	设备本体或附近	按管理规范制作。	参见7.4节。
17	介质名称和介质流向	管道上	使工作人员正确了解消防系统管道内的介质名称和介质流向。	参见6.13节。
18	消防系统管道阀门位置标识	管道阀门上	设置阀门位置标识,标注阀门的正常工作位置以及全开和全闭位置。	参见4.15节、6.10节。
19	消防系统管道井盖标识	管道检查井位置	使工作人员正确定位消防系统管道检查井位置。	参见6.24节。
20	消防设备管护标准	设备本体或附近	消防设备管护标准参见附录G。	参见7.4节。
21	设备检查卡、养护卡	设备本体或附近	按管理规范编制、检查、养护、记录。	参见7.4节。

第 4 章

泵闸工程导视及定置类目视项目指引

4.1 泵闸工程导视及定置类目视项目一般规定

（1）泵闸工程导视类目视项目是指通过标识标牌上指示的方向来找到想要到达目的地，并获得应有的信息。泵闸工程应设置的导视类目视项目包括工程路网导视标牌、工程区域总平面分布图、工程区域内建筑物导视标牌、建筑物内楼层导视标牌、巡视检查路线标牌等。

（2）导视类目视项目应保证信息的连续性和内容的一致性。

（3）导视标识标牌有多个不同方向的目的地时，宜按照向前、向左和向右的顺序布置。

（4）同一方向有多个目的地时，宜按照由近及远的空间位置从上至下集中排列。

（5）导视标识标牌应标注每层布置的功能间名称，标识标牌内容从上而下应按照高楼层向低楼层的顺序布置。

（6）重点区域巡视宜设置巡视路线地贴标识，重点部位宜设置重点部位运行巡视点标识。通过明确关键部位的巡视点，提醒运行和管理人员加强巡视。必要时，重要区域应张贴巡查内容和标准的标识牌。

（7）物品定置管理是泵闸工程目视项目的重要内容，包括物品定置管理的原则、保管场所确定、定置摆放的方法、库房布局、货架定置管理、安全工具定置管理、一般工具定置管理、专用工具定置管理、办公桌面物品定置等，本书将相关内容纳入本章叙述。

4.2 工程路网导视标牌

1. 目的

工程路网导视标牌是对工程路网导视，便于泵闸工程日常工作、运行管理、服务业务的正常开展，展示单位或工程形象，是一项基础性管理工作。

2. 标准

（1）标牌内容包括名称、方向、距离和地址等。

（2）名称可为工程名称、枢纽名称、管理单位名称。

（3）同一单位的泵闸工程导视标牌规格、材料、风格应力求协调一致，设计应庄重大方，并有本单位特色，设计方案应征求主管部门意见。

（4）工程路网导视标牌中应有管理单位LOGO。

3. 安装位置

导视标牌宜设置在公路主干道、公路次干道或干线公路的路口和路旁。

4. 示意图

示意图如图4.1所示。

图 4.1　工程路网导视标牌示意图

4.3　工程区域总平面分布图标牌

1. 目的

工程区域总平面分布图标牌对工程区域总平面分布图进行明示，便于泵闸工程日常工作、运行管理、服务业务的正常开展，展示单位或工程形象，也是一项基础性管理工作。

2. 标准

（1）平面分布图标牌由主图、图名称和图例组成。主图可为鸟瞰图、效果图等。

（2）主图中应标注主要、附属建筑物名称、河道名称、相应的附属设施等，并醒目标注观察者位置。

（3）工程区域总平面分布图标牌的规格、材料自定，其风格应与泵闸工程管理区整体风格协调一致，设计应庄重大方，并有本单位特色。

（4）工程区域总平面分布图标牌中应有管理单位LOGO。

3. 设置位置

工程区域总平面分布图标牌宜设置在管理单位入口处或建筑物入口处。

4. 示意图

工程区域总平面分布图标牌示意图如图4.2所示。

图 4.2　工程区域总平面分布图标牌

4.4　工程区域内建筑物导视标牌

1. 目的

该导视标牌是对泵闸工程区域内建筑物、构筑物名称和方向指示进行引导,便于泵闸工程日常工作、运行管理、对外服务,展示单位或工程形象,也是一项基础性管理工作。

2. 标准

(1) 内容为建筑物、构筑物名称和方向指示等。

(2) 同一单位的泵闸工程区域内建筑物导视标牌的规格、材料、风格应力求协调一致,式样及色彩还应与本泵闸工程目视化整体风格相协调。

(3) 规格、材料。一般高度为 2 000 mm,可采用不锈钢喷塑。规格、材料也可自定。

3. 安装位置

导视标牌宜设置在道路交叉路口处。

4. 示意图

导视标牌示意图如图 4.3 所示。

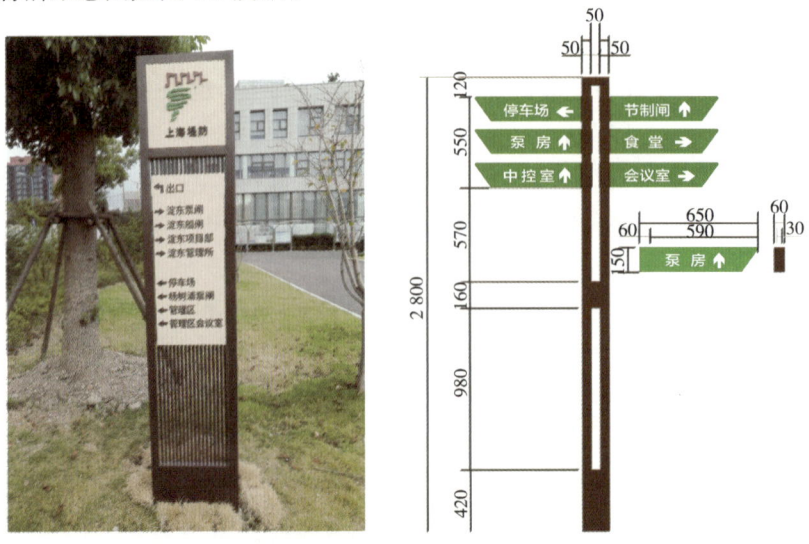

图 4.3　工程区域内建筑物导视标牌

4.5　建筑物内楼层导视标牌及楼层索引标牌

4.5.1　建筑物内楼层导视标牌

1. 目的

该导视标牌是对泵闸工程区域内多层建筑物的楼层进行引导,便于泵闸工程日常工作、运行管理、对外服务。

2. 标准

(1) 泵闸工程内的建筑物为多层建筑时,应设置建筑物内楼层导视标牌,标注每层布置的功能间名称。

(2) 标牌内容从上向下应按照高楼层向低楼层的顺序布置。

(3) 规格。标牌直径为 200～300 mm。

(4) 材料。采用 0.5 mm 厚度 PVC 加夜光油墨丝印,自带强力背胶,也可自定。

(5) 颜色。白底红字,黑体。

3. 安装位置

导视标牌宜设置在建筑物或多层建筑物楼梯入口处。

4. 示意图

导视标牌示意图如图 4.4 所示。

图 4.4　建筑物内楼层导视标牌

4.5.2　楼层索引标牌

1. 目的

楼层索引标牌的设置是为了便于日常工作、运行管理、对外服务。

2. 标准

(1) 规格。700 mm×600 mm。

(2) 工艺。可采用 PVC 板、亚克力板或不锈钢喷塑。

(3) 式样及色彩应与泵闸工程目视化整体风格相协调。

3. 安装位置

索引标牌安装在靠近楼梯口适当位置。

4. 示意图

索引标牌示意图如图 4.5 所示。

图 4.5　楼层索引标牌

4.5.3　上下楼梯踏步标识

1. 目的

该标识为提醒行人上下楼梯注意安全。

2. 标准

（1）规格。180 mm×180 mm。

（2）材质。采用铝合金材质。

（3）高度。离地 200 mm。

（4）色彩。绿底白色图案。

3. 示意图

踏步标识示意图如图 4.6 所示。

图 4.6　上下楼梯踏步标识

4.6 巡视标志

巡视标志应包括巡视检查路线图标牌、巡视路线地贴标牌、重点部位运行巡视点标牌、巡视内容标牌、振动测量点标识等。

4.6.1 巡查路线标牌

1. 目的

巡查路线标牌的设立主要是根据巡查人员管辖设备的分布范围与巡检部位,将编制最短最合理的巡检路线标示出,以达到安全、高效、防止漏检之目的。

2. 适用的对象或范围

设备巡视部位、巡检项目。

3. 标准

(1) 巡视路线编制原则。路线最短、时间最省、作业安全。具体要求为:

① 全面考虑动态、静态、状态巡检及其相关信息,进行排列组合、优化选择;

② 应结合考虑泵闸工程检查项目、检查内容、检查频次;

③ 图示化说明,标示出先后顺序;

④ 符合泵闸工程技术管理细则和运行作业指导书巡视路线设置要求。

(2) 巡检路线制作。规格自定,设计好后彩喷,裱在 KT 板(或 PVC 板、亚克力板)上,镶塑胶边框或铝合金边框后,挂于墙上。

(3) 巡视检查路线图标牌应根据设备巡视要求、设备位置、设备安全距离进行设置。

(4) 巡视检查路线应连续封闭,不得中断。

(5) 规格。800 mm×600 mm,也可根据现场情况自定。

4. 示意图

巡查路线标牌如图 4.7 所示。

图 4.7 巡查路线标牌

4.6.2　巡视路线及巡视点地贴标识

1. 目的

巡视路线及巡视地贴统一标准化,让运行和管理人员按照巡视路线巡视。

2. 标准

(1) 巡视路线(地面)和巡视点地贴标牌,采用 0.5 mm 厚度磨砂耐磨 PVC 加夜光油墨丝印,自带强力背胶。

(2) 室外巡视点地贴标牌宜采用不锈钢腐蚀填色。

(3) 巡视路线地贴牌规格为 150 mm×300 mm。

巡视点地贴牌规格为 200 mm×200 mm。

3. 设置位置

巡视路线及巡视地贴设置在泵闸工程运行巡视区域。

4. 示意图

巡视路线及巡视地贴示意图如图 4.8 和图 4.9 所示。

图 4.8　巡视路线地贴标牌

图 4.9　巡视点标志

4.6.3　重点巡视部位标志

1. 目的

重点部位宜设置重点部位运行巡视点标牌,明确关键部位的巡视点,提示重点部位的主要巡视内容以及重要参数,提醒运行工作人员加强巡视。

2. 标准

(1) 规格。300 mm×300 mm。

(2) 材料。采用 0.5 mm 厚度 PVC 加夜光油墨丝印,自带强力背胶,也可自定。

3. 安装位置

重点巡视部位标志应安置在巡视区域重点部位。

4. 示意图

重点巡视部位标志示意图如图 4.10 所示。

图 4.10 重点巡视部位标识

4.6.4 巡视内容及标准标牌

1. 目的

巡视内容及标准标牌是为了将巡视工作统一、标准化,要求内容清楚,准确全面,也可图文并茂、易于理解,力求可操作性强。

2. 标准

(1) 巡视内容应根据不同巡视对象制定,也可明示巡查标准加图示,包括定点、定人员、定方法、定周期、定标准、定表式、定记录的内容。

(2) 泵闸工程运行巡视内容参见附录。

(3) 规格。一般为 800 mm×600 mm,也可根据巡查区域的内容进行适当调整,其尺寸、颜色、版式应与其他部位的标牌相协调。

(4) 材料。KT 板、PVC 板或亚克力板,有触电危险的作业场所应使用绝缘材料。

3. 安装位置

巡视内容及标准标牌宜设置在需要巡视的设备或关键部位旁。

4. 示意图

巡视内容及标准标牌示意图如图 4.11 和图 4.12 所示。

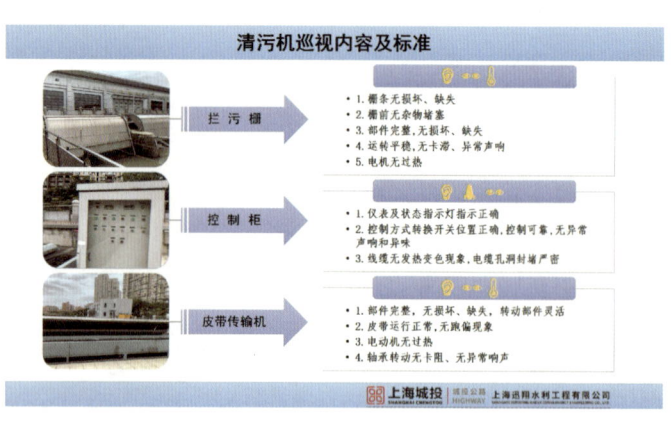

图 4.11　清污机巡视内容及标准标牌

图 4.12　液压启闭系统巡视内容及标准标牌

4.6.5　振动测量点标识

1. 目的

振动测量点标识的设置可使振动测量点一目了然,确保在同一位置巡检测振。

2. 适用的对象或范围

所有的泵闸测振点。

3. 标准

(1) 在纸中间用剪刀剪出内径 25mm,外径 45 mm 2 个相连半圆环孔做样板,在需要测振的位置用喷漆喷涂。

(2) 将纸用剪刀剪出直径 25 mm 圆孔,在需要测振的位置用喷漆喷涂。优先采用此方法进行标示。如果设备表面颜色为红色,则喷涂蓝色,如果为其他颜色,则涂红色。

4. 示意图

振动测量点标识示意图如图 4.13 所示。

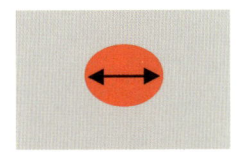

25mm圆孔喷涂模板　　　　　　　　内径25mm、外径外45mm圆环喷涂模板

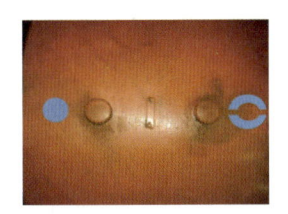

图 4.13　振动测量点标识

4.7　防汛物资调运线路图标牌

1. 目的

将防汛物资调度方案的核心内容制作成调运线路图是为了便于防汛物资的调度、运用，以确保防汛安全。

2. 标准

（1）该标牌应包括防汛物资仓库所在位置、本工程所在位置、物资调运线路图以及必要的文字说明。

（2）规格。根据现场情况自定。

（3）材料。KT板、PVC板或亚克力板，有触电危险的作业场所应使用绝缘材料。

3. 安装位置

防汛物资调运线路图标牌宜设置在防汛物资仓库内。

4. 示意图

防汛物资调运线路图标牌示意图如图4.14所示。

图 4.14　防汛物资调运线路图

4.8 表计界限范围标识

1. 目的

泵闸工程运行设备较多，巡检中稍不留神可能会发生漏项，对于不熟悉业务的人员，不同表计的设备参数是否在监控范围内也是不易掌握的内容之一。变压器、断路器、互感器、避雷器、供水系统等设备温度、压力、油位、电流表和电压表的各种表计上制作"表计分段指示标记"，明显地区分不同的刻度范围。通过采用设备运行状况和监控范围标示，把正常的运行方式予以公告，通过线条划定表计参数的正常监控范围，即使对设备不熟悉的人员也能一目了然地对设备进行检查、核对，降低对人员素质的要求，提高巡检质量。

2. 标准

（1）用文字标示最大值、最小值。

（2）大范围计量器以中央为中心、以箭头符号进行标示，标示管理范围时用颜色来区分，最大值为红色，最小值为蓝色。

（3）小范围计量器以扇形标示，标示方法：

① 正常范围贴附绿色荧光胶带；

② 需要采取对策的指针的最大值(上限值)用红色荧光纸贴示，红色区表示跳闸或者严重状态的刻度范围；

③ 需要采取对策的指针的最小值(下限值)用黄色荧光纸贴示，黄色区表示告警刻度范围；

④ 可以开启的计量器原则上是把胶带直接贴在里面刻度板上，根据情况也可把胶带贴在玻璃外面；

⑤ 把做了标示的计量器列出清单进行管理，清单上要有指针正常值；

⑥ 计量器要接受定期的校正检查。

（4）表计定期检验后的检验合格证粘贴牢固，不遮挡指示读数，编号正确，在检验有效期内。

3. 示意图

表计界限范围标识示意图如图 4.15 所示，10 cm 表盘位置看好后，用剪刀修剪贴在表盘上即可。

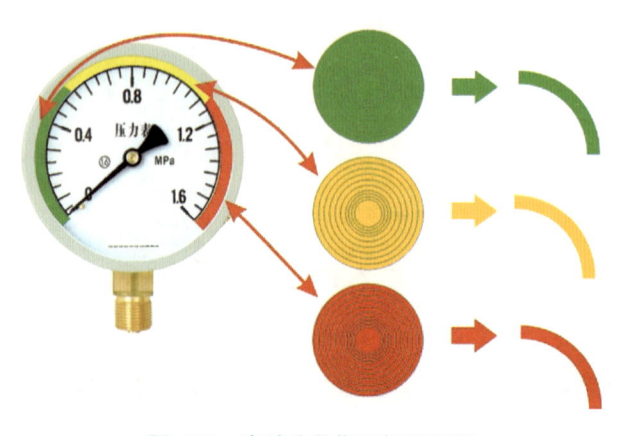

图 4.15　表计分段指示标记示例

4.9 设备运行状态标识

1. 目的

设备运行状态标识统一标准化,把正常的设备运行方式予以公告,其运行、备用、维护等状态一目了然,提高巡检质量。

2. 适用的对象或范围

根据需要选择主流程设备、重要设备、关键设备及管理需要标识的设备。

3. 制作标准

采用四色盘样式,可与设备责任卡组合制作,其尺寸、数量应根据泵闸工程现场实际需要订购。

4. 示意图

设备运行状态标识示意图如图 4.16 所示。

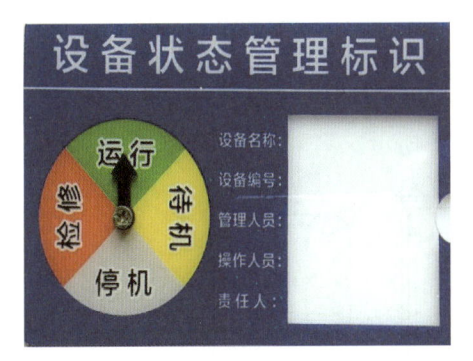

图 4.16 设备运行状态标识

4.10 设备阀门位置指示标识

4.10.1 扳手式阀门标识

1. 目的

该标识明确阀门的工作状态,防止误操作。

2. 标准

(1) 用文字标明"开""关"位置。

(2) 规格为 120 mm×80 mm。

(3) 材料采用金属 UV。

3. 安装位置

扳手式阀门位置指示标识悬挂在阀颈上。

4. 示意图

扳手式阀门位置指示标识示意图如图 4.17 所示。

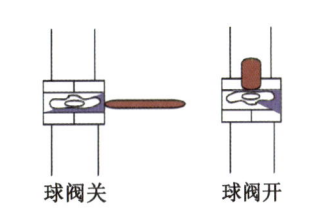

图 4.17 扳手式阀门位置指示标识

4.10.2 轮式阀门标识

1. 目的

该标识设立便于在阀门正常工作时,判断阀门的开关状态,防止事故的发生。

2. 经常变动阀门的标识标准

(1) 制作活动式开关标示,每次开关阀门时,标示牌的状态应能方便地随之改变。

(2) 规格为 40 mm×60 mm,规格也可自定。

(3) 开为白色字,关为黄色字,移动条为黄色。

(4) 材料为浅蓝色 PC 板。

3. 一般不变动阀门的标识

(1) 制作常开、常闭标示。

(2) 规格为 60 mm×20 mm。

(3) 材料为 PC 板、铝板腐蚀填色等。

4. 悬挂位置

阀门的开关标示牌应悬挂在显眼的地方(阀门的颈项上)。

5. 示意图

轮式阀门位置指示标识示意图如图 4.18 所示。

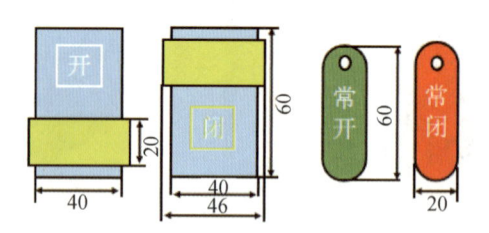

图 4.18 轮式阀门位置指示标识

4.11 螺栓、螺母松紧标识

1. 目的

螺栓和螺母是否松动一目了然,提高巡检效率。

2. 标准

(1) 需要做标示的螺栓、螺母:

① 螺栓、螺母的松脱,引起使用部件的脱落破损;

② 螺栓、螺母的松脱,引起机械振动,导致其加工不良;

③ 螺栓、螺母的松脱,引起容纳物泄露,导致安全问题及污染环境。

(2) 标示(画线)顺序:

① 清除螺栓、螺母及周围的灰尘油污;

② 锁紧螺栓、螺母至紧固状态;

③ 画线;

④ 当线被破坏或颜色看不清再按前三步顺序进行画线涂色。

(3) 画线方法：

① 使用红色油漆来标示；

② 标示线的宽度为 2～3mm，具体宽度根据螺栓、螺母大小而定。

3. 示意图

螺栓、螺母松紧标识示意图如图 4.19 所示。

图 4.19　螺栓、螺母松紧标识

4.12　方向引导标识

1. 目的

方向引导标识的设立是为了在室外交叉路口或泵房室内能容易找到目的地，便于标准化管理。

2. 标准

(1) 交叉路口附着通行方向设置引导标识，标识以附着在地面为原则，根据情况也可以附着在墙壁上。

(2) 行走方向箭头与箭头之间的间隔一般为 5 m。

(3) 行走方向箭头用蓝色标示。

(4) 中央线及边线使用绿色。

(5) 中央线及边沿线的线宽为 50 mm。

(6) 从墙面到边沿线的距离为 120 mm。

(7) 门开闭线用虚线标示。

3. 设置位置

方向引导标识设置在泵房内部或泵闸管理区内部交叉路口。

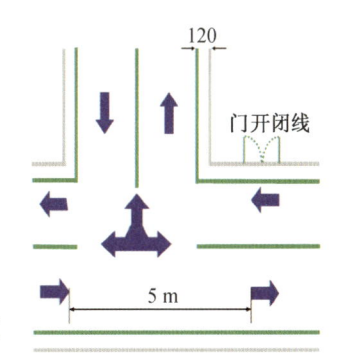

图 4.20　方向引导标示方法

4. 示意图

方向引导标识示意图如图 4.20 所示。

4.13　防踏空标识

1. 目的

防踏空标识统一标准化，通过警示线标识，提醒运行和管理人员，防止踏空而发生事故。

2. 标准

(1) 线形为黄黑相间斑马线,45°斜线,间隔 5 cm。

(2) 线条宽度为 10 cm。

(3) 线长以覆盖人行通道为准。

(4) 必要时,可配套增设"小心台阶"警示标识。

3. 示意图

防踏空标识示意图如图 4.21 所示。

图 4.21 防踏空标示方法

4.14　防碰撞(含墙角墩柱)标识

1. 目的

防碰撞标识统一标准化,通过警示线标识,提醒运行和管理人员,防止碰撞而发生事故。

2. 标准

(1) 线型采用黄黑相间的斑马线,45°斜线(环状体可不用斜线),黄色线与黑色线宽度的比例为 1∶1。

(2) 黄黑间隔 5 cm,大型设施可采用 10 cm。

(3) 以画黄色、黑色相间油漆线为原则来标示危险区域,在难以涂色的部位,可以悬挂或贴附危险区域标示牌。

(4) 在需要特别指示的时候要标示引导线。如柱子或门处于交通要道,可用铁皮将柱子或门包住。

3. 设置位置

防碰撞标识标示在易碰撞处,如设备、柱子、门处等。

4. 示意图

防碰撞标识示意图如图 4.22 所示。

图 4.22 防碰撞标示方法

4.15 防绊脚标识

1. 目的

防绊脚标识统一标准化,提示人员注意此处有障碍物,防止绊脚摔伤。

2. 对象

现场人行通道或巡检路线上横向贯穿的管道或障碍物。

3. 标准

(1) 线形为黄黑相间斑马线,45°斜线。黄色线与黑色线宽度的比例为1:1。

(2) 黄黑间隔 5 cm。

(3) 线长以覆盖人行通道为准。

4. 示意图

防绊脚标识示意图如图 4.23 所示。

图 4.23 防绊脚标示方法

4.16 挡鼠板及标志

1. 目的

挡鼠板标志统一标准化。挡鼠板的设置可使运行和管理人员熟悉电气设备防小动物的各种措施,并在挡鼠板上方设置警示线,提醒注意防止绊脚摔伤。

2. 标准

(1) 高低压配电室门口处的挡鼠板高度不小于 400 mm,挡鼠板上方用黑黄相间比例为 1∶1 的胶带粘贴,黄色与黑色的宽度为 50 mm。

(2) 挡鼠板宜采用工程塑料、铝合金、不锈钢等不易生锈、变形的材料制作。

(3) 挡鼠板应放置与电房门之间的卡槽内,不能随意取下。

3. 示意图

挡鼠板标志示意图如图 4.24 所示。

图 4.24　挡鼠板及标志

4.17 闸门上沿警示线

1. 目的

闸门上沿警示线统一标准化,提示运行和管理人员在水闸闸门运维时注意安全。

2. 标准

(1) 线形为黄黑相间斑马线,45°斜线,间隔 300 mm(可调整)。黄色线与黑色线宽度的比例为 1∶1。

(2) 线条宽度为 300 mm(可调整)。

3. 示意图

闸门上沿警示线示意图如图 4.25 所示。

图 4.25　闸门上沿警示线

4.18 室外立柱涂色警示标识

1. 目的

室外立柱涂色警示标识统一标准化,可便于工作人员管理,同时提醒外来人员避免碰撞,确保设施安全。

2. 标准

(1) 室外立柱刷漆。高度 2 m,宽度 20 cm。油漆颜色为黑黄相间平行线。

(2) 室外支柱油漆标准。刷 45°斜线,宽 10 cm;油漆颜色为黑色和黄色相间;水泥墩平面刷黄色漆。

3. 示意图

室外立柱涂色警示标识示意图如图 4.26 所示。

图 4.26　室外立柱涂色

4.19 禁止阻塞区域标识

1. 目的

禁止阻塞区域标识统一标准化,提示人员该区域内禁止堆放物品,提高应急处理时的效率。

2. 对象

消防器材、电控柜、地下设施的入口盖板、配电室门口。

3. 标准

(1) 线形为黄黑相间斑马线,45°斜线。

(2) 线宽 5 cm(如图 4.27 中所注尺寸)。

(3) 区域长宽尺寸参考柜门开启时最大边界尺寸,以不妨碍操作为原则。

4. 示意图

禁止阻塞区域标识示意图如图 4.27 所示。

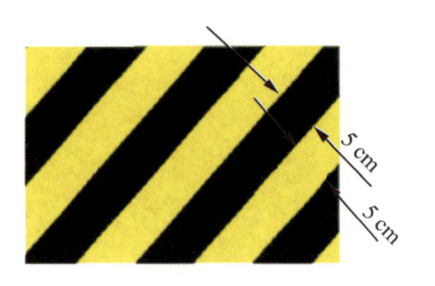

图 4.27　禁止阻塞区域标识

4.20　物品原位置标识

1. 目的

泵闸工程所有设备和物品原位置设置标识统一标准化,能确保物物有归处,便于查找物品,使整顿和日常维护成为习惯。

2. 适用的对象或范围

物品原位置标识放置于现场地面的设备和物品。

3. 标准

(1) 距离物品周围 20 cm 处画封闭式黄色实线,或画黄色、黑色相间油漆线(黄色线与黑色线宽度的比例为 1∶1,线的角度为 45°),如在巡检停留点侧,则距离物品 50 cm(预留空间定置巡检点)。

(2) 线宽有 3 种,大为 150 mm,中为 100 mm,小为 50 mm。

(3) 线型为全封闭。

(4) 结合地面的实际情况,物品区域线可刷漆或贴胶带。

(5) 如与"现场通道标识线"重合或相近,可根据现场实际情况,只画其中一种。如遇空间狭窄处,可只画单边。

(6) 固定物品区域(指物品堆放区等),线形为封闭实线,颜色为黄色。

(7) 半固定物品(指桌子、保管台、备品等),标示方法:线宽为 50 mm,线形为四角定位线或封闭虚线,颜色为黄色。

(8) 等待修理物标示方法。红色虚线(宽 50 mm),为线框+文字,黄色线框对应红字,蓝色线框对应黄字并统一喷涂在线框上的右下角处。

(9) 等待检查物标示方法。黄色虚线(宽 50 mm)。

(10) 非正常物品(指不良品、废弃品等)标示方法。红色实线(宽 50 mm)。

4. 示意图

物品原位置标识示意图如图 4.28 所示。

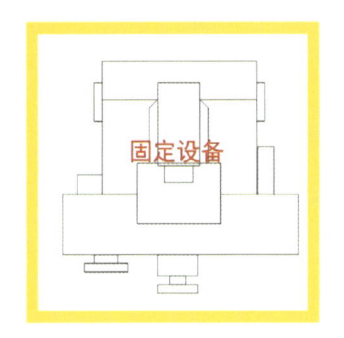

图 4.28　物品原位置标识

4.21　移动物品原位置标识

1. 目的

所有经常移动的物品原位置设置标识统一标准化，能确保物物有归处，使整顿和日常维护成为习惯化。

2. 对象

所有经常移动的物品，如搬运车等。

3. 标准

(1) 制作有色线条，物品用半封闭式线条框起。

(2) 标识线应与物品的外延保持 10 mm 左右的空隙。

(3) 规格。线宽 50 mm 或 100 mm，颜色为黄色。

(4) 材料。可以采用刷漆或粘胶带。

4. 示意图

移动物品原位置标识示意图如图 2.29 所示。

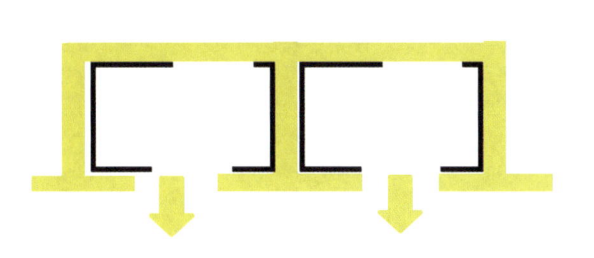

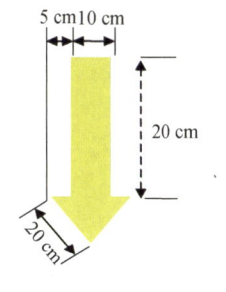

图 4.29　移动物品原位置标识

4.22　库房物品定置

4.22.1　物品定置管理的原则

(1) 将"整理"之后所腾出的场地、橱柜、棚架等空间进行重新规划使用。

(2) 按保管场所确定表确定放置场所。

(3) 物品的放置场所原则上要完全确定。

(4) 将最常用的东西放在最近身边的地方，不常用的东西存放于仓库。

(5) 物品的保管要定位、定量。

(6) 危险品应在特定的场所保管。

(7) 无法按规定位置放置的物品，应挂"暂放"标识牌，注明"原因、放置日期、负责人、预计放至何时"等内容。

物品堆放高度标示方法，如图 4.30 所示。

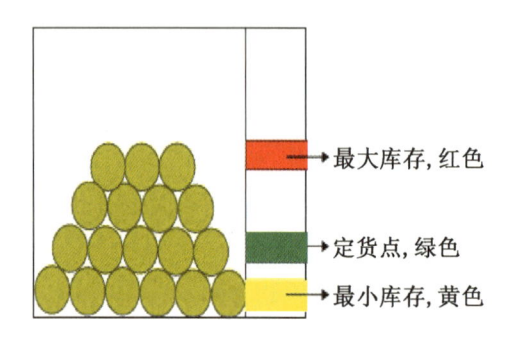

图 4.30　物品堆放高度标示方法

4.22.2　保管场所确定表

保管场所的确定见表 4-1。

表 4-1　保管场所确定表

状态	使用频率	处理方法	建议场所
不用	全年1次也用不到	报废、特别处理	待处理区
少用	平均2个月~1年用1次	分类管理	集中场所（工具库、仓库）
普通	1~2个月使用1次或以上	放在仓库间内	各摆放区
常用	每周使用数次 每日使用数次	工作区内 随手可得	工具间

4.22.3　库房布局

(1) 库房要进行统一规划，按物品性能合理分区，明确存放区域标识，危险品要单独存放并有安全警示，入口悬挂定置图、安全紧急疏散图。

(2) 功能区、通道划分合理，标识清晰、完整。一般用黄色线条划分区域，线宽 100~150 mm。

(3) 货架做到合理布置。

(4)消防器按规定数量、位置设置。

(5)墙面电器开关标识明确,张贴物整齐合理,悬挂牢固稳妥。

(6)大门标识清晰,张贴"推""拉"标识。

(7)有物资管理流程图、制度、防汛物资调运方案图。

4.22.4　货架定置管理

(1)按类别、功能划分区域,标识清楚,定量管理,明确责任人。

(2)物资按"四号"(库号、架号、层号、位号)定位原则定位,账物卡相符。

(3)物资摆放形迹化管理。

备件货架示意图如图 4.31 所示。

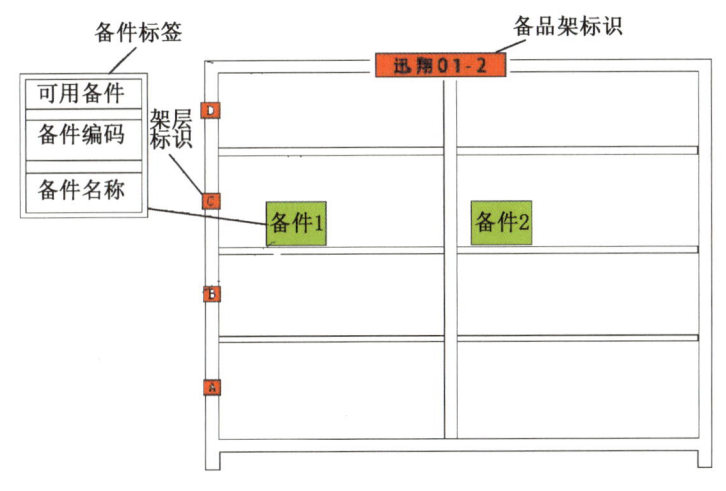

图 4.31　备件货架示意图

4.22.5　备件类标识

1. 目的

备件标识统一标准化,在备件上明确标示必要的信息,便于日常查找管理。

2. 适用的对象或范围

备品备件。

3. 标准

(1)存放备件时,用不干胶标签粘在备件的某个部位,明确标明备件状态、备件 ERP 编码、图号或规格型号,以及备件的安装部位信息,当需要查找时,立即可以核对确认备件的相关信息。

(2)不干胶标签的规格。100 mm×85 mm,14 号黑体字。

(3)"可用备件"标识。底色为浅绿色,"待修备件"标识底色为浅黄色,"报废备件"标识底色为红色。

4. 示意图

备件标识示意图如图 4.32 所示。

备件标识	
备件状态	可用备件
备件编码	
备件名称	
图号或型号	
安装部位	

备件标识	
备件状态	待修备件
备件编码	
备件名称	
图号或型号	
安装部位	

备件标识	
备件状态	报废备件
备件编码	
备件名称	
图号或型号	
安装部位	

图 4.32　备件标识

4.22.6　一般工具定置管理——形迹管理

1. 目的

工具定置管理统一标准化，明确了工具的放置位置，确保工具的安全保管数量，方便工具的取用及缩短查找时间，提高工作效率。

2. 对象

各种工具、器材类。

3. 标准

（1）根据工具形状制作工具陈列柜，使用四角即时贴，将工具固定用以达到形迹管理。

（2）在工具箱的右侧贴附工具清单，并标明使用者（即管理者）。

（3）在每个工具的位置上贴标签，规格为 70 mm×20 mm。

4. 示意图

工具形迹管理示意图如图 4.33 所示。

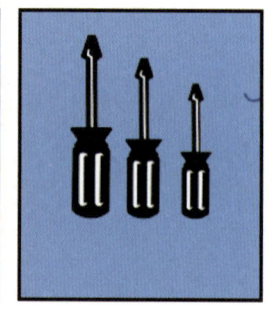

| 锤子 | 扳手 | 螺丝刀 |

图 4.33　工具形迹管理

4.22.7　专用工具定置管理

1. 撬棍类工具

（1）制作适合的竖立式保管架（类似"兵器架"）。

（2）在工具箱的右侧贴附工具清单，并标明使用者（即管理者）。

(3) 在每个工具的位置前贴上标签。

(4) 撬棍类工具定置示意图如图 4.34 所示。

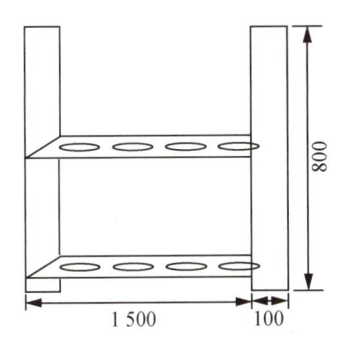

图 4.34　撬棍类工具定置

2. 专用绳索类工具

(1) 基本保管原则是吊挂管理，有序悬挂。

(2) 制作适合的竖立式保管架。

(3) 在每个工具的位置上标明名称。

(4) 在保管架的上面标明管理者（规格为 400 mm×150 mm）。

(5) 专用绳索类工具定置示意图如图 4.35 所示。

图 4.35　专用绳索类工具定置

3. 带孔工具

带孔工具的存放，如敲击扳手、活动扳手等，可使用挂钩进行分类悬挂摆放。

4. 移动设备和搬运工具

(1) 摆放整齐，有定位标识，并明确管理和清扫责任人，状态异常的设备，应有明显标识。

(2) 地板或墙上标示移动设备和运输工具的原位置（黄色，线宽 50 mm），以便当原位置上没有运输工具时容易发现。

(3) 在移动设备和运输工具的左上端附着现况板，如在左上端难贴时可以贴在显眼之处。

(4) 现况板如难贴时可用绳子挂上。

(5) 现况板规格为 110 mm×60 mm,深蓝色印刷。

5. 胶管电缆类的保管标识

(1) 做一个合适的电缆转盘,尽量使用废弃的电线转盘包装。
(2) 盘能够旋转,必要时利用磨损的轴承。
(3) 在转盘的上方标明物品的名称和管理者(规格为 400 mm×150 mm)。
(4) 材料为电线用后的塑料包装或者钢材。

6. 清扫工具保管标示方法

(1) 基本清扫工具保管原则是离地吊挂管理。
(2) 制作适合的竖立式保管架。
(3) 在每个工具的位置上标明名称。
(4) 在保管架的上面标明管理者(规格为 400 mm ×150 mm)。

4.22.8 安全工具定置管理

(1) 安全工器具放置目视,是在安全帽、绝缘靴、绝缘手套、验电器、接地线、标示牌、绝缘杆和操作工具等物品喷涂或粘贴规范统一的编号,在工器具柜(架)上的放置位置以绘制形状、粘贴工器具照片等方式进行定位标示出物品和数量,实现分类放置、便于取放的目的。

(2) 对于需要进行周期性试验的工器具,除把试验日期和周期标在工器具上外,在还应将安全工器具试验一览表粘贴于安全工器具室门口,明确工器具的编号、数量、上次试验日期和下次试验时间、责任人,便于定期检查核对。在安全工器具室放置"工器具使用维护指南",以简单的图片和文字说明工器具使用和维护的基本要求,特别对于新从事运行工作的人员,可以按图索骥快速掌握其使用方法。

4.22.9 物料底盘颜色标识

1. 目的

物料底盘颜色标识可避免作业现场的物料落地,对材料在物料底盘上进行管理,明确底盘的范围,防止踢脚受伤,使作业区域和非作业区域得以划分。

2. 标准

(1) 在底盘侧面涂刷黄黑斑马线或黄色油漆,进行前先彻底去除灰尘和油污。
(2) 线宽规格为 50 mm 或直接取底盘高度。
(3) 在底盘上面可以配合使用以下颜色:
① 已完成合格品用绿色(但仓库区域一般用黄色);
② 不合格品(不良品、废品)用红色;
③ 待检查品用紫色。

3. 示意图

物料底盘颜色标识示意图如图 4.36 所示。

图 4.36　物料底盘颜色标识

4.22.10　零件堆放限高线标识

1. 标准

（1）预先设定最大数量，在最大数量处标示限制线。

（2）颜色为红色；规格为宽度 30～100 mm，长度以该区域的范围为准。

（3）零件堆放不能超过限制线所限制的高度。

2. 示意图

零件堆放限高线示意图如图 4.37 所示。

图 4.37　零件堆放限高线标识

4.22.11　废弃物品的标示方法

1. 目的

所有废弃的物品原位置设置标识，可确保物物有归处，使整顿成为习惯。

2. 标准

（1）标示方法。线宽 50 mm。

（2）线形。封闭实线。

（3）颜色。红色。

（4）标识线应与物品的外沿保持 10 mm 左右的空隙。

（5）可以采用刷漆或贴胶带。

3. 示意图

废弃物品标示方法示意图如图 4.38 所示。

图 4.38　废弃物品标示方法

4.22.12　危险物品保管标示方法

1. 目的

危险物品保管标示是在危险物品的保管场所明确标示存放的危险物品,做到事前心中有数,经常提示危险品的性质,预防化学危险事故的发生。

2. 对象

易燃、易爆等化学物质及其保管场所;对出入人员及环境有潜在致命影响的有毒物质及其保管场所。

3. 标准

(1) 危险物品应有明确的摆放区域,分类定位、标识明确,定位线用宽 50 mm 的红色胶带或者油漆线。

(2) 危险物品要隔离存放,远离火源,并设专人管理。

(3) 制作危险化学品防范说明标识,即菱形标示牌,明确危险物品的内容和图案,应符合《化学品分类和危险性公示通则》(GB13690—2009)和《危险货物分类和品牌编号》(6944—2005)规定的要求。

(4) 危险化学品防范说明标识规格为 250 mm×250 mm。

(5) 危险化学品防范说明标识材料为 PC 板,单面印刷。

(6) 危险化学品防范说明标示牌附着在保管危险物品的显眼位置或出入口正面。

4.23　办公场所物品定置

4.23.1　办公桌面物品定置标识

1. 目的

办公桌面物品定置统一标准化,规范桌面定置管理,培养将物品放置原位的习惯,提高工作效率。

2. 对象

桌面必备物品,如图 4.39 所示。

图 4.39　常用办公小物品定置贴

3. 标准

(1) 电脑显示器放置于办公桌夹角。

(2) 左边一次摆放文件栏、电话、计算器。其中电话机定置：

① 制作电话原位置标签；

② 规格为 80 mm×55 mm，不干胶单面印刷；

③ 贴标签时，位置部门要统一，要对称美观；

④ 原位标签贴在放置电话位置的中央；

⑤ 在电话机正面标明本机号码，本部门应统一字样；

⑥ 必要时用 10 mm 宽的蓝色胶带，在四角标示电话的放置位置。

(3) 右边依次摆放文件盘、台历、笔筒、水杯、盆栽。

(4) 桌下右边摆放文件柜，左边摆放电脑主机、垃圾桶。

(5) 如没有相应物品，应空出位置。

4. 水杯定置

(1) 制作圆形水杯原位置标签。

(2) 规格为直径 55 mm 圆形纸，不干胶单面印刷。

(3) 原位标签贴在放置水杯位置的中央。

(4) 水杯个别保管时，位置设定在工作岗位或办公桌面，贴标签时，位置部门要统一，要对称美观。

(5) 水杯集中保管时，位置选定在休息区域或班级容易集中的地方，需要制作专门的水杯架子，在水杯正面标明姓名或工号，本部门应(统一字体。

5. 办公文具的定置

(1) 办公文具的保管制作圆形文具原位置标签。

(2) 规格为直径 55 mm 圆形纸，不干胶单面印刷。

(3) 原位标签贴在放置文具位置的中央。

(4) 办公文具个别保管时，位置设定在工作岗位或办公桌面，贴标签时，位置部门要统一，要对称美观。

(5) 办公文具集中保管时，位置选定在办公公共区域，需要制作专门的文具架子或看板，进行形迹管理。

6. 示意图

办公桌面物品定置标识示意图如图 4.40 所示。

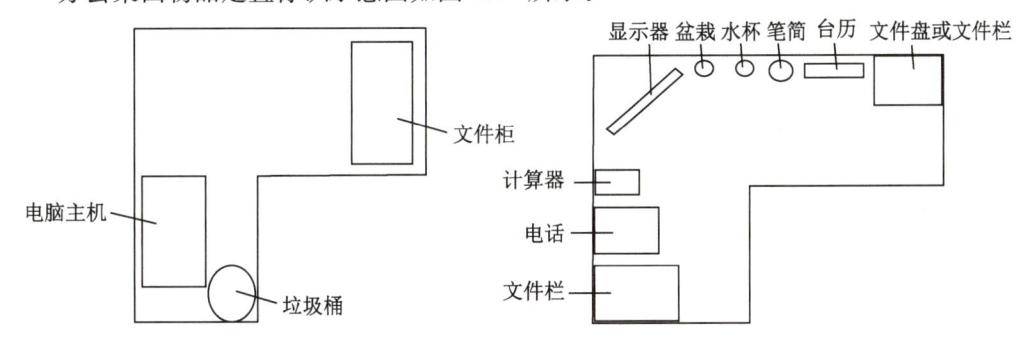

图 4.40 办公桌面物品定置标识

4.23.2　文件资料和文件夹的定置

1. 文件资料定置

(1) 制作长方形文件状态标签。

(2) 规格为 140 mm×40 mm,不干胶单面印刷。

(3) 标签粘贴于文件架前端(侧面)各层中部,下边距各为 5 mm。

(4) 2 层文件架。上层放置待处理文件,下层放置已处理文件。

(5) 3 层文件架。上层放置待处理文件,中层放置处理中文件,下层放置已处理文件。

2. 文件夹定置

(1) 制作统一规格尺寸的文件标签。

(2) 确定文件夹的保管位置顺序。

(3) 制作或粘贴一条斜线,线宽 10 mm。

(4) 不同层的文件要选用不同颜色的斜线。

(5) 文件夹定置示意图如图 4.41 所示。

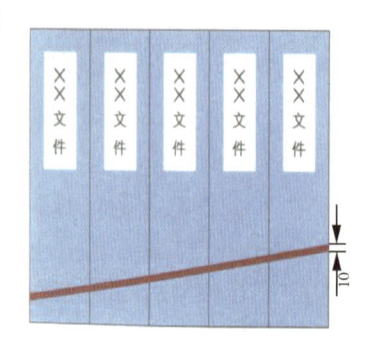

图 4.41　文件夹定置

4.23.3　电脑主机及机柜定置

(1) 电源排插及数据线离地定置。

(2) 电脑、打印机各数据线集束化管理,线缆两端有明确的标签。

(3) 建立电脑设备登记卡并粘贴在电脑设备侧面,参见"5.33 二级计算机设备登记卡"。

4. 示意图

电脑机柜示意图如图 4.42 所示。

4.23.4　打印机定置

(1) 打印机定置摆放。

(2) 明确责任人及标识。

(3) 打印机定置示意图如图 4.43 所示。

图 4.42　控制室电脑机柜定置

图 4.43　打印机定置

4.23.5　对讲机定置

(1) 对讲机采用形迹定位管理,方便取用,就近设置。
(2) 电源线集束定位,首末端应有标识。充电器和对讲机上设置使用人员岗位标识。
(3) 对讲机定置示意图如图 4.44 所示。

图 4.44　对讲机定置

4.24　安全帽定置

1. 标准
(1) 尺寸为 1 500 mm×1 400 mm,或根据泵闸工程实际情况自定尺寸。
(2) 材质为不锈钢烤漆。
(3) 数量为 10～12 个/组。
2. 安装位置
安全帽定置在泵闸工程门厅入口处等。
3. 示意图
安全帽定置示意图如图 4.45 所示。

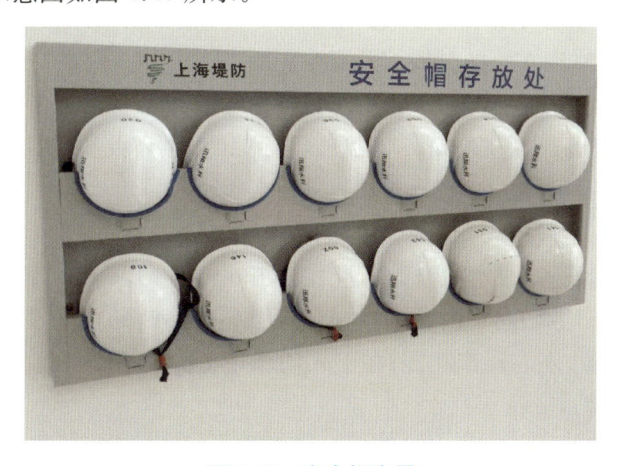

图 4.45　安全帽定置

4.25 钥匙定置

1. 标准

(1) 根据单位钥匙管理制度要求,实行泵闸工程运维钥匙集中专人管理。工程用钥匙在中控室设置专用柜,有序分类摆放,并有借用登记。

(2) 钥匙牌与对应存放位置有相同的名称编号标识。

2. 示意图

钥匙定置示意图如图 4.46 所示。

图 4.46 钥匙定置

4.26 出入门防撞条及推拉标志

1. 目的

办公室、泵闸工程运行现场、仓库、控制室等出入门设置防撞条和"推""拉"标志,以保证门的开闭顺畅,提醒进入该区域要注意安全。

2. 标准

(1) 防撞条规格为高度 120 mm,宽度按实际门的大小而定。

(2) 防撞条安装时离地 1 200 mm。

(3) 防撞条工艺为采用高分子膜+UV 印刷。

(4) 各类常用门设置"推""拉"标志,尺寸为 100 mm×100 mm,PVC 材质。

① 双门在固定门上贴固定门牌;活动门上贴出入门牌,贴在门锁中心线上方 40 mm 处,2 个门牌高度一致,左右距离相同;在出入门牌正上方 20 mm 处,贴上"推"字牌,并在门背面贴上"拉"字牌;

② 单门在门锁正上方 40 mm 处贴上"推"字牌,在门背面贴上"拉"字牌,高度与"推"一样;

③ 玻璃门在距离地面 1 300 mm 处，距其最外边 5 mm 粘上"推"，玻璃背面粘上"拉"，位置一样。

3. 示意图

玻璃门防撞条及推拉标志示意图如图 4.47 所示。

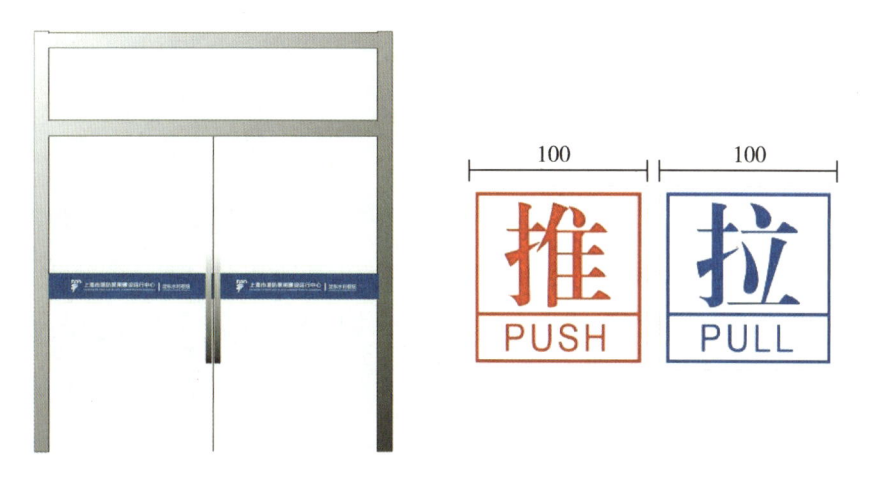

图 4.47 玻璃门防撞条及推拉标志

4.27 泵闸工程上、下游拦河浮筒油漆标志、钢丝绳防护标志

1. 目的

泵闸工程上、下游拦河浮筒油漆、钢丝绳标志使得运行和管理人员熟悉上、下游拦河浮筒油漆标志、钢丝绳防护标志相关知识，提醒外来船只及相关作业人员注意安全。

2. 标准

（1）上、下游拦河浮筒油漆颜色为禁止类颜色——黄色，在浮筒的上部围绕浮筒贴 1 圈反光膜。

（2）钢丝绳不能触碰水面，离水面距离不小于 400 mm，钢丝绳上挂设警示标志牌。

（3）标志牌参考规格为 600 mm×900 mm，底色为黄色，字体为黑体，大小占据标志牌面 2/3 位置；浮筒间距不大于 5 m，材料为防晒风光膜。

3. 示意图

拦河禁止标志牌示意图如图 4.48 所示。

图 4.48 拦河禁止标志牌

4.28 设备机座区域线

1. 目的

设备机座区域线对设备机座进行醒目、安全提示。

2. 适用的对象或范围

设备的基座或金属底座。

3. 标准

（1）基座的表面，刷浅蓝色油漆。

（2）去除基座的灰尘、油污。

（3）在基座的侧面边沿，标示黑黄相间线，标识方法为用黄间黑的胶带贴，宽窄视基座的高低、长短而定；或刷油漆，先刷黄线，黄线稍干后再刷黑线，黄线与黑线的宽度比例是 1∶1，线的宽窄视基座的高低、长短而定。

4. 示意图

设备机座区域线示意图如图 4.49 所示。

图 4.49　设备机座区域线

4.29 风机出风口飘带标识

1. 目的

风机出风口状态一目了然，直接判断风机设施的工作状态。

2. 适用的对象或范围

电气室、现场设备等风口。

3. 标准

红色布条或绸条长 200 mm，宽 20 mm，用双面胶或强力胶固定在出风口合适的位置处，保证出风时布条或绸条能明显飘动。

4. 示意图

风机出风口飘带标识示意图如图 4.50 所示。

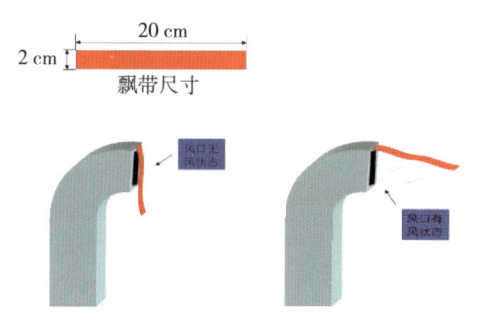

图 4.50　风机出风口飘带标识

4.30　吊物孔盖板定置

1. 目的

吊物孔盖板定置并目视，可方便设备维护管理，以确保设施安全和作业安全。

2. 标准

（1）盖板应统一编号。吊物空盖板应在醒目位置标明载荷。

（2）盖板上着黄黑相间的油漆线。

（3）盖板应采取防盗、防移动措施。

（4）移动盖板应按照规定设置警示标志、围栏。

3. 示意图

吊物孔盖板定置示意图如图 4.51 所示。

图 4.51　吊物孔盖板定置

第 5 章

泵闸工程公告类目视项目指引

5.1 泵闸工程公告类目视项目一般规定

（1）泵闸工程管理单位应设置的公告类目视项目，包括工程简介标牌、工程平面图、立面图、剖面图标牌、管理范围和保护范围公告牌、安全警戒区公告牌、水法规告示标牌、工程建设永久性责任标牌、工程主要技术参数表标牌、工程主要电气设备揭示表标牌、工程主要机械设备揭示表标牌、电气主接线图标牌、电气低压系统图标牌、水闸技术曲线标牌、启闭机控制原理图标牌、油系统图标牌、气系统图标牌、水系统图标牌、管理制度标牌、关键岗位责任标牌、操作规程标牌、巡视内容标牌、工作流程图看板、作业指导书看板、工程管理标准标牌、参观须知标牌、值班人员明示牌等。

（2）公告类标识牌为单面设置，必要时可设置为双面标识牌。

（3）对于泵闸工程合一等水利枢纽工程，部分标识标牌可合并设置。

（4）公告类标识牌一般设置在建筑物入口、门厅、参观起点、泵房、水闸桥头堡等醒目位置。

（5）水法规告知牌一般设置在水闸上下游的左右岸、入口、公路桥以及拦河浮筒处，水法规告知牌数量可根据实际需要确定，一般不宜少于 4 块。

（6）公告类技术图表应张贴在启闭机房、变压器室、高低压开关室、控制室等合适位置，图表中的内容应准确，图表格式应相对统一，标识牌应整洁美观，固定牢靠，定期检查维护。

5.2 参观须知标牌或外来人员告知牌

1. 目的

参观须知标牌或外来人员告知牌提示参观人员或外来人员进入工程管理范围或泵闸工程现场的注意事项，保障工程安全运用。

2. 标准

（1）告知牌应包括参观人员必须遵守的管理要求及禁止行为等参观规定的内容。

（2）告知牌宜设置在建筑物入口、门厅入口等醒目位置。

（3）告知牌参考尺寸为 1 700 mm×600 mm，具体尺寸可根据现场情况进行调整，应注意美观和协调。

（4）告知牌材质可采用不锈钢＋钢化玻璃。

3．示意图

参观须知标牌或外来人员告知牌示意图如图 5.1 所示。

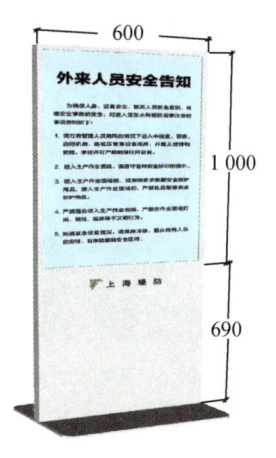

图 5.1　参观须知标牌或外来人员告知牌

5.3　工程简介标牌

1．目的

工程简介标牌使运行、管理人员以及参观考察人员对工程基本情况尽快了解、熟悉。

2．标准

（1）文字内容应包括工程名称、位置、规模、功能、建成时间、关键技术参数、设计标准及服务范围等内容。图片应包括工程规划图、参政图或所在水系图等，宜明确工程受益范围。泵闸工程概况还应包括工程等级、主水泵型号、主电机型号、启闭机型号、闸门形式、设计流量、校核流量、泵组单机流量、单机功率、单机扬程、工程效益等主要技术指标。

（2）工程规划图、参政图或周边水系图中应标注本工程所在位置。

（3）参考规格应根据泵闸工程现场情况自定。

（4）材料为 KT 板、PVC 板或亚克力板。

（5）有单位名称及 LOGO。

3．设置位置

工程简介标牌宜设置在建筑物入口、门厅入口等醒目位置。

4．示意图

工程简介标牌示意图如图 5.2 所示。

图 5.2　工程简介标牌

5.4　工程平面图、立面图、剖面图标牌

1. 目的

依据《泵站技术管理规程》(GB/T 30948—2021)、《水闸技术管理规程》(SL75—2014)和水利工程管理单位考核办法,工程平面图、立面图、剖面图等图纸应上墙明示。通过明示,使运行和管理人员熟悉泵闸工程建筑物基本结构和构造,便于管理。

2. 标准

(1) 平面图、立面图、剖面图中应标注主要建筑名称、特征水位、关键高程、关键参数等。

(2) 工程剖面图宜按水流从左向右方向布置。

(3) 参考规格应根据泵闸工程现场情况自定。

(4) 材料为 KT 板、PVC 板或亚克力板。

(5) 有单位名称及标识。

(6) 三视图中应尽量分色绘制。

3. 设置位置

工程平面图、立面图、剖面图标牌宜设置在建筑物入口、门厅入口等醒目位置。

4. 示意图

工程平面图、剖面图示意图如图 5.3、图 5.4 和图 5.5 所示。

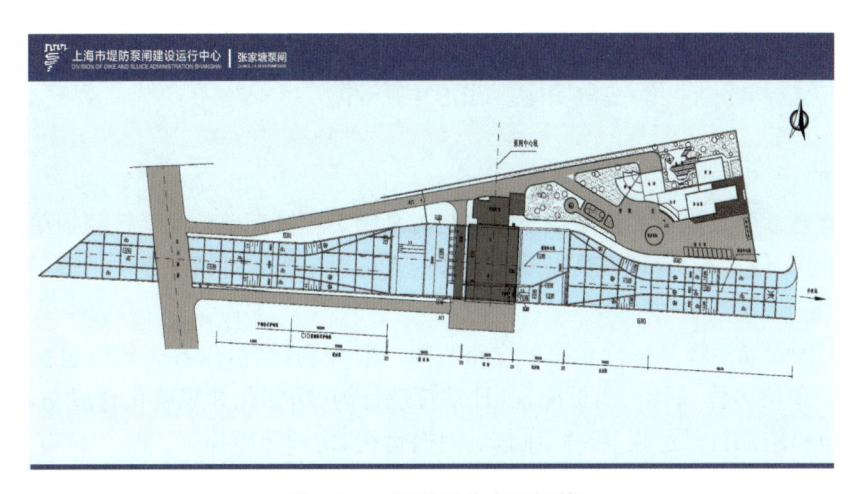

图 5.3 工程平面分布图标牌

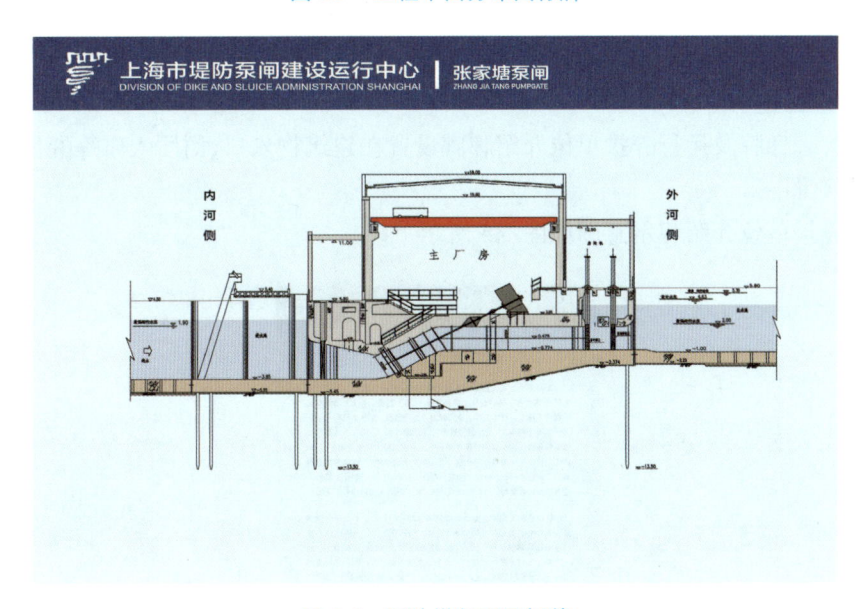

图 5.4 泵站纵剖面图标牌

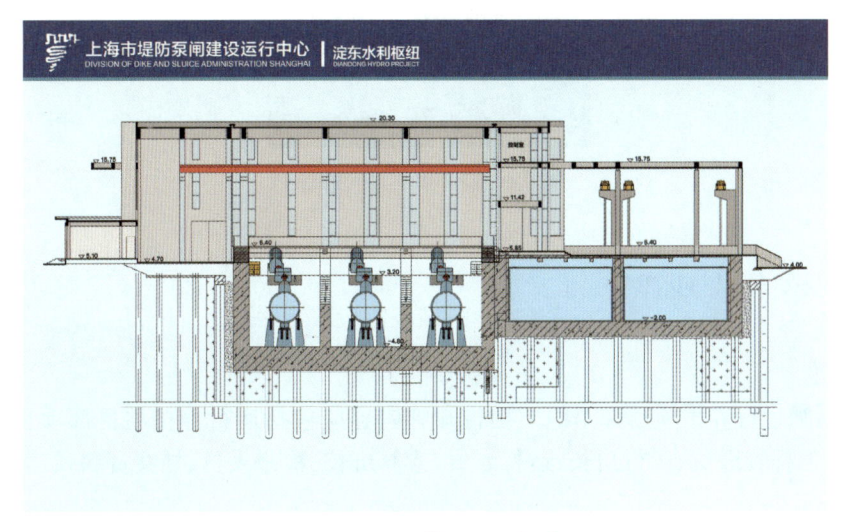

图 5.5 泵站横剖面图标牌

5.5　工程管理标牌及运行养护单位介绍牌

1. 目的

工程管理标牌及运行养护单位介绍牌是对泵闸工程管理单位及运行养护单位的基本情况进行介绍，使运行、管理人员以及参观考察人员对工程管理情况尽快了解、熟悉。

2. 标准

（1）工程管理标牌及运行养护单位介绍牌一般分别设置，内容一般应包括管理单位及运行养护单位名称、职责、人员配置、日常管理行为、精细化和规范化管理亮点等内容。标牌内容也可增加日常巡视、检查、维修、养护、运行、培训等照片。

（2）参考规格应根据泵闸工程现场情况自定。

（3）材料为 KT 板、PVC 板或亚克力板。

（4）应有单位名称和 LOGO。

3. 设置位置

工程管理标牌及运行养护单位介绍牌宜设置在建筑物入口、门厅入口等醒目位置。

4. 示意图

运行养护单位介绍牌示意图如图 5.6 所示。

图 5.6　运行养护单位介绍牌

5.6　组织架构告知牌

1. 标准

（1）泵闸运行养护项目部组织架构告知牌内容应包括运行养护项目部项目经理、技术负责人、工程管理员、运行班长、运行人员、检修班长、检修人员、档案资料员、材料员、安全员等。

(2) 安全生产组织告知牌应明示泵闸工程整个安全组织网络体系，也可增设应急响应组织网络告知牌、防汛抢险组织网络告知牌。

(3) 防汛责任人告知牌应明示泵闸工程管理单位和运维单位的防汛行政责任人、技术责任人、巡查责任人名单。

(4) 可通过组织网络图、列表、配图片等方式明示。

(5) 参考规格应根据泵闸工程现场情况自定。

(6) 材料为 KT 板、PVC 板或亚克力板。

(7) 有单位名称和 LOGO。

2. 安装位置

组织架构告知牌宜设置在项目部、工程入口等醒目位置。

3. 示意图

组织架构告知牌示意图如图 5.7 所示。

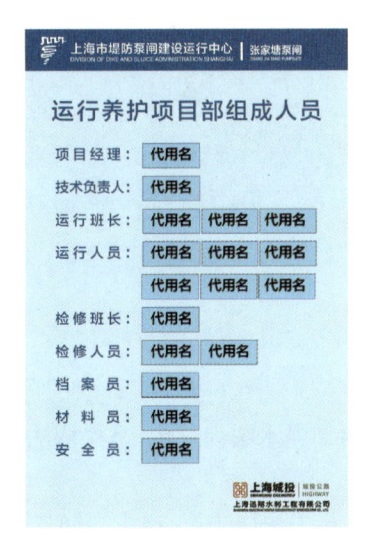

图 5.7　组织架构告知牌

5.7　管理范围和保护范围公告牌

1. 目的

管理范围和保护范围公告牌是根据水法规要求，为加强工程管理和保护范围的宣传而对外的告示。

2. 标准

(1) 公告牌应包括工程的管理和保护范围、公告主体、批准日期、示意图等内容。

(2) 公告牌规格为面板 3 000 mm×2 000 mm，立柱高 2 000 mm。

(3) 公告牌工艺为铝板上＋公安部指定反光标识贴（双面）。

(4) 公告牌材质为 4.0 mm 厚铝板，立杆采用直径 114 mm 镀锌钢管，壁厚 3 mm。

(5) 公告牌有单位名称及 LOGO。

3. 安装位置

管理范围和保护范围公告牌宜设置在工程区域及其管理范围或保护范围醒目位置。

4. 示意图

管理范围和保护范围公告牌示意图如图 5.8 所示。

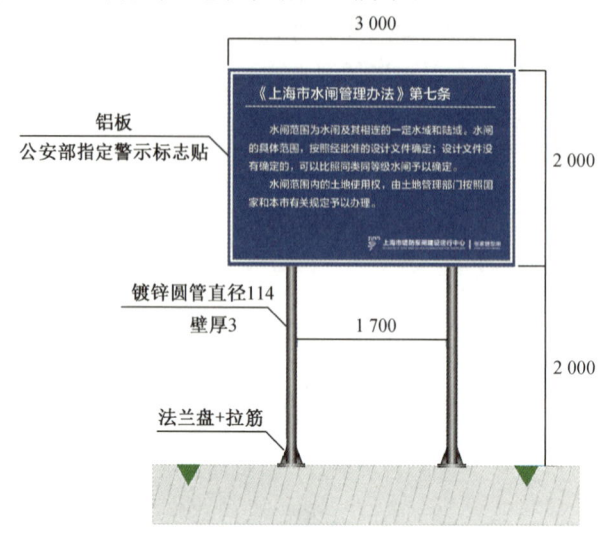

图 5.8　管理范围和保护范围公告牌

5.8　水法规告示标牌

1. 目的

水法规告示标牌设立是为加强水法规宣传,坚持依法治水。

2. 标准

(1) 内容可从国家及地方相关法律法规、规章中摘选,标牌底色宜为蓝色或黄色。

(2) 水法规告示标牌数量可根据实际需要确定,泵闸工程上下游合计不宜少于 4 块。

(3) 参考规格为面板 3 000 mm×2 000 mm,立柱高 2 000 mm。

(4) 告示标牌工艺为铝板上＋公安部指定反光标识贴(双面)。

(5) 告示标牌材质采用 4.0 mm 厚铝板,立杆采用直径 114 mm 镀锌钢管,壁厚 3 mm。

(6) 有单位名称及 LOGO。

3. 安装方式

(1) 混凝土地面(法兰盘＋拉筋)。

(2) 泥土地面(混凝土基座预埋)。

4. 安装位置

水法规告示标牌宜设置在泵闸工程上、下游的左右岸、入口、公路桥以及拦河浮筒处。

5. 示意图

水法规告示标牌示意图如图 5.9 所示。

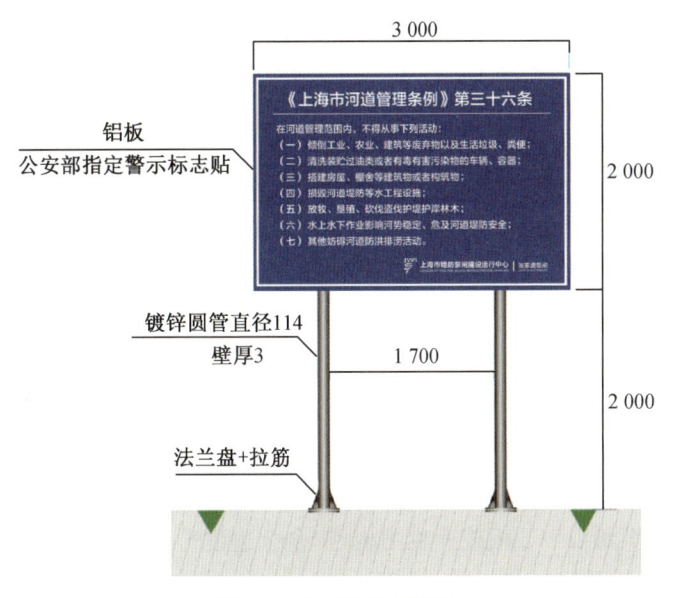

图 5.9 水法规告示标牌

5.9 工程建设永久性责任标牌

1. 目的

工程建设永久性责任标牌是对工程建设永久性责任通过标牌公告,明确参建各方责任和义务。

2. 标准

（1）标牌应包括工程名称、开竣工日期、建设、勘察、设计、施工、监理单位全称及负责人等内容。

（2）标牌材质为大理石或其他材料。

（3）标牌参考规格为 750 mm×500 mm。

3. 设置位置

工程建设永久性责任标牌宜设置在主要建筑物的显要位置。

4. 示意图

工程建设永久性责任标牌示意图如图 5.10 所示。

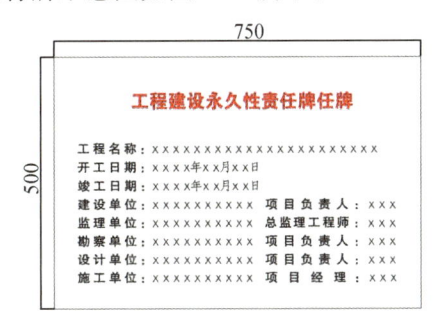

图 5.10 工程建设永久性责任标牌

5.10 工程主要技术参数表标牌

1. 目的

工程主要技术参数表标牌是依据水利工程管理单位考核办法要求，对泵闸工程主要技术参数表予以明示，以便运维和管理人员熟悉工程基本情况，提升管理能力。

2. 标准

(1) 应包括工程位置、所在河流、运用性质、开竣工时间、主要技术参数、主要设备型号等。

(2) 水闸主要技术参数表标牌中应包含水闸注册登记证相关内容，且应符合《水闸注册登记管理办法》(水建管〔2005〕263 号)要求。

(3) 参考规格应根据泵闸工程现场情况自定。

(4) 材料为 KT 板、PVC 板或亚克力板，铝合金边框+户外写真。

(5) 有单位名称及 LOGO。

3. 设置位置

工程主要技术参数表标牌宜设置在门厅、水闸启闭机房、泵站主厂房等位置，闸站结合的工程可设置在同一标牌中。

4. 示意图

工程主要技术参数表标牌示意图如图 5.11 和图 5.12 所示。

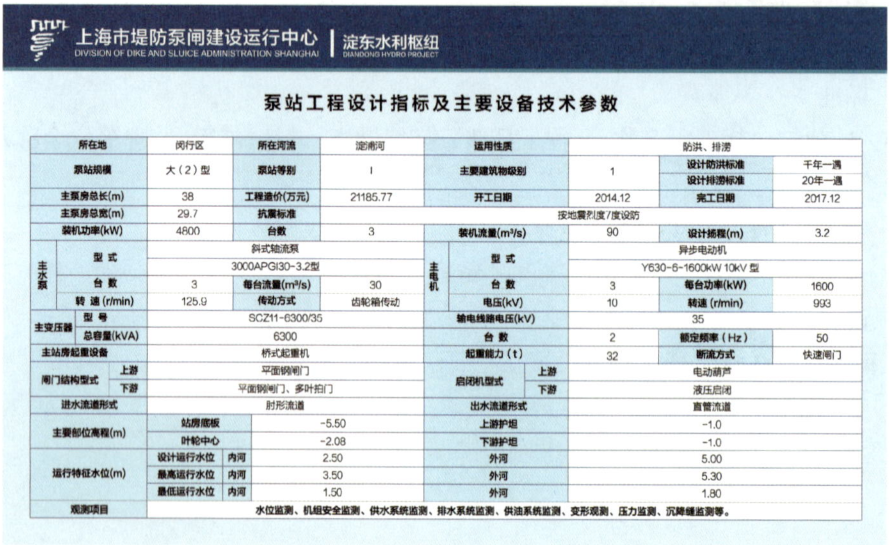
上海市堤防泵闸建设运行中心 DIVISION OF DIKE AND SLUICE ADMINISTRATION SHANGHAI | 淀东水利枢纽 DIANDONG HYDRO PROJECT

泵站工程设计指标及主要设备技术参数

所在地	闵行区	所在河流	淀浦河	运用性质	防洪、排涝		
泵站规模	大(2)型	泵站等别	I	主要建筑物级别	1	设计防洪标准	千年一遇
						设计排涝标准	20年一遇
主泵房总长(m)	38	工程造价(万元)	21185.77	开工日期	2014.12	完工日期	2017.12
主泵房总宽(m)	29.7	抗震标准	按地震烈度7度设防				
装机功率(kW)	4800	台数	3	装机流量(m^3/s)	90	设计扬程(m)	3.2
主水泵 型式	斜式轴流泵			主电机 型式	异步电动机		
	3000APGI30-3.2型				Y630-6-1600kW 10kV 型		
主水泵 台数	3	每台流量(m^3/s)	30	主电机 台数	3	每台功率(kW)	1600
主水泵 转速(r/min)	125.9	传动方式	齿轮箱传动	主电机 电压(kV)	10	转速(r/min)	993
主变压器 型号	SCZ11-6300/35			输电线路电压(kV)	35		
主变压器 总容量(kVA)	6300			台数	2	额定频率(Hz)	50
主站房起重设备	桥式起重机			起重能力(t)	32	断流方式	快速闸门
闸门结构型式 上游	平面钢闸门			启闭机型式 上游	电动葫芦		
闸门结构型式 下游	平面钢闸门、多叶拍门			启闭机型式 下游	液压启闭		
进水流道形式	肘形流道			出水流道形式	直管流道		
主要部位高程(m)	站房底板	-5.50		上游护坦	-1.0		
	叶轮中心	-2.08		下游护坦	-1.0		
运行特征水位(m)	设计运行水位 内河	2.50		外河	5.00		
	最高运行水位 内河	3.50		外河	5.30		
	最低运行水位 内河	1.50		外河	1.80		
观测项目	水位监测、机组安全监测、供水系统监测、排水系统监测、供油系统监测、变形观测、压力监测、沉降缝监测等。						

图 5.11 泵站工程主要技术参数表标牌

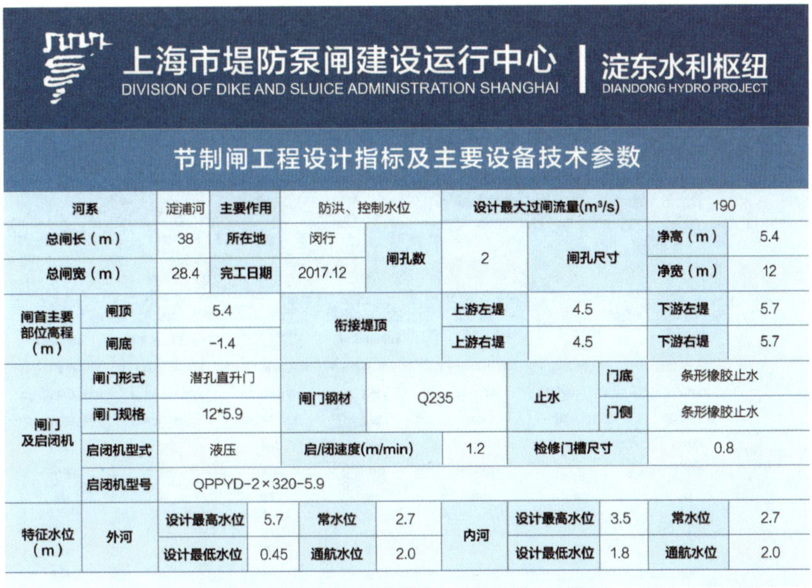

河系	淀浦河	主要作用	防洪、控制水位	设计最大过闸流量(m^3/s)		190				
总闸长（m）	38	所在地	闵行	闸孔数	2	闸孔尺寸	净高（m）	5.4		
总闸宽（m）	28.4	完工日期	2017.12				净宽（m）	12		
闸首主要部位高程（m）	闸顶	5.4	衔接堤顶	上游左堤	4.5	下游左堤	5.7			
	闸底	-1.4		上游右堤	4.5	下游右堤	5.7			
闸门及启闭机	闸门形式	潜孔直升门	闸门钢材	Q235	止水	门底	条形橡胶止水			
	闸门规格	12*5.9				门侧	条形橡胶止水			
	启闭机型式	液压	启/闭速度(m/min)	1.2	检修门槽尺寸	0.8				
	启闭机型号	QPPYD-2×320-5.9								
特征水位（m）	外河	设计最高水位	5.7	常水位	2.7	内河	设计最高水位	3.5	常水位	2.7
		设计最低水位	0.45	通航水位	2.0		设计最低水位	1.8	通航水位	2.0

图 5.12　水闸工程主要技术参数表标牌

5.11　设备揭示表标牌

5.11.1　工程主要电气设备揭示表标牌

1. 目的

工程主要电气设备揭示表标牌是依据水利工程管理单位考核办法要求，对泵闸工程主要电气设备检修揭示表给予明示，以便运维和管理人员熟悉工程基本情况，提升管理能力。

2. 标准

(1) 应包括主要电气设备的规格型号、制造时间、安装时间、投运时间、大修、养护周期及设备评级等内容。主要电气设备包括变压器、主电机、高低压开关柜等。

(2) 电气设备揭示表标牌制作中的设备评级应严格按《泵站技术管理规程》(GB/T 30948—2021)、《水闸技术管理规程》(SL 75—2014)、《水利水电工程闸门及启闭机、升船机设备管理等级评定标准》(SL240—1999)、《水工钢闸门和启闭机安全运行规程》(SL/T 722—2020)等规范要求进行。设备评级一般在汛前进行，泵站设备评级周期为 1 年，水闸设备评级周期设备评级周期为 1～4 年，可结合定期检查进行。

(3) 参考规格为 900 mm×1 200 mm，也可以根据泵闸工程现场情况自定。

(4) 材料为 KT 板、PVC 板或亚克力板，铝合金边框＋户外写真。有触电危险的作业场所应使用绝缘材料。

3. 设置位置

工程主要电气设备揭示表标牌宜设置在水闸启闭机房、泵站主厂房等位置，闸站结合的工程可设置在同一标牌中。设备评级发生变化时,应更换工程主要电气设备揭示表标牌。

4. 示意图

工程主要电气设备揭示表标牌示意图如图 5.13 所示。

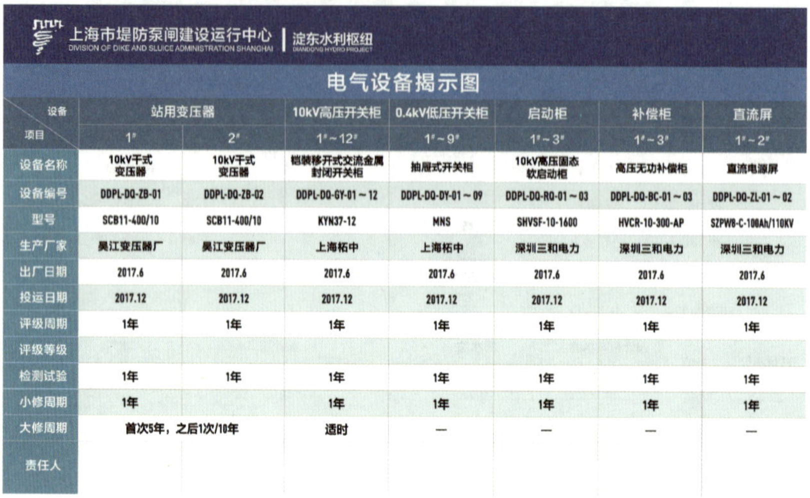

设备 项目	站用变压器		10kV高压开关柜	0.4kV低压开关柜	启动柜	补偿柜	直流屏
	1#	2#	1#~12#	1#~9#	1#~3#	1#~3#	1#~2#
设备名称	10kV干式变压器	10kV干式变压器	铠装移开式交流金属封闭开关柜	抽屉式开关柜	10kV高压固态软启动柜	高压无功补偿柜	直流电源屏
设备编号	DDPL-DQ-ZB-01	DDPL-DQ-ZB-02	DDPL-DQ-GY-01~12	DDPL-DQ-DY-01~09	DDPL-DQ-RQ-01~03	DDPL-DQ-BC-01~03	DDPL-DQ-ZL-01~02
型号	SCB11-400/10	SCB11-400/10	KYN37-12	MNS	SHVSF-10-1600	HVCR-10-300-AP	SZPW8-C-100Ah/110KV
生产厂家	吴江变压器厂	吴江变压器厂	上海柘中	上海柘中	深圳三和电力	深圳三和电力	深圳三和电力
出厂日期	2017.6	2017.6	2017.6	2017.6	2017.6	2017.6	2017.6
投运日期	2017.12	2017.12	2017.12	2017.12	2017.12	2017.12	2017.12
评级周期	1年	1年	1年	1年	1年	1年	1年
评级等级							
检测试验	1年	1年	1年	1年	1年	1年	1年
小修周期	1年	1年	1年	1年	1年	1年	1年
大修周期	首次5年,之后1次/10年		适时	—	—	—	—
责任人							

图 5.13 工程主要电气设备揭示表标牌

5.11.2 工程主要机械设备揭示表标牌

1. 目的

工程主要机械设备揭示表标牌是依据水利工程管理单位考核办法要求,对泵闸工程主要电气设备检修揭示表给予明示,以便运维和管理人员熟悉工程基本情况,提升管理能力。

2. 标准

(1) 应包括主要机械设备的规格型号、制造时间、安装时间、投运时间、大修、养护周期及设备评级等内容。水闸机械设备包括启闭机、闸门等。泵站机械设备包括主水泵、油气水系统、断流设施、起重设备及清污系统等设备。

(2) 机械设备揭示表标牌制作中的设备评级应严格按《泵站技术管理规程》(GB/T 30948—2021)、《水闸技术管理规程》(SL 75—2014)、《水利水电工程闸门及启闭机、升船机设备管理等级评定标准》(SL240)、《水工钢闸门和启闭机安全运行规程》(SL/T 722—2020)等规范要求进行。设备评级一般在汛前进行,泵站设备评级周期为1年,水闸设备评级周期设备评级周期为1~4年,可结合定期检查进行。

(3) 参考规格为 900 mm×1 200 mm,也可以根据泵闸工程现场情况自定。

(4) 材料为 KT 板、PVC 板或亚克力板,铝合金边框+户外写真,有触电危险的作业场所应使用绝缘材料。

(5) 有单位名称及 LOGO。

3. 设置地点

（1）工程主要机械设备揭示表标牌宜设置在水闸启闭机房、泵站主厂房等位置，泵闸工程结合的工程可设置在同一标牌中。设备评级发生变化时，应更换工程主要机械设备揭示表标牌。

（2）主要机械设备揭示表标牌与主要电气设备揭示表标牌可合并设置。

4. 示意图

工程主要机械设备揭示表标牌示意图如图5.14所示。

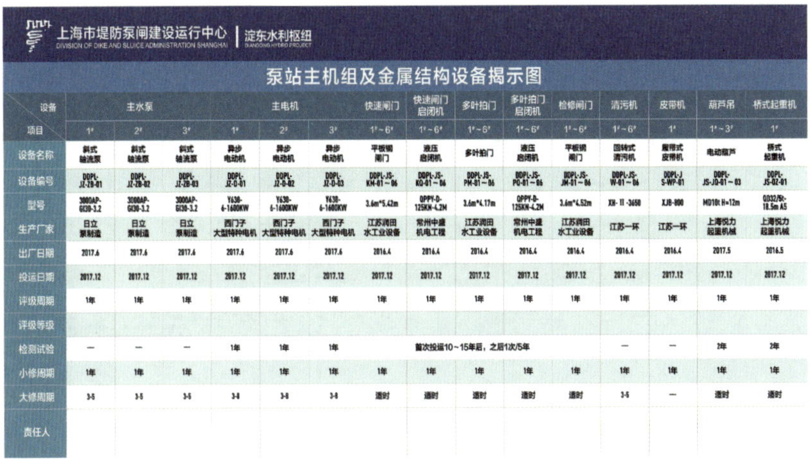

图 5.14　工程主要机械设备揭示表标牌

5.12　电气主接线图标牌

5.12.1　电气高压系统主接线图标牌

1. 目的

电气高压系统主接线图标牌是按《泵站技术管理规程》(GB/T 30948—2021)、《水闸技术管理规程》(SL 75—2014)水利工程管理单位考核办法要求，对泵闸工程电气高压系统主接线图进行明示，使泵闸工程运行和管理人员熟悉电气工程母线及电压等级、设备名称、断路器编号及接线工作原理，便于管理。

2. 标准

（1）应标明母线及电压等级、设备名称、断路器编号、图例等。

（2）母线颜色应按电压等级设计，见第6章6.12节。

（3）参考规格为900 mm×1 200 mm，也可以根据泵闸工程现场情况自定。

（4）材料为KT板、PVC板或亚克力板，材料也可以自定，但有触电危险的作业场所应使用绝缘材料。

（5）有单位名称及LOGO。

（6）电气高压系统主接线图中的设备名称与编号应与现场一致，主接线中的各电压等级的线路应按规范进行分色绘制。

3．设置位置

电气高压系统主接线图标牌宜设置在高压开关室内。

4．示意图

电气高压系统主接线图标牌示意图如图 5.15 所示。

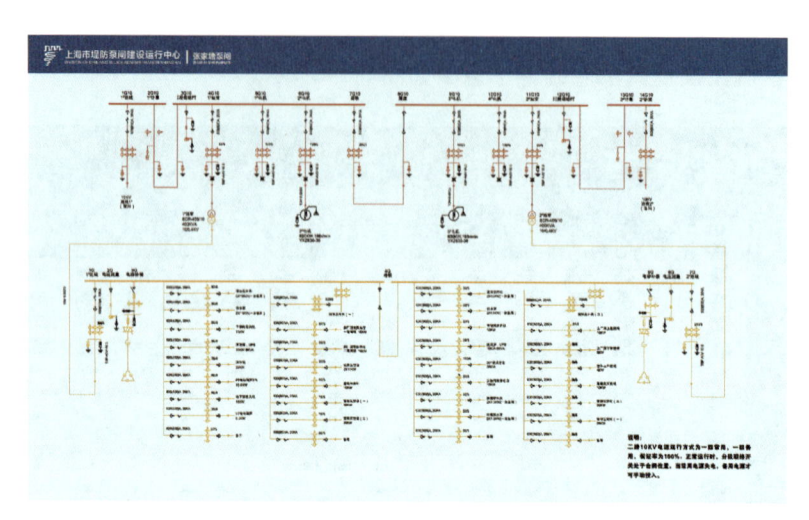

图 5.15　电气高压系统主接线图标牌

5.12.2　电气低压系统接线图标牌

1．目的

电气低压系统接线图标牌是按《泵站技术管理规程》(GB/T 30948—2021)、《水闸技术管理规程》(SL 75—2014)和水利工程管理单位考核办法要求，对泵闸工程电气低压系统图进行明示，使泵闸工程运行和管理人员熟悉电气工程母线及电压等级、设备名称、断路器编号及接线工作原理，便于管理。

2．标准

(1) 应标明母线及电压等级、设备名称、断路器编号、图例等。

(2) 母线颜色应按电压等级设计，见第 6 章 6.12 节。

(3) 参考规格为 900 mm×1 200 mm，也可以根据泵闸工程现场情况自定。

(4) 材料为 KT 板、PVC 板或亚克力板，材料也可以自定，但有触电危险的作业场所应使用绝缘材料。

(5) 电气低压系统接线图中的设备名称与编号应与现场一致，接线图中的各电压等级的线路应按规范进行分色绘制。

3．设置位置

电气低压系统接线图标牌宜设置在低压开关室内。

4．示意图

电气低压系统接线图标牌示意图如图 5.16 所示。

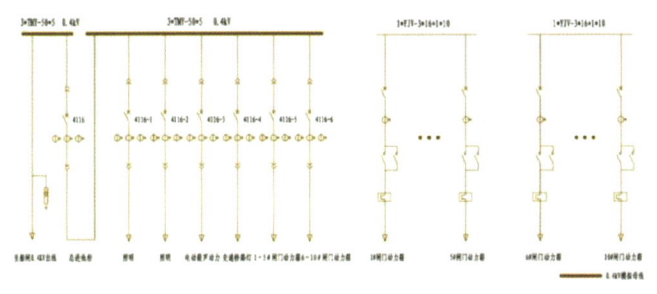

图 5.16 电气低压系统接线图标牌

5.12.3 电气设备系统接线图标牌

1. 目的

电气设备系统接线图在设备现场明示，有利于运维人员尽快熟悉设备基本情况。

2. 标准

（1）尺寸为 100 mm×180 mm。

（2）材质为亚克力平板 UV 印刷，有触电危险的作业场所应使用绝缘材料。

3. 安装位置

电气设备系统接线图标牌贴于电气设备柜门上。

4. 示意图

电气设备系统接线图标牌示意图如图 5.17 所示。

图 5.17 电气设备系统接线图标牌

5.13 水泵装置性能曲线图标牌

1. 目的

水泵装置性能曲线图标牌使运行和管理人员熟悉水泵装置流量与叶片角度及扬程的关系。

2. 标准

（1）参考规格为 900 mm×1 200 mm，也可以根据泵闸工程现场情况自定。

（2）材料为 KT 板、PVC 板或亚克力板，铝合金边框＋户外写真。

（3）有单位名称及 LOGO。

（4）通过纵坐标的扬程和横坐标的流量数据来确定具体的数值。

3. 安装位置

水泵装置性能曲线图标牌安装于中央控制室。

4. 示意图

水泵装置性能曲线图标牌示意图如图 5.18 所示。

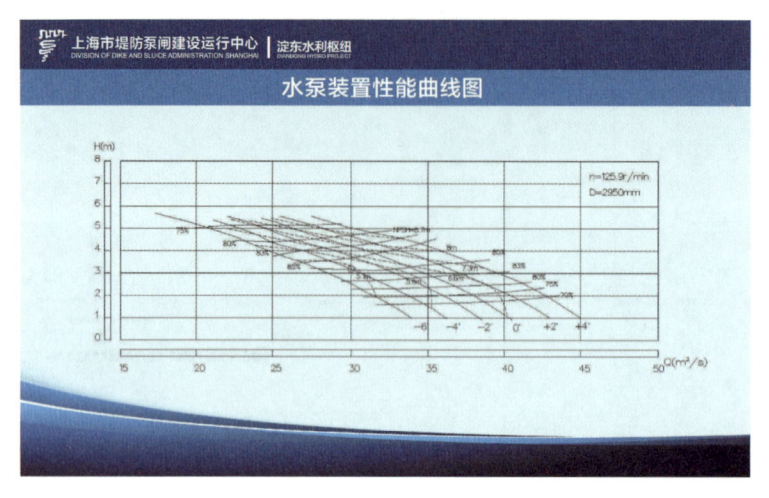

图 5.18　水泵装置性能曲线图标牌

5.14　水闸技术曲线标牌

1. 目的

水闸技术曲线标牌使运行和管理人员熟悉闸下安全水位-流量关系曲线、闸门开高-水位-流量关系曲线。

2. 标准

（1）参考规格为 900 mm×1 200 mm，也可以根据泵闸工程现场情况自定。

（2）材料为 KT 板、PVC 板或亚克力板，铝合金边框＋户外写真。

3. 设置位置

水闸技术曲线标牌宜设置在启闭机房、中控室的醒目位置。

4. 示意图

节制闸排涝流量与内外河水位差关系曲线标牌示意图如图 5.19 所示。

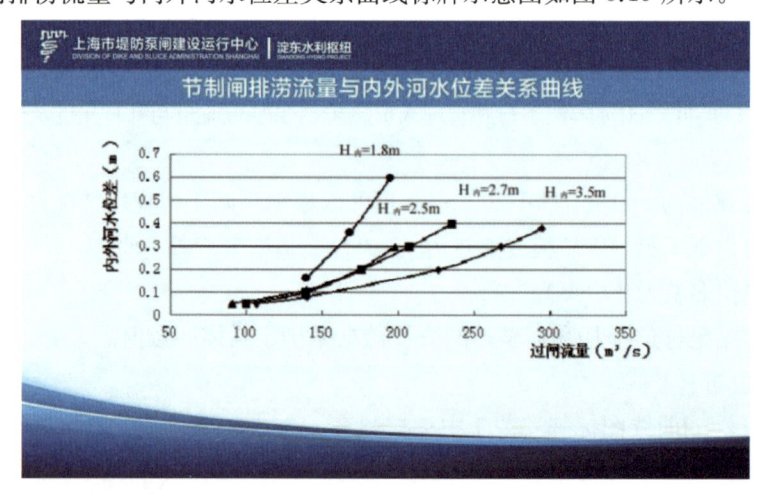

图 5.19　节制闸排涝流量与内外河水位差关系曲线标牌

5.15 启闭机控制原理图标牌

1. 目的

启闭机控制原理图标牌设置为在处理启闭机系统故障时,查阅系统图更快捷、方便。

2. 标准

(1) 应标明主要设备名称、编号、图例等。

(2) 把刻有控制原理图的白钢板用铆钉铆在设备上。

(3) 规格为自定。

(4) 材料为 KT 板、PVC 板或亚克力板。

3. 设置位置

启闭机控制原理图标牌宜设置在启闭设备电气控制设备旁。

4. 示意图

启闭机控制原理图标牌示意图如图 5.20 所示。

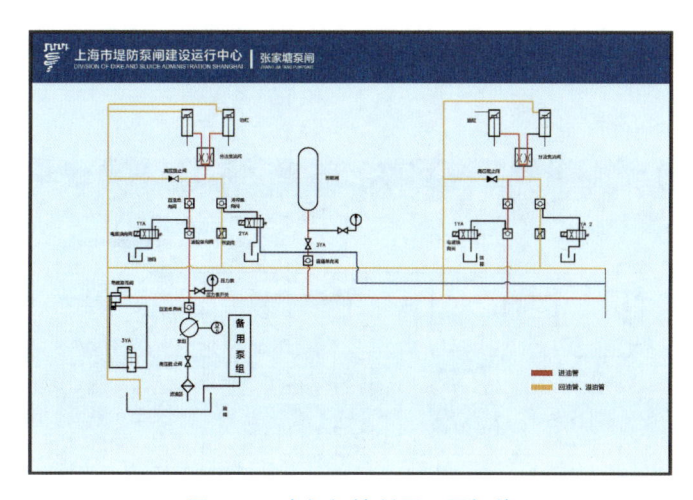

图 5.20　启闭机控制原理图标牌

5.16 油系统图标牌、气系统图标牌、水系统图标牌

1. 目的

油系统图标牌、气系统图标牌、水系统图标牌可使运维人员掌握油气水系统知识,处理系统故障时,查阅系统图更快捷、方便。

2. 标准

(1) 应标明设备名称、闸阀编号、设备图例、管道管径等内容。

(2) 系统图中管道颜色应分类设计。

(3) 材料为 KT 板、PVC 板或亚克力板,铝合金边框＋户外写真,有触电危险的作业场所应使用绝缘材料。

（4）规格应视泵闸工程现场情况自定。
3. 设置位置
油系统图标牌、气系统图标牌、水系统图标牌宜设置在相应区域墙面或现地设备旁。
4. 示意图
泵闸水系统原理图标牌、泵闸液压原理图标牌示意图如图 5.21 和图 5.22 所示。

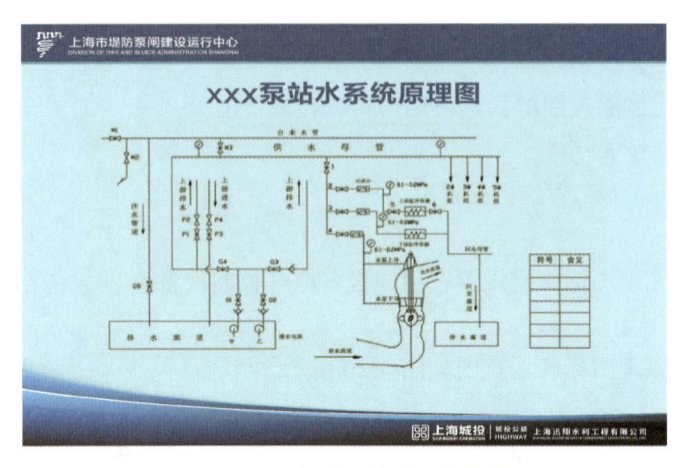

图 5.21　泵闸水系统原理图标牌

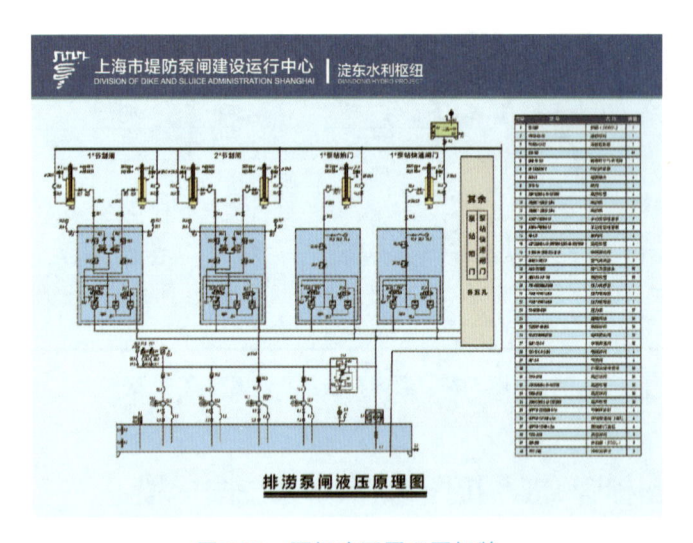

图 5.22　泵闸液压原理图标牌

5.17　仓库物资平面分布图标牌

1. 目的
仓库物资平面分布图标牌明确了设备、物料、工具种类，合理布局、分区、定置，便于仓库物资管理。

2. 标准

(1) 仓库物资平面分布图标牌应包括储存设备、物料、工具的名称、类别、位置等。

(2) 仓库物资存放应执行仓库物资管理制度，符合物资定置要求，详见第 4 章4.22节。

(3) 材质为 KT 板、PVC 板或亚克力板，铝合金边框＋户外写真，有触电危险的作业场所应使用绝缘材料。

3. 设置位置

仓库物资平面分布图标牌宜设置在仓库内适当位置。

4. 示意图

淀东泵闸工程仓库物资平面分布图标牌示意图如图 5.23 所示。

图 5.23　淀东泵闸工程仓库物资平面分布图标牌

5.18　泵闸工程管理制度标牌

1. 目的

泵闸工程管理制度标牌可使运行和管理人员熟悉规章制度，以便自觉遵守和监督执行。

2. 标准

(1) 管理制度标牌包括设备管理、运行管理、物资管理、水行政管理、档案管理、安全生产、防汛管理、财务管理等方面的制度，详见附录。

(2) 标牌规格一般为 900 mm×600 mm，面板底部距墙面地面 1.4 m。

(3) 标牌材质为 KT 板、PVC 板或亚克力板，铝合金边框＋户外写真，有触电危险的作业场所应使用绝缘材料。

3. 设置位置

泵闸工程管理制度标牌宜设置在相应设备旁或相应功能间的墙面上。

4. 示意图

管理制度标牌示意图如图 5.24 所示。

图 5.24　管理制度标牌

5.19　工牌、关键岗位标牌、岗位职责及安全生产职责标牌

1. 目的

公司工牌是企业的形象，是公司对员工确认的标志，设置工牌有利于规范管理，可方便工作，便于监督识别。同时工牌明确泵闸工程运维人员的关键岗位、岗位职责及安全生产职责，对关键岗位标牌、岗位职责及安全生产职责标牌明示，便于落实责任，加强监督管理。

2. 标准

（1）泵闸工程运维单位工牌分为 3 种：管理人员、专职人员、操作工。每种分为不同颜色。工牌应注意与工号结合，按工号类别设计工牌，对绩效考核和工资结算带来方便。可结合企业 VI 设计进行设计制作。

（2）泵闸工程运维关键岗位标牌、岗位职责及安全生产职责标牌应按照运行管理人员的岗位设置，内容按照相应的岗位职责制定。有关泵闸工程运维人员的岗位职责及安全生产职责内容参见本书附录 B。

（3）关键岗位标牌、岗位职责及安全生产职责标牌宜按岗位设置在相应功能室内。

（4）规格。工牌由运维企业统一制订，关键岗位标牌尺寸为 100 mm×200 mm；岗位职责及安全生产职责标牌尺寸视现场情况而定，张贴于墙面的一般为 900 mm×600 mm。

（5）材质为亚克力＋数码快印。张贴于墙面的岗位职责及安全生产职责标牌材料为 KT 板、PVC 板或亚克力板，铝合金边框（活动式）。

3. 示意图

工牌、岗位职责标牌示意图如图 5.25 所示。

图 5.25　工牌、岗位职责标牌

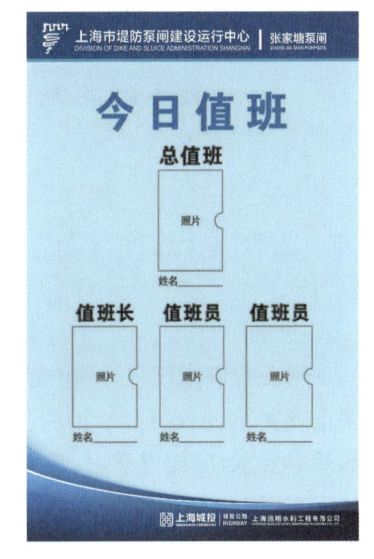

5.20　值班人员明示牌

1. 目的

值班人员明示牌明确了岗位职责，便于执行值班制度和交接班制度，保障泵闸工程安全运行。

2. 标准

（1）应包括岗位、姓名、照片、电话等。值班人员明示牌用于明示当班人员。

（2）值班人员明示牌宜采用可替换形式。

3. 设置位置

值班人员明示牌宜设置在中控室的醒目位置，也可以与LED显示屏、管理看板一并布置。

4. 示意图

值班人员明示牌示意图如图 5.26 所示。

图 5.26　值班人员明示牌

5.21　设备管理责任标牌

1. 目的

设备管理责任标牌明确设备的名称、编号、部门、维护人、责任范围，以便发生故障时及时处理，减少生产损失。

2. 标准

（1）每个设备应单独设置设备管理责任标牌，成套装置可只设置 1 块。

（2）设备管理责任标牌可包括设备名称、型号、责任人、制造厂家、投运时间、设备评级、评定时间等。责任人、设备等级等发生变化时,相应内容应进行更换。

（3）设备管理责任标牌的材质宜优先选用磁吸式、可替换材质。

（4）规格为120 mm×80 mm或150 mm×80 mm。

（5）材料为照片纸和带磁性的名片夹。

3. 设置位置

设备管理责任标牌宜设置在设备的右上角或显要醒目位置。

4. 示意图

设备管理责任标牌示意图如图5.27所示。

图 5.27　设备管理责任标牌

5.22　泵闸工程调度规程、操作规程或操作步骤标牌

1. 目的

泵闸工程调度规程、操作规程或操作步骤标牌将泵闸工程调度规程、操作规程或操作步骤正确明示,使运行、维护和各类管理人员熟悉、掌握,自觉运用,是泵闸工程精细化管理的基本要求,应加以学习、贯彻。

2. 标准

（1）泵闸工程调度规程和操作规程标牌包括泵站调度运行操作规程、水闸调度运行操作规程、船闸调度规则、船闸运行操作规程、高压设备操作规程、低压设备操作规程、倒闸操作规程、备用电源操作规程、自控设备操作规程标牌。

（2）标牌材质可选用KT板、PVC板或亚克力板,铝合金边框（活动式）或不锈钢边框（固定式）。室外可采用铝板腐蚀,粘贴在设备上,有触电危险的作业场所应使用绝缘材料。

（3）标牌尺寸为900 mm×1 200 mm或900 mm×600 mm,粘贴设备上的操作步骤标牌也可根据现场情况自定尺寸。

3. 设置位置

泵闸工程调度规程、操作规程或操作步骤标牌宜设置在相应功能间内或设备旁。

4. 示意图

操作规程标牌示意图如图5.28和图5.29所示。

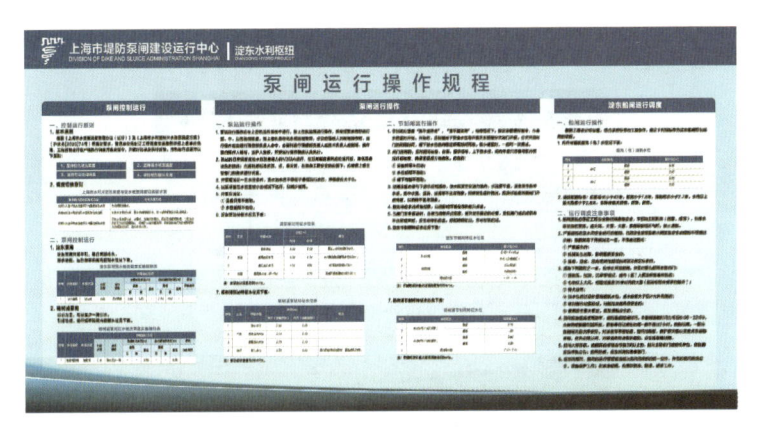

图 5.28　泵闸工程运行操作规程标牌

图 5.29　操作规程标牌

5.23　变压器相关标志

5.23.1　变压器、电机等温度、温升标准值标志

1. 目的

变压器、电机等温度、温升标准值标志能使运行和管理人员熟悉变压器、电动机等温度、温升标准值等信息。

2. 标准

（1）参考规格为 600 mm×900 mm。

（2）材料为钢化玻璃表面贴写真纸。

（3）有单位名称和标识。

（4）颜色自定。

3. 安装位置

变压器、电机等温度、温升标准值标志安装于中控室或变压器室现场。

4. 示意图

变压器、电机等温度、温升标准值标志示意图如图 5.30 所示。

图 5.30　干式变压器各部位允许最高温升值

5.23.2　变压器油位温度管理标志

1. 目的

变压器油位温度管理标志能使运行和管理人员熟悉变压器的检查项目。

2. 标准

（1）参考规格为 200 mm×150 mm。

（2）颜色为采用绿色为底色，字体为黑体 36 号，白色，颜色也可自定。

（3）材料为钢化玻璃表面贴写真纸。

3. 安装位置

变压器油位温度管理标志安装于变压器器身恰当位置。

4. 示意图

变压器油位温度管理标志示意图如图 5.31 所示。

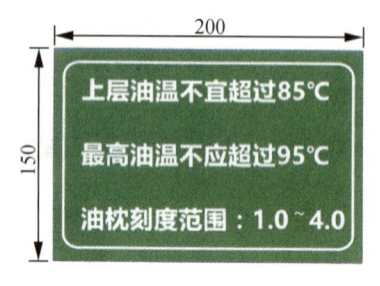

图 5.31　变压器油位温度管理标志

5.23.3　变压器等设备安全距离标志

1. 目的

变压器等设备安全距离标志能使运行和管理人员熟悉变压器等设备的安全距离。

2. 标准

（1）参考规格为 200 mm×300 mm。

（2）颜色为绿色是底色，字体为黑体是白色。

（3）材质为 KT 板、PVC 板或亚克力板。

3. 安装位置

变压器等设备安全距离标志安装于变压器器身（相关电气设备本体）恰当位置。

4. 示意图

变压器等设备安全距离标志示意图如图 5.32 所示。

图 5.32　变压器等设备安全距离标志

5.24 常用电气绝缘工具及登高工具试验标牌

5.24.1 常用电气绝缘工具试验标牌

1. 目的

常用电气绝缘工具试验标牌能使管理人员清楚常用电气绝缘工具的规格型号、数量、试验情况。

2. 标准

(1) 参考规格为 600 mm×900 mm，规格也可以自定。

(2) 材料为 KT 板、PVC 板或亚克力板，有触电危险的作业场所应使用绝缘材料。

(3) 有单位名称及 LOGO。

(4) 安全工具定期试验后，应在工具上粘贴试验合格证标签，如图 5.33 所示。

(5) 绝缘工具试验项目及标准见表 5-1。

表 5-1 绝缘工具试验项目及标准

序号	名称	电压等级(kV)	周期	交流耐压	时间(min)	混泄电流(mA)	备注
1	绝缘棒	6～10	每年1次	44 kV	5		
		35～154		四倍相电压			
		220		三倍相电压			
2	绝缘挡板	6～10	每年1次	30 kV			
		35(20～44)		80 kV			
3	绝缘罩	35(20～44)	每年1次	80 kV	5		
4	绝缘夹钳	35 及以下	每年1次	三倍电压	5		
		110		260 kV			
		220		400 kV			
5	验电笔	6～10	每6个月1次	40 kV	5		发光电压不高于额定电压的25%。
		20～35		105 kV			
6	绝缘手套	高压	每6个月1次	8 kV	1	≤9	
		低压		2.5 kV		≤2.5	
7	橡胶绝缘靴	高压	每6个月1次	15 kV	1	≤7.5	
8	核相器电阻管	6	每6个月1次	6 kV	1	1.7～2.4	
		10		10 kV		1.4～1.7	
9	绝缘绳	高压	每6个月1次	105/0.5 m	5		
10	接地线						

3. 示意图

常用电器绝缘工具试验标牌示意图如图 5.34 所示。

图 5.33　电器工具试验合格标签

图 5.34　常用电器绝缘工具试验标牌

5.24.2　常用登高工具试验标牌

1. 目的

常用登高工具试验标牌能使管理人员熟悉登高安全工具试验标准。

2. 标准

（1）参考规格为 600 mm×900 mm，规格也可以自定。

（2）材料为 KT 板、PVC 板或亚克力板，有触电危险的作业场所应使用绝缘材料。

（3）有单位名称及 LOGO。

（4）登高安全工具试验标准见表 5-2。

表 5-2　登高安全工具试验标准

序号	名称	项目	周期	要求			备注
				种类	试验静接力(N)	载荷时间(min)	
1	安全带	静负荷试验	1 年	围栏带	2 205	5	牛皮带试验周期为半年。
				围栏绳	2 205	5	
				护腰带	1 470	5	
				安全绳	2 205	5	
2	安全帽	冲击性能试验	按规定期限	冲击力小于 4 900 N。			使用寿命从制造之日起，塑料帽≤2.5 年，玻璃钢帽≤3.5 年。
		耐穿刺性能试验	按规定期限	钢锥不接触头模表面。			

续表

序号	名称	项目	周期	要求	备注
3	脚扣	静负荷试验	1 年	施加 1 176 N 静压力,持续时间 5 min。	
4	升降板	静负荷试验	半 年	施加 2 205 N 静压力,持续时间 5 min。	
5	竹(木)梯	静负荷试验	半 年	施加 1 765 N 静压力,持续时间 5 min。	

3. 示意图

常用登高工具试验标准标牌示意图如图 5.35 所示。

图 5.35　常用登高工具试验标准标牌

5.25　泵闸工程运维流程图看板

5.25.1　泵闸工程运维流程设计指引

1. 目的

泵闸工程运维流程设计指引是为了适应企业经营发展要求,推进从职能管理向流程管理演进,更好地实现以企业战略为导向的流程标准化、信息化、可视化管理,规范企业流程管理过程中的各项工作,明确流程管理过程中各环节权利、义务和职责的统一,构建以市场为导向,以客户为中心的经营意识,实现管理新跨越。

2. 管理流程基本要素

流程管理组成具有 6 个基本要素,并应把这些基本要素串联起来,包括:流程的输入资源、流程中的若干活动、流程中的相互作用(例如串行、并行、流水。哪个活动先做,哪个活动后做,即流程的结构)、输出结果、顾客(对象)、最终流程创造的价值。

3. 泵闸工程运维流程编制要点

(1) 顺序合理。合理进行工作顺序安排。例如维修养护作业顺序,其依据包括:

① 依据合同约定的作业顺序安排,如重点工程、难点工程、控制工期的工程以及对后续影响较大的工程确定先开工;

② 按设计图纸或设计资料的要求确定工作顺序;

③ 按维修养护技术、维修养护规范与操作规程的要求确定工作顺序;

④ 按维修养护项目整体的施工组织与管理的要求确定工作顺序;

⑤ 结合维修养护机械设备情况和作业现场的实际情况确定工作顺序;

⑥ 依据本地资源和外购资源状况确定工作顺序;

⑦ 据维修养护项目的地质、水文及本地气候变化,对维修养护项目的影响程度确定工作顺序;

⑧ 把握工作顺序中的空间顺序和时间顺序要求。空间顺序,是指同一工程内容(如同一分部、分项工程)的前后、左右、上下的作业顺序,即作业的方向或流向。任何工程的施工作业都得从某一个地方开始,然后向一定的方向推移。时间顺序,是指不同工程内容(如单位工程中各不同分部分项工程)施工作业的先后顺序,在一个单位工程中,任何分部、分项工程同它相邻的分部、分项工程的施工总是有些宜于先施工,有些则宜于后施工,这中间,有一些是由于施工工艺的要求而经常固定不变的。

(2) 内容全面。内容是指事物内在因素总和。

(3) 方法恰当。方法是指为获得某种东西或达到某种目的而采取的手段与行为方式。

(4) 标准正确。标准是指衡量事物的准则。

4. 泵闸工程运维流程主要项目

下列泵闸工程运维流程应汇编成册,放置在中控室、办公室,并组织管理和作业人员学习和运用,有条件时应选择性地上墙明示。

(1) 泵闸工程调度运行流程。调度指令执行及反馈流程、防汛工作流程图、泵站引水流程、泵站排涝流程、水闸引排水流程、船闸通航流程、运行期值班管理流程、非运行期值班管理流程、工程定期试运行管理流程、高压线路用电申请流程、高压系统停电流程、泵站机械设备操作流程、水闸操作流程、泵站集中控制操作流程、水闸集中控制操作流程、运行期常见故障应急处理流程等。

(2) 检查观测流程。泵闸工程非运行期巡视检查流程、泵闸工程运行期巡视检查流程、汛前检查流程、汛后检查流程、建筑物水下检查流程、特别检查流程、外业观测流程、工程资料整编分析流程、电气设备预防性试验管理流程、泵闸工程评级流程、泵站设备评级流程、泵站建筑物评级流程、泵站工程定级流程、节制闸设备评级流程等。

(3) 维修养护流程。维修项目申报流程、维修项目实施流程、维修项目验收流程、养护项目申报流程、养护项目实施流程、养护项目验收流程、机电设备日常维护流程、设备大修管理流程、设备缺陷管理流程、作业申请流程等。

(4) 安全管理流程。年度安全工作计划制定与审批流程、安全会议管理流程、安全检查流程、危险源识别与界定管理流程、特种设备管理流程、消防器材管理流程、突发事件应急处理流程、安全生产可视化工作流程、预案演练流程等。

5.25.2　泵闸工程调度指令执行反馈流程图

1. 目的

泵闸工程调度指令执行反馈流程图能使运行和管理人员熟悉泵闸工程调度规程,便于按工作流程要求进行泵闸调度、运行、突发事件应急处置、信息反馈上报等。

2. 标准

(1) 泵闸工程调度指令执行反馈流程图应根据泵闸工程技术管理细则、控制运用作业指导书要求编制。

(2) 参考规格为 900 mm×1 200 mm。

(3) 标牌颜色应与本泵闸工程整体目视化风格相协调。

(4) 材料为 KT 板、PVC 板或亚克力板,有触电危险的作业场所应使用绝缘材料。

(5) 有单位名称及 LOGO。

3. 设置位置

调度指令执行反馈流程图宜设置在中控室内。

4. 示意图

调度指令执行反馈流程图示意图如图 5.36 所示。

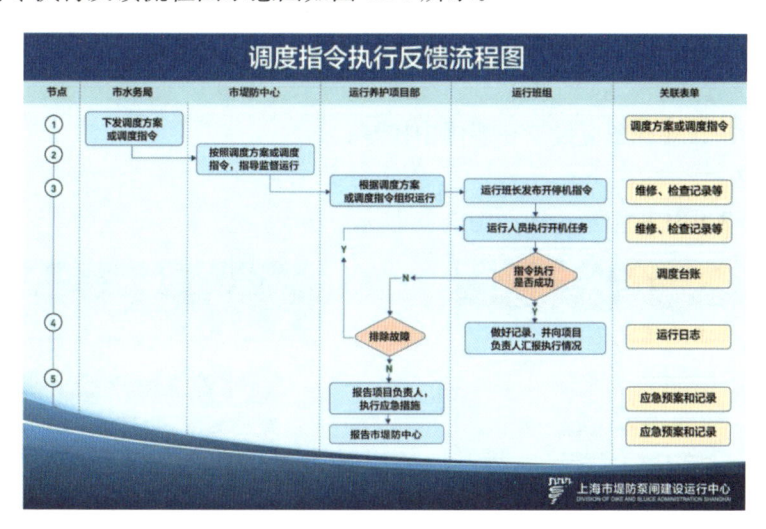

图 5.36　调度指令执行反馈流程图

5.25.3　水闸试运行流程图

1. 目的

运行养护项目部应按照水闸技术管理细则要求,每月对水闸进行试运行。通过试运行,发现问题,解决问题,确保一旦上级下达运行指令后能按时保证水闸投入运行。

2. 标准

(1) 流程图应根据泵闸工程相应的作业指导书要求编制。

(2) 参考规格为 900 mm×600 mm。

（3）标牌颜色应与本泵闸工程整体目视化风格相协调。

（4）材料为 KT 板、PVC 板或亚克力板，有触电危险的作业场所应使用绝缘材料。

（5）有单位名称及 LOGO。

3. 设置位置

水闸试运行流程图应设置在水闸中控室。

4. 示意图

水闸试运行流程图示意图如图 5.37 所示。

5.25.4 船闸运行操作流程图

1. 目的

船闸运行操作流程图作用在于提示调度运行人员和船民严格执行船闸调度规则和操作规程，确保通航安全运行。

2. 标准

（1）流程图应根据船闸相应的作业指导书要求编制。

（2）参考规格为 900 mm×600 mm。

（3）标牌颜色应与本泵闸工程整体目视化风格相协调。

（4）材料为 KT 板、PVC 板或亚克力板，有触电危险的作业场所应使用绝缘材料。

（5）有单位名称及 LOGO。

3. 设置位置

船闸运行操作流程图应设置在船闸中控室。

4. 示意图

船闸运行操作流程图示意图如图 5.38 所示。

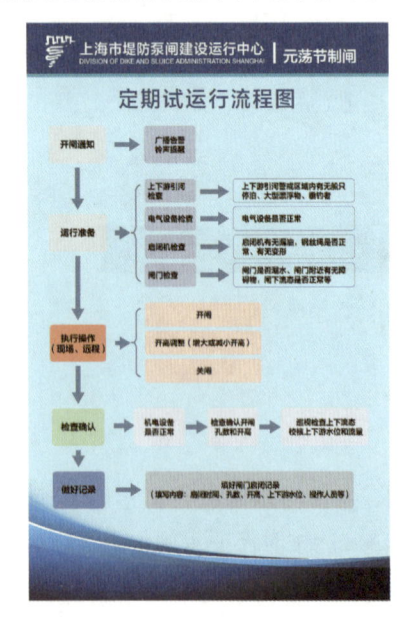

图 5.37 水闸试运行流程图

图 5.38 船闸运行操作流程图

5.25.5 泵闸工程常见故障应急处理流程图

1. 目的

泵闸工程常见故障应急处理流程图使运行和管理人员熟悉常见故障应急处理流程，一旦运行发生突发故障，能果断处置和及时上报，以确保工程安全运行。

2. 标准

（1）流程图应根据泵闸工程（或船闸）相应的作业指导书要求编制。

（2）参考规格为 900 mm×600 mm。

（3）标牌颜色应与本泵闸工程（或船闸）整体目视化风格相协调。

（4）材料为 KT 板、PVC 板或亚克力板，有触电危险的作业场所应使用绝缘材料。

（5）有单位名称及 LOGO。

3. 设置位置

泵闸工程常见故障应急处理流程图应设置在中控室、值班室等醒目位置。

4. 示意图

泵闸工程常见故障应急处理流程图示意图如图 5.39 所示。

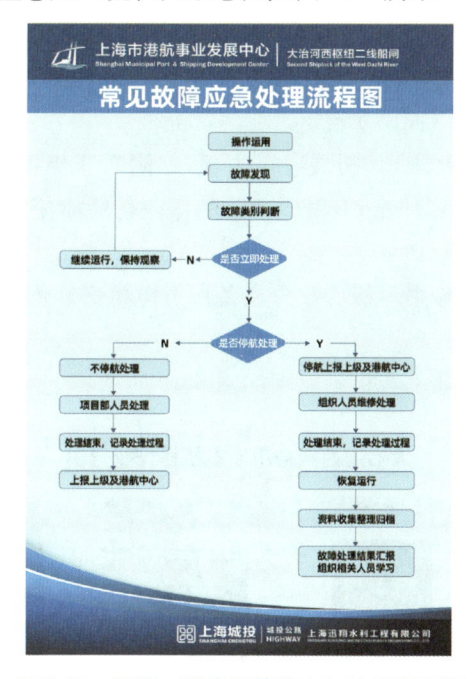

图 5.39　泵闸工程常见故障应急处理流程图

5.26　泵闸工程运维相关作业指导书看板

5.26.1　泵闸工程运维作业指导书明示一般要求

1. 目的

作业指导书是对每一项作业按照全过程控制的要求，对作业计划、准备、实施、总结等各个环节,明确具体操作的方法、步骤、措施、标准和人员责任,依据工作流程组合成的执行文件。作业指导书要点明示,可使作业人员作业有依据,并正确运用,确保相关作业顺利进行。

2. 标准

(1) 作业指导书应简化为图文版,通过实物与图文对比反映现场运行、养护等作业重点,提高发现问题能力。

(2) 作业指导书仅列出巡视或其他作业的关键步骤和标准,便于判断异常情况。

(3) 作业指导书描述文字不宜过多,文字根据提示行要求采用黑色、红色或绿色。

3. 安装位置

泵闸工程运维作业指导书应张贴在设备柜门、配电围网等现场作业方便观察的位置附近。

5.26.2 备用发电机组操作指导书看板

1. 标准

(1) 备用发电机组操作指导书应简化为图文版,通过实物与图文比对,指导备用发电机组运行。

(2) 参考规格。每个作业指导书规格一般为 600 mm×800 mm,或单面 A4 纸大小,也可以根据泵闸工程现场位置尺寸自定。

(3) 材料可采用 KT 板、PVC 板或亚克力板,粘附着于墙面;贴在设备上的看板采用铝板贴反光膜,或单面 A4 彩印纸,有触电危险的作业场所应使用绝缘材料。

2. 设置位置

备用发电机组操作指导书看板应设置在备用发电机房墙面上醒目位置。

3. 示意图

备用发电机组操作指导书看板示意图如图 5.40 所示。

图 5.40 大治河西闸备用发电机操作指导书看板

5.26.3 节制闸倒闸操作指导书看板

1. 标准

(1) 节制闸倒闸操作指导书应简化为图文版,通过实物与图文比对,指导备用发电机组运行。

(2) 参考规格。每个作业指导书规格一般为 600 mm×800 mm,或单面 A4 纸大小,也可以根据泵闸工程现场位置尺寸自定。

(3) 材料可采用 KT 板、PVC 板或亚克力板,粘附着于墙面;贴在设备上的看板采用铝板贴反光膜,或单面 A4 彩印纸,有触电危险的作业场所应使用绝缘材料。

2. 安装位置

节制闸倒闸操作指导书看板应安置在配电房。

3. 示意图

节制闸倒闸操作指导书看板示意图如图 5.41 所示。

图 5.41 大治河西闸倒闸操作指导书看板

5.26.4 节制闸现地操作指导书看板

1. 标准

(1) 节制闸现地操作指导书应简化为图文版,通过实物与图文比对,指导节制闸现地操作运行。

(2) 参考规格。每个作业指导书规格一般为 600 mm×800 mm,或单面 A4 纸大小,也可以根据泵闸工程现场位置尺寸自定。

(3) 材料可采用 KT 板、PVC 板或亚克力板,粘附着于墙面;贴在设备上的看板采用铝板贴反光膜,或单面 A4 彩印纸,有触电危险的作业场所应使用绝缘材料。

2. 设置位置

节制闸现地操作指导书看板应设置在备用发电机房墙面上醒目位置。

3. 示意图

节制闸现地操作指导书看板示意图如图 5.42 所示。

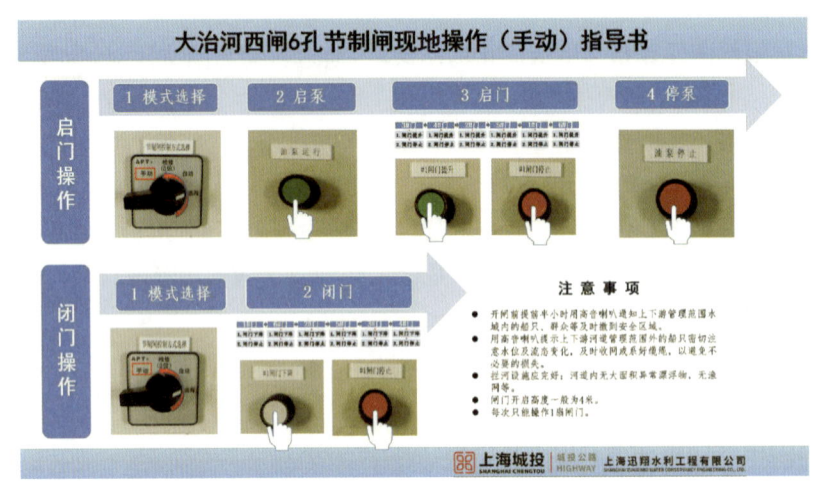

图 5.42 大治河西闸现地操作(手动)指导书看板

5.27 日常维护清单看板

1. 目的

日常维护清单看板可使运行和管理人员熟悉日常维护清单，便于按日常维护清单要求每天、每周、每月等不同周期进行保养、维护、检修等作业。

2. 标准

（1）泵闸工程日常维护清单包括主机组、闸门、启闭机、机电设备、水工建筑物等日常维护。应根据泵闸工程相应的作业指导书要求编制。泵闸工程部分工程的日常维护清单参见本书附录 H。

（2）参考规格为 900 mm×1 200 mm。

（3）看板颜色应与本泵闸工程整体目视化风格相协调。

（4）材料为 KT 板、PVC 板或亚克力板，有触电危险的作业场所应使用绝缘材料。

（5）有单位名称及 LOGO。

3. 设置位置

日常维护清单看板宜设置在相应设备、设施附近。

4. 示意图

日常维护清单看板示意图如图 5.43 所示。

图 5.43　日常维护清单看板

5.28　泵闸工程和设备管护标准看板

1. 目的

泵闸工程和设备管护标准看板统一标准化，可使运行和管理人员熟悉工程和设备管护标准，做到工作标准明确，业务考核有依据。

2. 标准

（1）工程和设备管护标准的制定应以《泵站技术管理规程》(GB/T 30948—2021)、《水闸技术管理规程》(SL 75—2014)、《通航建筑物维护技术规范》(JTS 3202—2018)及所管工程的技术管理细则为依据，结合所管工程实际情况制定。泵闸工程部分管护标准参见附录 G。

（2）参考规格为 900 mm×600 mm。

（3）看板颜色应与本泵闸工程整体目视化风格相协调。

（4）材料为 KT 板、PVC 板或亚克力板，有触电危险的作业场所应使用绝缘材料。

（5）看板应有单位名称及 LOGO。

3. 安装位置

泵闸工程和设备管护标准看板应安装在中控室或集控中心醒目位置。

4. 示意图

泵闸工程和设备管护标准看板示意图如图 5.44 所示。

图 5.44　泵闸工程和设备管护标准看板

5.29　泵闸工程集控中心每日工作要点看板

1. 目的

泵闸工程集控中心每日工作要点看板可使运行维护人员熟悉每日工作要点,做到工作职责明确,工作标准明确,业务考核有依据。

2. 标准

(1) 参考规格为 900 mm×600 mm。

(2) 标牌颜色应与本泵闸工程整体目视化风格相协调。

(3) 材料为 KT 板、PVC 板或亚克力板,有触电危险的作业场所应使用绝缘材料。

(4) 看板有单位名称及 LOGO。

3. 安装位置

泵闸工程集控中心每日工作要点看板应安装在中控室或集控中心醒目位置。

4. 示意图

泵闸工程集控中心每日工作要点看板示意图如图 5.45 所示。

图 5.45　泵闸工程集控中心每日工作要点看板

5.30　设备养护卡

1. 目的

设备养护卡统一标准化,可记录日常养护情况,要求泵闸工程养护人员如实、及时、规范填写,以达到日常管理要求。

2. 标准

(1) 规格为铜版纸印刷卡片＋80C型穿孔透明塑料软膜防水卡套。

(2) 内置卡片尺寸为 90 mm×120 mm。

(3) 卡套尺寸为 100 mm×152 mm。

(4) 卡应有编号,且与设备编号、设备台账一致。

3. 安装位置

设备养护卡应安装在相应设备附近醒目位置,也可以与设备管理责任卡合并放置。

4. 示意图

设备养护卡示意图如图 5.46 所示。

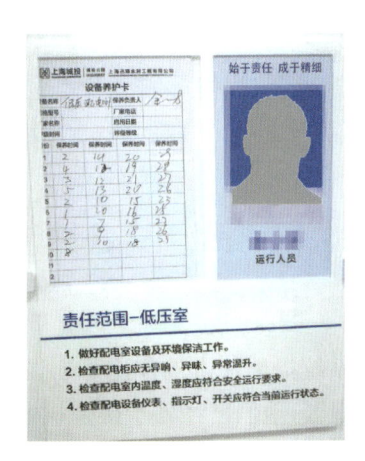

图 5.46　设备养护卡

5.31　网络拓扑图标牌

1. 目的

网络拓扑图标牌的设置便于员工正确认识网络结构情况,可查看。

2. 适用的对象或范围

网络拓扑图标牌适合悬挂各主电室、计算机室。

3. 标准

(1) 按照实际情况绘制网络结构图,包括二级系统、PLC等设备的网络连接情况。

(2) 网络图应以纸质版形式,悬挂在主电室、计算机室墙面,以便查阅,或在工控机上实现。

(3) 材料为KT板、PVC板或亚克力板,有触电危险的作业场所应使用绝缘材料。

(4) 规格为 600 mm×900 mm,也可根据现场情况自定。

(5) 标牌颜色应与本泵闸工程整体目视化风格相协调。

4. 示意图

网络拓扑图标牌示意图如图 5.47 所示。

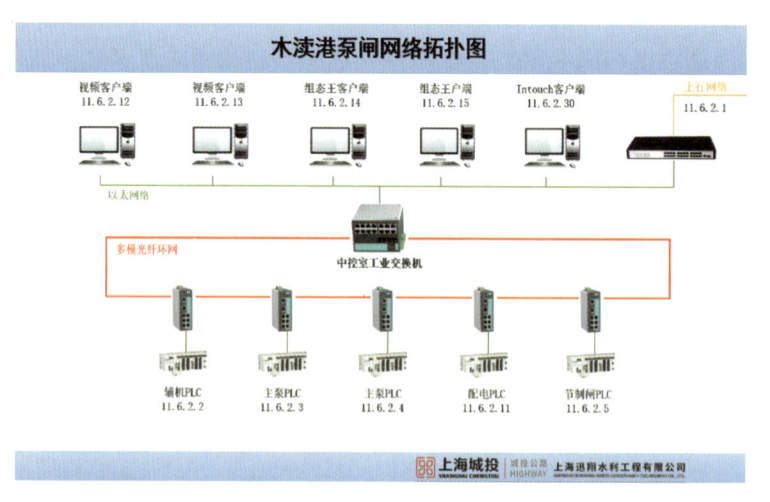

图 5.47　木渎港泵闸网络拓扑图标牌

5.32　视频监视系统提醒标志

1. 目的

视频监视系统提醒标志的作用是加强对泵闸现场设施设备的监控管理,告知外来人员进入泵闸管理区,他们已经处于摄像机监视之下,需要注意自己的言行举止,警示不要有不文明或违法行为。

2. 标准

(1) 参考规格可根据泵闸工程现场位置尺寸自定。

(2) 颜色可采用橙色作为底色,字体为白色;或黄色为底色,字体为黑色。

(3) 材料为铝板贴反光膜。

(4) 有摄像机图案标志。

3. 安装位置

视频监视系统提醒标志应安装在站区的主入口,距离大门监视摄像机位置 1 m 以内,或其他在视频监控区域的主要入口和视频监控区域内的醒目位置。

4. 示意图

视频监视系统提醒标志示意图如图 5.48 所示。

图 5.48　视频监视系统提醒标志

5.33 二级计算机设备登记卡

1. 目的

二级计算机设备登记卡使员工正确识别、使用计算机,便于管理,避免误操作。

2. 标准

(1) 制作计算机目视化标签,根据泵闸工程机组等设备实际运维情况指定哪些电脑允许使用 U 口、光驱、软驱,在计算机目视化标签中做好标识(填写禁用或可用字样)。

(2) 将封掉的光驱、软驱、U 口采用透明胶带封住,将制作好的标签粘贴在计算机的上方或外侧面板上。

3. 适用对象

二级计算机设备登记卡适用于二级计算机,包括各个服务器以及客户机。

4. 示意图

二级计算机设备登记卡示意图如图 5.49 所示。

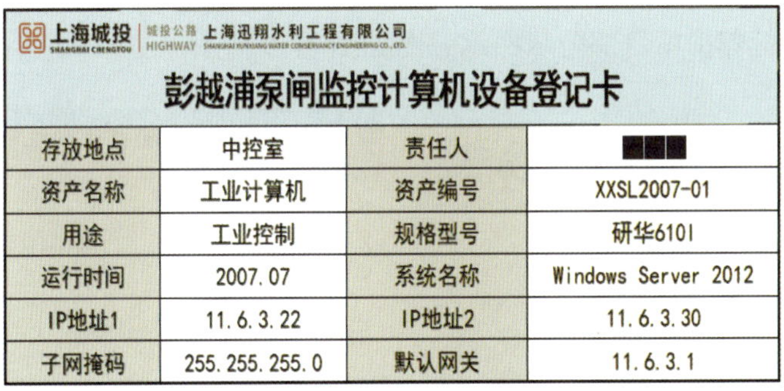

图 5.49　计算机设备登记卡

5.34 泵闸工程运行养护项目部公示栏

1. 目的

公示栏的设置以公开化为基本原则,尽可能地将管理者的要求和意图让大家都看得见,借以推动看得见的管理、自主管理、自我控制。通过对员工的合理化建议的公示,对优秀事迹和先进人物的表彰公示,设置公开讨论栏,设置关怀温情专栏,对企业宗旨方向、远景规划等各种健康向上的内容公示,能使所有员工形成一种非常强烈的凝聚力和向心力。同时设置公示栏,也是为了体现公开、公正、公平,增加工作的透明度,让各种熟悉相关事项,让权力置于群众监督之下,减少腐败形象的发生。

2. 内容

按照信息公众化的要求,泵闸工程运行养护项目部公示栏的内容应包括:

(1) 年度季度、月度、每周综合计划、重点事项清单。

(2) 职务的任命和调整。

(3)内部发包结果的公示。

(4)体现领导考察调研及日常运维中重点事项推进、好人好事的新闻宣传报道。

(5)员工考勤、考核及奖惩情况。

(6)会议等重要通知。

(7)党务公开事项。

(8)必要的检查反馈意见和通报。

(9)必要的信息上报内容。

(10)安全运行情况。

(11)有关督查督办事项。

(12)应当公开的责任人或合作单位、监督单位名单、联系电话。

3. 标准

(1)规格可根据现场情况自定,也可以与宣传栏、管理看板组合而成。

(2)公示栏内容应真实、及时、清晰、美观,同时应明确专人负责,及时更新相关信息。

(3)公示栏面板及外框构造应采用活动式结构,以便内容更新时拆装方便。

4. 示意图

泵闸工程运行养护项目部公示栏示意图如图 5.50 所示。

图 5.50 泵闸工程运行养护项目部公示栏

5.35 泵闸工程专项维修施工公告类标识牌

5.35.1 泵闸工程专项维修施工现场"五牌一图"明示

1. 标准

(1)根据《建筑施工安全检查标准》(JGJ5920)等规定,施工现场应设有"五牌一图",包括工程概况牌、管理人员及监督电话牌、消防安全牌、安全生产牌、文明施工(环境保护)牌、施工现场平面分布图。必要时,还应设置安全生产天数牌、重大危险源告知牌、扬尘治理措施牌、消防平面分布图、施工进度计划表等。

(2)标识标牌的规格、颜色、版式、安装位置应与整个维修施工现场标识标牌风格协调,保持统一。

(3)规格可根据现场情况自定。

2. 示意图

泵闸工程专项维修施工现场"五牌一图"示意图如图 5.51 所示。

图 5.51　施工现场"五牌一图"示意图

5.35.2　施工现场安全警示牌

1. 标准

（1）参考规格为 900 mm×1 200 mm。

（2）标牌颜色应与本泵闸工程维修施工标牌整体风格相协调。

（3）材料为 KT 板或 PVC 板、亚克力板。

2. 安装位置

施工现场安全警示牌应张贴或悬挂于维修施工现场入口处。

3. 示意图

施工现场安全警示牌示意图如图 5.52 所示。

图 5.52　施工现场安全警示牌

5.35.3 泵闸工程专项维修施工现场其他常用标识标牌

泵闸工程专项维修施工现场其他常用公告类标识标牌参见表 5-3。

表 5-3 泵闸工程专项维修施工公告类标识牌

序号	图 形	名 称	制作要求	安装要求	设置范围及部位
1	施工现场布置图	施工现场总平面图	尺寸为 1 500×2 000 mm,材质为钢结构底板,表面喷塑。	竖立	泵闸工程等水利工程大修或施工现场醒目位置。
2	施工标识牌	施工标识牌	尺寸为 760×1 000 mm,材质为钢结构底板,表面喷塑。	竖立或悬挂	单位工程、分部工程、分项工程施工地点。
3	机械设备标识牌	机械设备标识牌	尺寸为 300×400 mm,材质为钢结构底板,表面喷塑。	悬挂或粘贴	采用固定式或小范围内移动的大型及特种设备应设立施工机械管理牌。设置在施工机械设备上。
4	材料标识牌	材料标识牌	尺寸为 300×400 mm,材质为钢结构底板,表面喷塑。	悬挂或竖立	材料存放区。
5	(半)成品材料标识牌	半成品标识牌	尺寸为 300×400 mm,材质为钢结构底板,表面喷塑。	悬挂或竖立	各种材料的半成品或成品存放区。
6	配合比标识牌	配合比标识牌	尺寸为 600×800 mm,材质为钢结构底板,表面喷塑。	悬挂或竖立	拌和机操作地点。
7	XX操作规程公示牌	操作规程牌	尺寸为 600×800 mm,材质为钢结构底板,表面喷塑。	竖立	机械设备或施工现场醒目位置。

续表

序号	图形	名称	制作要求	安装要求	设置范围及部位
8	应急救援流程图	应急救援流程图	尺寸为 900×1 200 mm，材质为钢结构底板，表面喷塑。	竖立	施工现场。
9	应急联系电话公示牌	应急联系电话公示牌	900×1 200 mm，材质为钢结构底板，表面喷塑。	竖立	施工现场。

5.36 室内党务公开、所务公开管理看板

1. 标准

(1) 规格为 1 200 mm×2 400 mm。

(2) 材料为 8 mm 亚克力 ＋ UV 平版印刷。

(3) A4 纸插槽采用规格为 223 mm×320 mm，3 mm 厚亚克力透明套。

(4) 6 英寸相片插槽采用规格为 115 mm×160 mm，3 mm 厚亚克力透明套。

2. 示意图

党务、所务公开管理看板示意图如图 5.53 所示。

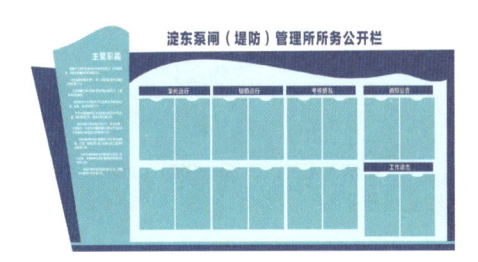

图 5.53　党务、所务公开栏看板

5.37 室外名人名言牌

1. 标准

(1) 双色板规格为 840 mm×940 mm。

(2) 材料为 1.2 mm 厚不锈钢拉丝牌。

2. 示意图

室外名人名言牌示意图如图 5.54 所示。

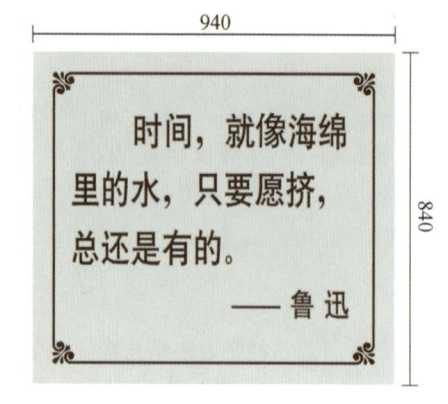

图 5.54　室外名人名言牌

5.38　生态保护温馨提示牌

1. 防腐木草地提示牌

(1) 规格为 600 mm×550 mm。

(2) 材料为防腐木表面清漆处理。

(3) 提示牌预埋 500 mm，四周用混凝土浇筑。

2. 其他生态保护温馨提示牌

其他生态保护温馨提示牌规格、式样自定。

3. 示意图

生态保护温馨提示牌示意图如图 5.55 所示。

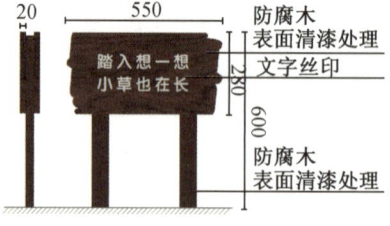

图 5.55　生态保护温馨提示牌

5.39 卫生间标识标牌

1. 标准

(1) 卫生间宣传牌规格为 75 mm×150 mm 或自定。

(2) 卫生间宣传牌材料为 3 mm 厚乳白色亚克力,图、文采用 3M 即时贴。

(3) 卫生间其他标识,统一购置,参考样式如图 5.56 所示。根据实际尺寸定制时,注意与泵闸工程目视化整体风格的协调。

2. 示意图

卫生间标识标牌示意图如图 5.56 所示。

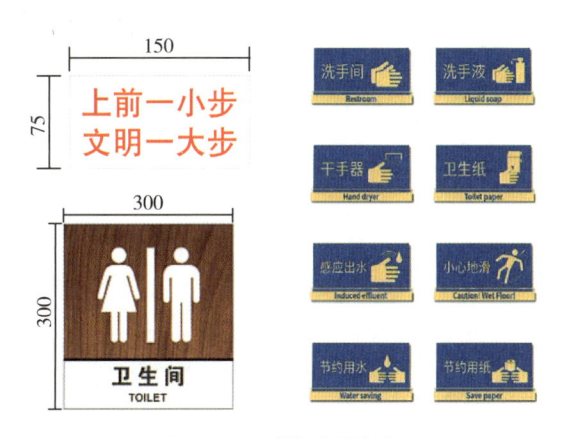

图 5.56　卫生间参考标识

5.40 水利科普宣传牌

1. 目的

水利科普宣传牌的设置是对员工进行科普教育,提示管理水平,同时通过对外宣传,展示单位形象。

2. 标准

(1) 宣传牌应将泵闸工程管理单位、运维单位及相关最新泵闸工程科技创新成果进行整理、归纳,采用图文并茂的方式,加以宣传。

(2) 宣传牌规格、材料、工艺视情自定。

3. 示意图

水利科普宣传牌示意图如图 5.57 所示。

图 5.57 水利科普宣传牌

4. 展示位置

水利科普宣传牌应设置在泵闸工程主入口大厅、员工培训室、技术工作室等处。

5.41 泵闸运维教学装置展示

1. 目的

由于以往泵闸工程运维员工只有在每年检修的时候才能对泵站机组、液压设备、电气设备进行测量、调整，时间短、工期紧，年轻员工的实践操作机会比较少，接触的测量环节有限,不利于及时掌握技能。上海市管泵闸运维系统的上海迅翔水利公司通过利用组建的泵闸创新联合工作室及泵闸运维实训基地,采用一系列可视化教学装置对运维人员进行实训,增强动手能力,收到了良好效果。

2. 可视化教学装置之一的透明液压传动演示系统实训装置主要特征

(1)该装置可通过多台不同的实验回路进行对比,加深对液压回路原理的理解。

(2)该装置只需要1套液压元件,便可同时组成不同回路,节省了元件资源。

(3)该装置配备了常用液压元件:每个液压元件均配有安装底板,可方便、随意地将液压元件安放在铝合金型材面板上。油路搭接采用快换接头,拆接方便,不漏油。

(4)电气控制简单,方便易行。采用独立的继电器控制单元进行电气控制。

(5)实验桌、实验台为铁质双层亚光密纹喷塑结构,实验桌柜内可存放液压元件等。

3. 可视化教学装置之二的高性能中级维修电工及技能实训装置主要特征

(1)该装置的电气控制线路元器件都装在安装板上,操作方便、更换便捷,便于扩展功能或开发新的实训,操作内容的选择具有典型性和实用性。

(2)操作台只需三相四线的交流电源,即可投入使用。

(3)技能实训用的控制线路和经特殊设计的小电机,可模拟工厂中各类电气拖动系统,并可满足维修电工的安装、调试、故障分析及排除的技术要求。

(4)装置设有电压型和电流性漏电保护器,能确保操作者的人身安全。

(5)所有元器件都通过导线引到接线端子上,学员接线时只需在端子上进行接线,有利于保护元器件。

(6)该装置可通过走线槽进行走线,进行工艺布线的训练。

(7)该装置具有多媒体智能型实验管理功能,包括具有故障设置、故障排除、参数设定、远程启动、定时切断电源、自动评分等功能。

4. 示意图

泵闸运维教学装置示意图如图5.58和图5.59所示。

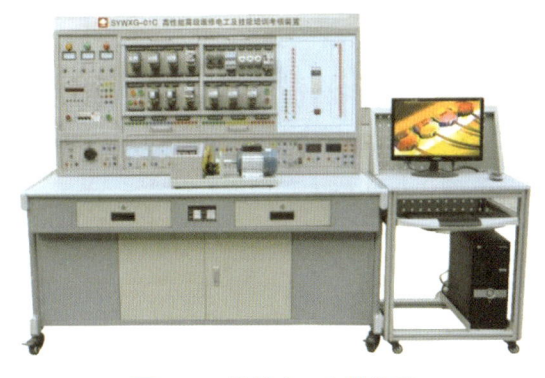

图5.58 维修电工实训装置　　图5.59 透明液压传动演示装置

第 6 章

泵闸工程名称编号类目视项目指引

6.1 一般规定

（1）管理单位应设置的名称编号类目视项目包括管理单位名称标牌、建（构）筑物名称标牌、房间名称标牌、管理线桩（牌）、管理区域分界牌、工程观测设施名称标牌、里程桩、百米桩、设备名称标牌、设备管理责任标牌、管道名称流向标牌、闸阀标牌、物资名称标牌、液位指示线、闸门开高标识牌、起重机额定起重量标牌、电缆标识牌、编号标牌、设备涂色、旋转方向标识、消力坎位置标识牌等。

（2）若有厂家标识标牌的可优先使用厂家自带的标识标牌，没有的应后期制作。

（3）设备标识一般使用设备双重名称及编号的组合标识，宜使用衬边，以使设备标识与周围环境之间形成较为强烈的对比。

（4）设备目视标识应设置在设备上或临近设备且醒目区域。

（5）单位名称一般使用中文，也可同时使用英文。

（6）每个建筑物宜设置建筑物名称标牌，一般设置在建（构）筑物顶部、建（构）筑物侧面或建（构）筑物出入口处。

（7）机电设备名称标牌应设置在设备本体或附近醒目位置，电气设备宜设置于柜眉，应面向处置人员。

（8）同类设备按顺序编号，编号标牌内容应包括设备名称及阿拉伯数字编号。编号标牌颜色组合宜为白底红字、白底蓝字、红底白字、蓝底白字等，可参照设备底色选定。同类设备编号标牌尺寸应一致，设置在容易辨识、固定且相对平整的位置。

6.2 管理单位名称或项目部名称标牌

1. 标准

（1）管理单位名称应使用中文，必要时可同时使用英文。

（2）参考规格为 400 mm×600 mm。

（3）颜色可自定。

（4）材料为不锈钢、铜牌、钛金牌等，经过腐蚀烤漆而成。

2. 设置位置

管理单位名称标牌宜设置在管理单位出入口处,项目部标牌设置在项目部办公场所的入口处。

3. 示意图

管理单位名称或项目部名称标牌示意图如图6.1和图6.2所示。

图 6.1　管理单位名称标牌

图 6.2　运行养护项目部标牌

6.3　建(构)筑物标牌

1. 目的

建(构)筑物标牌可对泵闸工程管理区建(构)造物名称进行标示,以便于管理。

2. 标准

(1) 每个建(构)筑物宜设置建筑物名称。

(2) 参考规格为 400 mm×600 mm。

(3) 颜色可自定。

(4) 材料为不锈钢、铜牌、钛金牌等,经过腐蚀烤漆而成。

(5) 标牌必要时可以中英文标示。

3. 设置位置

建(构)筑物标牌宜设置于建(构)筑物顶部、建(构)筑物侧面或建(构)筑物主出入口处。

4. 示意图

建(构)筑物标牌示意图如图6.3所示。

图 6.3　防汛物资(备件)仓库标牌

6.4 房间名称标牌

1. 目的

房间名称标牌可对泵闸工程内部用房名称进行标示,以便于管理。

2. 标准

(1) 标牌应包括房间名称、编号,房间名称标牌内容应根据房间用途确定。

(2) 标牌参考规格为 120 mm×250 mm。

(3) 标牌颜色为银灰色,字体颜色为宋体,黑色;整体颜色也可以自定,应与本泵闸工程整体目视化风格相协调。

(4) 标牌材料为亚克力+不锈钢 UV。

(5) 标牌以中英文标志。

3. 设置位置

房间名称标牌宜设置在门旁或各房间的上部显著位置并相对固定。

4. 示意图

房间名称标牌示意图如图 6.4 所示。

图 6.4 房间名称标牌

6.5 管理线桩(牌)

1. 目的

管理线桩的设置是为确定管理范围边界。

2. 标准

(1) 管理线桩(牌)分为管理线界桩和管理线界牌,内容应包括管理范围桩、工程名称、界桩编号、严禁破坏及严禁移动等警示语。界桩编号由泵闸工程名称、区域名称各字拼音第一个字母缩写和界桩号组成,界桩号用阿拉伯数字 01、02、03 流水编号。

（2）界桩位置应与确权划界成果中的位置对应。设置泵闸工程桩（牌）时，在其管理范围顺时针布设界桩。界桩在实地因故无法埋设的可适当调整。

（3）界桩埋设时，"严禁移动"面应背向河道，并与河道岸线平行。

（4）界桩规格尺寸为 550 mm×120 mm×120 mm；或 1 200 mm×150 mm×150 mm；采用有底座式或无底座式 2 种形式。界牌规格尺寸为 150 mm×100 mm。

（5）工艺。界桩为玻璃钢丝网印刷，界牌采用不锈钢腐蚀。

（6）材质。界桩采用玻璃钢，底座采用混凝土 C20 浇筑。

（7）颜色。界桩白底红字，界牌白底黑字。

（8）管理线桩（牌）应统一编号。

3. 安装位置

管理线桩（牌）宜设置在管理区域分界线上的醒目位置。

4. 示意图

管理线桩（牌）示意图如图 6.5 所示。

图 6.5　管理线桩（牌）示意图

6.6　上、下游水位标志

1. 目的

上、下游水位标志可对泵闸工程设计水位进行标注，便于运行人员巡视检查，掌握工况。

2. 标准

（1）参考规格为 400 mm×600 mm。

（2）颜色为绿底白字。

（3）材料为铝塑板。

3. 安装位置

上、下游水位标志的设置应对照上、下游水位尺，在河坡或翼墙相应的整数值刻度位置，最长白线位置所示高程对齐高程实际值。

4. 示意图

上、下游水位标志示意图如图 6.6 所示。

图 6.6　泵闸上、下游水位标志

6.7　工程观测设施名称标牌

1. 目的

工程观测设施名称标牌可对泵闸工程及其管理区建筑物观测标点、测压管管口名称进行标示,以便于对照路线图和作业指导书进行观测管理。

2. 标准

(1) 参考规格为观测标点 80 mm×80 mm;观测桩 150 mm×150 mm×1 000 mm。

(2) 颜色可自定,应与本泵闸工程整体目视化风格相协调。

(3) 材料为观测点采用铝板 UV 印刷;观测桩可采用钢筋混凝土材料。

(4) 编码应依照观测规程、工程设计文件,对观测标点、观测桩及测压管管口标志进行命名。

(5) 必要时,可设置工程标点平面分布图,布设在泵闸工程上、下游。

3. 安装位置

工程观测设施名称标牌宜设置在相应工程观测设施本体上方或旁边。河道断面桩埋设时,"观测设施,严禁移动"面应背向河道,并与河道岸线平行。

4. 示意图

工程观测设施名称标牌示意图如图 6.7 所示。

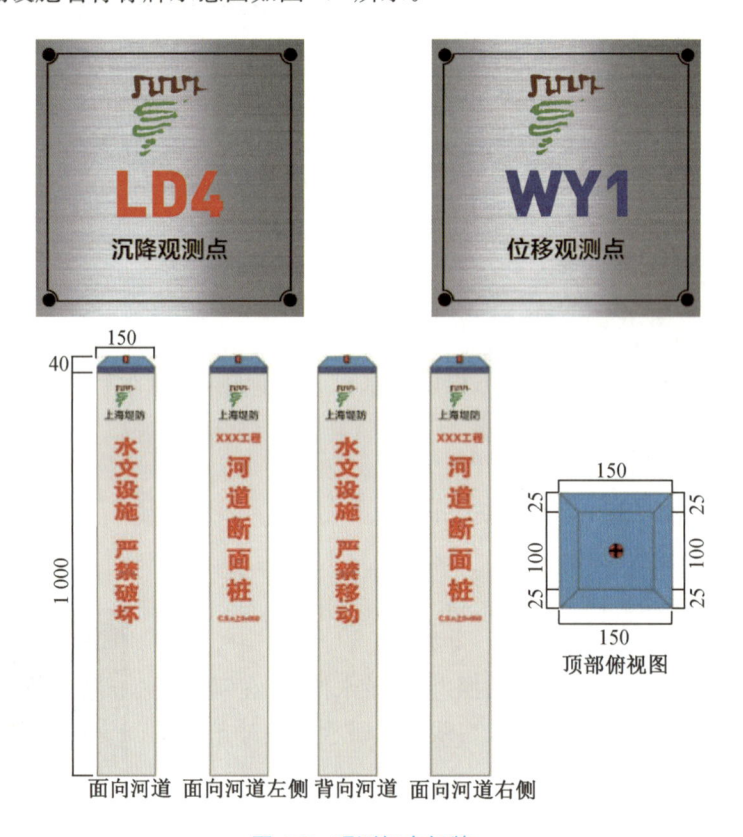

图 6.7 观测标点标牌

6.8 里程桩或里程牌

1. 目的

里程桩或里程牌可准确定位工程所在河道堤防的位置,便于统一编号,加强管理。

2. 标准

(1) 里程桩每 1 km 设置 1 个。

(2) 桩体从上至下分别标注河道名称及公里数。

(3) 河道里程桩设置在河道两侧，宜设置在河道堤防迎水坡堤肩线旁。当在准确位置不能安装里程桩时，可在 15 m 范围内移动，否则宜取消。

(4) 河道里程为河道中心线对应的河道长度。河道里程桩埋设时，没有文字和数字面应与河道岸线平行。

(5) 规格。里程牌 280 mm×180 mm，里程桩 150 mm×400 mm×600 mm（地面以上部分）。

(6) 材料。里程牌采用 4 mm 厚铝塑板，图文采用工程反光膜，或采用不锈钢材料。里程桩可采用钢筋混凝土材料。

3. 示意图

里程桩或里程牌示意图如图 6.8 和图 6.9 所示。

图 6.8　里程牌

6.9　百米桩

1. 目的

百米桩可准确定位工程所在河道堤防的位置，便于统一编号，加强管理。

2. 标准

(1) 百米桩每 100 m 设置 1 个，桩号为个位数。

(2) 百米桩设置在河道两侧，宜设置在河道堤防迎水坡堤肩线旁。当在准确位置不能安装百米桩时，可在 5 m 范围内移动，否则宜取消。

(3) 百米桩里程为河道中心线对应的河道长度。河道公里桩埋设时，没有文字和数字面应与河道岸线平行。

(4) 里程桩和百米桩风格、材质应统一。

3. 示意图

百米桩示意图如图 6.10 所示。

图 6.9 里程桩　　　　　图 6.10 百米桩

6.10　设备名称标牌

1. 目的

设备名称标牌可对设备名称标注，以便于建档立卡管理。同时，设置二维码标牌，推进设备信息的电子化管理。

2. 标准

（1）设备名称标牌指的是电气、机械等设备的名称标注，包括屏柜柜眉柜名、开关设备名称、接地开关设备名称标牌等。功能、用途完全相同的设备，其设备名称应统一。

（2）设备管理宜设置二维码标牌，二维码应清晰完整，信息内容准确。其他有信息管理需要的可参照执行。

（3）屏柜柜眉柜名标牌宽度宜与柜体宽度一致，高度宜为 60 mm，应采用白底红字红边框；开关设备名称（包括输变电设备、开关、刀闸）为双编号，开关名称加代码编号，应采用白底红字红边框，接地设备开关名称标牌采用白底黑字黑边框。

（4）机械设备及其他电气设备名称标牌根据现场实际情况制定。

3. 设置位置

设备名称标牌应设置在设备本体或附近醒目位置，面向操作人员。其中屏柜柜眉柜名宜设置于柜前、柜后的柜眉处。

4. 示意图

设备名称标牌示意图如图 6.11 所示。

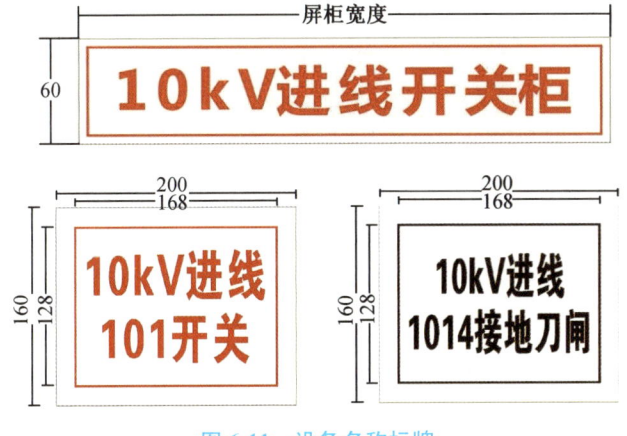

图 6.11 设备名称标牌

6.11 编号标牌

1. 目的

编号标牌可对设备进行编号排序,以便于建档立卡管理,使员工正确确认设备,提高工作效率,增加安全保障。

2. 标准

(1) 同类设备按顺序编号,编号标识牌通常以圆形标志明示。内容包括设备名称及阿拉伯数字编号,设备编号标准见表 6-1。

表 6-1 泵闸工程设备编号标准

序号	部位	要求	安装位置
1	主变压器	主变压器按电气主接线图编号,要求采用阿拉伯数字,宋体汉字、红色。	统一悬挂于变压器本体上。
2	站用变压器	按电气主接线图编号,要求采用阿拉伯数字,宋体汉字、红色。	统一悬挂于临近巡视通道变压器防护罩左上角。
3	高低压开关	设备编号标牌实行双重名称,即由设备名称和代码编号两部分组成。代码编号可参照《电力系统厂站和主设备命名规范》(DL/T 1624—2016)的要求。电气设备编号应与电气主接线图、电气低压系统图内设备编号一致。	电气设备编号标牌应设置于相应开关柜前和柜后,电气设备编号标牌高度下沿高度不低于 800 mm。
4	主电机	按照受电方向从小到大依次编号,要求采用阿拉伯数字,宋体汉字、红色,直径尺寸为 40~60 mm。	立式机组位于上油缸部位,卧式或者斜式机组位于顶部或者侧面,朝向巡视主通道方向。

续表

序号	部位	要求	安装位置
5	主水泵、进人孔	要求与电机相同。	安装在相应设备的表面或者附近墙面，朝向巡视主通道方向。
6	供水泵、排水泵、油泵、漏油箱、补油箱等	应参照主电机编号顺序编号，要求采用阿拉伯数字、宋体、红色。	编号位于辅机本体朝向巡视通道一侧。
7	清污机	参照主机编号顺序、方向编号。	安装在清污机上部靠近巡视通道一侧。
8	摄像头	应与视频监控主机上编号一致。	安装在摄像头立柱上或者附近墙面上。
9	蓄电池	蓄电池按电池组由正到负方向顺序编号，求采用阿拉伯数字、宋体、红色。	编号位于蓄电池本体朝向前方一侧。
10	供排水系统及闸阀	供排水系统闸阀应有编号牌，常开/常闭闸门应注明，编号与供排水系统图相一致，阀门上应标有开关方向。	
11	接地线	对2组及以上的接地线应编号管理。	
12	水闸启闭机	面向下游从左向右由小到大依次编号，要求采用阿拉伯数字，朝向巡视主通道方向。	启闭机编号位于启闭机外壳上。
13	水闸闸孔	面向下游从左向右由小到大依次编号。	闸孔编号位于排架内侧，每孔左右两侧编号相同。
14	水闸闸门	闸门面向下游从左向右由小到大依次编号。	在排架同一高程，也可以与闸孔编号结合。
15	泵站快速闸门	泵站快速闸门与主电机编号相同，泵站快速闸门分为工作门和事故门，按□□□ ×-× 形式编写，□□□注明工作(事故)门，前一个×是对应机组编号，后一个×表示闸门号，要求采用阿拉伯数字、宋体、红色。	安装在泵站快速闸门活塞杆上，编号朝向巡视通道一侧。
16	泵站快速闸门液压启闭机	应参照主电机编号顺序编号。	安装在泵站快速闸门液压装置朝向巡视通道一侧。
17	配电屏	配电柜、控制屏、PLC屏按顺序编号。	安装在配电柜、控制屏、PLC屏正面。
18	消防栓	编号与消防设施平面分布图一致。	安装在消防栓门上。
19	灭火器箱	灭火器箱应进行编号管理，编号应与消防设施平面分布图相一致。	安装在灭火器箱上部或灭火器旁墙壁上。

（2）编号标牌颜色组合宜为白底红字、白底蓝字、红底白字、蓝底白字等，可参照设备底色选定。同类设备编号标牌尺寸应一致。

(3) 圆的直径一般为 150 mm,当标志用于水泵等大型设备时,可根据现场情况进行适当比例缩放。

(4) 材料为 KT 板或 PVC 板、亚克力板。

3. 设置位置

编号标牌宜设置在容易辨识、固定且相对平整的位置。

4. 示意图

编号标牌示意图如图 6.12 和图 6.13 所示。

图 6.12　闸孔编号　　　图 6.13　刀闸编号

6.12　设备设施涂色

色彩目视化是根据物品的色彩来判定物品的属性和使用状态的一种管理手法,它利用了人们对颜色天生的敏感性,调和工作场所氛围,使运行和管理人员熟悉掌握设备涂色等知识,消除单调感,更好地管理工程。

6.12.1　一般要求

(1) 泵闸工程涂色中的安全色采用国家标准(GB 2893—2008),部分可参照能源行业设备相关颜色标准(NB/T 10502—2021)。

(2) 对无相应涂色标准的设备,应尽量保持统一,制定统一的涂色指引,并在以后设备更新时作为选色的参考。

(3) 制造材料为镀锌、不锈钢或铝合金材料的设备,通常情况下不用着色,或可在适当位置粘贴指示色卡胶带。

6.12.2　电气设备色彩标准

1. 目的

电气设备色彩标准可对电气设备现场进行色彩管理,使现场规范化。

2. 对象

标准适用于泵闸工程所有电气设备。

3. 标准

(1) 按管理要求在相应的地方刷不同颜色的油漆,其电气设备涂色推荐标准见表 6-2。

(2) 部分主辅机出厂时原有色彩如与表 6-2 所示标准不一致，暂按原有颜色样式执行。

表 6-2　电气设备涂色推荐标准

序号	项目	颜色名称	RAL 标准色种类
1	主变压器本体	葱绿/冰灰	6018
2	主变压器中性点接地刀闸操作机构箱	银灰	7001
3	主变压器中性点接地刀闸操作连杆	黑	9017
4	主变压器分接开关操作机构箱	葱绿	6018
5	站用变压器外壳防护罩	不锈钢原色/冰灰	7000
6	高压开关柜柜体	冰灰/驼灰	7000
7	低压开关柜柜体	冰灰/驼灰	7000
8	三相母线(A、B、C)	信号黄、叶绿、朱红	1003、6002、2002
9	保护接地线	100 mm 黄、绿相间	1003、6024
10	中性线	蓝(黑)	5020(9017)
11	共箱母线箱体	冰灰/驼灰	7000
12	直流屏柜	冰灰/驼灰	7000
13	PLC 控制柜	冰灰/驼灰	7000
14	GIS 组合开关	浅灰	7035
15	GIS 汇控柜	蓝绿	6019
16	LCU 柜体	鸽蓝	5014
17	中央控制台	彩黄	9001
18	微机保护柜	冰灰/驼灰	7001
19	电容无功补偿柜	冰灰/驼灰	7000

6.12.3　主辅机涂色标准

1. 目的

主辅机涂色标准可对泵闸工程主辅机现场进行色彩管理，使现场规范化。

2. 对象

主辅机涂色标准适用泵闸工程所有主辅机。

3. 标准

(1) 按管理要求在相应的地方刷不同颜色的油漆，主辅机涂色推荐标准见表 6-3。

(2) 部分主辅机出厂时原有色彩如与表 6-3 所示标准不一致，暂按原有颜色样式执行。

表 6-3　主辅机涂色推荐标准

序号	项　目	颜色名称	RAL 标准色种类
1	主机泵外壳	蓝　灰	7031
2	主电机外壳	蓝　灰	7031
3	电机轴、水泵轴	朱　红	2002
4	电动机脚踏板、泵盖、回油箱、联轴器护网	信号黑	9004
5	储气罐、真空破坏阀	电视灰	7047
6	供水泵	信号蓝	5005
7	排水泵、真空泵	叶　绿	6002
8	抽真空装置	白底绿色环	9010、6002
9	空压机	蓝　灰	7031
10	压力油装置(电机、压力油罐、仪表柜)	信号灰	7004
11	压力油槽	信号黑	9004
12	门式起重机	淡　橙	2003
13	桥式起重机	灰　黄	1007
14	桥式起重机吊钩	黄黑相间,间距相等	1003、9004
15	电动葫芦	银　灰	7001
16	变压器蝴蝶阀	葱绿/冰灰	6018/7000
17	变压器蝴蝶阀位置指向针	红	2002
18	闸门及门槽钢结构	银　灰	7001
19	启闭机及机架固定部分	冰灰(建议)	7000
20	钢制踏板	黑	9017
21	建筑物避雷网	银　灰	7001
22	金属爬梯	银　灰	7001

6.12.4　管道及附件涂色标准

1. 目的

管道及附件涂色标准的采用可对管道内流体可视化,预知管道的危险性,预防事故发生,提高管道维护的效率。

2. 对象

管道及附件涂色标准适用于泵闸工程内所有管道。

3. 标准

(1) 按管理要求在相应的地方刷不同颜色的油漆,管道及附件涂色推荐标准见表6-4。

(2) 未尽之介质及涂色标准参照《工业管道的基本识别色、识别符号和安全标识》(GB 7231—2003)执行。

(3) 部分管道出厂时原有色彩如与表 6-4 所示标准不一致，暂按原有颜色样式执行。

表 6-4　管道及附件涂色推荐标准

序号	项　目	颜色名称	RAL 标准色种类
1	压力油管、进油管、净油管	朱　红	2002
2	回油管、排油管、溢油管	信号黄	1003
3	技术供水进水管	天　蓝	5015
4	技术供水排水管	叶　绿	6002
5	生活用水管	龙胆蓝	5010
6	污水管及一般下水管	信号黑	9004
7	低压压缩空气管	纯　白	9010
8	抽气及负压管	白底绿色环	9010、6002
9	消防水管及消防栓	红	2002
10	阀门及管道附件	信号黑	9004
11	阀门手轮(铜阀门不涂色)	朱　红	2002
12	钢制踏板	信号黑	9004
13	变压器附输油管道	葱绿/冰灰	6018/7000

6.12.5　建筑物及附属设施涂色标准

1. 目的

建筑物及附属设施涂色标准可对泵闸工程建筑物及附属设施进行色彩管理，使现场规范化。

2. 对象

根据需要，结合工程维修养护，水利泵闸管理部门应逐步推行建筑物及附属设施色彩规范化。

3. 标准

建筑物及附属设施涂色推荐标准见表 6-5，在实施时应力求工程整个建筑风格的协调。

表 6-5　建筑物及附属设施涂色推荐标准

序号	项　目	颜色名称	RAL 标准色种类
1	内　墙	纯　白	9010
2	踢脚线	冷　蓝	5023

续表

序号	项　目	颜色名称	RAL标准色种类
3	路灯	银灰	7001
4	上、下游栏杆	交通白	9016
5	浮筒	红或黄	2002、1003
6	混凝土栏杆	白或混凝土本色	9016
7	电缆桥架、电缆井	银灰	7001
8	高压架空线杆塔	深灰	7040
9	电缆沟盖板	灰	7001
10	灭火器箱	红	2002
11	金属隔离防护网	绿	6002

6.12.6　盘、柜上模拟母线的标识牌标色标准

盘、柜上模拟母线的标识牌颜色，应符合规范要求，其标准见表6-6。

表6-6　供配电一次主接线标色标准

序号	电压(kV)	颜色	色标号
1	0.23(交流)	深灰	GSB G51001—94　B01
2	0.4(交流)	黄褐	GSB G51001—94　YR07
3	3(交流)	深绿	GSB G51001—94　G05
4	6(交流)	深蓝	GSB G51001—94　PB02
5	10(交流)	绛红	GSB 05—1426—2001
6	13.8~20(交流)	浅绿	GSB 05—1426—2001
7	35(交流)	浅黄	GSB G51001—94　Y04
8	60(交流)	橙黄	GSB 05—1426—2001
9	110(交流)	朱红	GSB G51001—94R02
10	154(交流)	天蓝	GSB G51001—94　PB10
11	220(交流)	紫	GSB G51001—94　P02
12	330(交流)	白	GSB 05—1426—2001
13	500(交流)	淡黄	GSB G51001—94　Y06
14	直流	褐	GSB 05—1426—2001
15	500(直流)	深紫	GSB 05—1426—2001

6.12.7　色彩目视管理的其他应用

色彩目视管理还可以应用到泵闸工程运维的其他方面。例如通过对工作服、安全帽的颜色不同来区分员工所在岗位。

6.13　设备管道方向标识

1. 目的

设备管道方向标识可使运行和管理人员熟悉泵闸工程设备、管道的旋转、示流方向，以便于管理。

2. 标准

（1）方向标识见表 6-7。

（2）箭头角度为 60°。

（3）旋转方向箭头的粗细大小和机组以及泵轴直径相配套。

（4）电机旋转方向（电机上）规格为 400 mm×200 mm（可根据实际设备调整）；电机旋转方向指示（轴上）规格为 100 mm×25 mm（可根据实际设备调整）。

（5）工艺为户外车贴或直接在防护罩侧面喷漆。

表 6-7　设备管道方向标识

序号	名　称	标　准
1	主电机旋转方向	主电机旋转方向应在电机上机架处，以红色或白色箭头标识，要求标识醒目，大小、位置统一，每年更换 1 次。
2	主水泵抽水方向	水泵抽水方向标志宜设置在轴承座或水泵外壳上，以红色或白色箭头标识，要求标识醒目，大小、位置统一，每年更换 1 次。
3	辅机旋转方向	辅机转动轴旋转方向应在电动机外壳处以红色箭头或者白色箭头标识，要求标识醒目，大小、位置统一，每年更换 1 次。
4	油管示流方向	供油管用白色箭头，回油管用红色箭头标示工作流向，贴于管道醒目处。
5	气管示流方向	气管以红色箭头标识，贴于管道醒目处。
6	供排水管示流方向	供水管、排水管均以红色箭头标识，贴于管道醒目处。
7	闸门启闭机	启闭机开关或升降标志应在开式齿轮外壳处以箭头标识，要求标识醒目、大小、位置统一。

3. 示意图

设备管道方向标识示意图如图 6.14 所示。

图 6.14　设备管道方向标识

6.14　管道名称流向标牌及颜色标准

1. 目的

管道名称流向标牌及颜色标准的采用可使运行和管理人员熟悉泵闸工程管道名称流向标牌及颜色标准,以便于管理。

2. 标准

(1) 管道名称流向标牌内容包括管道功能、介质名称及流向等。

管道名称流向标牌及颜色标准见表 6-8。

表 6-8　管道名称流向标牌及颜色标准

序号	管 道 名 称	管道颜色	标牌底色	流向颜色	文字颜色
1	压力油管、进油管、净油管	红	红	白	白
2	回油管、排油管、溢油管、污油管	黄	黄	白	白
3	技术供水进水管	天蓝	天蓝	白	白
4	技术供水排水管	绿	绿	白	白
5	生活用水管	蓝	蓝	白	白
6	污水管及一般下水管	黑	黑	白	白
7	低压压缩空气管	白	白	红	红
8	高、中压压缩空气管	白底红色环	白	红	红
9	抽气及负压管	白底绿色环	白	红	红
10	消防水管及消防栓	红	红	白	白

(2) 相同用途的管道至少设置 1 处管道示流标志,管道名称流向标牌宜设置在较容易辨识到且相对平整的位置。管道弯头、穿墙处及管道密集、难以辨认的部位,应增设管道名称流向标牌。

(3) 制作标准：

① 制作使用不干胶标签，也可采用 1 mm 厚铝板腐蚀填色，标签上箭头颜色为流体的标准色样；

② 标签上标明流体的名称、流向、来去地点、压力；

③ 大规格为 168 mm×62 mm，小规格为 84 mm×31 mm，应依据管道大小来选择使用。

3. 示意图

管道名称流向及颜色标准示意图如图 6.15 所示。

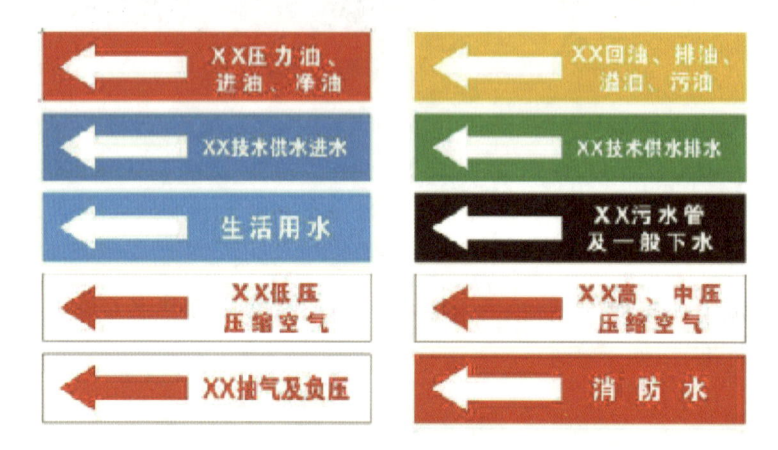

图 6.15　管道名称流向及颜色标准示意图

6.15　闸阀标牌

1. 目的

闸阀标牌的设置可对管路的闸阀功能进行标注，以便于运行和管理人员熟悉闸阀的转向及具体用途。

2. 标准

(1) 闸阀标牌包括闸阀名称和旋转方向标识。

(2) 闸阀名称标牌内容应包括闸阀名称、编号、公称通径、工作状态等。

(3) 闸阀参考规格为 85 mm×54 mm，颜色可采用绿色为底色，字体为宋体 5 号、白色。材料可选用铝塑板或者不锈钢雕刻。

(4) 闸阀编号可根据系统的类型进行编号，按照管道中流动介质流动方向顺序进行编号，如水系统第一个闸阀标记为"S001"。

(5) 闸阀工作状态为"常开"或"常闭"。根据需要，工作状态还可以采用专门标识（参见本章 4.10 节的设备阀门位置指示标识）。

(6) 旋转方向标识内容为双箭头。颜色为白色。规格为圆形，大小和闸阀柄相协调。

3. 设置位置

闸阀名称标牌宜悬挂于相应闸阀的操作手柄处。旋转方向标识牌宜固定在闸阀上，闸阀本身具有旋转方向标识牌的可不再设置。

4. 示意图

闸阀标牌示意图如图 6.16 和图 6.17 所示。

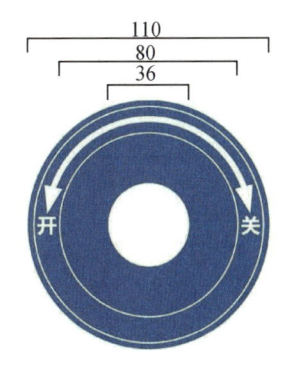

图 6.16　闸阀旋转方向名称标牌　　　图 6.17　闸阀名称标牌

6.16　物资名称标牌

1. 目的

物资名称标牌统一标准化，可明确物品的三定（定品、定位、定量），缩短查找时间和削减库存，谋求有计划地采购物资。

2. 标准

（1）物资名称标牌应包括物资或者备品件的名称、数量、规格、生产日期或者质保期限等。

（2）物资名称标牌应单面印刷。

（3）大规格为 130 mm×70 mm，小规格为 80 mm×35 mm。

（4）填写并塑封好现状板，附着在物品前面（搁板下面）。

（5）按照相关的部门（项目部）的编号和货架搁板标识的编号顺序进行记录。

3. 设置位置

物资名称标牌宜设置在仓库货架上。

4. 示意图

物资名称标牌示意图如图 6.18 所示。

图 6.18　物资名称标牌

6.17 液位、液压标志

1. 目的

液位、液压标志可使运行和管理人员熟悉油、气、水等显示方式及刻度位置。液位过高或过低一目了然,便于点(巡)检。

2. 标准

(1) 液位指示线标牌分为旋转设备液位指示线和非旋转设备油箱液位指示线。

(2) 旋转设备液位指示线应设置静止油位和运行油位。

(3) 非旋转设备油箱液位指示线应设置油位的上限和下限。材料为红色油漆或胶带纸。字体为黑体,大小与油杯相协调。一般油镜、润滑油等小油室的液位上下限标识,标识条的宽度为 5 mm。大油箱的液位上下限标识条宽度为 10 mm。

(4) 水压、油压、温度等标注运行额定值、最大值、最小值。参考规格为 120 mm× 80 mm,颜色可采用绿色为底色,字体为黑体 28 号。

3. 设置位置

液位指示线宜设置在油杯上。标注前将上下线处擦拭干净,如果设备上无粘贴位置,可以粘贴在设备旁边,能够达到提示作用。

4. 示意图

液位、液压标志示意图如图 6.19 和图 6.20 所示。

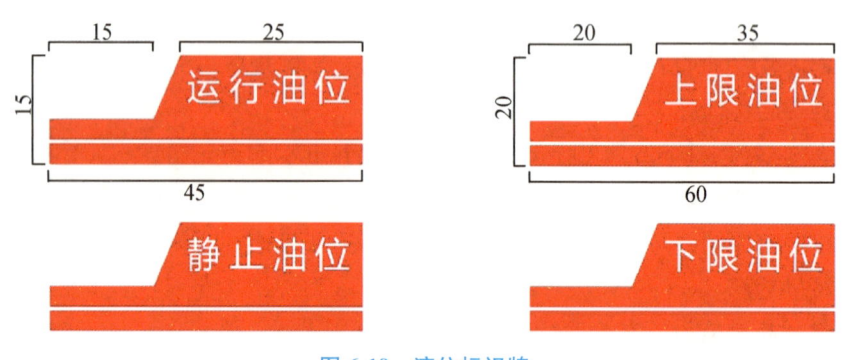

图 6.19 液位标识牌

图 6.20 液压标识牌

6.18 盘式闸门开度指示标志

1. 目的

盘式闸门开度指示标志可对照水闸启闭机的形式,制作不同形式的闸门开度指示牌,明确闸门开度指示。

2. 标准

(1) 参考规格为圆盘直径 200～300 mm,可按照现场位置调整。
(2) 颜色可采用白色作为底色,字体为黑体 20 号,加粗,红色。
(3) 材料为铝板或不锈钢板。

3. 安装位置

盘式闸门开度指示标志可安装在启闭机上恰当的位置。

4. 示意图

盘式闸门开度指示标志示意图如图 6.21 所示。

图 6.21 盘式闸门开度指示牌

6.19 直升式闸门开高指示牌

1. 目的

直升式闸门开高指示牌可对照水闸启闭机的形式,制作不同形式的闸门开高指示牌,明确闸门开高指示。

2. 标准

(1) 参考规格为 200 mm×800 mm。
(2) 颜色可采用白色作为底色;字体为黑体,加粗,红色,字高 40 mm;箭头为红色,长 84 mm,高 8 mm。
(3) 材料为铝板或不锈钢板。

3. 安装位置

直升式闸门开高指示牌宜安装在启闭机上恰当的位置。

4. 示意图

直升式闸门开高指示牌示意图如图 6.22 所示。

图 6.22 直升式闸门开高指示牌

6.20 起重机吊钩及额定起重量标牌

1. 目的

起重机吊钩及额定起重量标牌能使运行和管理人员熟悉起重机吊钩及吨位。

2. 标准

(1) 应根据制造厂家额定的起重量标注。

（2）如果起重机配备有多个起升机构,应分别标明每个起升机构的额定起重量。双梁起重机吨位牌可合并设置。

（3）颜色为黄黑相间条纹,黑色条纹和水平成45°倾斜,黑色条纹宽度50 mm,黑色条纹之间为60 mm。

3. 示意图

起重机吊钩及额定起重量标牌示意图如图6.23所示。

图 6.23　起重机吊钩及额定起重量标牌

6.21　消力坎位置标识牌

1. 目的

依据水闸技术管理规程要求,消能水跃必须发生在消力坎以内。由于消力坎在水下,因此,为便于运行时观察,应对其位置进行明示。

2. 标准

（1）参考规格为1 000 mm×800 mm。

（2）颜色可采用绿色做底色,字体为黑体或宋体,白色,字体颜色也可以自定。

（3）牌面材料为铝板贴反光膜,双面。

（4）固定方式采用直径100 mm镀锌管单杆埋设。

3. 安装位置

消力坎位置标识牌宜设置在水闸下游消力坎两侧。

4. 示意图

消力坎位置标识牌示意图如图6.24所示。

图 6.24　消力坎标识牌

6.22　电缆、数据线标签

1. 目的

电缆、数据线标签可让管理人员熟悉电缆参数、位置、走向等,方便查找,插拔准确快捷、减少误操作。

2. 适用的对象或范围

电缆、数据线标签适用于管理电话线、数据线、电源线、LAN电缆、HUB网络数据线等。

3. 标准

（1）每根线的两头都应做相应的标识,标示的内容自定义。

（2）电子标签可用打印机制作的标签,推荐标签规格为长12 mm。例如,强粘性标签可以在电缆上粘贴成旗帜状便于识别。

（3）自制标识:

① 参考规格：60 mm×30 mm；

② 颜色为白底色，填写的内容为红色，字体为黑体 12 号，加粗；

③ 材料为硬塑料板；

④ 应明确电缆、数据线的编号、型号、芯数、截面、去向和起讫点。

(4) 扎带应购买电缆牌扎带，用电脑列印标签后贴到标签上。

4. 设置位置

电缆、数据线标签宜设置在电缆起点、终点及窗墙处。

5. 示意图

电缆、数据线标签示意图如图 6.25 所示。

图 6.25　电缆标签

6.23　电缆走向标志桩或电缆走向标牌

1. 目的

电缆走向标志桩或电缆走向标牌是参照电力部门技术管理规程要求，对电缆走向和所在位置进行明示。

2. 标准

(1) 电缆标志桩参考规格为 120 mm×120 mm×1 000 mm，壁厚 5 mm，也可定制。

(2) 电缆标志桩或标牌应安装在电缆的正上方，当电缆标志桩用作转角桩时，应安装在转角段中点的正上方。当管道正上方没有安装条件时，可设置在相对距离较近的路边绿化带内，并在电缆标志桩上标明管桩示意图。

(3) 电缆标志桩或标牌的安装间距宜为 10 m。在地面平坦、视碍少、路顺直的情况下，电缆标志桩的安装间距可大于 10 m，特殊地段安装距离可减小。

(4) 电缆标志桩（或标识牌）埋设在电缆沿线，涂有黄色标记，为起提示作用，标有"下有电缆"字样、电力标志、电缆走向箭头，便于巡线抢修人员迅速找准电缆位置，赢得抢修时机。

3. 安装位置

电缆走向标志桩或电缆走向标牌应顺着电缆走向隔 10 m 埋设 1 根。

4. 示意图

电缆走向标志桩或电缆走向标牌示意图如图 6.26 所示。

图 6.26　电缆走向标志桩(标牌)

6.24　地下隐蔽管道阀门井和检查井标牌

1. 目的

地下隐蔽管道阀门井和检查井标牌是对地下隐蔽管道阀门井和检查井设置的标识，有利于作业人员准确定位。

2. 对象

地下隐蔽管道阀门井和检查井标牌设置的对象为地下隐蔽管道阀门井和检查井。

3. 设置范围和地点

(1) 事故排油管检查井标牌设置在事故排油管检查井旁标牌上应注明编号。事故排油管检查井标识应采用红色字体。

(2) 消防水管阀门井标牌设置在消防水管阀门井旁，消防水管阀门井标牌应采用红色字体。

(3) 生活污水排水管检查井标牌设置在生活污水排水管检查井旁，标牌上应注明编号。生活污水排水管检查井标牌应采用黑色字体。

(4) 站内雨水排水管检查井标牌设置在站内雨水排水管检查井旁，标牌上应注明编号。站内雨水排水管检查井标牌应采用绿色字体。

4. 示意图

地下隐蔽管道阀门井和检查井标牌示意图如图 6.27 所示。

图 6.27　地下隐蔽管道阀门井和检查井标牌

6.25　工作环境标志

1. 目的

工作环境标志是依据泵闸工程技术管理细则和运行、巡查作业指导书要求，对工作环境的温湿度指示进行明示，随时监控室内温度及湿度，保持室内的温湿度在标准范围之内。

2. 适用的对象或范围

工作环境标志适用于各电气室、主控室、操作室等。

3. 标准

（1）将温湿度表悬挂于电气室合适墙面，中心高距地 1.6~2.0 m 为宜。

（2）工作环境标牌要求：

① 参考规格为 200 mm×150 mm；

② 颜色可采用绿色作为底色，字体为黑体或宋体，白色，整体颜色也可以自定；

③ 材料为 KT 板、PVC 板或亚克力板；

④ 温度和湿度应根据工作场所的设备填写。

4. 安装位置

工作环境标志安装在各设备间内，粘贴在干湿度温度计的位置附近。

5. 示意图

工作环境标志示意图如图 6.28 所示。

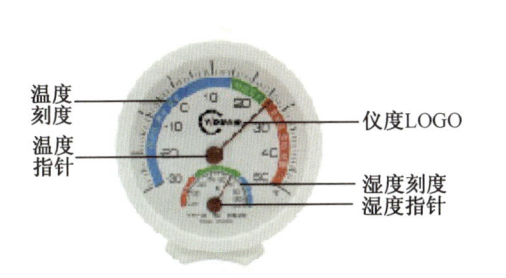

图 6.28　工作环境标志

6.26　开关柜内主要说明项目及资料标志

1. 目的

与电气控制柜相关的布局图、端子号、图纸、常见故障等信息存放在电柜里，可减少资料查找时间，方便现场查阅需要。

2. 适用的对象或范围

开关柜内主要说明项目及资料标志适用于泵闸工程运维现场各种类型在用的高压柜、电气控制柜、PLC 柜等。

3. 标准

（1）按照实际情况绘制本机组盘、柜分布图。

（2）将分布图纸质版（A4 或 A3 大小），悬挂在主电室低压侧柜门内侧。

（3）在低压侧柜门内侧安装适合装 A4 或 A3 形状大小的薄盒，采用粘贴等形式固定在箱柜内合适的位置，资料放于盒中。资料内容可包括开关柜的原理图、元器件相关图纸说明、技术资料目录。

（4）电控柜标识采用长方形铝制薄片，大小根据实际情况合理制定，上面注有柜号、电控柜名称，将标识固定于电控柜顶部中央。

4. 安装位置

开关柜内主要说明项目及资料标志安装于开关柜门内侧。

5. 示意图

开关柜内主要说明项目及资料标志示意图如图 6.29 所示。

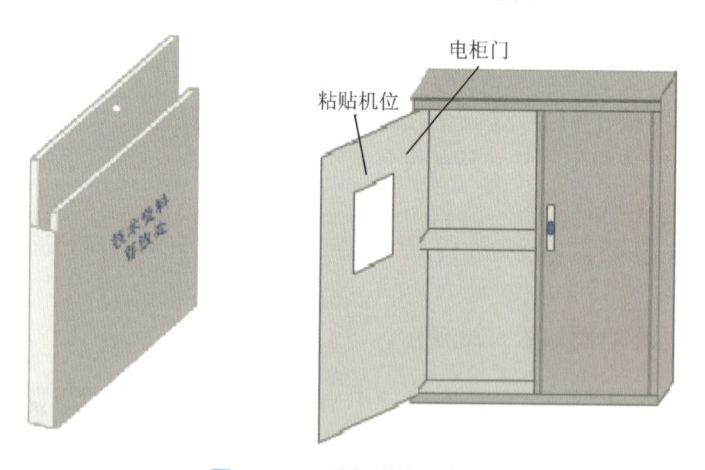

图 6.29　开关柜内资料布置

6.27　开关室记录表定置

在合适位置，固定放置记录表、巡检仪器、临时使用的安全标识牌，如图 6.30 所示。

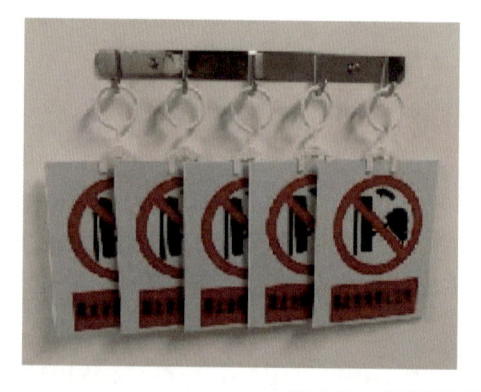

图 6.30　木渎港泵闸开关室记录表等定置

6.28　高低压进线相序标志

1. 目的

高低压进线相序标志是参照电力部门技术管理规程要求,对高低压进线相序位置进行明示,做到标识清晰,方便确认,保证检修安全,减少接线错误。

2. 标准

(1) 标志参考规格为 200 mm×200 mm。

(2) 标志颜色为:

① A 相采用黄色作为底色,字体为空心宋体,颜色为灰色;

② B 相采用绿色作为底色,字体为空心宋体,颜色为灰色;

③ C 相采用红色作为底色,字体为空心宋体,颜色为灰色;

④ N 相采用黑色作为底色,字体为空心宋体,颜色为灰色。

(3) 标志牌面材料为铝板贴反光膜,单面。

(4) 标志固定方式以四角打孔固定方式为主。

3. 示意图

高低压进线相序标志示意图如图 6.31 所示。

图 6.31　高低压进线相序标志

6.29　额定电压标识

1. 目的

额定电压标识是便于员工正确识别电压,预防插错,避免损坏电气设备。

2. 适用的对象或范围

额定电压标识放在需要进行区别的电源插座和插头,或特殊电压值的插座位。

3. 标准

(1) 用黄色 A4 纸打印,字体为黑体 5 号加粗,行高 8 mm,列宽 3 mm,边框 2.25 磅,用刀片刻下或剪下,用时用包装透明胶纸贴插座和插头,边沿透明胶留 5 mm。

(2) 用黄色 A4 纸打印,用刀片刻下或剪下,用时用包装透明胶纸贴插座和插头,边沿透明胶留 5 mm。

4. 示意图

额定电压标识示意图如图 6.32 所示。

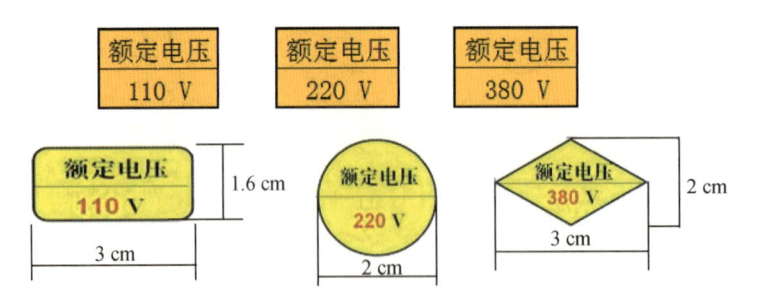

图 6.32　额定电压标识

6.30　电气设备面板开关标识

1. 目的

电气设备面板开关标识是便于员工正确识别，方便操作，减少误操作。

2. 适用的对象或范围

电气设备面板开关标识用于各种没有标识或标识须更新的操作面板开关、按钮。

3. 标准

（1）用中文标识电气各种按钮的名称或功能，分类标识所有的开关、按钮。

（2）颜色与字体。白底黑字，或蓝底白字，字体为黑体（同一泵闸颜色应一致），大小根据面板实际灵活调整。设备已有标识的，为保持一致性，标识仍采用已有的格式。

（3）材料。有机板或不锈钢。

4. 示意图

电气设备面板开关标识示意图如图 6.33 所示。

图 6.33　电气设备面板开关标识

6.31　泵闸工程主要高程告知牌

1. 目的

泵闸工程主要高程告知牌能够使运行和管理人员了解主要部位所处的高程，确保泵闸运行在正常水位状态，防止运行和检修过程中，因操作失误造成水淹等事故发生。

2. 标准

（1）参考规格为 600 mm×400 mm，规格也可自定。

（2）颜色为底色绿色，字体为宋体，颜色为白色。

（3）材料为 KT 板、PVC 板或亚克力板，有触电危险的作业场所应使用绝缘材料。

（4）有单位名称及 LOGO。

（5）长度单位精确到厘米。

3. 安装位置

泵闸工程主要高程告知牌安装于泵房或水闸桥头堡的入口、出口、门厅、电机层、水泵层等位置。

4. 示意图

泵闸工程主要高程告知牌示意图如图 6.34 所示。

图 6.34　泵闸工程主要高程告知牌

6.32　钢丝绳标牌

1. 目的

钢丝绳标牌是为了规范钢丝绳吨位标识，使挂牌管理一目了然。

2. 对象

钢丝绳标牌使用对象为泵闸运维现场所用的钢丝绳。

3. 标准

（1）执行《钢丝绳通用技术条件》（GB/T 20118—2017）。

（2）钢丝绳标牌内容应包括生产厂商、载荷、型号、自重、生产日期、下次检测日期等。

（3）钢丝绳索具的标识应永久性地保留在钢丝绳索具表面，且能够明显地显示出来。使用中应尽量避免磕碰损坏标识。

4. 示意图

钢丝绳标牌示意图如图 6.35 所示。

图 6.35　钢丝绳标牌

6.33 树木铭牌

1. 目的

树木铭牌是对名贵树木予以确定,便于管理和欣赏。

2. 标准

(1) 规格为 210 mm×140 mm,规格也可自定。

(2) 工艺为双色板。

3. 示意图

树木铭牌示意图如图 6.36 所示。

图 6.36 树木铭牌

第 7 章
泵闸工程安全类目视项目指引

7.1 泵闸工程安全类目视项目分类

泵闸工程安全生产目视化指应用目视的方式体现泵闸工程安全管理涵盖的内容和要求,包括安全目标管理目视化、安全工器具管理目视化、安全标志目视化、消防管理目视化、交通安全管理目视化、作业安全措施管理目视化、安全文化目视化、职业健康目视化等。

例如,安全标志目视化,在泵闸工程主要区域和设备设施上悬挂或粘贴安全标志,包括禁止标志、警告标志、指令标志和提示标志等。如在主控楼进入设备区的通道口装设"未经许可,禁止入内"标志,在进入设备区的车辆通道入口装设限高、限速标志,在设备爬梯上装设"禁止攀登、高压危险"标志,在设备及构架接地扁铁上用黄绿相间的斑马线予以标示。对易燃、易爆、腐蚀性、毒害性等危险化学品,应采用标牌、标签等形式设置必要的安全标志。贮存危险化学品的仓库,以及运输危险化学品的车辆也应按规定设置必要的安全标志。对贮存危险化学品的容器应按规定设置安全标志。这些安全标志的恰当使用,能使处于泵闸工程运行维护中的各类人员时刻清醒认识所处环境的危险,提高注意力,加强自身安全保护,起到提醒和警示的作用。

又如,消防管理目视化,除将消防设施的位置通过划线予以固化和明确标示以外,还包含消防设施使用的目视化。在泵闸工程厂房内部及管理区各消防设施放置点进行定位标示,可以消除不必要的移动,减少在发生火灾或紧急状况时因寻找而造成时间上的浪费;在泵闸工程入口位置公布泵闸工程平面图,图上对消防设施、平面布置、疏散通道、防小动物措施进行标注,在泵闸工程主控楼各层的通道口张贴安全疏散图,标明地形、所处位置、消防设施位置、发生事故时的疏散通道、紧急出口等,主要通道门口设置"安全出口"标示,使得发生火灾或其他安全事故时,能够及时引导人员疏散,保障人员安全;在灭火器箱的外盖上,粘贴该类灭火器的适用范围和使用说明,说明采用关键步骤演示照片加简短文字的方式,简明直观地提示灭火器的使用方法。

7.2 泵闸工程安全生产目视化总体要求

泵闸工程管理单位和运行养护单位应根据上级关于加强泵闸安全运行的总体策划要

求，结合对所管工程重要环境因素、重要危险源及风险进行控制的需要，实施规定的颜色、文字、图形等安全生产目视化，并负责维护安全生产目视化的完整性，确保安全生产目视化的有效性。

安全类目视项目的内容、形式、设置、使用、管理等应按相关的法律、法规及其他要求执行，并符合相关标准的规定。

安全生产目视化应按照《企业安全生产标准化基本规范》(GB/T 33000—2016)和《水利工程管理单位安全生产标准化评审标准》的要求，全面推行泵闸管理单位和运维单位的安全生产标准化建设，尤其要加强安全教育，推行安全文化目视化；加强危险源辨识和风险控制，推行泵闸风险控制目视化。部分内容详见第8章8.3节。

7.3 安全色及安全标志

7.3.1 安全色

1. 安全色分红、黄、蓝、绿4类

(1) 红色。其作为禁止标志或者作为停止信号(如机器上的紧急停止按钮)，红色也表示防火。

(2) 蓝色。其作为指令标志，表示必须遵守的规定(如必须佩戴个人防护用品)，但需与几何图形同时使用方可表示指令。

(3) 黄色。其作为警告标志和注意标志，用于提醒人们引起警示的场所。

(4) 绿色。其作为提示标志，对人们的行动做出提示，也用作表示安全、通行标志等。

2. 使用安全色实施安全标志时，应注意使用相应的白、黑对比色

(1) 红色、蓝色、绿色可与白色作为对比显示，黄色与黑色对比显示。

(2) 黑色用于安全标志的文字、图形符号和警告标志的几何图形。白色既可以用作红、蓝、绿的背景色，也可用作安全标志的文字和图形符号。

(3) 红色和白色、黄色和黑色的间隔条纹是比较醒目的标志，用于：

① 红色和白色条纹，用于道路上的防护栏等，表示禁止超过；

② 黄色和黑色条纹，用于防护栏杆等应予以特别注意的危险点。

7.3.2 安全标志概念

(1) 安全标志是由安全色、几何图形和图形符号所构成，用以表达特定的安全信息，可辅以必要的文字说明。安全标志的作用，主要在于引起人们对安全的注意，预防事故的发生，但不能代替安全操作规程和必要的防护措施。

(2) 安全标志分为禁止标志、警告标志、指令标志、提示标志和其他类安全标志5类。

① 禁止标志。其含义为不准或制止人们的某种行动。禁止标志一般以白色为底色，红色为禁止符号(圆圈加斜杠)及文字色，常用的文字内容如：禁止启动、禁止吸烟、禁止烟火、禁止通行、禁止攀登、修理时禁止合闸等；

② 警告标志。其含义为警告人们注意可能发生的危险。警告标志一般以黄色为底色，黑色为图形、警告符号（三角形）及文字颜色，常用的文字内容如：当心火灾、当心触电、注意安全、当心中毒、当心吊物、当心机械伤人、当心滑跌等；

③ 指令标志。其含义为指令人们必须遵守某些要求。指令标志一般以蓝色为底色，白色为图形颜色，常用的文字内容如：必须戴安全帽、必须戴防护眼镜、必须戴护耳器、必须系安全带等；

④ 提示标志。其含义为向人们提示目标的方向。提示标志一般以绿色为底色，白色为图形及文字颜色。提示标志包含消防提示时，以红色为底色，白色做图形与文字颜色；

⑤ 其他类安全标志。上述4种标志中不能包括但现场需明示的其他安全生产相关信息的图形标志。

7.3.3　泵闸工程安全标志一般规定

（1）泵闸工程现场设置的安全标志，应符合《安全标志及其使用导则》（GB 2894—2008）规定。

（2）多个安全标识标牌在一起设置时，应按警告、禁止、指令、提示类型的顺序，先左后右、先上后下地排列。

（3）警告、禁止、指令、提示标志的内容由图形符号、安全色和几何形状（边框）或文字组成。

（4）警告、禁止、指令、提示标志要有衬边。除警告标志边框用黄色勾边外，其余全部用白色将边框勾一窄边，即为安全标志的衬边，衬边宽度为标志边长或直径的0.025倍。

（5）泵闸工程上下游的左右岸、入口、公路桥以及拦河浮筒处应设置安全类标识标牌，总量不宜少于4块，可根据现场实际需要适当增加标牌数量。泵闸引河较长的，每隔200～300 m，或在河道转弯处，设置安全类标识标牌。

7.3.4　禁止标志及设置

（1）禁止标志的基本形式是一个长方形衬底牌，上方是禁止标志（带斜杠的圆边框），下方是文字辅助标志（矩形边框）。图形上、中、下间隙，左、右间隙相等。

（2）禁止标志标牌长方形衬底色为白色，带斜杠的圆边框为红色，标志符号为黑色，辅助标志为红底白字、黑体字，字号根据标志牌尺寸、字数调整。

（3）禁止标志的制图标准如图7.1所示，参数如表7-1所示，可根据现场情况采用甲、乙、丙、丁或戊规格。

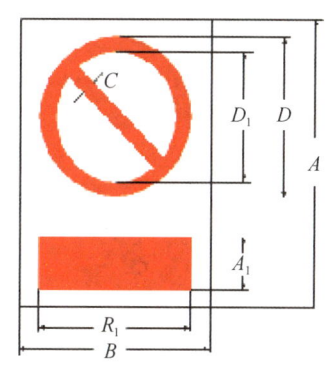

图7.1　禁止标志的制图标准

表 7-1　禁止标志的制图参数（α=45°）　　　　　　　　　单位：mm

参数 种类	A	B	A₁	D(B₁)	D₁	C
甲	500	400	115	305	244	24
乙	400	320	92	244	195	19
丙	300	240	69	183	146	14
丁	200	160	46	122	98	10
戊	80	65	18	50	40	4

（4）泵闸禁止标志牌材料可采用亚克力板或硬塑料板（室内单列式），或铝板＋公安部指定反光标示贴（室外）。

（5）泵闸工程常用禁止标志见表 7-2。

表 7-2　泵闸工程常用禁止标志及设置

序号	示例	名称	设置范围和地点
1		禁止吸烟	1.设备区入口、主控制室、继电器室、通信室、自动装置室、变压器室、配电装置室、电缆夹层、危险品存放点等处。 2.有甲、乙、丙类火灾危险物质的场所和禁止吸烟的作业场所，如油漆作业场所等。 3.参见国家标准（GB2894—2008）。
2		禁止烟火	主控制室、继电器室、蓄电池室、通信室、自动装置室、变压器室、配电装置室、检修、试验工作场所、电缆夹层、危险品存放点等处。参见国家标准（GB2894—2008）。
3		禁止用水灭火	高低压开关室、主变室、变频器室、电抗器室、电容器室、继保室、蓄电池室、柴油发电机房、自动装置室等处（有隔离油源设施的室内油浸设备除外）。参见国家标准（GB2894—2008）。
4		禁止跨越	不允许跨越的深坑（沟）等危险场所、安全遮栏（围栏、护栏、围网）等处，如启闭机或电动机转动轴旁，泵闸工程内的沟、坎、坑等处。参见国家标准（GB2894—2008）。

续表

序号	示例	名称	设置范围和地点
5	禁止翻越	禁止翻越	翻越后有危险的地方,如泵闸工程进出水池栏杆,桥梁栏杆、室内护栏等处。
6	禁止攀登	禁止攀登	不允许攀爬的危险地点,如变压器爬梯、供电线路爬梯、行车爬梯、有坍塌危险的建筑物、构筑物等处。参见国家标准(GB2894—2008)。
7	禁止停留	禁止停留	对人员有直接危害的场所,如高处作业现场、吊装作业现场等处。
8	未经许可 禁止入内	未经许可禁止入内	易造成事故或对人员有伤害的场所的入口处,如启闭机房、高压开关室、低压开关室、变频器室、电抗器室、电容器室、蓄电池室、继保室、柴油发电机房、仓库等处。参照国家标准(GB2894—2008)。
9	禁止通行	禁止通行	有危险的作业区域,如起重现场、道路维修施工工地的入口等处。参见国家标准(GB2894—2008)。
10	禁止堆放	禁止堆放	消防器材存放处、消防通道、逃生通道、防汛通道及泵闸工程主通道、安全通道等处。
11	禁止穿化纤服装	禁止穿化纤服装	设备区入口、电气检修试验、焊接及有易燃易爆物质的场所等处。

第7章 泵闸工程安全类目视项目指引

195

续表

序号	示例	名称	设置范围和地点
12	禁止开启无线通讯设备	禁止开启无线通信	继电器室、自动装置室等处。
13	禁止合闸有人工作	禁止合闸有人工作	一经合闸即可送电到施工设备的断路器(开关)和隔离开关(刀闸)操作把手上等处。
14	禁止合闸线路有人工作	禁止合闸线路有人工作	线路断路器(开关)和隔离开关(刀闸)把手上。
15	禁止合闸	禁止合闸	接地刀闸与检修设备之间的断路器(开关)操作把手上。
16	禁止攀登高压危险	禁止攀登高压危险	高压配电装置构架的爬梯上,变压器、电抗器等设备的爬梯上。
17	禁止带火种	禁止带火种	有甲、乙、丙类火灾危险物质的场所。
18	禁止放易燃物	禁止放置易燃物	具有明火高温作业设备场所,如:各种焊接、切割场所等。参见国家标准(GB2894—2008)。

续表

序号	示例	名称	设置范围和地点
19	禁止转动	禁止转动	机器设备检修时,操作转动设施附近。
20	禁止触摸	禁止触摸	禁止触摸的设备或物体附近,如:裸露的带电体,炽热物体,具有毒性、腐蚀性物体等处。参见国家标准(GB2894—2008)。
21	禁止靠近	禁止靠近	不允许靠近的危险区域,如:高压试验区、高压线、输变电设备的附近。参见国家标准(GB2894—2008)。
22	禁止抛物	禁止抛物	抛物易伤人的地点,如:高处作业现场、深沟(坑)等。
23	禁止戴手套	禁止戴手套	戴手套易造成手部伤害的作业地点,如:旋转的机械加工设备附近。
24	禁止穿带钉鞋	禁止穿戴钉鞋	有静电火花会导致灾害或有触电危险的作业场所,如:有易燃易爆气体或粉尘的作业场所及带电作业场所。
25	禁止酒后上岗	禁止酒后上岗	中央控制室、值班室内。

第7章 泵闸工程安全类目视项目指引

197

续表

序号	示例	名称	设置范围和地点
26	禁止依靠	禁止依靠	在临时栏杆、电气设备等处。
27	禁止游泳	禁止游泳	禁止游泳的水域,如泵闸工程上下游的左、右岸护坡、跨河公路桥、拦河浮筒等处。参见国家标准(GB2894—2008)。
28	禁止捕鱼	禁止捕鱼	上、下游河道、堤防、岸墙、翼墙处。
29	禁止垂钓	禁止垂钓	上、下游河道、堤防、岸墙、翼墙处。
30	禁止戏水	禁止戏水	上、下游河道、堤防、岸墙、翼墙处。
31	禁止在高压线下钓鱼	禁止在高压线下钓鱼	跨越鱼塘线路下方的适宜位置。
32	禁止在高压线附近放风筝	禁止在高压线附近放风筝	经常有人放风筝的线路附近适宜位置。

7.3.5 警告标志及设置

(1) 警告标志的基本形式是一个长方形衬底牌,上方是警告标志(正三角形边框),下方是文字辅助标志(矩形边框)。图形上、中、下间隙,左、右间隙相等。

(2) 警告标志长方形衬底色为白色,正三角形边框底色为黄色,边框及标志符号为黑色,辅助标志为白底黑字、黑体字,字号根据标志牌尺寸、字数调整。

(3) 警告标志的制图标准如图 7.2 所示,参数如表 7-3 所示,可根据现场情况采用甲、乙、丙或丁规格。

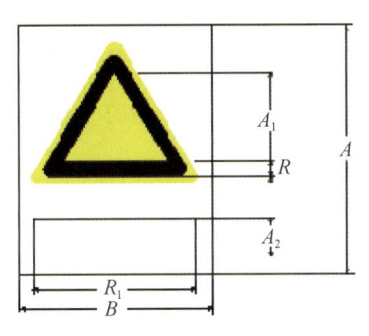

图 7.2 警告标志的制图标准

表 7-3 警告标志的制图参数　　　　　　　　　　　　　　　　单位:mm

参数 种类	A	B	B_1	A_1	A_2	G
甲	500	400	305	115	213	10
乙	400	320	244	92	170	8
丙	300	240	183	69	128	6
丁	200	160	122	46	85	4

注:边框外角圆弧半径 $r=0.080A_1$。

(4) 泵闸警告标志牌材料可采用亚克力板或硬塑料板(室内单列式),或铝板+公安部指定反光标示贴(室外)。

(5) 泵闸工程常用警告标志见表 7-4。

表 7-4 泵闸工程常用警告标志及设置

序号	示例	名称	设置范围和地点
1		注意安全	易造成人员伤害的场所及设备等处。参见国家标准(GB2894—2008)。

续表

序号	示例	名称	设置范围和地点
2	注意通风	注意通风	蓄电池室、电缆夹层、电缆隧道入口等处。
3	当心火灾	当心火灾	易发生火灾的危险场所,如油品库、食堂、电气设备间、电气检修试验、焊接及有易燃易爆物质的场所。参见国家标准(GB2894—2008)。
4	当心爆炸	当心爆炸	易发生爆炸危险的场所,如食堂、主变压器室、电容器室、易燃易爆物质或受压容器的使用地点等。参见国家标准(GB2894—2008)。
5	当心中毒	当心中毒	在装有 SF6 断路器、GIS 组合电器的配电装置室入口,有限空间作业场所,生产、储运、使用剧毒品及有毒物质的场所。参见国家标准(GB2894—2008)。
6	当心触电	当心触电	有可能发生触电危险的电气设备和线路,如配电装置室、变压器室等入口,开关柜、变压器柜等处。参见国家标准(GB2894—2008)。
7	当心电缆	当心电缆	暴露的电缆或地面下有电缆处施工的地点。
8	当心机械伤人	当心机械伤人	易发生机械卷入、轧压、碾压、剪切等机械伤害的作业地点,如卷扬式启闭机旋转部件、泵站联轴层联轴器部件、泵站供排水泵处。参见国家标准(GB2894—2008)。

续表

序号	示例	名称	设置范围和地点
9	当心伤手	当心伤手	易造成手部伤害的作业地点,如机械加工工作场所等处。
10	当心扎脚	当心扎脚	易造成脚部伤害的作业地点,如施工工地及有尖角散料等处。
11	当心吊物	当心吊物	有吊装设备作业的场所,如行车、门机、电动葫芦起吊处、施工工地等处。参见国家标准(GB2894—2008)。
12	当心坠落	当心坠落	易发生坠落事故的作业地点,如脚手架、高处平台、地面的深沟(池、槽)室内护栏旁、行车爬梯入口处、竖井处。参见国家标准(GB2894—2008)。
13	当心落物	当心落物	易发生落物危险的地点,如高处作业、立体交叉作业的下方等处。
14	当心腐蚀	当心腐蚀	蓄电池室内墙壁等处。
15	当心坑洞	当心坑洞	具有坑洞易造成伤害的地点,如泵站联轴层水泵顶盖、水闸启闭机、集水井、其他生产现场和通道临时开启或挖掘的孔洞四周的围栏等处。参见国家标准(GB2894—2008)。

续表

序号	示 例	名 称	设 置 范 围 和 地 点
16	当心弧光	当心弧光	易发生由于弧光造成眼部伤害的焊接作业场所等处。
17	当心塌方	当心塌方	有塌方危险的区域,如堤坝及土方作业的深坑、深槽等处。
18	当心车辆	当心车辆	生产场所内车、人混合行走的路段,道路的拐角处、平交路口,车辆出入较多的生产场所出入口处。
19	当心滑跌	当心滑跌	易造成伤害的滑跌地点,如地面有油、冰、水等物质及滑坡处。参见国家标准(GB2894—2008)。
20	止步 高压危险	止步 高压危险	带电设备固定遮栏上,室外带电设备构架上,高压试验地点安全围栏上,因高压危险禁止通行的过道上,工作地点临近室外带电设备的安全围栏上,工作地点临近带电设备的横梁上等处。
21	当心碰头	当心碰头	有产生碰头的场所,如高度低于 2 m 的门洞。参见国家标准(GB2894—2008)。
22	当心夹手	当心夹手	有产生挤压的装置、设备或场所,如自动门、电梯门等。参见国家标准(GB2894—2008)。

续表

序号	示例	名称	设置范围和地点
23	当心高温表面	当心高温表面	有灼烫物体表面的场所，如主变室、励磁变压器室。参见国家标准(GB2894—2008)。
24	当心落水	当心落水	落水后可能产生淹溺的场所或部位，如上下游河道、堤防、岸墙、翼墙、消防水池处。参见国家标准(GB2894—2008)。
25	当心绊倒	当心绊倒	现场有绊倒危险的地方，如开关室、电缆室等处的挡鼠板上。

7.3.6 指令标志及设置

(1) 指令标志的基本形式是一个长方形衬底牌，上方是指令标志(圆形边框)，下方是文字辅助标志(矩形边框)。图形上、中、下间隙，左、右间隙相等。

(2) 指令标志长方形衬底色为白色，圆形边框底色为蓝色，标志符号为白色，辅助标志为蓝底白字、黑体字，字号根据标志牌尺寸、字数调整。

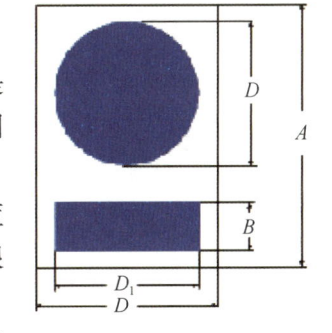

(3) 指令标志的制图标准如图 7.3 所示，参数如表 7-5 所示，可根据现场情况采用甲、乙、丙或丁规格。

图 7.3 指令标志的制图标准

表 7-5 指令标志的制图参数　　　　　单位：mm

参数\种类	A	B	A_1	$D(B_1)$
甲	500	400	115	305
乙	400	320	92	244
丙	300	240	69	183
丁	200	160	46	122

(4) 泵闸工程安全指令标志牌材料可采用亚克力板或硬塑料板(室内单列式)，或铝板＋公安部指定反光标示贴(室外)。

(5) 泵闸工程常用安全指令标志见表 7-6。

表 7-6　泵闸工程常用指令标志及设置

序号	示　例	名　称	设置范围和地点
1		必须佩戴防护眼镜	设置在对眼睛有伤害的作业场所,如机械加工、各种焊接等处。
2		必须戴防毒面具	设置在具有对人体有害的气体、气溶胶、烟尘等作业场所,如有毒物散发的地点或处理有毒物造成的事故现场等处。
3		必须戴安全帽	用于头部易受外力伤害的作业场所,如检修现场、电缆夹层等处、生产现场(办公室、主控制室、值班室除外)。参见国家标准(GB2894—2008)。
4		必须戴防护手套	用于易伤害手部的作业场所,如具有腐蚀、污染、灼烫、冰冻及触电危险的作业等处。参见国家标准(GB2894—2008)。
5		必须穿防护鞋	用于易伤害脚部的作业场所,如具有腐蚀、灼烫、触电、砸(刺)伤等危险的作业地点。参见国家标准(GB2894—2008)。
6		必须系安全带	用于易发生坠落危险的作业场所,如高处从事检修、安装等处。参见国家标准(GB2894—2008)。

续表

序号	示　例	名　称	设 置 范 围 和 地 点
7		必须穿戴防护用品	用于具有放射、微波、高温及其他需穿戴防护用品的作业场所。
8		必须戴防护耳器	用于噪声超过85dB的作业场所。参见国家标准（GB2894—2008）。
9		必须按规程操作	设置在启闭机房、主厂房（电机层、联轴层、检修层、水泵层）、GIS室、主变室、站变室、高压开关室、低压开关室、变频器室、电抗器室、电容器室、蓄电池室、起重机械处。
10		必须持证上岗	设置在中央控制室、启闭机房、主厂房内。
11		必须拔出插头	悬挂或粘贴在设备维修、故障、长期停用、无人值守状态下，如施工现场各种用设备。
12		注意通风	悬挂或粘贴在空气不流通，易发和窒息、中毒等场所，如GIS室、电缆夹层。
13		必须系安全绳	悬挂或粘贴高处作业、临边作业、悬空作业等场所。

续表

序号	示例	名称	设置范围和地点
14	必须接地	必须接地	设置在防雷、防静电场所和设备等处,参见国家标准(GB2894—2008)。
15	接机壳	接机壳	标识用于连接机壳、机架的端子。参见国家标准(GB/T 29481—2013)。
16	等电位	等电位	标识用于那些相互连接后使设备或系统的各部分达到相同电位的端子。参见国家标准(GB/T 29481—2013)。
17	必须戴防尘口罩	必须戴防尘口罩	用于除锈、油漆、喷锌等施工作业场所;泵闸工程现场清扫。
18	必须保持清洁	必须保持清洁	用于所有泵闸工程设备运行、日常办公等场所。
19	必须穿救生衣	必须穿救生衣	提示从事水上或临水测量、保洁、维修养护等作业时,必须穿救生衣。
20	必须加锁	必须加锁	标识用于泵闸运维中需要防盗、防泄密、防误操作的场所或设备。其中包括设备或工具在保养或清洁时,相关的能源(电源开关、气源开关、管道阀门)、需要突出警示的地方、需要进行权限管理的地方应挂牌加锁。

7.3.7 提示标志及设置

(1) 提示标志的基本形式是一个正方形衬底牌和相应文字,四周间隙相等。

(2) 提示标志正方形衬底色为绿色,正方形边框底色为绿色,标志符号为白色,文字为黑色(白色)黑体字,字号根据标志牌尺寸、字数调整。

(3) 提示标志的制图标准如图 7.4 所示,参数为:$A=250$ mm,$D=200$ mm;$A=80$ mm,$D=65$ mm。

(4) 泵闸工程安全提示标志牌材料可采用亚克力板或硬塑料板(室内单列式),或铝板+公安部指定反光标示贴(室外)。

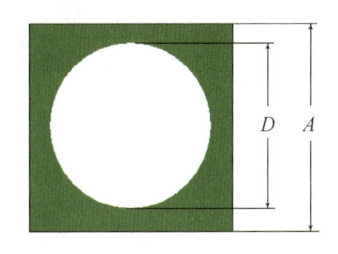

(5) 泵闸工程常用安全提示标志见表 7-7。

图 7.4 提示标志的制图标准

表 7-7 泵闸工程常用提示标志及设置

序号	示例	名称	设置范围和地点
1	在此工作	在此工作	工作地点或检修设备上。参见国家标准(GB26860—2011)。
2	从此上下	从此上下	工作人员可以上下的铁(构)架、爬梯上。参见国家标准(GB26860—2011)。
3	从此进出	从此进出	工作地点遮拦的出入口处。参见国家标准(GB26860—2011)。
4	紧急出口	紧急出口	悬挂或粘贴在高处作业、临边作业、机组运行、悬空作业等场所。
5	← →	疏散通道方向	悬挂或粘贴处同紧急出口,并与其标志联用,指示到紧急出口的方向。

续表

序号	示例	名称	设置范围和地点
6		可动火区	悬挂或粘贴在按规定划定的可使用明火的地点。
7		急救点	设置现场急救仪器设备及药品的地点。
8		紧急洗眼水	悬挂在从事酸、碱工作的蓄电池室、化验室等洗眼水喷头旁。

7.3.8 其他类安全标志示例

其他类安全标志可由安全标志和文字辅助标志联合组成，文字辅助标志可位于安全标志的下面、左侧或右侧。泵闸工程其他类标志有时也可仅由文字标示。泵闸工程常用其他类安全标志见表 7-8。

表 7-8 泵闸工程常用其他类安全标志

序号	图例	部位	规格	色彩
1	止步 高压危险	临时带电设备的遮栏上；室外工作地点的围栏上；禁止通行的过道上；高压试验地点；室外构架上；工作地点临时带电设备的横梁上。	300 mm×240 mm 的标牌。	白底，红色边框，红色箭头，黑色字体，亚克力板或硬塑料板。
2	禁止攀登 高压危险	工作人员上下的铁架，临近可能上下的另外铁架上，运行中变压器的梯子上。	300 mm×240 mm 的标牌。	白底，红色边框，红色箭头，黑色字体，亚克力板或硬塑料板。
3	禁止合闸，有人工作！	一经合闸即可送电到施工设备的断路器（开 关）和隔离开关（刀闸）操作把手上。	200 mm×100 mm；或 80 mm×50 mm 的标牌。	白底，红字，亚克力板或硬塑料板。

续表

序号	图 例	部 位	规 格	色 彩
4	禁止合闸,线路有人工作!	线路断路器(开关)和隔离开关(刀闸)把手上。	200 mm×100 mm;或 80 mm×50 mm 的标牌。	红底,白字,亚克力板或硬塑料板。
5	水深危险 注意安全	在泵闸上、下游。	1050 mm×800 mm(附着式安装),或800 mm×600 mm(金属挂架安装),2.0 mm 厚铝板的标牌,安装在泵闸工程上下游翼墙处。	铝板上+公安部指定反光标示贴。
6	禁止翻越防护栏	在防护栏杆上。	800 mm×600 mm 白底红字的标识牌,悬挂或粘贴在临近的防护栏上。	铝板上+公安部指定反光标示贴,或其他材料。
7	施工重地闲人免进	在施工场地入口处。	800 mm×600 mm 白底红字的标牌,悬挂或粘贴在现场出入口、重点部位。	铝板上+公安部指定反光标示贴,或其他材料。
8	机房重地闲人免进	在机房入口处。	800 mm×600 mm 白底红字的标牌,悬挂或粘贴控制室和机房。	铝板上+公安部指定反光标示贴,或其他材料。
9	禁止倾倒垃圾	在相关生产、生活场所。	800 mm×600 mm 白底红字标牌,竖立或张贴在泵闸工程上下游水体附近。	铝板上+公安部指定反光标示贴,或其他材料。
10	小心地滑	在卫生间、检修间等易滑场地。	宽 705 mm×高 899mm,两面内容一致。黄底,黑字,防滑标志为红色。放置在泵房、检修场所、卫生间等易滑地面。	定制。

7.4 消防安全目视化

7.4.1 消防安全目视项目分类

1. 消防箱标识

消防箱标识含名称、编号、定置位置。

2. 消防系统平面分布图

为了使工作人员正确了解消防系统各消防设施的位置,应设置消防系统的"平面布置图"。

3. 消防系统管道介质名称和介质流向标识

为了使工作人员正确了解消防系统管道内的介质名称和介质流向,应在水管道上设置"介质名称标识"和"介质流向标识"。

4. 消防系统管道阀门位置标识

为了使工作人员正确了解消防系统管道阀门的正常工作状态,应在消防系统管道阀门上设置"阀门位置标识",标注阀门的正常工作位置以及全开和全闭位置。

5. 消防系统管道井盖标识

为了使工作人员正确定位消防系统管道检查井位置,应设置"消防系统管道井盖标识"。

6. 人员疏散路线图

为了使工作人员在发生火灾时快速逃离火灾现场,应设置"人员疏散路线图"。

7. 消防系统操作示意图

为了使工作人员实现消防系统规范化操作,提高其操作的效率与正确率,应设置消防系统"操作示意图",比如:电源切换操作、水泵切换操作等。

8. 其他消防设施及标识

其他消防设施及标识包括手动报警器按钮标识、消防设备定置牌、消防器材巡检卡、消防器材检查标准、火灾报警装置标识牌、方向辅助标识牌、文字辅助标识牌、消防启动器、发生警报器、火警电话、其他灭火设备、消防水带、消防栓、消防梯、疏散通道方向标识等。

7.4.2 一般规定

(1) 消防安全标志的设置应符合《消防安全标志 第 1 部分:标志》(GB 13495.1—2015)和《消防安全标志设置要求》(GB 15630—2015)的规定。

(2) 泵闸工程宜设置消防设施分布图。消防设施分布图内容包括分布图、设置位置、图例、编号等。消防设施分布图可与疏散逃生图合并布置,详见本章 7.19 节。

(3) 灭火器、消火栓标牌内容应包括编号、检查内容和使用说明等。尺寸应根据灭火器箱和消火栓尺寸确定,宜设置在灭火器箱、消火栓本体上方或旁边。

(4) 办公及生活区人员密集场所的安全出口、疏散通道处应设置"安全出口"标志。在远离安全出口的地方,应将"安全出口"标志与"疏散通道方向"标志联合设置(标志的间距不应大于 20 m,袋形走道的尽头离标志的距离不应大于 10 m),箭头方向必须指向通往安全出口的方向。

(5) 泵闸工程运维现场及管理区的下列区域应相应设置"禁止烟火""禁止燃放鞭炮""当心火灾——易燃物质""当心爆炸——爆炸性物质"等警示标志。

① 泵闸工程主副厂房、控制室、值班室;

② 具有甲、乙、丙类火灾危险的泵闸工程仓库的入口或防火区内;

③ 汽油、柴油、油漆等液体储罐、堆场的防火区内；
④ 氧气、乙炔等可燃、助燃气体储罐或罐区、堆场的防火区内；
⑤ 对有视线障碍的灭火器材设置点，应设置指示其位置的发光标志；
⑥ 消防安全标志应设置在显眼处，使大多数观察者的观察角度接近 90°，尺寸大小一般为 250 mm×300 mm；设置时，应避免出现标志内容相互矛盾、重复的现象，尽量用最少的标志表达清晰的信息。

7.4.3 消防安全标志特征

（1）方向辅助标志基本形式是一个正方形衬底牌和导向箭头图形，标志牌尺寸（边长）一般为 250 mm 或根据现场实际选择，箭头方向可根据现场实际情况选择。衬底为绿色时指示到紧急出口的方向，衬底为红色时指示灭火设备或报警装置的方向。

（2）消防组合标志牌基本形式是长方形衬底牌，由图形标识、方向辅助标识和文字辅助标识组合。其中，方向辅助标识与有关标识联用，指示被联用标识所表示意义的方向。衬底为绿色时指示到紧急出口的方向，衬底为红色时指示灭火设备或报警装置的方向。图例如图 7.5 所示，制图参数如表 7-9 所示。

表 7-9 消防组合标志牌的制图参数　　　　　　　　　　单位：mm

参数 种类	B	A	B_1	A_1
甲	500	400	200	200
乙	350	300	140	140

（3）消防水池、消防沙池（箱）标牌的制作标准、制图参数如图 7.6 和表 7-10 所示，防火墙标识同消防水池、消防沙池（箱）标识牌。

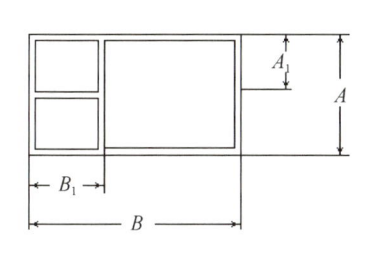

图 7.5　消防组合标志牌的制图标准 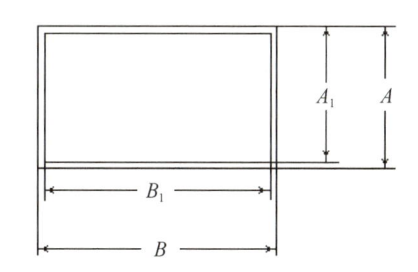　　　图 7.6　消防水池、消防沙池（箱）制图标准

表 7-10　消防水池、消防沙池（箱）的制图参数　　　　　单位：mm

参数 种类	B	A	B_1	A_1
甲	300	200	268	168
乙	400	300	364	264
丙	500	400	460	360

7.4.4 泵闸工程常用消防目视标识

泵闸工程常用消防目视标识见表 7-11。

表 7-11 泵闸工程常用消防目视标识设置

序号	示 例	名 称	设 置 范 围 和 地 点
1		消防按钮	1.标示火灾报警按钮和消防设备启动按钮的位置,依据现场环境,设置在适宜、醒目的位置。参见国家标准(GB13495.1—2015)。 2.规格:100×60 mm,工艺:透明贴印刷。
2		发声警报器	标示发声警报器的位置参见国家标准(GB 13495.1—2015)。
3		消防电话	标示火灾报警系统中消防电话及插孔的位置。依据现场环境,设置在适宜、醒目的位置。参见国家标准(GB13495.1—2015)。
4		消火栓箱	生产场所构筑物内的消火栓处。该标识采用粘贴方式固定在消防栓门面上。
5		地上消火栓	固定在距离消火栓 1 m 的范围内,不得影响消火栓的使用。
6		地下消火栓	固定在距离消火栓 1 m 的范围内,不得影响消火栓的使用。

续表

序号	示例	名称	设置范围和地点
7	手提式灭火器	手提式灭火器	悬挂在灭火器、灭火器箱的上方或存放灭火器、灭火器箱的通道上。泡沫灭火器身上应标注"不适用于电火"字样。参见国家标准(GB13495.1—2015)。该标识采用粘贴方式固定在灭火器设置地点的正上方墙、柱上。
8	推车式灭火器	推车式灭火器	标示推车式灭火器的位置。参见国家标准(GB13495.1—2015)。该标识采用粘贴方式固定在灭火器设置地点的正上方墙、柱上。
9	消防软管卷盘	消防软管卷盘	指示消防水带、软管卷盘或消防栓箱的位置。参见国家标准(GB13495.1—2015)。该标识采用粘贴方式固定在消防栓门面上,或者采用粘贴、钉挂方式固定在消防栓附近的醒目位置。
10	← ↙	灭火设备或报警装置的方向	指示灭火设备或报警装置的方向。
11	灭火设备	灭火设备	标示灭火设备集中摆放的位置。参见国家标准(GB13495.1—2015)。
12	← ↙	疏散通道方向	指示到紧急出口的方向。用于泵闸工程及管理设施的指向最近出口处。
13	安全出口 安全出口	安全出口	与方向箭头结合设在便于安全疏散的紧急出口处,包括办公场所、一般通道、主要入口处。

第 7 章 泵闸工程安全类目视项目指引

续表

序号	示例	名称	设置范围和地点
14		从此跨越	悬挂在横跨桥栏杆上,面向人行横道。
15		消防应急照明灯	在安全出口及紧急疏散路线周围应设置应急灯。
16	1号消防水池	消防水池	装设在消防水池附近醒目位置,并应编号。
17	1号消防沙池	消防沙池(箱)	装设在消防沙池(箱)附近醒目位置,并应编号。
18	1号防火墙	防火墙	在泵闸工程电缆沟(槽)进入主控制室、继电器室处和分接处、电缆沟每间隔约60 m处应设防火墙,将盖板涂成红色,标明"防火墙"字样,并应编号。
19		禁止阻塞线和介质流向标识	1.消防栓、消防管道、消防阀门处设置,醒目地标注消防管道的介质名称和介质流向,以及消防管道阀门的正常位置,便于消防栓的日常维护,提高火灾事故处理速度。 2.采用反光膜材料。 3.黄黑线宽100 mm,斜线成45°。
20		消防水管闸阀开关位置标识	安装在消防水管和阀门上。

续表

序号	示例	名称	设置范围和地点
21		消防设备定置牌	1.设置在消防器材上面或上方醒目位置。 2.尺寸为 210 mm×120 mm。 3.材料为铝板 UV 印刷。
21		消防器材检查卡	1.设置在消防器材上面或上方醒目位置。 2.规格为铜版纸印刷卡片＋80C 穿孔透明塑料软膜防水卡套。 3.内置卡片尺寸为 90 mm×120 mm。 4.卡套尺寸为 100 mm×152 mm。 5.有编号且与消防台账一致。 6.贴于消防箱门内侧。
22		灭火器等消防器材检查标准	1.设置在消防器材上面或上方醒目位置。 2.规格为 300 mm×200 mm。 3.材料为 PVC 平版印刷。
23		消防栓及灭火器使用方法	1.设置在消防器材上面或上方醒目位置。 2.规格与现场消防箱尺寸一致。 3.材料为铝板贴反光膜,也可定制。 4.灭火器有编号且与消防台账应一致。

7.5 泵闸工程管理区交通标志

7.5.1 泵闸工程管理区交通标志分类

（1）泵闸工程管理区交通主标志主要分为警告标志、禁令标志、指示标志、指路标志和道路施工安全标志。

215

（2）警告标志的颜色为黄底、黑边、黑图案；形状为等边三角形，顶角朝上；分为交叉路口标志、急弯路标志、注意行人标志、慢行标志、施工标志、注意危险标志等。

（3）禁令标志的颜色除个别标志外，一般为白底、红圈、红杠、黑图案，图案压杠；形状为圆形、八角形、顶角朝下的等边三角形；分为禁止通行标志、禁止驶入标志、禁止机动车通行标志、禁止行人通行标志、禁止向左（或向右）转弯标志、禁止直行标志、限宽标志、限高标志、限重标志、限速标志、禁止停车标志、减速让行标志等。

（4）指示标志的颜色，一般为蓝底、白图案；形状分为圆形、长方形和正方形；分为直行标志、向左（或向右）转弯标志、单行路标志等。

（5）指路标志的颜色，一般为蓝底白图案，高速公路为绿底白图案；形状，除地点识别标志、里程碑、分合流标志外，为长方形和正方形；分为路滑慢行、陡坡慢行、绕行标志、此路不通标志、线形诱导标等。

（6）道路施工标志分为施工标志、车道封闭标志、改道标志、辅助标志。凡主标志无法完整表达或指示其规定时，为维护行车安全与交通畅通之需要，应设置辅助标志。

（7）涉及边通车边施工路段，应制定交通方案报请当地交通管理部门指导和批准；标识牌的设置应严格按照方案执行。

（8）泵闸工程管理区交通辅助标志

① 凡主标志无法完整表达或指示其规定时，为维护行车安全与交通畅通之需要，应设置辅助标志；

② 辅助标志的颜色为白底、黑字、黑边框；

③ 辅助标志的形状为长方形。其尺寸由字高、字数确定，按字高 10 cm 为下限值；

④ 辅助标志安装在主标志下面，紧靠主标志下缘。

7.5.2 泵闸工程管理区限制高度、速度等禁令标识特征

（1）泵闸工程管理区限制高度、速度等禁令标识的基本形式一般为圆形、白底、红圈、黑图案。圆形标识牌的制图标准如图 7.7 所示。

2. 制图参数如表 7-12 所示。

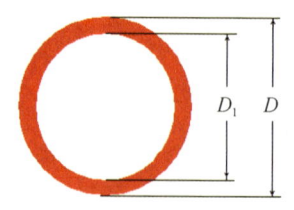

图 7.7　交通禁令标识牌的制图标准

表 7-12　交通禁令标识牌的制图参数　　　　　　　单位：mm

参数 种类	D	D_1
甲	600	480
乙	500	400

7.5.3　泵闸工程管理区交通标线

1. 机动车区域标线

（1）机动车区域标线按《道路交通标志和标线（系列）》(GB 5768—2009)规定执行。

（2）机动车区域的标线一律采用白色。

（3）车行道边缘线的线型为直线，宽度为 120 mm。

（4）停止线的线型为直线，宽度为 500 mm。

（5）等候线的线型为虚线，宽度为 500 mm。

（6）分割线线型为直线，宽度为 120 mm，线之间的间隔为 250 mm。

（7）受限区域的线型为直线，外缘线宽为 150mm，交叉线宽为 250 或 500 mm（根据区域面积）。

（8）停车场等管理区内装卸货区或停车待装区内的停车位，根据对应车型，用白色实线区表示，箭头表示车头方向。自有车辆指定停车位，在方框内、车头方向顶端标注上指定车牌号。线宽为 120mm，箭头长度 1 m，车牌号字高 300 mm，英文、数字均采用 Arial Black 体。方向标志的长度为 5 m，线宽为 120 mm。

2. 人行通道区域标线

（1）人行通道区域标线按《道路交通标志和标线（系列）》(GB 5768—2009)规定执行。

（2）人行通道区域采用黄色线，黄色为 RAL 1023 交通黄。所有线宽均为 150 mm。

（3）横穿车道采用白色斑马线＋黄色实线，以作为警示标志，远离机动车道的一侧采用黄色实线，黄色为 RAL 1023 交通黄。

（4）所有线宽均为 150mm，人行通道长度 800 mm，2 条线间隔 600 mm。

（5）所有线宽均为 100 mm，人行通道长度 800 mm，2 条线间隔 400 mm。

3. 人行区域标线

（1）人行区域使用白色"脚印"标志，相邻脚印间隔为 1 m。

（2）划线原则：

①若为步行标志，该标志可以按需使用，标志高 600 mm，图标粘贴方向与道路延伸方向一致，这样车辆驾驶员可以提前辨识人行道，颜色采用交通黄；

②若为单侧受限走道，如果走道边有墙，围栏或护栏，这些都可充当第二条边缘线，不用再另画线；

③若为金属部件上的走道，地面上如果有金属部件，如井盖，则线不应继续画在金属部件上。

7.5.4　泵闸工程管理区道路现场施工维修安全防护标志

（1）安全警示带。由布质等柔性材料制成，宽度为 100～200 mm，带上有红白相间色，用于夜间作业应有反光功能。宜与其他设施一起组合使用。

（2）减速带。此带用于强行迫使车辆减速慢行，一般设于施工区前放方 20 m 外，可根据需要设 1 道或多道，每道间距约 2～5 m。减速带形式多样，一般常用的是橡胶减速带，每个生产厂家的产品均有所差别，但整体来说大同小异，根据实际需要选取即可。

(3) 安全围栏。此围栏设于需要防止无关人员、动物等通过的路段、岸段;设于路肩上、堤防护岸或路基坡脚外侧 1 m 处。详见本章 7.18 节。

(4) 其他安全防护标志见表 7-13。

7.5.5 助(禁)航标识

具有通航功能的泵闸工程应设置助航标识。禁止通航的泵闸工程应在与航道的交汇处设置禁止驶入、禁止停泊等禁航标识。应按《内河助航标志》(GB 5863—1993)规定执行。

7.5.6 常用交通标志及禁(助)航标志

常用交通标志及禁(助)航标志见表 7-13。

表 7-13 常用交通标志及禁(助)航标志

序号	示 例	名 称	设 置 范 围 和 地 点
1		交叉路口	用以警告车辆驾驶人谨慎慢行,注意横向来车相交。设在视线不良的平面交叉路口驶入路段的适当位置。
2		向左(或向右)急弯路	用以警告车辆驾驶人减速慢行。设在计算行车速度小于 60 km/h,平曲线半径等于或小于道路技术标准规定的一般最小半径,及停车视距小于规定的视距所要求的曲线起点的外面,但不得进入相邻的圆曲线内。
3		注意行人	用以促使车辆驾驶人减速慢行,注意行人。设在行人密集,或不易被驾驶员发现的人行横道线以前适当位置。
4		慢 行	用以促使车辆驾驶人减速慢行。设在前方需要减速慢行的路段以前适当位置。
5		施 工	用以告示前方道路施工,车辆应减速慢行或绕道行驶。该标志可以作为临时标志支设在施工路段以前适当位置。

续表

序号	示例	名称	设置范围和地点
6		注意危险	用以促使车辆驾驶人谨慎驾驶。设在以上标志不能包括的其他危险路段以前适当位置。
7		禁止通行	表示禁止一切车辆和行人通行。设在禁止通行的道路入口附近。
8		限制高度	泵闸工程管理区入口处、不同电压等级设备区入口处、防汛通道、道路上方的管线等最大容许高度受限制的地方应设置限制高度标志牌。参见国家标准(GB5768.2—2009)。 规格为直径 600 mm。 材质为 2.0 mm 厚铝板。 工艺为铝板上贴反光膜,铝板折边。
8		限制车速	泵闸工程管理区入口处、泵闸工程管理区主干道、防汛通道及转角处等需要限制车辆速度的路段的起点应设置限制速度标志牌。参见国家标准(GB5768.2—2009)。 规格为直径 600 mm。 材质为 2.0 mm 厚铝板。 工艺为铝板上贴反光膜,铝板折边。
19		限制宽度	泵闸工程管理区入口处、泵闸工程管理区主干道、防汛通道及转角处等需要限制车辆宽度的路段的起点应设置限制宽度标志牌。参见国家标准(GB5768.2—2009)。 规格为直径 600 mm。 材质为 2.0 mm 厚铝板。 工艺为铝板上贴反光膜,铝板折边。
11		限制质量	泵闸工程管理区入口处、泵闸工程管理区主干道、防汛通道及转角处等需要限制车辆重量的路段的起点应设置限制质量标志牌。参见国家标准(GB5768.2—2009)。 规格为直径 600 mm。 材质为 2.0 mm 厚铝板。 工艺为铝板上贴反光膜,铝板折边。

续表

序号	示 例	名 称	设置范围和地点
12		限制载重	表示禁止载重超过标志所示数量的车辆通行。设在需要限制车辆载重的桥梁两端。参见国家标准(GB5768.2—2009)。 规格为直径 600 mm。 材质为 2.0 mm 厚铝板。 工艺为铝板上贴反光膜,铝板折边。
13		禁止停车	表示在限定的范围内,禁止一切车辆停、放。设在禁止车辆停放的地方。该标志为蓝底红圈红斜杠。参见国家标准(GB5768.2—2009)。 规格为直径 600 mm。 材质为 2.0 mm 厚铝板。 工艺为铝板上贴反光膜,铝板折边。
14		禁止车辆驶入	表示禁止车辆驶入。设在禁止驶入的路段入口,或单行路的出口处,其颜色为红底,中间一道白横杠。
15		禁止机动车通行	表示禁止各类机动车通行。设在禁止机动车通行路段的入口处。有时间、车种等特殊规定时,应用辅助标志说明。
16		禁止行人通行	表示禁止行人通行。设在禁止行人通行的地方。
17		禁止向左(或向右)转弯	表示前方路口禁止一切车辆向左(或向右)转弯。设在禁止向左(或向右)转弯的路口以前适当位置。有时间、车种等特殊规定时,应用辅助标志说明或附加图案。
18		禁行	表示前方路口禁止一切车辆直行。设在禁止直行的路口以前适当位置。有时间、车种等特殊规定时,应用辅助标志说明或附加图案。

续表

序号	示例	名称	设置范围和地点
19		减速让行	表示车辆应减速让行，告示车辆驾驶人必须慢行或停车，观察干道行车情况，在确保干道车辆优先的前提下，认为安全时方可续行。设于视线良好交叉道路次要道路路口。标志形状为倒三角形，颜色为白底、红边，黑字。减速让行标志设置在与交通量不大的干路交叉的支路路口或其他需要设置的地方。
20		直行	表示只准一切车辆直行。设在必须直行的路口以前适当位置。有时间、车种等特殊规定时，应用辅助标志说明或附加图案。
21		向左(或向右)转弯	表示只准一切车辆向左(或向右)转弯。设在车辆必须向左(或向右)转弯的路口以前适当位置。有时间、车种等特殊规定时，应用辅助标志说明或附加图案。
22		单行路	表示一切车辆单向行驶。设在单行路的路口和入口处的适当位置。有时间、车种等特殊规定时，应用辅助标志说明或附加图案。
23		禁止船舶驶入	1.禁止船舶驶入，设置在禁止驶入航道的入口处或单向通行航道的出口处。参见国家标准(GB 13851—2019)。 2.规格根据现场情况自定。 3.工艺为铝板上贴反光膜，铝板折边。 4.材质为 2.0 mm 厚铝板。
24		禁航	1.在泵闸工程上下游需要明示禁航的位置设置禁航标志。 2.规格为 800 mm×800 mm。 3.工艺为铝合金或不锈钢。 4.发光元件为高亮度红色 LED。 5.发光类型为同步闪烁，间隔闪烁或长亮。 6.防护等级为 IP67。
25		禁止停泊	1.禁止船舶锚泊或系泊，顺航道设在禁止停泊区域的中间、一段或两端。 2.规格根据现场情况自定。 3.工艺为铝板上贴反光膜，铝板折边。 4.材质为 2.0 mm 厚铝板。
26		路滑慢行	路滑慢行设在雨天路滑、路面磨光、泛油及路面结冰、积雪等路段前适当位置。

221

续表

序号	示例	名称	设置范围和地点
27		陡坡慢行	陡坡慢行设在坡度较大,视线不良的位置,用以提示司机谨慎慢行。
28		绕行	用于指示前方路口车辆绕行的正确行驶路线。本标志为蓝底白色街区黑箭头,根据需要可在标志上绘制要求的禁令标志图案,设于实施交通管制路口前适当位置。绕行路线得随实际路况而做调整。
29		此路不通	用以指示前方道路为死胡同,无出口、不能通行。该标志为蓝底白色街区红色图案。
30		线形诱导标	1.用于引导车辆驾驶人改变行驶方向,促使安全运行。视需要设于易肇事之弯道路段,小半径匝道曲线或中央隔离设施及渠化设施的端部。 2.线形诱导标板的下缘至地面的高度应为120～150 cm,板面应尽可能垂直于驾驶员视线。
31		禁止停放	1.泵闸工程管理区需要禁止停放的场所设置禁止停放标识牌。 2.标识牌规格为直径600 mm。 3.标识牌工艺为铝板上贴反光膜,铝板折边。 4.标识牌材质为2.0 mm厚铝板。字体颜色为白底红、黑字。 5.立杆为直径60 mm圆管,规格为60 mm×2700 mm。 6.立杆工艺为镀锌钢管贴反光膜。 7.立杆预埋深度600 mm,四周混凝土浇筑。
32		防汛通道	1.防汛通道入口处设置严禁停车标识牌。 2.规格为400 mm×600 mm。 3.工艺为铝板上贴反光膜,折边。 4.材质为2.0 mm厚铝板。

续表

序号	示 例	名 称	设置范围和地点
33		防汛通道	1.防汛通道入口处设置严禁堆物标识牌。 2.标牌规格为 400 mm×600 mm。 3.工艺为铝板上贴反光膜,折边。 4.材质为 2.0 mm 厚铝板。
34		停 车	1.在泵闸工程管理区合理布设停车标志。 2.标牌规格为 400 mm×500 mm。 3.标牌工艺为铝板上贴反光膜,折边。 4.标牌材质为 2.0 mm 厚铝板。 5.立杆规格为 Φ60 mm×2700 mm。 6.立杆工艺为镀锌钢管。 7.立杆预埋深度 600 mm,四周混凝土浇筑。
36		停车场定置线	1.在泵闸工程管理区设置停车场,并绘制定置线。 2.停车位的停车线粗细均匀(15 cm),线条笔直,目视清晰。 3.停车位要求布局合理,不得违规设置。
37		路 栏	用以阻挡车辆及行人前进或指示改道。设在道路施工、养护、落石、塌方而致交通阻断路段的两端或周围。用于夜间作业时应有反光功能。
38		锥形交通路标	与路栏配合,用以阻挡或分隔交通流。设在需要临时分隔车流,引导交通,指引车辆绕过危险路段,保护施工现场设施和人员等场所周围或以前适当地点。布设间距宜为 10~20 m。用于夜间作业时应有反光功能,并配施工警告灯号。

续表

序号	示 例	名 称	设 置 范 围 和 地 点
39		道口标注	设在道路沿线较小交叉路口两侧,用于提醒主线车辆提高警觉,防范小路口车辆突然出现而造成意外。
40		施工隔离墩	为由线性低密度聚乙烯等高强合成材料制成的空心半刚性装置。其上有黄、黑色和反光器。设置在施工道路、桥梁和临时封道口上等,可成直线或弧线摆放,灵活方便,起到隔离作用。使用时内部应放置水袋或灌水,并由连杆相连接。
41		防撞桶	该桶为半刚性装置,由线性低密度聚乙烯长期等高强合成材料制成的空心装置,其上有黄色相间色,顶部可安装黄色施工警告灯号,使用时内部应放置黄沙或灌水。
42		水泥墩钢管护栏	设在一般道路,危险度一般的路段,在距路缘 500 mm 的路肩上设置。
43		施工警示灯	用以警告车辆驾驶人前方道路施工,应减速慢行。设于夜间施工路段附近。灯号分闪光灯号及定光灯号两种,按供电方式又分为太阳能式和非太阳能式,具体的形式较为多样,一般均为工厂生产的定型产品,施工中根据需要购置即可。安装于路栏或独立活动支架上,高度以 1 200 mm 为宜。

续表

序号	示 例	名 称	设 置 范 围 和 地 点
44		前方施工减速慢行	标牌尺寸自定,竖立在泵闸工程及配套工程施工或检修现场的前方。蓝底白字,文字内容可调整。
45		进入施工路段行人注意安全	标牌尺寸自定,竖立在泵闸工程及配套工程施工或检修现场1 000 mm×600 mm标牌,张贴或竖立在施工或检修现场的前方。
46		施工禁行	1.用以通告道路交通阻断、绕行等情况。设在道路施工、养护等路段前适当位置。施工标志为长方形,蓝底白字。 2.铝板上+公安部指定反光标示贴,设置在施工场地入口处。
47		室外通行线	1.油漆(最好用马路反光漆)线宽为150 mm。 2.线条颜色:白色/黄色。 3.在道路两旁划线,距离边缘400 mm的位置按直线划线,划线随边缘体一起凹凸,距离始终为400 mm。 4.通道宽度大于3 000 mm,在通道线中间划中心线。
48		道路路沿	1.有标准石头路沿情况: 间隔1块石头路沿刷黄色油漆(普通或反光油漆)。 间隔1块石头路沿刷黑色油漆(普通油漆)。 2.没有标准石头路沿情况: 间隔500 mm刷黄色油漆(普通或反光油漆)。 间隔500 mm刷黑色油漆(普通油漆)。
49		安全桩	1.安全桩高度≥800 m时,黄黑或白红间隔为200 mm。 2.安全桩高度<800 m时,按总高度的1/4高度来刷漆。 3.黄黑立柱起警示作用,防止误撞,红白立柱起禁止作用,禁止碰撞。 4.门外立柱统一刷为红白立柱。 5.安装时混凝土浇灌。

续表

序号	示例	名称	设置范围和地点
50		安全护栏	1.护栏周长≥800 mm时,黄黑或白红间隔为200 mm。 2.护栏周长<800 mm时,按总高度的1/5高度来刷漆。 3.黄黑护栏起警示作用,防止误撞,红白立柱起禁止作用,禁止碰撞。 4.安装时混凝土浇灌。
51		反射镜	1.反射镜设置在能够观察到前方全部情况的转弯处。 2.固定要牢固,防止被车辆刮倒。 3.每个区域设置的高度要根据视角来定,以人眼的平视线稍高为适宜高度,一般为1 800 mm左右。 4.反射镜的镜面为凸型球面镜,直径为800 mm。 5.反射镜的支撑杆为黄色或斑马色。
52		市政井盖	1.在井盖边缘涂刷油漆。 2.颜色为黄色,宽度自边缘起30～50 mm。 3.井盖上有文字说明的,将文字区域涂刷为红色。

7.6 泵闸工程安全定置线

7.6.1 安全警示线标志

1. 目的

安全警示线标志用以标注需要警戒的危险区域,提醒管理人员注意安全。

2. 标准

(1) 泵闸工程电气设备、变配电站、机械设备、消防设备、行车停放位置下方、启闭机的旋转部位等危险场所或危险部位周围,以及所有可能发生事故并对人体造成伤害的区域都应设置安全警示线。这些危险区域还包括突起的门槛、转角、楼梯第一和最后一级及护栏等。

(2) 电气设备安全警戒线距设备距离应大于设备安全距离。

(3) 安全警戒线的宽度宜为50～150 mm。用黄色或用黄黑色相间的斜条纹作标志。标记颜色有交通黄 RAL 1023 和黑色 RAL9005,倾斜角度为45°,黄黑斜条纹总是等宽。

线宽取决于被标记的物体的尺寸。

(4) 材料为 PVC 胶带等。

3. 安装位置

安全警示线标志贴于吊物孔周围、台阶第一阶和最后一阶、消防箱地面四周、旋转机械转动危险区域四周、高低压开关柜绝缘垫周边等处。

4. 示意图

安全警示线标志示意图如图 7.8 所示。

图 7.8　安全警示线

7.6.2　受限区域标志

(1) 消防栓、安全出口前属于受限区域。

(2) 标注受限区域时，还要用 45 mm 宽的黄色斜线填充该区域。

(3) 受限区域的尺寸可以根据实际情况进行调整，主要目的是防止消防栓、安全出口被其他物品遮挡。

7.6.3　作业区域标志

(1) 应在泵闸工程维修养护现场醒目处设置相应的区域标牌，主要包括加工场、预制场、机械设备停置场、机械设备维修场等。

(2) 区域标牌材质为钢结构底板，表面喷塑，尺寸为 1 000 mm×760 mm。

7.7　安全操作规程牌

1. 目的

安全操作规程牌是将安全操作规程或操作步骤正确明示，以使运行、维护和各类管理人员熟悉、掌握，自觉运用的标牌。

2. 标准

(1) 泵闸工程运行及维修养护现场设备、机具附近或适当位置，应设置设备安全操作规程牌、相应工种安全操作规程牌，其基本内容见附录C。

(2) 材质为室内用 KT 板、PVC 板或亚克力板，室外用可选用钢结构底板，表面喷塑。

(3) 尺寸为 1 000 mm×1 200 mm 或 600 mm×800 mm，也可根据现场情况自定

尺寸。

3. 设置位置

安全操作规程牌宜设置在主要设备旁或相应功能间内。

4. 示意图

安全操作规程牌示意图参见第5章5.22节。

7.8 危险源登记管理卡

1. 目的

根据水利部《水利工程管理单位安全生产标准化评审标准》《水利部水利工程运行管理监督检查办法(试行)》《水利水电工程施工重大危险源辨识及评价导则(试行)》《水利水电工程(水库、水闸)运行危险源辨识与风险评价导则(试行)》《水利水电工程(水电站、泵站)运行危险源辨识与风险评价导则(试行)》等要求,泵闸工程应进行危险源辨识和风险控制,通过建立危险源登记管理卡,使管理和作业人员熟悉泵闸工程危险源,便于危险源识别和安全风险控制。

2. 标准

(1) 泵闸工程危险源的辨识和风险评价要求。危险源辨识方法主要有直接判定法、安全检查表法、预先危险性分析法、因果分析法等。危险源辨识应优先采用直接判定法,采用科学、有效及相适应的方法进行辨识,对其进行分类和分级;汇总制定危险源清单,并确定危险源名称、类别、级别、事故诱因、可能导致的事故等内容;必要时可进行集体讨论或专家技术论证。不能用直接判定法辨识的,应采用其他方法进行判定。

风险评价是对危险源的各种危险因素、发生事故的可能性及损失与伤害程度等进行调查、分析、论证等,以判断危险源风险等级的过程。危险源的风险等级评价可采取直接评定法、安全检查表法、作业条件危险性评价法(LEC)、风险矩阵法(LS法)等方法。

安全风险等级从高到低划分为重大风险、较大风险、一般风险和低风险,分别用红、橙、黄、蓝4种颜色标示。

泵闸工程运维单位应当将全部作业单元网格化,将各网格风险等级在泵闸工程内部及管理区在平面分布图中运用颜色标示,形成安全风险四色分布图。如技术可行,可以运用空间立体分布图进行标示。各网格风险等级按网格内各项危险有害因素的最高等级确定。

(2) 危险源登记管理卡内容包括安全风险名称、风险等级、所在工程部位、事故后果、主要管控措施、主要应急措施、责任人等。四色安全风险空间分布图应包括编号、风险源名称、风险因素、风险等级、风险颜色、预防建议、责任人等。

(3) 参考规格。危险源登记管理卡尺寸为400 mm×300 mm。

(4) 颜色。危险源登记管理卡蓝白底色,填写的内容为黑色。四色安全风险空间分布图白底黑字,风险颜色分别根据评估等级着色。

(5) 材料。KT板、PVC板或亚克力板均可使用。有触电危险的作业场所应使用绝缘材料。

3. 安装位置

危险源登记管理卡标牌安装在危险源附近的墙壁或设备罩壳上，四色安全风险空间分布图张贴于相应区域的墙面。

4. 示意图

危险源登记管理卡示意图如图 7.9 所示。

图 7.9　危险源登记管理卡

7.9　危险源风险告知及防范措施牌

1. 目的

危险源风险告知及防范措施牌能明确告知设施设备危险源风险、作业风险及防范措施，起到警示、提醒作用。

2. 标准

（1）泵闸工程风险告知及防范措施牌主要有高低压开关设备、旋转机械、船闸闸室、防汛物资仓库以及相关高处、水下、临时用电、电焊等检修作业危险源告知及防范措施牌。

（2）在危险源现场设置明显的安全警示标志和危险源告知牌，危险源告知牌内容包含名称、地点、责任人员、控制措施和安全标志等。

（3）标牌的参考规格为 1 100 mm×900 mm。

（4）标牌的材料为 KT 板、PVC 板、亚克力板等。室外设置时应采用防水性能好的材料。有触电危险的作业场所应使用绝缘材料。

3. 水泵层危险源风险告知及防范措施牌

水泵层危险源风险告知及防范措施牌如图 7.10 所示，该牌设置在水泵层入口处。

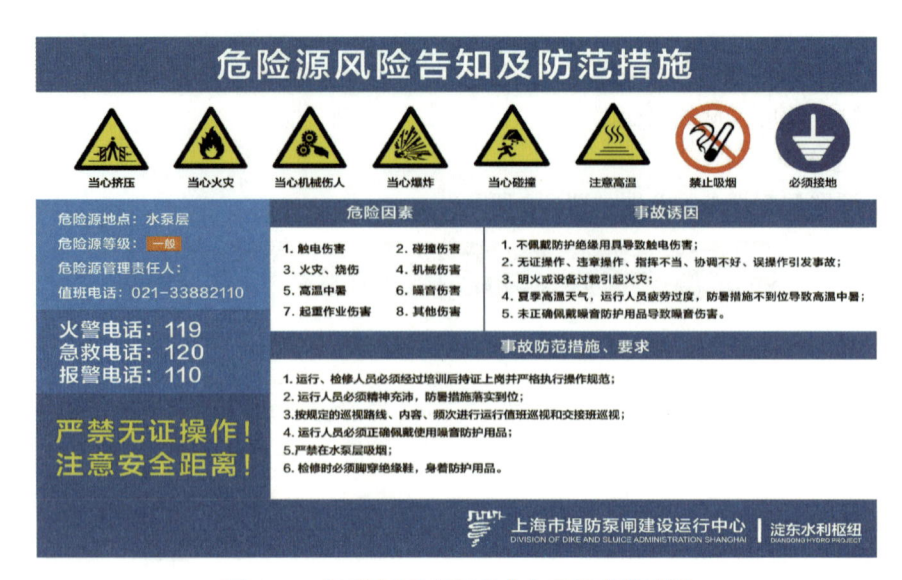

图 7.10　水泵层危险源风险告知及防范措施牌

4. 配电房危险源风险告知及防范措施牌

配电房危险源风险告知及防范措施牌如图 7.11 所示，该牌设置在配电房入口处。

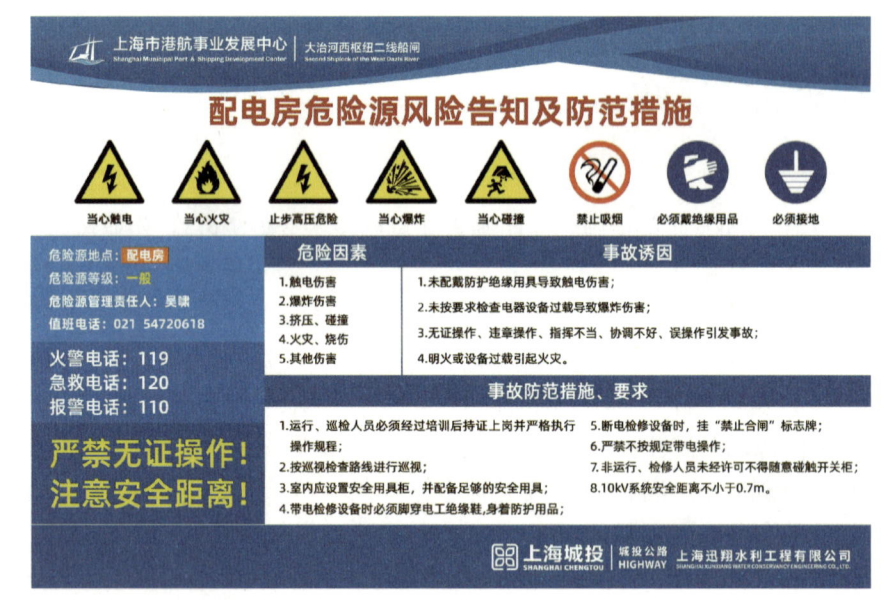

图 7.11　配电房危险源风险告知及防范措施牌

5. 船闸闸室危险源风险告知及防范措施牌

船闸闸室危险源风险告知及防范措施牌如图 7.12 所示，该牌设置在船闸闸室的适当位置，左右侧各设 1 块。该牌设置在室外，应采用防水性能较好的材料，可采用铝板 UV 印刷。

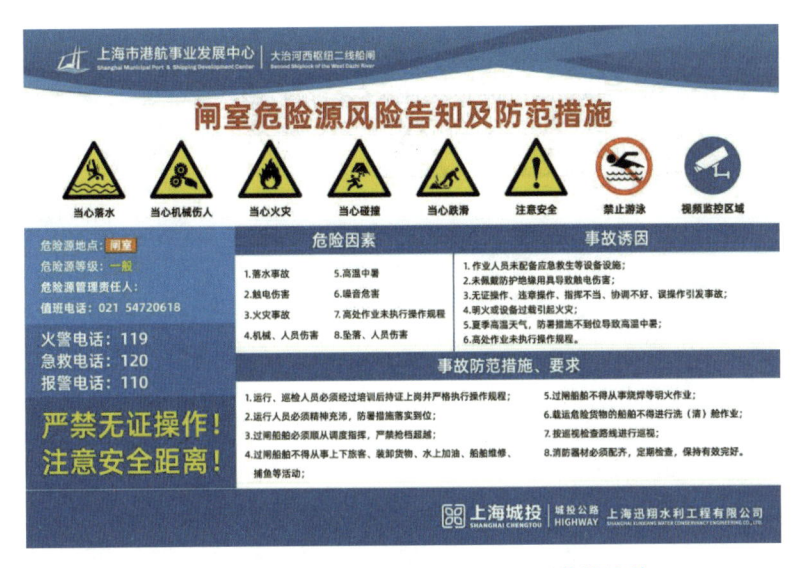

图 7.12　船闸闸室危险源风险告知及防范措施牌

6. 启闭机房危险源风险告知及防范措施牌

启闭机房危险源风险告知及防范措施牌如图 7.13 所示，该牌设置在启闭机房。

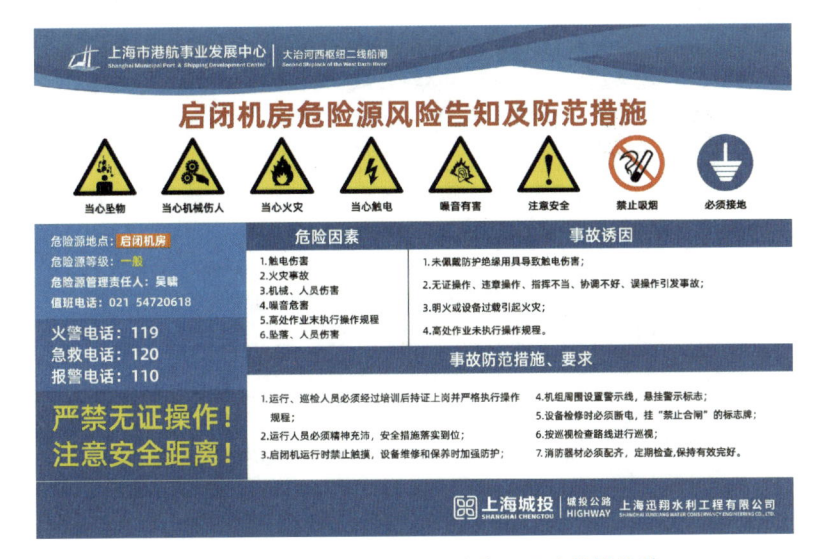

图 7.13　启闭机房危险源风险告知及防范措施牌

7. 防汛物资仓库危险源风险告知及防范措施牌

防汛物资仓库危险源风险告知及防范措施牌如图 7.14 所示，该牌设置在防汛物资仓库的入口处，当设置在室外时，应采用防水性能较好的材料，可采用铝板 UV 印刷。有触电危险的作业场所应使用绝缘材料。

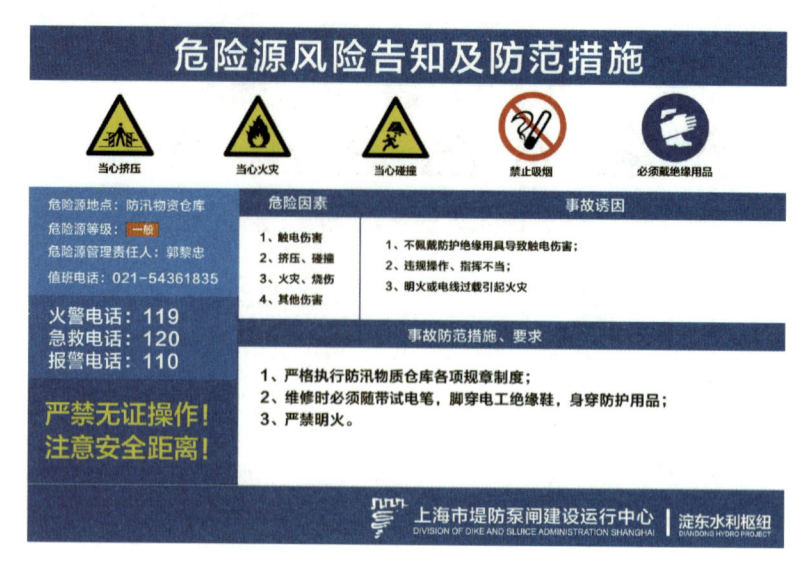

图 7.14　防汛物资仓库危险源风险告知及防范措施牌

8. 水泵检修口危险源告知及防范措施牌

水泵检修口危险源告知及防范措施牌如图 7.15 所示。

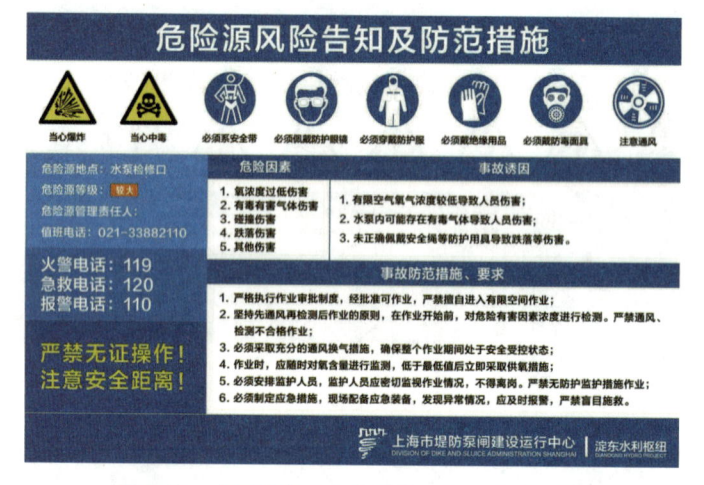

图 7.15　水泵检修口危险源告知及防范措施牌

7.10　泵闸工程运行突发故障应急处置看板

1. 目的

泵闸工程运行突发故障应急处置看板是告知运行维护及管理人员熟悉泵闸工程运行突发故障或事故的原因及处置的办法。

2. 标准

（1）看板参考规格为 900 mm×600 mm。

（2）看板材料为 KT 板、PVC 板或亚克力板，有触电危险的作业场所应使用绝缘材料。

3. 设置位置

泵闸工程运行突发故障应急处置看板设置在泵闸工程设施、设备对应运行或抢修场所的醒目位置。

4. 示意图

泵闸工程运行突发故障应急处置看板示意图如图7.16所示。

图 7.16　泵闸运行突发故障应急处置看板

7.11　泵闸工程上、下游组合式安全标牌

1. 目的

根据《泵站技术管理规程》(GB/T 30948—2021)、《水闸技术管理规程》(SL 75—2014)和《水利工程管理单位考核办法》要求，泵闸管理单位应加强对工程上、下游的管理和监督，通过在泵闸工程上、下游设置组合式安全标志，教育和引导管理人员、外来人员遵纪守法，确保工程安全运用。

2. 标准

(1) 泵闸工程上、下游安全标志包括禁止堆放、禁止触摸、禁止烟火、禁止吸烟、禁止靠近、禁止垂钓、禁止捕鱼、禁止游泳、禁止翻越、禁止攀登、禁止种植、禁止放牧、禁止挖掘、禁止围养、禁止倾倒等。同时要求设置不得在建筑物边缘及桥面逗留、不得在堤身及挡土墙后填土区上堆放超重物料标志。

(2) 标牌规格为 3 000 mm×2 000 mm。

(3) 标牌工艺为铝板上＋公安部指定反光标示贴(双面)。

（4）标牌材质为 4.0 mm 厚铝板（立柱为 114 镀锌圆管）。

3. 安装位置

泵闸工程上、下游组合式安全标牌安装在泵闸工程上、下游醒目位置。

4. 示意图

泵闸工程上、下游组合式安全标牌示意图如图 7.17 所示。

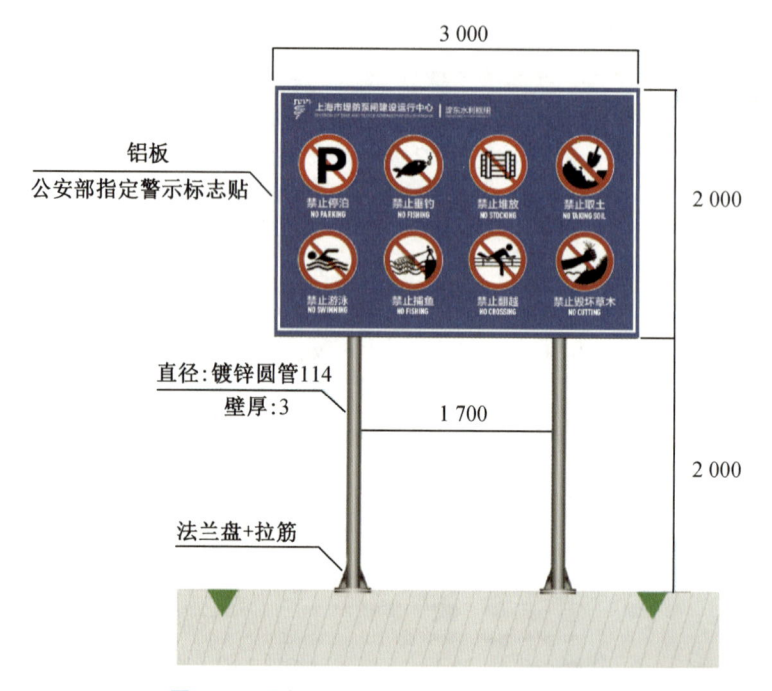

图 7.17　泵闸工程上、下游组合式安全标牌

7.12　临水栏杆组合式安全标牌

1. 目的

临水栏杆组合式安全标牌的设置目的是教育和引导管理人员、外来人员遵纪守法，确保工程安全运用。

2. 标准

（1）标牌规格为 600 mm×440 mm。

（2）标牌工艺为铝板上＋公安部指定反光标示贴。

（3）标牌材质为 2.0 mm 厚铝板。

3. 设置位置

临水栏杆组合式安全标牌设在临水栏杆上适当位置，固定设置。

4. 示意图

临水栏杆组合式安全标牌示意图如图 7.18 所示。

图 7.18　临水栏杆组合式安全标牌

7.13　设备接地标志

1. 目的

设备接地标志可使运行和管理人员熟悉接地的相关知识。

2. 标准

(1) 扁铁接地线标志应在全长度或区间段及每个连接部位表面附近,并涂以 15～100 mm 宽度相等的绿色和黄色相间的条纹标志。具体宽度可根据实际情况而定,推荐扁铁宽度与标志长度按 1∶4 的比例进行标示。

(2) 圆钢接地线标志按 1∶6 比例进行标示。

(3) 接地线连接螺栓处接地应符合规定要求。

(4) 接地刀闸垂直连杆上涂以黑色油漆。

(5) 在接地线引向建筑物的入口处和检修用临时接地点处,均应刷白色底漆并标以黑色记号。

(6) 接地设施应牢固可靠,接地电阻应满足运行标准要求。

3. 示意图

设备接地标志示意图如图 7.19 所示。

图 7.19　设备接地标志

7.14　绝缘垫及铺设标志

1. 目的

绝缘垫及铺设标志可使运行和管理人员熟悉绝缘垫的安全知识。

2. 标准

(1) 电压 110 kV 时选 12 mm 厚绝缘垫;电压 35 kV 时选 10～12 mm 厚绝缘垫;电压 10 kV 时选 8 mm 厚绝缘垫;电压 6 kV 时选 8 mm 厚绝缘垫;低压时选 5 mm 厚绝缘垫。

（2）绝缘垫材料为绝缘橡皮，纵深宽度为 1 m。

（3）绝缘垫颜色为红色、黑色或者绿色。

（4）铺设标志是在绝缘橡皮外围粘贴黄色或黑黄相间的胶带，黑黄比例为 1∶1，倾斜 45°角，黄色和黑色的宽度为 50 mm。

3. 铺设位置

绝缘垫及铺设标志铺设于开关柜正面和后面。

4. 示意图

绝缘垫及铺设标志示意图如图 7.20 所示。

图 7.20　绝缘垫及铺设标志

7.15　水泵进人孔安全警示标志

1. 目的

水泵进人孔安全警示标志是对水泵进人孔注意事项进行安全警示说明的标志。

2. 标准

（1）标志参考规格为 200 mm×300 mm。

（2）标志采用黄色作为底色，字体为黑体，加粗，黑色。

（3）标志材料为不干胶贴纸或反光膜。

3. 安装位置

标志安置在水泵检修进人孔盖板上。

4. 示意图

水泵进人孔安全警示标志示意图如图 7.21 所示。

图 7.21　水泵进人孔安全警示标志

7.16 配电室等设备间入口安全标志

1. 目的

配电室等设备间入口安全标志的设立目的是提醒运行和管理人员进入高、低压配电室等设备间进行巡视、操作等时需要注意的安全事项。

2. 标准

配电室等设备间入口安全标志应根据设备具体情况，选择警示或提示的标识和语句。

3. 安装位置

配电室等设备间入口安全标志安置在配电室等设备间门框外侧中上部。

4. 示意图

配电室等设备间入口安全标志示意图如图 7.22 所示。

图 7.22　配电室等设备间入口安全标志

7.17 职业健康目视项目

7.17.1 医药箱配置

（1）根据风险和危害的分析结果，医药箱应放置在距紧急情况易发地或方便到达的地方（一般不超过 50 m）处，及全封闭垃圾桶。

（2）医药箱放置点应用醒目标识，且方便取用。

7.17.2 公共救生设施及标志

1. 标准

（1）公共救生设施及标志应在泵闸工程上、下游或船闸上、下游、闸室左右侧适当位置布设。一般采用箱式或卡夹式公共救生设施。

（2）箱式救生设施自行制作，参考尺寸为 1 200 mm×800 mm，工艺为防腐木＋钢化玻璃。箱内放置救生圈等救生设施。

（3）卡夹式救生设施尺寸为 760 mm×700 mm×200 mm，材质为玻璃钢（保险销固定救生圈），仅放置救生圈。

2. 示意图

公共救生设施及标志示意图如图 7.23 和图 7.24 所示。

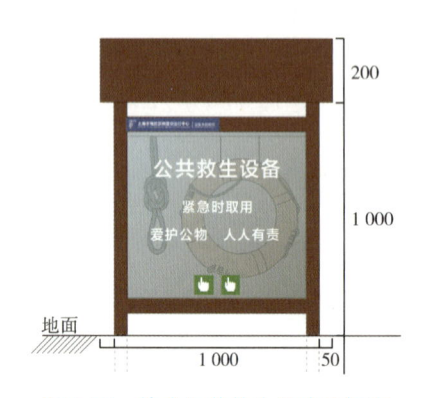

图 7.23　箱式公共救生设施及标志

图 7.24　卡夹式公共救生设施

7.17.3　脚部防护设施

1. 带钢头的安全鞋

在泵闸工程运行养护现场、仓库、维修区中人行道以外的区域，员工和外来人员应提供带钢芯的安全鞋。安全鞋应完全密封且使用无吸附材料制造，以提供充足的附着摩擦力。如果该区域可能会接触化学品和湿滑的地面，那也应配备带钢芯的安全鞋。

2. 绝缘鞋

绝缘鞋应配备给电气设备处理和有可能受到电能损害的员工和外来人员。

7.17.4　眼部和面部保护设施

1. 带侧面保护的安全防护眼镜

员工或外来人员有可能受到碎片或弹射出的物体伤害时，必须佩戴带侧面保护的安全防护眼镜。

2. 护目镜

员工或外来人员有可能受到喷溅或喷洒的液体、细微的碎片、粉尘、浓烟或雾气伤害到眼睛时，必须佩戴护目镜，这些危险因素包括但不限于：可能产生飞沫的清洁卫生环境、有害液体处理或带压液体、压缩空气、打磨、切割、钻孔和碾磨。

3. 防护面罩

员工或外来人员在砂轮作业时、使用便携式加工设备时，以及其他情况有可能伤害到面部或颈部时，需佩戴防护面罩。此外，当防护面罩无法提供有效地保护，有害物质或碎片有可能进入防护面罩时,必须同时佩戴安全防护眼镜或护目镜。

4. 防电弧面罩

员工或外来人员开展超过 600 V 的带电作业时,必须配备防电弧面罩。

7.17.5　手部防护设施

1. 防刺穿手套

员工或外来人员在人工处理玻璃瓶或碎玻璃以及带缺口的金属时,必须佩戴防刺穿手套。

2. 防化学品手套

员工或外来人员在处理腐蚀性物品或有可能被皮肤吸收的毒性物质时,必须佩戴防化学品手套。

3. 绝缘手套

员工或外来人员在开展任何超过 50 V 电压的带电现场作业时,必须佩戴绝缘手套。

7.17.6　头部防护设施

1. 发网帽

员工或外来人员的头发有可能被机器或设备绞带时,必须包扎其头发,戴好发网帽。

2. 安全帽

员工或外来人员有可能遭受高空坠落物品伤害,或有可能撞到物体与设备时,必须佩戴安全帽。安全帽上的永久性标志包括标准编号、制造厂名、生产日期、产品名称等。

7.17.7　听力防护设施

员工或外来人员进入到噪声质量等级高于或等于 85 dBA 的区域 15 min 以上,就必须佩戴听力保护用品;任何人进入到噪声质量等级高于或等于 95 dBA 的区域 15 min 以上,就必须同时佩戴耳塞和耳罩。

7.17.8　防护服及安全带配置

1. 泵闸运维企业劳保着装配置一般要求

泵闸运维企业内部人员应统一着装,劳保着装(防护服)应做到安全、适用、美观、大方,有利于人体正常生理要求和健康,适应作业时肢体活动,便于穿脱。防护服在作业中不易引起钩、挂、绞、碾,有利于防止粉尘、污物沾污身体。防护服针对其功能需要选用与之相适应的面料,便于洗涤和修补。同时,防护服颜色应与作业场所背景有区别,不得影响各种色、光信号的正确判断。凡需有安全标志的,标志颜色应醒目、牢固。

2. 防护服执行参考标准

防护服参考执行《个体防护装备配备规范》(DB32/T2345—2013)。

3. 反光背心配置

外来人员进入到作业区域、离开人行道并进入车辆撞伤风险较高的区域时,必须穿着显眼的衣服或背心,如图 7.25 所示。

4. 全背式安全带

高处作业工人预防坠落伤亡事故的个人防护用品,由带子、绳子和金属配件组成,如图 7.26 所示。

图 7.25　反光背心

图 7.26　全背式安全带

7.17.9　职业危害告知卡

1. 目的

职业危害告知卡是设置在作业岗位具有职业危害的醒目位置上的一种警示,以简洁的图形和文字,将作业岗位上所接触到的有毒物品的危害性告知劳动者,并提醒劳动者采取相应的预防和处理措施。

2. 标准

(1) 职业危害告知卡包括有毒物品的通用提示栏、有毒物品名称、健康危害、警告标识、指令标识、应急处理和理化特性及联系电话等内容。

(2) 泵闸工程运行养护现场涉及有噪声、工频磁场、高温、振动、硫化氢中毒、一氧化氮中毒、六氟化硫中毒、电焊烟尘、水泥粉尘、油漆苯中毒等职业危害的作业场所应设置职业危害告知卡。

(3) 告知卡规格为 800 mm×600 mm 或 600 mm×400 mm。

(4) 告知卡材料为 KT 板、PVC 板或亚克力板,有触电危险的作业场所应使用绝缘材料。

3. 设置位置

职业危害告知卡宜设置在作业场所入口处或作业场所的显著位置。

4. 示意图

职业危害告知卡示意图如图 7.27 和图 7.28 所示。

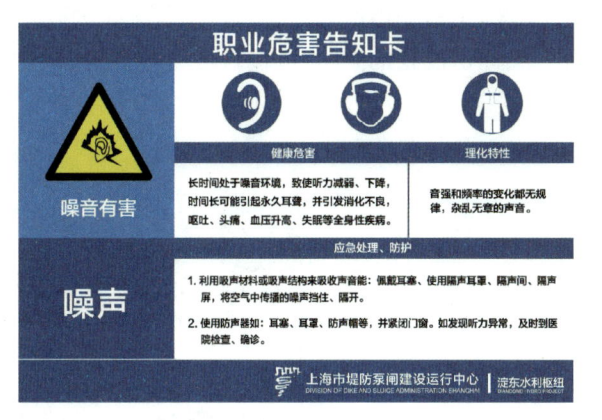

图 7.27　噪声职业危害告知卡

图 7.28　工频电场职业危害告知卡

7.17.10　垃圾分类目视化

1. 目的

依据上海市生活垃圾分类处置具体的政策法规，垃圾需按可回收物、有害垃圾、湿垃圾和干垃圾进行分类，并合理定置垃圾箱，统一处理。

2. 标准

（1）收集固体废物的废物箱、垃圾箱等应根据废物分类实施分类标识。干垃圾（黑色桶）、湿垃圾（褐色桶）、可回收物（蓝色桶）、有害垃圾（红色桶）。

（2）生活垃圾按照以下标准分类：

① 可回收物，是指废纸张、废塑料、废玻璃制品、废金属、废织物等适宜回收、可循环利用的生活废弃物；

② 有害垃圾，是指废电池、废灯管、废药品、废油漆及其容器等对人体健康或者自然环境造成直接或者潜在危害的废弃物；

③ 湿垃圾，即易腐垃圾，是指食材废料、剩菜剩饭、过期食品、瓜皮果核、花卉绿植、中药药渣等易腐的生物质生活废弃物；

④ 干垃圾,即其他垃圾,是指除可回收物、有害垃圾、湿垃圾以外的其他生活废弃物。

(3) 垃圾箱、垃圾分类标识设置的同时,应进行垃圾分类知识宣传。

3. 示意图

垃圾分类示意图如图 7.29 和图 7.30 所示。

图 7.29　垃圾分类知识宣传　　　　图 7.30　垃圾分类标识

7.17.11　紧急救护宣传看板、紧急联系电话看板和救护箱

(1) 在泵闸工程运维现场醒目位置设置紧急救护宣传看板,当发生人身伤害事故时,提醒抢救人员进线正确救助,如图 7.31 所示。

图 7.31　紧急救护宣传看板

(2) 在泵闸工程运维现场醒目位置及控制室设置紧急联系电话看板,便于在紧急情况下拨打电话。将泵闸工程所在地区的派出所(公安局)、医院、消防队的联络电话以及公司相关部门、责任人的电话进行明示。

(3) 在控制室等重要场所设置紧急救护箱,方便进行紧急救护。

7.18 安全围栏

1. 目的

安全围栏设置在有危险因素的生产经营场所和有关设施、设备处,能够及时提醒相关人员注意危险,防止相关人员发生事故。

2. 标准

(1) 用于相对固定的标准危险养护或施工作业区、安全通道、设备保护、危险场所等区域的划分和警戒。

(2) 采用围栏组件与立杆的组装方式,钢管油漆涂刷、间隔均匀、尺寸规范。

(3) 安全围栏应与警告标志配合使用,立于水平面上,平稳可靠;带电设备的安全围栏应与带电设备保持安全距离,并可靠接地。

(4) 当安全围栏出现构件焊缝开裂、破损、明显变形、严重锈蚀、油漆脱落等现象时,应经修整后方可使用。

(5) 安全围栏应与警告、提示标志配合使用,固定方式根据现场实际情况采用,应稳定可靠。

(6) 围栏颜色为黄色、黑黄斑马色、红白相间色。

(7) 围栏高度为禁止进入的安全围栏应在 1 200 mm 以上;防止坠落的扶手类围栏应在 1 100 mm 以上;区域划分围栏应在 1 000 mm 以上。

(8) 泵闸工程运维现场保持适当数量的带式伸缩围栏,避免占用大量空间。

3. 示意图

安全围栏示意图如图 7.32、图 7.33 和图 7.34 所示。

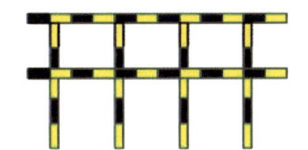

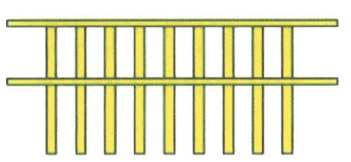

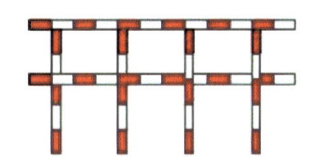

图 7.32 安全围栏色彩示意图

图 7.33 带式伸缩围栏示意图   图 7.34 安全拉杆(带)

7.19　消防平面布置及逃生线路图

1. 消防平面图中应标示的消防设施设备内容
（1）消防水管的走向。
（2）消防栓的位置和编号。
（3）灭火器的位置和编号。
（4）应急灯、方向指示灯、安全出口灯的位置和编号。
（5）紧急广播的位置。
（6）手动报警按钮、水泵启动按钮位置。
（7）烟感、温感、自动喷淋头位置。
（8）警铃、声光报警装置的位置。
2. 大型泵闸工程及管理区消防平面总图中还应包括的内容
（1）保留的地形和地物。
（2）测量坐标网、坐标值、场地范围的测量坐标（或定位尺寸）、道路红线、建筑控制线、用地红线。
（3）场地四邻原有及规划的道路、绿化带等的位置（主要坐标或定位尺寸）和主要建筑物及构筑物的位置、名称、层数、间距。
（4）建筑物、构筑物的位置（隐蔽工程用虚线）与各类控制线的距离，其中主要建筑物、构筑物应标注坐标。
（5）定位尺寸与相邻建筑物之间的距离及建筑物总尺寸、名称（或编号）、层数。
（6）道路、广场的主要坐标（或定位尺寸），停车场及停车位、消防车道及高层建筑消防扑救场地的布置，必要时加绘交通流线示意。
（7）绿化、景观及休闲设施的布置示意，并表示出护坡、挡土墙、排水沟等。
（8）指北针或风玫瑰图。
（9）说明栏内注写尺寸单位、比例、地形图的测绘单位、日期、坐标及高程系统名称，补充图例及其他必要的说明等。
（10）如是消防水系统，要把供水系统设备（水箱、水泵、稳压装置、水泵结合器）、所有管道、控制阀门、消火栓、喷淋头、信号装置、流量检测、报警阀组等所有消防组件的位置布置、标高标注、规格型号等凡是在平面图上所能反映的均应画出并表达清楚。
3. 消防平面分布图兼做逃生线路图时应增加的内容
（1）标明每个空间名称，标注房门、窗户、阳台、楼梯等出口和逃生通道。
（2）如果是楼层建筑，标出出门后疏散楼梯的方向。
（3）每个房间画出 2 条逃生线路。
（4）重点标注火灾发生时需要帮助的人员所在的具体位置及逃生方向。
4. 其他要求
（1）消防平面布置及逃生线路图的规格应根据现场实际情况而定，也可由项目部统一选定，通常在 A3 纸大小以上。

（2）消防平面布置及逃生线路图的材质为透明亚克力＋背胶或者 PVC 材料，使用铝合金边框，有触电危险的作业场所应使用绝缘材料。

（3）消防平面分布图及逃生线路图中所有标识均应符合消防安全标志设置要求（GB 15630—2015）。

5. 安装位置

消防平面布置及逃生线路图应设置在每个区域安全出口附近容易看到的位置。

6. 示意图

消防平面布置及逃生线路图示意图如图 7.35 所示。

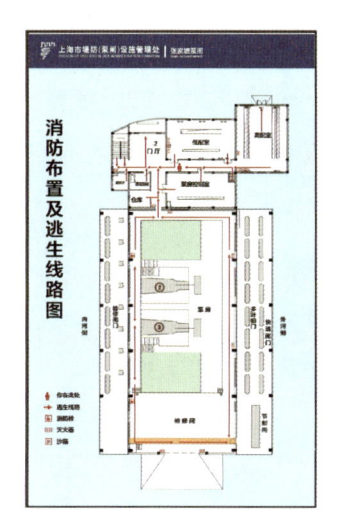

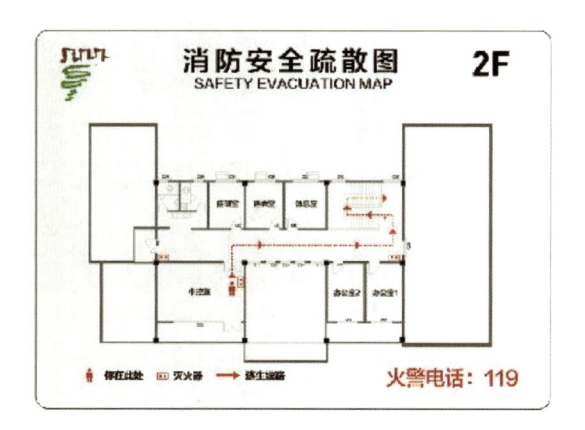

图 7.35　消防平面布置及逃生线路图

7.20　作业安全提示牌（看板）

1. 目的

作业安全提示牌（看板）的设置是为了规范员工操作行为，提示注意事项。

2. 标准

（1）配电室内应设置运行流程看板，参见 5.25 节。

（2）设备旁应设置巡检指导书看板，参见 4.6 节。

（3）工器具、防护用品存放处应设置使用方法提示牌。

（4）高处作业、水上作业、有效空间等作业地点应设置操作流程看板、作业安全注意事项等看板。

（5）作业安全提示牌（看板）规格和材料应根据现场情况自定，但有触电危险的作业场所应使用绝缘材料。

3. 示意图

作业安全提示牌（看板）示意图如图 7.36 所示。

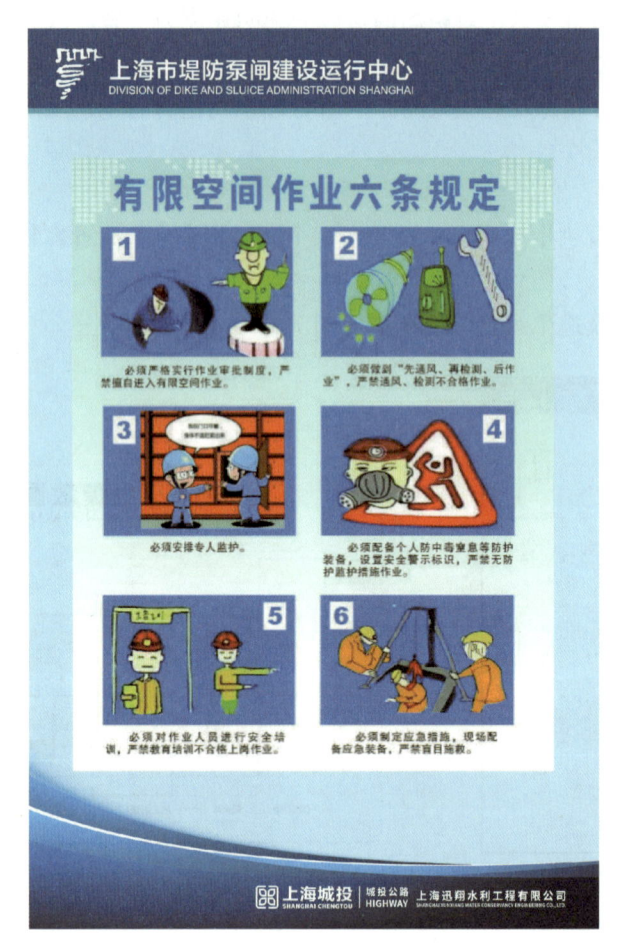

图 7.36　作业安全提示牌(看板)

7.21　电梯安全标识

1. 目的

在电梯门口悬挂或粘贴安全提示牌、警示牌的目的是防止发生人身事故。

2. 标准

(1) 应设置"楼层指示""电梯安全使用须知"以及"严禁超载""防止坠落""严禁拍打""请勿在厅门处停留""火警时请勿乘坐电梯"等警示牌。

(2) 电梯轿厢内应粘贴专业部门的检验合格证(或特种设备使用标志)。

(3) 电梯内应设有通风装置、超限报警装置、照明装置、救援电话、紧急呼救按钮等。

3. 示意图

电梯安全标识示意图如图 7.37 和图 7.38 所示。

图 7.37 电梯安全提示牌

图 7.38 特种设备(电梯)使用标志

7.22 应急响应联系名单

1. 目的

应急响应联系名单能够明示泵闸应急响应与内部相关部门、外部相关单位的联系人，有利于在出现紧急情况时，迅速反应，为应急救援创造条件。

2. 标准

应急响应联系名单按生产安全应急救援预案、防汛防台专项预案、现场突发事件应急处置方案要求执行。

3. 设置位置

应急响应联系名单应设置在项目部办公室、中控室墙面醒目位置。

4. 示例

应急响应联系名单如表 7-14 所示。

表 7-14 ××泵闸应急响应通讯录(外部)

单位或部门	电 话	联系人	单位或部门	电 话	联系人
上级单位			泵闸运行养护单位		
区水务管理部门及地方政府管理部门			泵闸抢险单位		
××区防汛管理服务中心					
××区水务管理中心					

247

续表

××区××派出所				
××供电分公司				
其 他					
火 警	119		水位预报	(021)×××× ××××
报 警	110		天气预报	12121
救 护	120			

第 8 章

泵闸工程目视精细化项目的探索与创新

目视精细化管理在水利行业起步较晚，有些同行做过研究，但系统研究、探索还不够，特别是在如何将传统的泵闸工程标牌标识的制作安装与新型材料的有机结合方面、在单位文化目视化方面、在泵闸运维与城市景观及城市家具的结合方面、在泵闸工程运维风险控制与目视化的结合方面、在智慧泵闸与目视精细化管理的结合方面，还需要进一步探索。

8.1 泵闸管理单位和运维单位文化目视化的探索

8.1.1 单位文化目视化目的

文化目视化可通过文化墙、宣传看板、多媒体等形式将泵闸工程管理单位、运行养护公司及其项目部发展历程进行展示，体现单位文化内涵、单位形象、员工风采等内容，展现精神风貌，展示对外窗口形象。同时也可以给予员工直观的视觉效果，激励、鼓舞员工向更高层次发展，最大限度地把单位文化在一张小小的板报或屏幕上体现出来。单位文化目视化能够进一步完善可持续发展思路，丰富泵闸工程文化内涵，提升泵闸工程的文化展示功能和建设品位，加强对水利遗产的保护和既有工程的利用，有利于对全社会开展水文化的教育、传播工作。

8.1.2 上海泵闸工程管理单位和运维单位文化内涵

泵闸工程管理单位、运行养护公司及其项目部涉及的文化内涵应包括：
（1）精神文化类，包括党建文化、法制文化、精神文明、政治文明、标杆文化、群团活动等。
（2）制度文化类，包括建设规划、工程效益、规范标准、精细管理、科技创新、生态文明、人水和谐、发展愿景等。
（3）行为文化类，包括树立文化水利意识、形象水利意识、民生水利意识、丰碑水利意识、水工程建设文化意识、行为规范、工程设计文化、工程细节文化、工程管理人员素质文化、工程建设和管理监督文化、工程安全文化、廉政文化等。
（4）历史文化类，包括治水文脉、沧桑灾情、水工遗存、治水名贤、神话传说、诗词歌赋、书法绘画、发展历程、领导关怀、友好往来、荣誉品牌等。
（5）地域文化类，包括泵闸工程管理中涉及的江南文化、吴越文化、海派文化、海洋文化、海塘文化中的部分水利遗产、工业遗产、文化遗产、名胜古迹、人文掌故、地域风情等。

8.1.3 泵闸工程管理单位和运维单位文化目视化的主要内容

（1）泵闸工程管理单位及运维企业简介。
（2）单位文化价值体系内涵，包括：
① 单位使命；
② 现代化愿景；
③ 管理现代化目标；
④ 管理现代化体系；
⑤ 单位文化内涵；
⑥ 单位精神。
（3）上海市水利行业岗位规范。
（4）加强中国特色社会主义、中国梦、社会主义核心价值观宣传教育，引导员工做到守水有责，守水尽责。
（5）贯彻习近平总书记"节水优先、空间均衡、系统治理、两手发力"新时期治水方针。
（6）弘扬"忠诚、干净、担当、科学、求实、创新"的新时代水利行业精神。
（7）坚持依法治水的法治文化观念。
（8）彰显党建文化、廉政文化。通过党建文化展示，教育引导党员重温峥嵘岁月，传承优良传统，不忘初心，牢记使命，推动单位党建和党风廉政建设工作，如图8.1和图8.2所示。

图 8.1　党建文化宣传展板

图 8.2　廉政文化宣传展板

(9) 引进先进管理理念、模式和方法。

(10) 泵闸工程运维服务承诺,如图 8.3 所示。

图 8.3　泵闸工程运维服务承诺

(11) 单位及运行养护项目部团队活动风采展示(图 8.4),包括:

① 文化书屋、文化沙龙、知识竞赛或答题、征文、演讲比赛内容;
② 道德讲堂、专题讲座、主题宣誓内容;
③ 结对帮扶、联学联建、师徒带教等互助活动内容;
④ 夏送清凉、节日慰问等关爱活动内容;
⑤ 义务奉献、拓展训练、公益骑行、志愿者服务内容;
⑥ 文学、戏剧、音乐、美术、书法、摄影、舞蹈等创作内容。

图 8.4　泵闸工程运维图片展示

(12) 项目部内部近期计划和目标。

(13) 项目部内部公告栏(张贴公司的最新通知及各种最新规定)。

(14) 员工成长树(由项目部确定入选人员标准并提供素材,能够最直观地体现员工风采,同时能够激励其他部门同事)。

(15) 交流天地(对泵闸工程管理有何意见或建议、问题,可以用公开信的方式在此板块提出)。

(16) 员工信息互动栏(例如张贴员工生日可由同事自由写上祝福话语)。

(17) 历史水文化的展示,例如传承历代名贤兴利除害、依靠民众、承前启后、人水和谐、技术创新的治水理念。

8.1.4　单位文化目视化表现形式

单位文化目视化表现形式多种多样，应注重以泵闸工程所处的地域历史为背景，以水工程为依托，打造景观以为支撑，以文化底蕴为灵魂的美学创新，力求做到发展思路清晰、管理模式优化、设计理念新颖、作风行为高尚，形成具有自身特色的水文化目视风格，如图8.5所示。

图 8.5　室外文化墙（展板）示意图

单位应充分调动各种文化载体表现水工程文化，可利用诗文、绘画、音乐、雕塑、碑刻、楹联、曲廊、标识、小溪、曲桥、石碑、立体雕塑、仿古建筑、亭阁、展厅、江水汇流纪念地标、观景高塔、浮雕墙等为表现形式，以古朴、自然和野趣为格调，传承传播悠久、灿烂的历史水文化。

单位也可以多媒体展示等方式构成不同的单体，疏密相间，错落有致。抓住本质，紧扣主题，创新方式方法，开展水文化创作、宣传、展示。可利用水日、水周，围绕"水的特性""水与生命""水的利用""水资源保护""水文化"等主题，以多媒体信息技术为载体，整合室内外动手操作实践类平台，以丰富的形式与内容，为学生和民众提供真切、生动的"识水""护水""亲水""爱水"的体验旅程；可通过3D立体成像全景互动、微信小程序、全程纪实、视频点播、影视动漫、水利微视频等信息化手段展示管理文化；利用VR、AR技术，建立网上虚拟水文化展馆。

8.1.5　宣传栏设置指引

1. 标准

（1）宣传栏参考尺寸为4 000 mm×1 850 mm，也可自定。

（2）宣传栏材料多种多样，常用的有：

① 主体材料，如镀锌板、不锈钢材、铝合金材质；

② 视窗材料，如钢化玻璃、耐力板；

③ 顶棚材质，如镀锌板、不锈钢、阳光板；

④ 柱子材质，如钢管、木材；

⑤ 产品工艺，如烤漆喷塑；

⑥ 内部配置，如LED光源、漏保、太阳能板、滚动系统等。

（3）宣传栏内容应包括单位名称、标志、管理文化特色。

2. 设置位置

宣传栏可安装在门头入口或泵房外显要位置。

3. 示意图（推荐）

宣传栏示意图如图 8.6 所示。

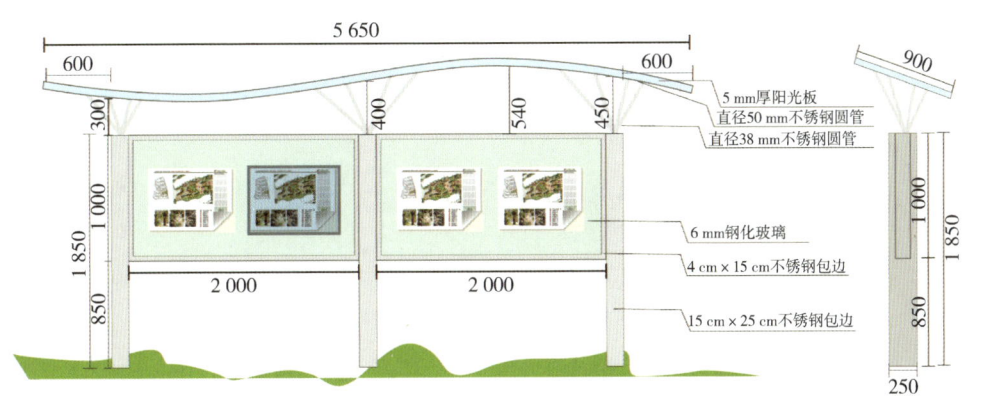

图 8.6　泵闸工程宣传栏

8.1.6　文化墙制作指引

1. 材料

文化墙底板可采用 KD 板和玻璃板，既美观大方同时又方便更换。

2. 文化墙（展板）规格

（1）方案一为双层玻璃展板。双层 5 mm 厚钢化玻璃中间夹画面，用 4 个广告钉固定。特点为外观形式美观大方，方便更换中间的画面。

（2）方案二为单层钢化玻璃覆 KD 板。单层 5 mm 厚钢化玻璃板覆 KD 板，用 4 个广告钉固定。特点为相对双层钢化玻璃，成本造价低一些，如需更换画面内容，只需重新喷绘后面的 KD 板即可。

（3）方案三为单层钢化玻璃覆高光纸画面。特点为造价低，方便更换。

（4）方案四为在现有泵闸门厅或其他醒目的墙面，委托专业设计部门进行文化墙设计制作。

3. 文化墙展板主题可以定期更新。

4. 示意图

文化墙示意图如图 8.7 所示。

图 8.7　文化墙

8.1.7 安全标语设置

1. 目的

安全标语设置的目的是将安全方针、安全理念、安全标语、安全要求等现场安全文化宣传内容进行策划，编制成标牌、看板、动漫、视频或漫画等在现场进行播放或展示，力求取得宣传效果。

2. 泵闸工程现场常用安全标语

（1）安全生产，人人有责。

（2）麻痹酿出悔恨泪水，谨慎筑起安全长城。

（3）千忙万忙，安全莫忘。

（4）事故在瞬间发生，安全从点滴做起。

（5）安全来自严谨，事故出于松散。

（6）安全生产全家福，出了事故全家苦。

（7）生命与安全一线牵，安全与幸福两相连。

（8）预防，关键是防；防字当头，祸不临头。

（9）谨慎小心是安全的保险带，麻痹大意是事故的导火索。

（10）抓安全坚定不移，管安全理直气壮。

（11）宁为安全操碎心，不让事故祸害人。

（12）严为安全之本，松为事故之源。

（13）落实安全责任，强化安全管理，实现安全生产。

（14）珍惜生命，勿忘安全。

（15）安全在于警惕，事故生于麻痹。

（16）安全责任，重于泰山。

（17）安全思想不牢靠，事后难买后悔药。

（18）落实安全规章制度，强化安全防范措施。

（19）安全警钟长鸣，幸福伴君同行。

3. 示意图

安全标语示意图如图 8.8 所示。

图 8.8 安全标语

8.1.8 安全知识教育展板设置

1. 目的

安全知识教育展板设置时需对事故案例、安全知识、安全技能等进行系统规划,编制成漫画、Flash,分别通过换画灯箱、LED 显示屏进行播放或展示。在管理区入口、泵房门厅入口、道路旁、安全教育室内、食堂内、生活区配置换画灯箱、LED 显示屏,将安全教育知识动态播放,随处可见,潜移默化地提高员工安全素质。

2. 示意图

安全知识教育展板示意图如图 8.9 所示。

图 8.9　安全知识教育展板

8.1.9 行为安全引导宣传

1. 目的

单位可将泵闸工程现场作业要求、事故应急流程与措施等设计成风格幽默、内容明确的漫画,并制作成牌板布置在作业现场,引导员工规范其安全行为;在泵闸工程厂房入口等地方设置形象镜,并配以劳保穿戴提示漫画牌,提示员工正确穿戴劳保用品。

2. 示意图

行为安全引导宣传牌示意图如图 8.10 所示。

图 8.10　行为安全引导宣传牌

8.1.10 泵闸工程管理区夜景设置指引

泵闸工程管理区夜景是目视管理的一项新的内容,其夜景照明应兼顾公共利益与私人利益,需要予以引导,需遵循以下指引。

1. 禁止性要求

(1) 禁止使用与交通、航运等标识信号灯易造成视觉上混淆的景观照明设施。
(2) 禁止设置容易对机动车、非机动车驾驶员和行人产生眩光干扰的景观照明设施。
(3) 禁止设置直接照射向居住建筑窗户方向的投光、激光等景观照明设施。
(4) 禁止使用严重影响植物生长的景观照明设施。
(5) 禁止使用高能耗探照灯等景观照明设施(经批准的临时性重大节庆活动除外)。
(6) 禁止在市、区人民政府确定的禁设区域或载体上设置照明设施。
(7) 禁止在人员集中区域明敷照明管线。

2. 控制性要求

(1) 景观照明光色应与所在泵闸工程区域的环境相协调,严格控制彩光的使用。
(2) 景观照明设施应隐蔽,或表面色彩与所处建筑立面颜色统一;外露灯具外观应符合建筑风格。
(3) 景观照明可采用多种亮灯模式,泵闸工程主体工程可采用常态、节假日及深夜3种照明模式。
(4) 积极推进智慧照明,通过通信技术,实现人、空间、照明设备之间的互联,满足资源优化分配和丰富夜景体验。

图 8.1 所示为夜航中的大治河二线船闸。

图 8.11 夜航中的大治河二线船闸

3. 一般性要求

(1) 步道。照明应为行人提供安全与舒适的夜景灯光环境,步道照明应注意对路线的引导,要有一定连续性,一般采用草坪灯。
(2) 景观。泵闸工程上、下游岸边设置景观照明,使景物倒映在水中,丰富水面夜景效果。

(3) 绿地。滨水绿地夜景照明应根据滨水区域的不同功能定位,应保证游人在此区域活动的安全。

(4) 设施。对岸边座椅等设施应配置照明功能。

(5) 建筑物。对泵闸工程建筑物立面进行适当照明,形成天际轮廓,但应注意各建筑之间光色选择的协调。

(6) 工作桥、交通桥。桥上除了保证桥梁的功能性照明外,还可根据桥梁自身的结构形式及所处位置,通过恰当的光照美化夜景。

8.1.11　泵闸工程管理区"城市家具"设置指引

1. 概念

"城市家具"一词源于欧美等经济发达国家,它是英文"Street Furniture"的中文解释。城市家具是从街道家具发展而来的称呼,它泛指遍布城市街道中的诸多城市公共环境设施,是指一切在城市中的视觉物质形态,一般是对街道空间所有设施的统称。包含建筑和设施两个概念,也就是说包括一部分小的城市建筑设施和公共设施,主要泛指交通、安全、商业、咨询、休憩和环保等方面,如候车亭、招牌、路灯、垃圾桶、小的雕塑等,是城市环境和城市景观的重要组成部分。城市家具是指依附于城市空间展现现代城市风貌和为城市提供公共服务的公用设施、装置。之所以称之为"城市家具",是因为它准确地诠释了人们渴望把城市变得像家一样和谐、整洁、舒适和美丽的美好期盼。这种环境特质是泵闸工程管理区开放式空间和景观组织中不可缺少的元素,是体现城市景观特色与文化内涵的重要部分。

2. 目的

(1) 城市家具设计以人们的安全、健康、舒适、效率的生活基准为目标,表达出强烈的时代精神和文化气息,以及现代设施的综合、整体、有机的创新观念。

(2) 城市家具设计代表了城市空间的形象,反映了一个城市特有的景观面貌、人文风采;表现了城市的气质和风格,显示出城市的经济状况,是社会发展和民族文明的象征。随着社会的发展、生活方式的改变、思维方式的活跃、交往方式的改变提高,现代人在期望现代物质文明的同时也渴望精神文明的滋润。城市家具在高度文明的社会环境创造中,发挥着极其重要的作用。

(3) 城市家具设计不仅给人们带来舒适、方便的生活,也是城市风貌的高度概括,给人们留下的是深刻印象和诗般的回忆。

3. 泵闸工程管理区城市家具主要内容

(1) 泵闸工程管理区公共休闲服务设施。为满足人们休息、健身、娱乐等要求而设置的城市家具,主要包括休息座椅、健身娱乐设施、公共饮水器、照明灯具等。

(2) 泵闸工程管理区交通消防等服务设施。主要用于交通指示、组织的设施,包括路灯、交通指示灯、交通指示牌、路标、停车诱导指示牌、人行天桥、候车亭、路障、自行车停放设施、电动汽车充电设备、无障碍设施、绿化防护栏、室外消火栓、安全护栏、检查井盖等。

(3) 公共卫生服务设施。主要包括垃圾桶和公共厕所。

(4) 信息服务设施。为满足人们城市公共空间和环境的认知,引导人们快速到达目的地而设置,主要包括户外广告、信息张贴栏、布告栏、导向牌、智能电子信息牌等。

（5）空间设施。增添艺术气息,美化和丰富在城市公共空间环境的设施,包括花坛、花箱、雕塑、喷泉、叠水瀑布、地面艺术铺装、路缘石、装饰照明、景观小品等。

4. 泵闸工程管理区城市家具的配置原则

城市家具的配置应该具有生态性、经济性与文化艺术性。从本质上讲,城市家具追求的是人与自然的和谐,使现代城市家具的形式和风格趋于生活化、环境化的同时,更具亲和力,应遵循以下原则：

（1）人性化原则。人是城市户外环境的主体,环境设施都是为人服务的。因此城市家具的规划与设计要体现对人的关怀,关注人在其中的生理需求和心理感受,以人为基本出发点,研究人的需求,探索各种潜在的愿望,提出人在城市户外生活中存在的各种问题。应符合人体工程学和行为科学,细部设计要符合人体尺度的要求,且布置的位置、方式、数量应考虑人们的行为心理需求特点,并在解决这些问题时通过户外家具本身,使人的各个器官能得到延伸,使人们活动起来更方便、更舒适,从而提高人们整体的户外生活品质。

（2）整体化原则。城市家具不应只满足单一的使用功能,而是同时将几种使用功能融于一体,这样不仅能够有效地实施城市家具的功能,降低建设成本,发挥设计的综合效益,还可以增强美感,塑造完美的城市公共空间。城市家具的配置要从整体的观念出发,结合城市家具不同的使用功能,确定其在不同环境中的造型、色彩、材料和尺度,使这些设计要素与城市公共空间环境相协调。在整体环境观念下的城市公共空间中的城市家具经系统化处理,将对城市公共空间的性质加以诠释,对景观环境意象加以突出刻画,使得环境景观具有明显的可识别性,整体环境更加统一。在景观环境有关元素组合的整体结构下,可以结合环境氛围的不同要求,利用其形式、色彩和质地等设计要素进行特别的处理和安排,使局部的景观环境具有明显的可识别性,成为显眼的定向参照物——城市景观环境的"记忆",为整体景观注入新的生机,使之具有特征和个性。城市家具与室外空间环境合于一体,相辅相成,表达出其设计的深思熟虑和严格且完整的整体环境意象。同时城市家具效应作用的提升,将使室外空间环境更具有宜人、简洁和内涵丰富的特征。

（3）生态化原则。城市家具配置的生态化原则主要是指在其原材料获取、生产、运销、使用和处置等整个生命周期中密切考虑到生态、人类健康以及安全问题。具体而言,就是应该考虑选择对环境影响小的原材料,减少原材料的使用,优化加工制造技术,减少使用阶段对环境的影响。城市环境景观设计也应该跟上时代发展的趋势,并通过艺术创作和处理使作品的外观呈现材质特有的自然性和生态性。城市家具设计应提倡环保、生态、节能、自然。比如设置分类垃圾箱,便于垃圾分类收集与资源回收利用。垃圾箱可以设计得非常环保,外形绿色,选材经济,设计精美,安装简单。城市家具设计还可以在环境保护和表现自然的主题上进行专门的创作与研究,使城市家具成为宣传生态、节能的形象大使,时刻提醒人们增强环保意识。

（4）地域化原则。城市家具的设计应该充分尊重场所的内在精神,一方面为人们创造理想的户外生活空间,另一方面更应该体现出整个城市的风格特色,向使用者有效地传递环境信息。城市家具设计要与城市的风貌一脉相承,要与地域文化相吻合,与城市公共空间中的建筑形式、色彩、空间尺度和人们的生活方式产生共鸣。因此城市家具在设计时，必须尊重地域特点，尊重城市传统文化内涵，将文化性渗透到公共家具中，提升城市公共空间品质、提高城市文化内涵、延伸文脉和场所感；将历史感渗透到公共家具中，将使城市景观不丧失历史气韵，并继续发展。

城市家具的设计元素可以从城市中传统的样式、地方风格、材料特征和城市色彩等具有很高艺术价值的城市"原型"中去发掘，使城市景观环境发展的连续性内在结构和本质秩序得到维护与完善，赋予城市景观环境新的生命，使其本身成为传递地域特征意象，反映对传统文化的价值取向，吸纳新文化的精神和能力的载体。

图8.12所示为淀东水利枢纽建筑小品。

8.12 淀东水利枢纽建筑小品

8.2 泵闸工程精细化管理手册编制与宣传的探索

1. 泵闸工程精细化管理手册编制项目

为推行泵闸目视精细化管理，泵闸工程管理和运维单位必须编制精细化管理手册。编制的依据是相关法律、法规、技术标准，相关设计文件、设备类型与型号、设备说明书，相关调度运用方案、缺陷管理等技术性文件要求，同时应符合《标准化工作导则第1部分：标准化文件的结构和起草规则》(GB/T 1.1—2020)的要求。

泵闸工程精细化管理手册主要包括泵闸工程技术管理细则、安全管理细则、规章制度汇编、应急预案汇编、操作规程汇编、调度方案、操作手册、员工守则、作业指导书、文化手册等。以淀东泵闸运行养护项目部为例，泵闸工程精细化管理手册一览表见表8-1。

表8-1 淀东泵闸工程运行养护项目部精细化管理手册一览表

序号	名称	主要内容	备注
1	泵闸工程技术管理细则	1.总则。 2.工程概况,包括工程基本情况、水工建筑物、泵站主机组、电气工程、辅助设备与金属结构等。 3.调度管理,包括一般规定、泵站调度管理、节制闸调度管理、操作指令执行流程图等。 4.运行管理,包括泵站设备运行、节制闸设备运行。 5.工程检查与评级,包括工程检查一般规定、泵闸工程检查、泵站设施设备评级、节制闸设备评级等。 6.工程观测,包括一般规定、观测目的和基本要求、观测任务、观测资料收集整编分析。 7.维修养护,包括一般规定、水工建筑物维修养护、机电设备维修养护、其他设施维修养护、维修养护项目管理。 8.安全管理,包括一般规定、管理组织网络、管理制度和教育培训、安全检查、隐患排查治理和重大危险源监控、设施设备安全和运行安全、安全作业、信息化系统安全、安全台账管理和安全生产信息上报、应急管理和防汛抢险、职业健康和劳动保护、事故报告与处理、安全鉴定、安全生产标准化建设等。 9.技术档案管理,包括总体要求、档案分类、职责分工等。 10.其他工作,包括信息化管理、环境管理、水行政管理、资产管理、员工教育与培训、科技创新考核管理等。 11.附录包括相关图纸及表单等。	与管理单位联合编制,并报上级审批,定置于中控室、项目经理办公室、技术人员办公室、档案室、陈列室等处。
2	船闸运行维护方案	1.范围(含编制目的、方案内容、适用范围)。 2.规范性引用文件(含水利、水运规范性文件)。 3.术语和定义。 4.总则(含管理模式、管理职能、人员配置、岗位职责、规章制度要求) 5.控制运用,包括工程概况、船闸运行调度方案及规则、船闸过闸流程、危险品船舶过闸安全管理、船舶过闸注意事项、运行期突发故障处理、防汛防台及活水畅流工作。 6.工程检查与设备评级,包括一般要求、日常检查、定期检查、专项检查、检测试验、设备评级。 7.工程观测,包括一般规定、观测项目、观测要求、观测资料整编与成果分析。 8.养护维修,包括一般要求、养护维修项目管理、混凝土及砌石工程养护维修、堤岸及引航道工程养护维修、闸门、阀门养护维修、启闭机养护维修、电气设备养护维修、通信及监控设施养护维修、观测设施养护维修、交通桥养护维修、管理设施养护维修。 9.安全管理,包括一般要求、工程保护、安全生产、安全标志、运行及作业安全、治安保卫、事故处理、应急预案及措施、安全鉴定、职业健康。 10.技术资料与档案管理,包括一般要求、技术资料收集整理与整编、技术档案管理。 11.其他工作,包括科学技术研究与员工教育、工程环境管理(含环境保护、绿化及景观维护、水陆保洁)、信息化管理、考核管理、文明行业及文明窗口创建等。 12.附录,包括控制运用记录表式、工程检查记录表式、设备评级表式、船闸图纸等。	船闸运行维护方案应报管理单位审批,定置于船闸中控室、项目经理办公室、技术人员办公室、档案室、陈列室等处。

续表

序号	名 称	主 要 内 容	备 注
3	安全管理实施细则	1.泵闸工程概况。 2.目标职责,包括目标、机构和职责、全员参与、安全生产投入、安全文化建设、安全生产信息化建设。 3.制度化管理,包括法规标准识别、规章制度、操作规程、文档管理。 4.教育培训。 5.现场管理,包括设施设备管理、作业行为、职业健康、警示标志。 6.安全风险管控及隐患排查治理,包括安全风险管理、重大危险源辨识和管理、隐患排查治理、预测预警。 7.应急管理,包括应急准备、应急处置、应急评估。 8.事故管理,包括事故报告、事故调查和处理、事故档案管理。 9.持续改进。	项目部编制后应报公司审批,定置于中控室、档案室、陈列室、项目经理、技术人员、工程管理员、安全员办公位置。
4	规章制度汇编	1.法律法规清单。 2.控制运行类规章制度。 3.检查观测类规章制度。 4.维修养护类规章制度。 5.安全类规章制度。 6.经济管理类规章制度。 7.组织管理类规章制度。 8.岗位责任制。 9.考核管理类规章制度。 10.制度执行效果规定。	项目部编制后应报公司审批,定置于中控室、档案室、陈列室、各管理人员办公位置。
5	泵闸工程调度方案	1.收集管理单位泵闸工程调度管理规程、方案。 2.制定控制运用计划和实施方案。	定置于中控室。
6	泵闸工程调度运用作业指导书	1.资源配置及岗位职责。 2.调度方案。 3.泵闸工程运行操作。 4.泵闸工程值班管理。 5.泵闸工程运行现场管理。 6.泵闸工程运行突发故障处理。 7.泵闸工程运行安全。 8.泵闸工程运行表单。	项目部编制后应报公司审批,定置于中控室、档案室、陈列室、各管理人员办公位置。
7	泵闸运行突发故障处理作业指导书	1.范围。 2.规范性引用文件。 3.应急组织和职责。 4.一般规定。 5.事故预防措施。 6.泵闸工程突发故障或事件应急处置流程。 7.泵闸工程度汛应急响应。 8.泵闸工程不正常运行及常见故障应急处置措施。 9.泵闸工程突发故障或事故应急处置表单。	项目部编制后应报公司审批,定置于中控室、档案室、陈列室、各管理人员办公位置。

续表

序号	名称	主要内容	备注
8	泵闸运行巡查作业指导书	1.范围。 2.规范性引用文件。 3.资源配置与岗位职责。 4.运行巡视一般规定。 5.运行巡视检查路线及流程。 6.泵闸工程运行期巡视。 7.泵闸工程巡视中的危险源辨识及控制措施。 8.泵闸工程运行巡视表单。	项目部编制后应报公司审批,定置于中控室、资料室、陈列室、各管理人员办公位置。
9	泵闸工程检查作业指导书	1.工程检查、评级的分类、分工。 2.检查人员及要求; 3.经常检查(检查频次、检查要求、经常检查流程、巡视检查路线、检查内容)。 4.定期检查(检查频次、定期检查要求、定期检查流程、定期检查内容、检查报告)。 5.专项检查(包括检查频次、流程内容、报告)。 6.泵闸工程检查中的危险源辨识及控制措施。 7.泵闸工程检查表单。	项目部编制后应报公司审批,定置于中控室、资料室、陈列室、各管理人员办公位置。
10	泵闸工程和设备评级作业指导书	1.工程级设备评级周期、单元划分、评级项目和标准、评级流程。 2.检查评级中的安全管理。 3.检查评级表单、评级报告。	项目部编制后应报公司审批,定置于中控室、资料室、管理人员办公位置。
11	泵闸工程监(观)测作业指导书	1.观测任务书。 2.观测项目及时间。 3.观测任务的组织。 4.工作要求。 5.垂直位移及水平位移观测(观测工作准备、垂直位移电子水准仪外业工作、操作流程、观测顺序、资料整理与初步分析、电子水准仪操作步骤)。 6.裂缝、伸缩缝观测。 7.扬压力观测。 8.引河河床变形观测(断面桩布置、观测准备、观测方法与要求、GPS观测方法、测深锤测深、资料整理与初步分析)。 9.资料整理(分析、刊印)。 10.水位流量观测。 11.其他观测。 12.工程观测记录。 13.观测资料整编。 14.工程观测中的安全管理。 15.观测表单。	项目部编制后应报公司审批,定置于中控室、资料室、陈列室、各管理人员办公位置。

续表

序号	名称	主要内容	备注
12	泵闸检测试验作业指导书	1.检测、试验分类。 2.检测、试验项目与频次。 3.泵闸工程电气试验总体要求。 4.泵闸工程电气试验原理和方法。 5.电气试验安全管理。 6.电气试验报告。	项目部编制后应报公司审批,定置于中控室、资料室、陈列室、各管理人员办公位置。
13	泵闸工程维修养护作业指导书	1.工程基本情况。 2.一般规定(含维修养护分类、人员设备配置、岗位职责)。 3.水工建筑物维修养护。 4.机械维修养护。 5.电气设备维修养护。 6.辅助设备与金属结构维修养护。 7.自动化系统维修养护。 8.泵闸工程上下游河道堤防维修养护。 9.维修养护项目管理。 10.维修养护质量管理。 11.维修养护安全管理。 12.维修养护表单。	项目部编制后应报公司审批,定置于中控室、资料室、陈列室、各管理人员办公位置。
14	泵闸运维岗位安全操作规程	1.节制闸运行工安全操作规程。 2.泵站运行工安全操作规程。 3.泵闸工程运行维护电工安全操作规程。 4.泵闸工程自动化设备维护人员安全操作规程。 5.电气检测试验人员安全操作规程。 6.电焊工安全操作规程。 7.气焊(割)工安全操作规程。 8.行吊人员安全操作规程。 9.泵闸工程电气维修工安全操作规程。 10.泵闸工程金属防腐工安全操作规程。 11.泵闸工程测工安全操作规程。 12.泵闸工程机械设备维修工安全操作规程。 13.油漆工安全操作规程。 14.泵闸工程维修养护架子工安全操作规程。 15.泵闸工程混凝土维修养护人员安全操作规程。 16.绿化维护工安全操作规程。 17.食堂炊事员安全操作规程。 18.清扫工安全操作规程。	项目部编制后应报公司审批,定置于中控室、资料室、陈列室、各管理人员办公位置,发至各运行维修作业班组。

续表

序号	名称	主要内容	备注
15	泵闸设备安全操作规程	1.低压电器安全操作规程。 2.高压电器安全操作规程。 3.节制闸闸门启闭安全操作规程。 4.电动葫芦安全操作规程。 5.泵站开停机安全运行规程。 6.电焊设备安全操作规程。 7.电气试验安全操作规程。 8.高处作业安全操作规程。 9.清污机安全操作规程。 10.手持电动工具操作规程。 11.水上作业安全操作规程。 12.油漆、沥青、环氧、化学灌浆安全操作规程。 13.消防安全操作规程。 14.仓库安全管理规程。	项目部编制后应报公司审批,定置于中控室、资料室、陈列室、各管理人员办公位置,发至各运行维修作业班组。
16	泵闸运行养护基础资料汇编	包括基础资料收集、项目部职能划定、项目部岗位设置、项目部管理事项、项目部工作人员通用工作标准和专业工作标准、项目部协调配合要求、项目部应执行的法律法规及规范性文件、制度、流程、表单、协调、考核自检等要求。	定置于中控室、档案室。
17	泵闸运行养护项目部管理事项手册	1.管理事项分解落实总要求。 2.项目部管理事项:按运行养护合同要求,细化项目部职能,并划定管理事项。管理事项清单应详细说明每个管理事项的名称、具体内容、实施的时间及频率、工作要求及形成的成果、责任分解等。详见本书3.1节。 3.信息上报清单(含项目部向公司报送清单、项目部向管理单位报送清单)。 4.年度工作总结和计划编制要求,包括工程运行管理情况综述;履行合同情况;工程运行管理;工程存在问题;建议和意见。 5.季度工作计划编制要求。 6.月度工作总结及工作计划编制要求。主要内容:管理事务概述;大事记;工程运行情况及工程运行资料;本月主要管理工作,包括现场管理机构组织框图、资源投入、重要管理活动;管理人员情况,包括劳动力动态、投入的设备、组织管理和存在的问题;安全和环境保护;工程声像资料;下月工作计划;需要提请管理单位注意的事项;其他有关事项。	定置于项目部管理人员办公地点。
18	泵闸工程流程管理手册	1.泵闸工程调度运行方面的流程。 2.检查观测方面的流程。 3.维修养护方面的流程 4.安全管理方面的流程。 详见本书5.25节。	项目部编制后应报公司审批,定置于中控室、资料室、陈列室、各管理人员办公位置。

续表

序号	名称	主要内容	备注
19	防汛防台等专项预案汇编	1.防汛防台专项应急预案。 2.防冰冻雨雪天气专项应急预案。 3.火灾事故专项应急预案。 4.桥(门)起重设备、电动葫芦专项应急预案。 5.触电事故专项应急预案。 6.物体打击专项应急预案。 7.高处坠落事故专项应急预案。 8.爆炸事故专项应急预案。 9.机械伤害专项应急预案。 10.有限空间作业专项应急预案。 11.高温中暑专项应急预案。 12.泵闸工程反事故预案。 13.水污染事件应急预案。	项目部编制后应报公司审批,定置于中控室、资料室、各管理人员办公位置。发至各运行维修作业班组。
20	泵闸现场应急处置方案汇编	1.溺水事件现场应急处置方案。 2.群体食物中毒现场应急处置方案。 3.火灾事故现场应急处置方案。 4.交通事故现场应急处置方案。 5.社会治安突发事件应急处置方案。 6.硫化氢中毒事件应急处置方案。 7.员工突发疾病事件应急处置方案。 8.水上安全突发事件应急处置方案。 9.外来人员强行进入生产现场应急处置方案。 10.雾霾等恶劣天气应急处置方案。 11.船舶碰撞事故应急处置方案。 12.船舶搁浅应急处置方案。 13.重大活动及检查评比保洁应急方案。	项目部编制后应报公司审批,定置于中控室、资料室、陈列室、各管理人员办公位置。发至各运行维修作业班组。
21	泵闸运行养护项目部岗位管理手册	1.泵闸工程运行养护项目部工作标准。 2.管理人员通用工作标准;管理人员工作标准;一般职员工作标准。 3.高级职称人员工作标准;中级职称工作标准;初级职称工作标准;注册证书人员工作标准。 4.技术操作人员工作标准;一般操作岗位工作标准;特殊岗位(特种设备、特殊工种)工作标准。 5.岗位设置与调配:岗位设置;岗位流动与调配,应根据年度工作量变化情况,适时调整员工岗位,必要时,一人多岗、实行AB岗,增加临时性工作安排。 6.岗位培训及技能比武:培训教育制度、培训教育计划、特种岗位人员持证上岗、培训教育方式、每月一课、每周一题、每月一试、每年一考、师徒结对、技能比武、泵闸工程运行工应知应会题库及应知应会测评办法;技师工作室;立功竞赛。 7.岗位考勤管理:岗位考勤管理;岗位绩效考核。 8.岗位行为规范:一般规定、日常行为、上班要求、下班要求、来访接待、参观接待、会务行为、环境卫生、办公管理、岗位语言规范、电话文明规范、接待文明用语、岗位形象规范、岗位道德规范等。	定置于中控室、管理人员办公室等处。

2. 泵闸工程精细化管理手册的学习宣传

泵闸工程精细化管理手册编制的目的在于应用。泵闸运维企业应组织泵闸工程管理人员和作业人员学习培训，掌握其要领，在泵闸运维中加以应用。相关精细化管理手册应放置在中控室、办公室、学习室、陈列室等场所，其要点经梳理、提炼后应通过标牌、看板、电子书、LED屏、多点触摸屏、钉钉内部平台、微信小程序等目视手段加以宣传展示，力求起到良好的教育引导效果。

3. 示意图

泵闸工程精细化管理手册示意图如图 8.13 所示。

图 8.13　泵闸工程精细化管理手册

8.3　进一步开展泵闸安全生产目视化的探索

上海迅翔水利工程有限公司作为安全生产标准化企业，按照《上海市安全文化建设示范企业评定办法》要求，为确保所管泵闸工程的安全运行，提升精细化管理水平，深入推进泵闸工程安全生产标准化建设，进一步加强了安全生产目视化的探索和应用，取得了明显成效。

8.3.1　推行安全生产目标目视化

安全生产目标管理目视化是将本泵闸工程安全目标、项目部分解目标和目标完成进度现状以图表、公告板、看板等简单明晰的方式进行标示和公开，使员工在了解泵闸工程运维安全总体目标的同时，能明确自身承担的责任，清楚地掌握安全目标进度现状，从而促进年度整体目标的实现。安全生产目标管理看板如图 8.14 所示。

图 8.14　安全生产目标管理看板

8.3.2　安全生产组织架构目视化

泵闸运维安全生产组织架构包括安全生产领导小组、工作小组、安全管理部门、安全监督人员、应急救援队伍、防汛"三个责任人"等,应完善网络,明确职责,并予以公示。安全生产组织网络示意图如图 8.15 所示。

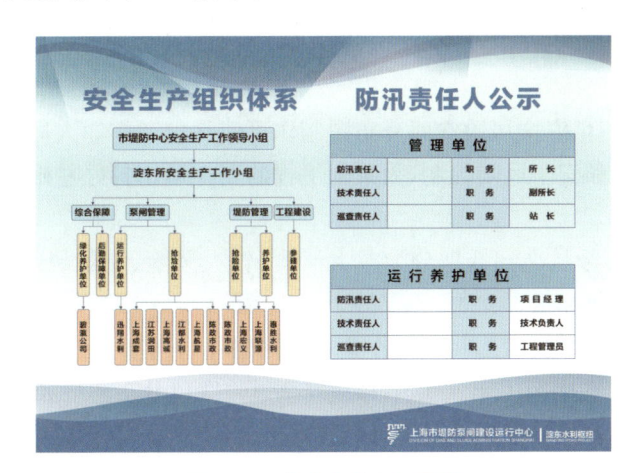

图 8.15　安全生产组织网络

8.3.3　安全理念目视化

(1) 提炼安全化理念。结合业务特点,提炼出富有特色、内涵深刻、并为员工所认同的安全理念,包括核心理念、预控理念、价值理念、工作理念、责任理念、落实理念、道德理念、教育理念、管理理念。

(2) 泵闸运维公司可建立"1468"安全管理模式(1 个安全目标、4 个管理对象、6 个安全标准化建设、8 个安全管理体系)。

(3) 确立"打造平安泵闸,让城市更美好"的安全文化愿景,并将安全文化手册下发至各泵闸运行养护项目部,部分内容上墙明示,如图 8.16 所示。

图 8.16　安全文化理念目视化

8.3.4　安全生产制度目视化

安全生产制度目视化就是制定和完善安全生产制度,如安全生产管理办法、安全生产责任制度、安全隐患排查制度、安全生产培训制度、设备设施安全管理制度、操作票制度、防汛物资仓库管理制度等,修订安全生产操作规程,并将主要的安全生产规章制度和安全生产操作规程上墙明示。

详细内容参见第 5 章 5.18 节、5.19 节、5.22 节。

8.3.5　泵闸运维现场四色安全风险空间分布图的建立

1. 目的

泵闸运维现场四色安全风险空间分布图制作可使管理和作业人员熟悉泵闸工程危险源,便于危险源识别和安全风险控制,为泵闸工程的安全运用打好基础。

2. 标准

(1) 安全风险等级从高到低划分为重大风险、较大风险、一般风险和低风险,分别用红、橙、黄、蓝 4 种颜色标示。

(2) 泵闸工程运维单位应当将全部作业单元网格化,将各网格风险等级在泵闸工程内部及管理区平面分布图中运用颜色标示,形成安全风险四色分布图。如技术可行,可以运用空间立体分布图进行标示。各网格风险等级按网格内各项危险有害因素的最高等级确定。

(3) 安全风险四色分布图可以参照《疏散平面图设计原则与要求》(GB/T 25894—2010)进行绘制,该标准规定了包含消防、逃生、疏散以及设施内人员营救等相关信息的疏散平面图的设计原则与要求。安全风险四色空间分布图中最好是绘制出疏散逃生紧急集合点,当风险发生时知道逃生通道,和逃生后集合区。必要时,安全风险四色空间分布图和疏散平面图可以合并,一图体现 2 张图的功能。

(4) 参考规格。四色安全风险空间分布图尺寸为 1 500 mm×800 mm。

(5) 颜色。四色安全风险空间分布图白底黑字,风险颜色分别根据评估等级着色。

(6) 材料。KT 板、PVC 板或亚克力板都可使用。有触电危险的作业场所应使用绝缘材料。

3. 安装位置

泵闸运维现场四色安全风险一览表及分布图张贴于相应区域的墙面。

4. 示例

泵闸运维现场四色安全风险一览表及分布图如图 8.17 和图 8.18 所示。

张家塘泵房四色安全风险一览表

序号	风险源	风险因素	风险等级	风险颜色	风险评估	预防建议	责任人
1	硫化氢中毒	打开水泵检修孔作业。	I	红	极少发生	按有限空间作业预案执行。	王亮
2	机械伤害	1. 电动、手动工具使用不当。 2. 人员交叉作业。 3. 行车起吊作业违规。 4. 机组大修操作不当。	II	橙	很少发生	1. 制定完善的安全管理制度。 2. 严格遵守岗位操作规程。 3. 认真检查和排除安全隐患。	李其明
3	触电	1. 检修时私自搭接临时电线。 2. 养护时湿布擦拭电机等设备。 3. 开关柜电板漏电。 4. 用电设备未接地。 5. 电气设备绝缘破坏。 6. 检修时意外触电。	II	橙	较少发生	1. 制定完善的安全管理制度。 2. 配备规范的检测和救护器材。 3. 严格遵守岗位操作规程。	李其明
5	跌落或碰撞受伤	1. 夜间运行巡视照明亮度不够，或单人巡视。 2. 养护登高工具使用不当。 3. 厂房内楼梯、台阶、栏杆处警示标志脱落。 4. 清扫时操作不当。	III	黄	较易发生	1. 制定完善的安全管理制度。 2. 修复或增设各类安全警示标志。 3. 完善照明设施、防护设施。	李其明
4	健康影响或职业病	1. 机组噪声损伤听觉。 2. 焊接烟雾化学品伤害。	IV	蓝	易发生	1. 制定职业危害告知卡，落实完善的安全管理制度。 2. 严格遵守岗位操作规程。 3. 配备标准的劳动防护用品。	李其明

图 8.17　四色安全风险一览表

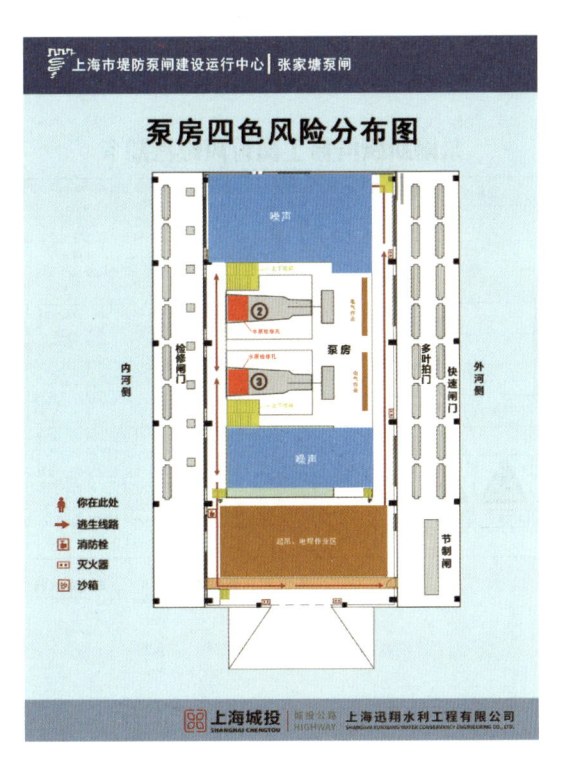

图 8.18　张家塘泵房泵闸运维现场四色风险空间分布图

8.3.6 岗位风险告知卡、危险化学品物质告知卡的建立

1. 目的

依据《企业安全生产风险公告六条规定》(2014年国家安全生产监督管理总局令70号),泵闸运维企业应设置岗位风险告知卡,明确告知岗位风险、作业风险及防范措施,起到警示、提醒作用。

2. 标准

(1) 岗位风险告知卡主要设置的为泵闸运行工、电工、机械维修工、电焊工、起重工等岗位风险告知卡。

(2) 危险化学品物质告知卡作业设置的为硫化氢、柴油、汽油等危险化学品物质告知卡。

(3) 告知卡参考规格为 600 mm×900 mm。

(4) 告知卡材料为 KT 板、PVC 板、亚克力板等,室外设置时应采用防水性能好的材料,有触电危险的作业场所应使用绝缘材料。

3. 岗位风险告知卡设置

例如,泵闸机械维修工岗位风险告知卡如图 8.19 所示,设置在检修间等处。电工岗位风险告知卡如图 8.20 所示,其设置在作业场所。

4. 危险化学品物质告知卡设置

泵闸工程运维涉及的危险化学品物质包括硫化氢、柴油等。其危险化学品物质告知卡应按照《化学品分类和危险性公示通则》(GB13690—2009)的规定制作,并将其告知卡予以明示,如图 8.21 所示。

图 8.19 泵闸机械维修工岗位风险告知卡

图 8.20　电工岗位风险告知卡

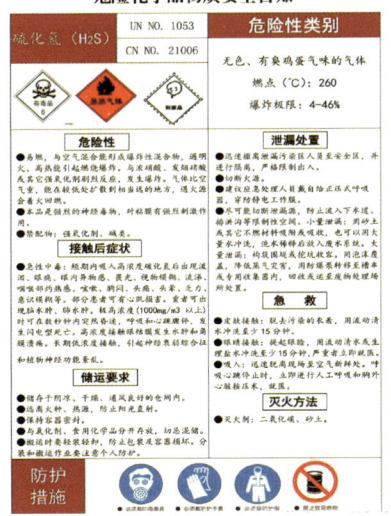

图 8.21　危险化学品物质告知卡

8.3.7　建立泵闸工程运维重点岗位应急处置卡

1. 目的

根据国家安全生产监督管理总局令第 88 号《生产安全事故应急预案管理办法》第十九条的规定,生产经营单位应该编制"简明、实用、有效"的应急处置卡。泵闸工程运维现场带班人员、班组长和调度人员是最基本的"重点岗位、人员",应根据"应急处置卡应当规定重点岗位、人员的应急处置程序和措施,以及相关联络人员和联系方式,便于从业人员携带"的要求,编制应急处置卡,把要害部位、关键装置(设施)、重要作业控制环节的岗位人员,以及值班人员、带班干部,按照第一时间、第一现场、第一岗位处置的要求进行进一步明确,通过明示和携带重点岗位应急处置卡,学习和掌握要领,以便突发故障或事故的应急处置。

2. 标准

(1) 泵闸工程运维重点岗位应急处置卡涉及的重点岗位包括：泵闸运行岗位、泵闸日常养护岗位、泵闸机械维修岗位、电工岗位、电焊工岗位、起重工岗位、仓库保管员岗位、门卫岗位、保洁岗位、绿化养护岗位、食堂炊事员岗位、船闸调度岗位等。

(2) 泵闸工程运维重点岗位应急处置卡内容应简明、准确，主要包括涉及的事件名称、处置措施。

(3) 上墙明示的泵闸工程运维重点岗位应急处置卡规格为 400 mm×600 mm，也可采用多岗位组合的方式明示。材料采用 KT 板、PVC 板或亚克力板。有触电危险的作业场所应使用绝缘材料。

(4) 安装位置

泵闸工程运维重点岗位应急处置卡应张贴在办公或作业场所的醒目位置。

3. 示意图

泵闸工程运维重点岗位应急处置卡示意图如图 8.22 所示。

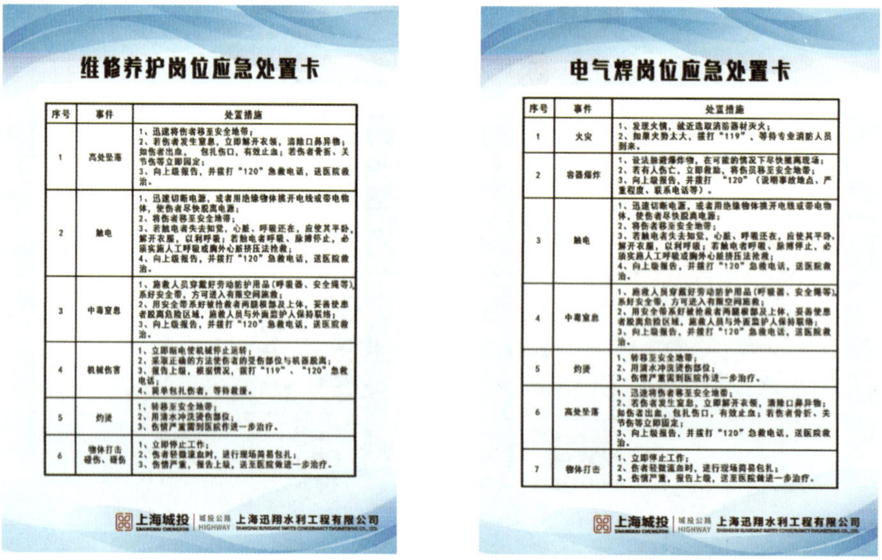

维修养护岗位应急处置卡

序号	事件	处置措施
1	高处坠落	1、迅速将伤者移至安全地带； 2、若伤者发生窒息，立即解开衣领，清除口鼻异物；如伤者出血， 包扎伤口，有效止血；若伤者骨折、关节伤等立即固定； 3、向上级报告，并拨打"120"急救电话，送医院救治。
2	触电	1、迅速切断电源，或者用绝缘物体拨开电线或带电物体，使伤者尽快脱离电源； 2、将伤者移至安全地带； 3、若触电者失去知觉，心脏、呼吸还在，应使其平卧，解开衣服，以利呼吸；若触电者呼吸、脉搏停止，必须实施人工呼吸或胸外心脏挤压法抢救； 4、向上级报告，并拨打"120"急救电话，送医院救治。
3	中毒窒息	1、施救人员穿戴好劳动防护用品(呼吸器、安全绳等)，系好安全带，方可进入有限空间施救； 2、用安全带系好被抢救者两腿根部及上体，妥善使患者脱离危险区域，施救人员与外面监护人保持联络； 3、向上级报告，并拨打"120"急救电话，送医院救治。
4	机械伤害	1、立即断电使机械停止运转； 2、采取正确的方法使伤者的受伤部位与机器脱离； 3、报告上级，根据情况，拨打"119"、"120"急救电话； 4、简单包扎伤者，等待救援。
5	灼烫	1、转移至安全地带； 2、用清水冲洗烫伤部位； 3、伤情严重需到医院作进一步治疗。
6	物体打击 碰伤、砸伤	1、立即停止工作； 2、伤者轻微流血时，进行现场简易包扎； 3、伤情严重，报告上级，送至医院做进一步治疗。

上海城投 | 城投公路 HIGHWAY 上海迅翔水利工程有限公司

电气焊岗位应急处置卡

序号	事件	处置措施
1	火灾	1、发现火情，就近选取消防器材灭火； 2、如果火势太大，拨打"119"，等待专业消防人员到来。
2	容器爆炸	1、设法躲避爆炸物，在可能的情况下尽快撤离现场； 2、若有人伤亡，立即救助，将伤员移至安全地带； 3、向上级报告，并拨打 "120"（说明事故地点、严重程度、联系电话等）。
3	触电	1、迅速切断电源，或者用绝缘物体拨开电线或带电物体，使伤者尽快脱离电源； 2、将伤者移至安全地带； 3、若触电者失去知觉，心脏、呼吸还在，应使其平卧，解开衣服，以利呼吸；若触电者呼吸、脉搏停止，必须实施人工呼吸或胸外心脏挤压法抢救； 4、向上级报告，并拨打"120"急救电话，送医院救治。
4	中毒窒息	1、施救人员穿戴好劳动防护用品(呼吸器、安全绳等)，系好安全带，方可进入有限空间施救； 2、用安全带系好被抢救者两腿根部及上体，妥善使患者脱离危险区域，施救人员与外面监护人保持联络； 3、向上级报告，并拨打"120"急救电话，送医院救治。
5	灼烫	1、转移至安全地带； 2、用清水冲洗烫伤部位； 3、伤情严重需到医院作进一步治疗。
6	高处坠落	1、迅速将伤者移至安全地带； 2、若伤者发生窒息，立即解开衣领，清除口鼻异物；如伤者出血，包扎伤口，有效止血；若伤者骨折、关节伤等立即固定； 3、向上级报告，并拨打"120"急救电话，送医院救治。
7	物体打击	1、立即停止工作； 2、伤者轻微流血时，进行现场简易包扎； 3、伤情严重，报告上级，送至医院做进一步治疗。

上海城投 | 城投公路 HIGHWAY 上海迅翔水利工程有限公司

图 8.22　泵闸工程运维重点岗位应急处置卡

8.3.8　推行应急机制的运作目视化

按照安全生产标准化建设要求，泵闸运维企业应每年修订防汛防台专项预案，运行养护项目部应每年修订"一闸一案"；同时制定及修编应急救援及专项预案和现场处置方案。运行养护项目部每年组织包括泵闸突发事件、有限空间事故、火灾事故等专项应急预案的演练不少于 1 次，并应坚持现场演练和模拟推演相结合，如图 8.23 所示。

图 8.23　应急预案现场演练和模拟推演

8.3.9　安全隐患排查月报明示化

泵闸运维企业职能部门及现场项目部，应将每月安全隐患排查、质量检查和整改情况通过钉钉平台和公示栏进行通报，如图 8.24 所示。

图 8.24　安全质量检查月报明示

8.3.10　安全培训目视化

泵闸运维企业及现场项目部通过编制关于泵闸维修养护规程、安全风险识别与控制、案例分析与应急救援等培训教材等措施，落实年度安全教育培训计划，加强员工培训，坚持"每月一考"；开展新员工"三级"安全教育培训，安全培训结果及时公示，并与奖惩挂钩，如图 8.25 所示。

图 8.25 安全生产业务培训

8.3.11 安全生产活动目视化

泵闸运行养护项目部开展以"落实安全责任，推动安全发展"为主题的安全生产月活动，包括宣传动员会、签订防汛责任书、隐患自查及安全大检查、应急演练、安全知识讲座、网上安全宣传咨询日、"安康杯"知识竞赛、读安全生产书籍、制作安全板报、发放安全手册等目视化活动，有方案、有记录、有总结。

8.3.12 作业安全措施目视化

（1）泵闸作业安全措施目视化，应通过划定安全警戒线、标示防小动物措施等方式，提示人员的活动范围、防小动物措施巡检中的注意事项和检查内容等。例如，在鼠药的放置点标明位置、数量和检查周期；标示安全警戒线将控制屏与监控区域进行划分，防止误碰设备；在主控室、配电室、蓄电池室及电缆室等门口安装防鼠挡板，并进行标示，防止人员在进入室内时由于视觉疏忽而绊倒。

（2）泵闸作业安全措施目视化，应强调维修施工中的安全目视化，包括设置安全警示线、区域标牌、施工机械管理标牌、材料标牌、安全操作规程牌等。

（3）泵闸作业安全措施目视化，应强调泵闸运维中的"两票三制"目视化。"两票三制"目视化包括两部分，一是制度本身的目视化，二是"两票"执行的目视化。前者通过流程图加文字的形式在管理看板上体现"两票三制"的要点，明示业务流程，提高员工对关键规制的熟悉程度。后者执行的目视化，是在管理看板上动态标示出"两票"的执行数量、操作次数、合格率及"两票"审查分析结果，强化对"两票"执行过程的关注度，确保"两票三制"的执行效果。

以作业申请流程图(图8.26)为例：

① 对泵闸工程维修养护及专项工程施工中的动火区域、登高区域、有限空间区域,要在作业区域入口处张贴作业申请流程图；

② 流程图的大小与作业区域的标志牌要求一致；

③ 流程图参考规格为 600 mm×900 mm。

④ 标牌颜色应与本泵闸工程(或船闸)整体目视化风格相协调。

⑤ 标牌材料为 KT 板、PVC 板或亚克力板,有触电危险的作业场所应使用绝缘材料。

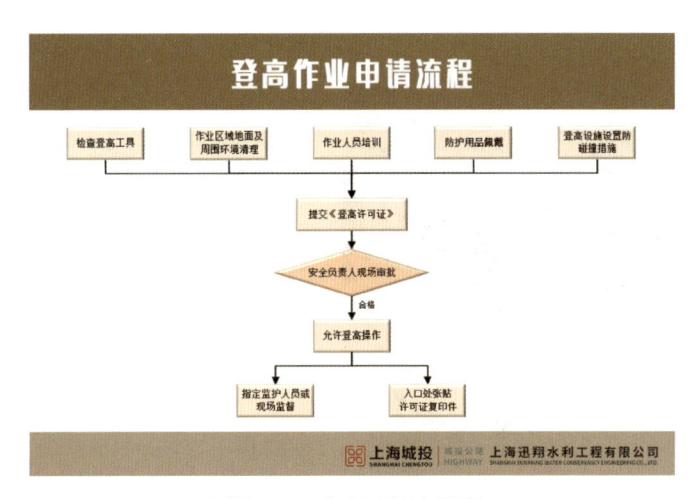

图 8.26　作业申请流程图

8.3.13　诚信建设目视化

(1) 落实安全生产责任制。泵闸运维企业每年应与各部门、与各项目部签订责任书,项目部与员工签订责任书,与第三方签订安全协议,与上级主管部门签订承诺书。部分内容应上墙明示。

(2) 建立企业诚信建设体系。泵闸运维企业应积极履行社会责任,通过多种目视化形式加以引导,并将相关诚信证书明示(图 8.27),进一步激发项目部和员工的工作热情。

图 8.27　企业诚信证书公示

8.3.14 安全生产考核奖惩目视化

（1）建立安全绩效考核机制，制定安全生产目标管理考核奖惩办法，明确安全绩效考核要求，通过季度考核对安全工作落实情况进行奖惩，并在公示栏张贴。

（2）严格按照安全规章制度组织纠错和改进缺陷，针对在泵闸运行项目中发生的不规范的安全行为，进行督查通报。

（3）积极开展安全激励活动。汛期开展"保峰度汛战双高"安全生产立功竞赛评优，通过钉钉网络平台、微信公众号、宣传栏等方式大力宣传表彰先进人物和先进事迹，如图8.28所示。

图 8.28 安全考核奖惩目视化

8.3.15 环境和职业健康目视化

1. 环境和职业健康目视项目的布置场所

在泵闸工程环境活动中，泵闸运维企业应根据需要对与重要环境因素相关的作业区域、运行部位、设备、设施等实施环境和职业健康目视化。环境和职业健康目视项目的布置场所包括：

（1）具有尘、毒、噪声、高温、工频磁场等职业危害的场所。

（2）具有机械伤害、起重伤害等风险的运行设备、起重机械、运输设备等生产设备、辅助设备、工具等。

（3）具有触电、火灾等风险的变电站、配电室、电气设施等。

（4）各类输送气体、液体的管路。

（5）各级消防安全重点部位、消防设施、消防器材、消防通道等。

（6）贮存易燃、易爆、有毒、有害危险化学品的仓库等。

（7）高处作业、带电作业等危险作业区域。

（8）设备、设施的安装施工、维修等作业区域。

（9）道路、交通运输设施、汽车库等。

(10) 污水、废气等污染物排放口(源)。

(11) 固体废物堆放场、堆放点、废物箱、垃圾箱等。

(12) 其他应标识的场所、区域、部位。

2. 环境和职业健康目视化的主要内容

参见第 7 章 7.17 节。

8.4 二维码在泵闸工程运维中的应用探索

1. 简介

二维码又称二维条码，常见的二维码为 QR Code，QR 全称 Quick Response，是一个近几年来移动设备上超流行的一种编码方式，它相比传统的 Bar Code 条形码能存更多的信息，也能表示更多的数据类型。

二维条码或二维码(2-dimensional bar code)是用某种特定的几何图形按一定规律在平面(二维方向上)分布的、黑白相间的、记录数据符号信息的图形，它在代码编制上巧妙地利用构成计算机内部逻辑基础的"0""1"比特流的概念，使用若干个与二进制相对应的几何形体来表示文字数值信息，通过图像输入设备或光电扫描设备自动识读以实现信息自动处理。它具有条码技术的一些共性：每种码制有其特定的字符集；每个字符占有一定的宽度；具有一定的校验功能等。同时还具有对不同行业的信息自动识别功能及处理图形旋转变化点的功能。

二维码分为静态码和活码两大类。相对静态码而言，活码的内容存储在云端，可以随时更新，可跟踪扫描统计，可存放图片视频、大量文字内容。

2. 二维码在泵闸工程运维中的应用

(1) 安全生产教育。将安全操作规程、安全教育视频及图片等内容传送到云端生成二维码，贴在员工通道等醒目位置，员工通过手机扫码即可获取相关安全知识，学习后按要求提交学习记录。培训组织者可通过后台导出学习明细，跟进员工学习进度。此处应注意：二维码标识的作用是宣传和分享安全常识，不可替代安全警示牌。

(2) 人员管理。一人一码，建立每个人的身份卡。可以贴在安全帽上或制成胸卡、工牌。通过扫码，可以方便地查看该员工的基础档案信息，核查人员资质。有权限的管理人员还能通过在二维码中加上表单，追加登记更多在岗表现或该人员培训考核等相关信息。在员工绩效评估时，管理人员可以通过后台导出所有数据，进行统计汇总。

(3) 设备管理。每台设备对应一个专属二维码，作为该设备的"二维码电子档案"，存放设备相关的各种资料，如设备参数、技术资料、备品备件型号、责任人等信息，各类纸质资料、音视频、文件都可以存放在二维码中。内部记录可设置权限，仅内部人员可查看或修改。

设备二维码参考规格为 40 mm×40 mm，采用白色作为底色。设计示例如图 8.29 所示。

图 8.29 设备二维码示意图

①操作人员。扫码查看设备编号、名称、位置、责任人等基础信息，避免找错、误操作设备。

②巡检人员。扫码填写巡检记录单，记录设备状态，发现情况异常时，可通过文字、图片、录音、视频、现场定位，更加具体直观地描述隐患，方便定位问题、上报问题。问题上报后，系统将向指定人员发送消息通知，以便相关负责人及时了解现场情况。

③维修人员。扫码查看或记录设备状态，在对设备进行维修后填写维修记录单，记录故障原因、现象及维修过程，形成设备动态档案，以便后续更有针对性地分析故障。

④管理人员。现场发现异常并上报后，系统可以自动发消息提醒管理人员，方便进一步安排设备维修。设备完成维修后，系统也会提醒管理人员已经维修好，可及时了解维修情况。隐患的上报和整改数据，都储存在云端服务器上，有权限的管理人员可查看和导出，形成闭环管理。

（4）固定资产管理。一物一码，扫码即可方便查看资产名称、使用部门、负责人、使用说明、购入日期、价格等信息，支持实时修改更新相关信息，发生问题可以及时扫码填写保修单，以图文、录音、视频等形式上报问题，系统将向指定人员发送通知，方便维修人员了解情况。

（5）项目展示。扫码即可了解项目概况，并对项目活动、技术创新等最新信息进行发布，形成大事记。也可将此二维码附于项目展示板上，方便参观者实时获取项目信息，对展示良好的项目形象和企业形象有着积极的作用。

8.5 LED 显示屏在泵闸工程运维中的应用探索

1. 简介

LED 显示屏（LED display）是一种平板显示器，由一个个小的 LED 模块面板组成，用来显示文字、图像、视频、录像信号等各种信息的设备。LED 即为发光二极管（light emitting diode 缩写），它是通过控制半导体发光二极管的一种显示方式。这种二极管是由镓（Ga）与砷（As）、磷（P）、氮（N）、铟（In）的化合物制成，当电子与空穴复合时能辐射出可见光。发光二极管在电路及仪器中作为指示灯，或者组成文字或数字显示。可分为磷砷化镓二极管发红光，磷化镓二极管发绿光，碳化硅二极管发黄光，铟镓氮二极管发蓝光。

2. LED 显示屏在泵闸工程运维中的应用

（1）指挥调度。指挥调度系统是集通信、指挥、控制、信息于一体的复杂系统，是保障公共安全和处置突发公共事件、重大事件、应急管理的指挥调度场所。大屏显示控制系统，可将大信息量、高数据流以及多路监控灵活方便地展现在一个内容丰富、准确高效的综合信息显示界面，实现信息共享，便于统一指挥、调度，从而保证整个指挥系统具有联动性、高效性、完整性。因此，中心调度平台 LED 显示屏在泵闸工程集中管理工作中也扮演着很重要的角色。

（2）安防监控。在泵闸工程安全生产管理工作中，安全生产综合监管必不可少。通过监控室 LED 显示屏接入多路高清监控画面，实时获取现场图像，真实还原现场情况。当现场发生事故时，监控室 LED 屏作为完整的视频墙，承担了应急救援指挥中心的功能，是一个集信息、指挥、监管、监控等职能于一身的信息化监督管理核心，为安全生产管理及应急救援等各类应急事件处理提供信息保障和决策支持。

（3）视频会议。在一些比较重要的泵闸工程中，会设置专门的会议室，用于满足日常管理工作会议，以实现及时沟通、高效运作为目的。其中会议显示设备是提高工作效率的必要手段之一，它负责收集我们所感知的60%以上的信息，至关重要。相较于传统的投影应用，LED显示屏存在亮度高、视角广、成像清晰、使用环境要求较低等优势，从而能实现会议最大价值。

（4）信息发布。在泵闸工程管理区范围内设置室外LED显示屏，可用于闸区道路交通信息引导及通知公告信息的实时发布。根据泵闸管理区道路交通管理的要求，可通过室外LED显示屏发布和显示管理区的道路情况和车位停泊引导，减少道路堵塞，提高道路通行能力。通航船闸通过室外LED显示屏发布通航相关信息，有利于船民安全出行。除此之外，LED显示屏也可作为日常信息实时发布的窗口，很大程度地提高工程日常管理水平和办公效率，为运行管理单位的日常管理工作提供方便。

（5）管理区主入口及泵闸工程门厅宣传展示。现代化的展览厅是一种创新展示方式，它依托多媒体信息发布系统平台，辅以高清晰的大屏幕拼接墙，将文字、图片、声音和三维动画等多样组合，向运行管理人员及参观者展示泵闸工程管理单位及运维单位品牌文化，从而达到传递和提升品牌价值的目的。基于此，利用LED显示屏打造集信息制、展、存、管于一体的展览展示系统已在泵闸工程的宣传与展示中得到广泛应用，配合完美，彰显新风貌，带动"形象工程"全面升级。

（6）大型活动。在防汛防台演练等大型活动的舞台中，LED显示屏的投入使用丰富了观演人员的视觉效果，其主要功能有：通过播放宣传片展现企业风貌，通过图文配合现场解说，能更直观展示演练方案；通过实时摄像画面的接入模拟远程应急指挥的功能等，如图8.30所示。

图8.30 LED显示屏在防汛演练中应用实例

8.6 灯箱在泵闸工程运维中的应用探索

1. 简介

灯箱是一般以吸塑、亚克力、喷绘布等为基材,采用箱体式中空结构的广告宣传载体,其具有防水、发光等特点,主要适用于室内、户外公告类标识,以公告宣传为主。常见如软膜超薄灯箱、吸塑灯箱、水晶灯箱、拉布灯箱以及卡布灯箱等。

2. 泵闸工程运维灯箱类型

(1) 超薄灯箱。它是迅速发展起来的一种新型的灯箱,其应用独特的导光板技术,使用普通荧光灯管或 LED 等作为光源。该产品具有薄、亮、匀、省的特点:薄,指厚度尺寸小;亮,指光源在同样功率条件下光照度高;匀,指发光面光线均匀;省,指节能,用导光板制造的超薄灯箱比普通灯箱节能 60%~70%。采用导光板所形成的背光模组,可组合成多种多样的外框材料而制成的一种多功能的新的广告载体,集超薄、时尚、节能、光照度均匀舒适、安装维护简便等优点于一身。形状有单面形、双面形、弧形和指示牌形等。

(2) 吸塑灯箱。它采用立体发光字加工技术。由于亚克力品质稳定,所以其制品具有透光性好、远视效果清晰、抗压强度高、十几年不褪色、光亮如新等其他灯箱、金属字所无法相比的特点。

(3) 水晶灯箱。它侧面导光设计,光线均匀;透明水晶框在灯箱点亮时边框四周光彩绚丽。进口光学级亚克力材质外形优美、超薄,厚度仅为 8~10 mm;LED 光源:更加安全节能,更长寿命,易更换图片;安装方便:有桌上,壁挂多种放置方式;适用于室内装饰、工程铭牌、宣传橱窗展示等场所。

(4) 滚动灯箱。它一般是采用开启式铝合金材料为边框,以 PC 板或钢化玻璃为面板,写真胶片为画面,并配有电子控制滚动系统的一种新型灯箱。

(5) 灯杆灯箱。它是一种安装在管理区道路或船闸闸室两侧路灯杆上面的一种广告灯箱,主要材料有铝制以及 PVC 板、T4/T5 灯杆构成。灯箱内部安装电路板、电源、自动断电装置。

3. 主要特点

(1) 外观精美,超薄超轻。灯箱最薄可为 2 cm,最轻可为 0.5kg。

(2) 比传统灯箱节能 70% 以上。国际领先的照明工艺技术,使光照更集中,节能更高效。

(3) 独有灯箱防闪动功能,灯管使用寿命更长。

(4) 变线光源为面光源,光照度更为均匀、更柔和、视觉更舒适。

(5) 自然光线拟真色彩设计,图像更加逼真悦目,视觉效果更加卓越。

(6) 高科技导光板技术设计,其原理及效果可媲美笔记本电脑的 LCD 显示器。

(7) 充分利用材料的逆光透射特性,光释出率高,光线传播更均匀、自然。

(8) 快速开启设计,更换灯片更简单、快捷。

4. 灯箱在泵闸工程运维中的应用

(1) 泵闸工程管理区平面照明系统、室内外地灯工程、室外宣传栏工程、电力应急工程、水工建筑展示工程等。

(2) 泵闸工程管理单位展览馆、陈列室的装饰宣传工程。

(3) 泵闸工程、船闸服务设施的墙画美化工程。
(4) 泵闸工程管理区逃生、巡检、参观等线路指引。
(5) 泵闸工程各区域的室内外指示牌。
(6) 泵闸工程仪器仪表的面板显示。

8.7 船闸调度微信小程序应用探索(以大治河二线船闸为例)

1. 微信小程序简介

微信小程序是一种不需要下载安装即可使用的应用程序，用户扫一扫或搜一下即可打开应用，也体现了"用完即走"的理念，用户不用关心是否安装太多应用程序的问题。微信小程序的应用无处不在，随时可用，但又无须安装卸载。微信小程序能够实现消息通知、线下扫码、公众号关联等七大功能。其中，通过公众号关联，用户可以实现公众号与微信小程序之间相互跳转，如图8.31所示。

图8.31 微信小程序

2. 船闸调度应用背景

过闸船舶调度作为船闸管理的重要工作，其高效性和可靠性直接影响通航秩序与安全。在大治河二线船闸的日常调度工作中我们发现，目前仍采用的是传统纸质发号的形式对入港船只进行预登记。为避免船民用过期号码牌浑水摸鱼，工作人员每天都要提前打印不同颜色的号码牌以区分船只入港日期，操作流程较为烦琐，发号效率较低，工作量较大，出错率也较高，容易导致船舶抢档和闯闸现象，所以利用信息化技术搭建辅助调度系统对提高工作效率、保障船舶过闸安全非常有必要。

3. 总体系统架构

船闸调度微信小程序总体系统架构如图8.32所示。

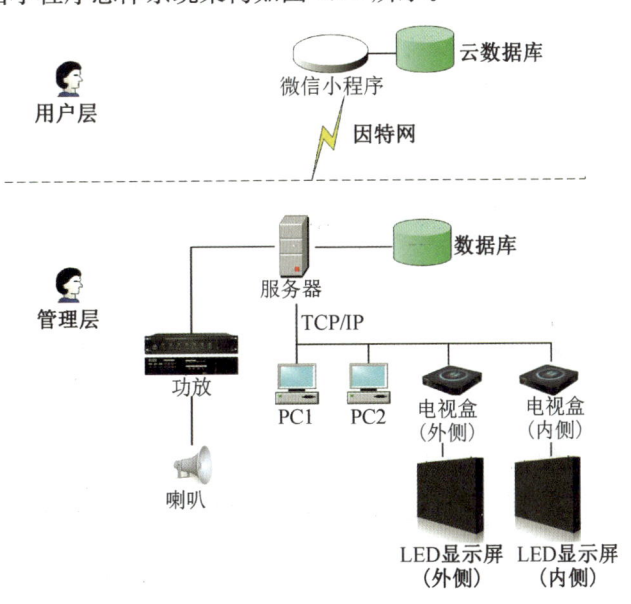

图8.32 船闸调度微信小程序总体系统架构

4. 实现功能

(1)以微信小程序为平台的取号系统,包括注册登录功能、定位功能、取号功能、销号功能、排号状态显示、微信提醒功能、个性化数据库等,如图 8.33 所示。

图 8.33　船闸调度小程序应用

(2)以成熟硬件产品为依托的呼叫系统,包括中控台调度功能、排号信息发布功能、船舶到港自动发号功能、批量呼叫功能、语音呼叫功能等,如图 8.34 所示。

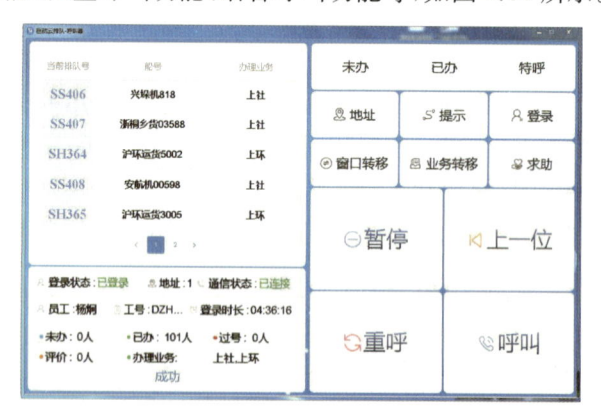

图 8.34　中控调度呼叫平台

(3)通过技术手段实现呼叫形式多样化:广播通知、大屏通知、微信通知,如图 8.35 所示。

图 8.35　大屏幕排号显示

5. 系统流程图

船闸调度微信小程序系统流程图如图 8.36 所示。

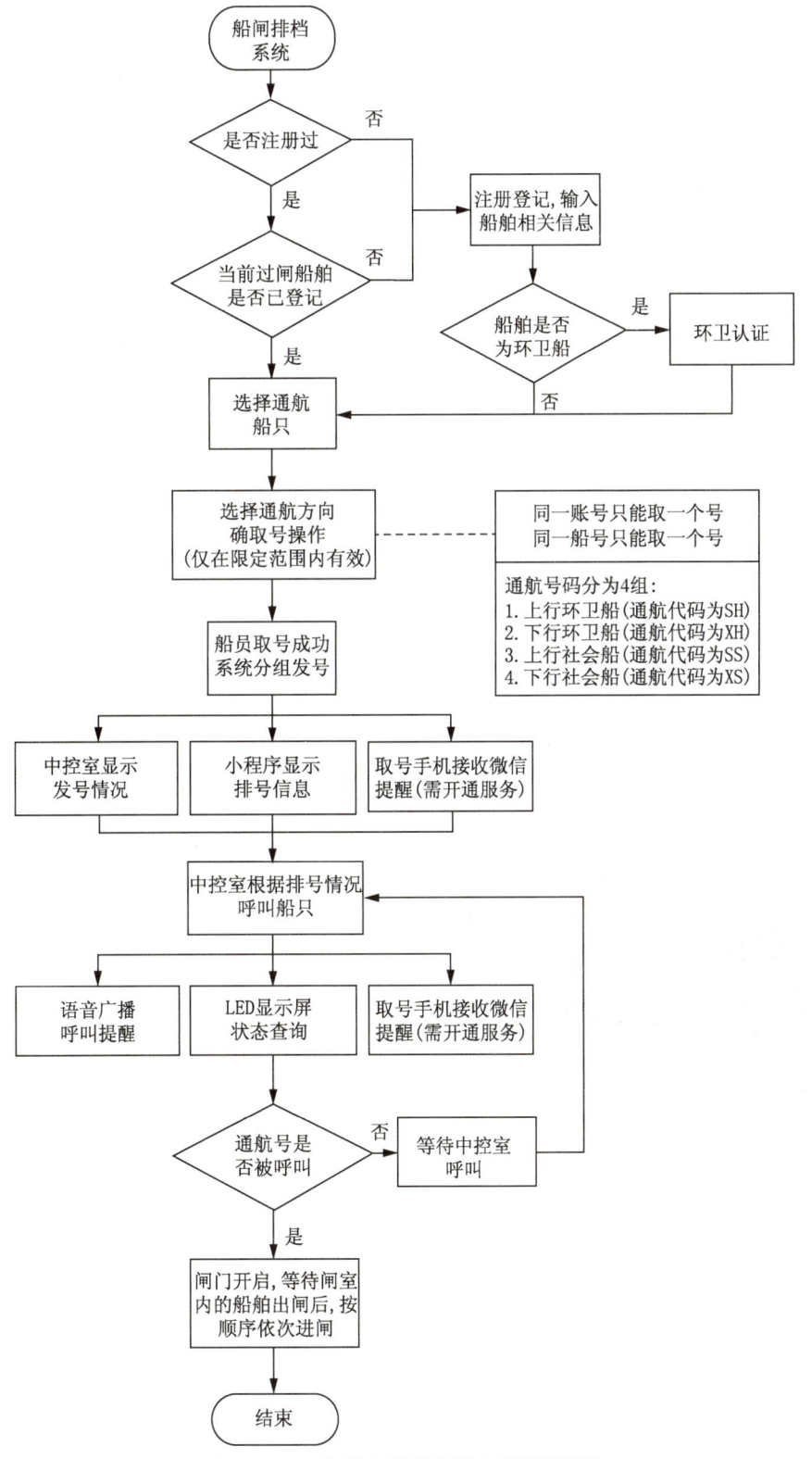

图 8.36　船闸调度微信小程序系统流程图

8.8 泵闸巡查小程序应用探索(以黄浦江上游泵闸为例)

1. 泵闸巡查小程序的应用背景

在黄浦江上游泵闸的日常管理中,泵闸设施设计、施工安装、竣工验收、维修养护等资料部分缺少、分散,日常维修养护记录局限于纸质,可追溯性差,不便于日后的总结与借鉴。除此之外,现场需要巡检的泵闸设施较多,存在漏检、巡检效率低等问题。针对这些痛点问题,应用微信小程序开发平台,设计定制了一个便利、系统的管理工具,方便现场巡检的同时,也提高了管理效率。

2. 实现功能

(1) 通过小程序提醒巡检路线,规范管理,有效预防设备漏检的情况发生。

(2) 日常巡检时,小程序针对每个巡查点、每个检查项需逐一确认状态是否良好,检查内容描述清晰易懂;上报检查结果时,可根据需要附上文字照片加以说明,便于管理人员实时了解现场设备情况。

(3) 巡检中发现问题可实时上报,并将任务下发,通知相关人员维修。待完成维修作业后,通过反馈上报完成闭环管理。

(4) 日常维修养护情况实时统计,记录可追溯,方便查询和管理。

泵闸巡检系统小程序应用如图 8.37 所示。

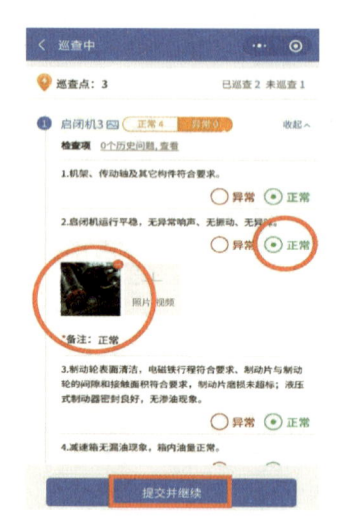

图 8.37　泵闸巡检系统小程序应用

3. 问题上报处置流程

泵闸巡检系统小程序问题上报处置流程如图 8.38 所示。

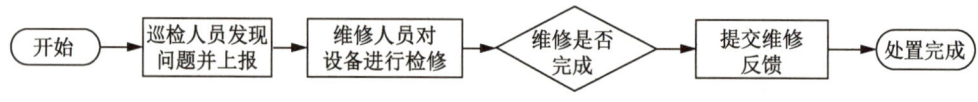

图 8.38　问题上报处置流程图

4. 现场人员巡检流程

泵闸巡检系统现场人员巡检流程如图 8.39 所示。

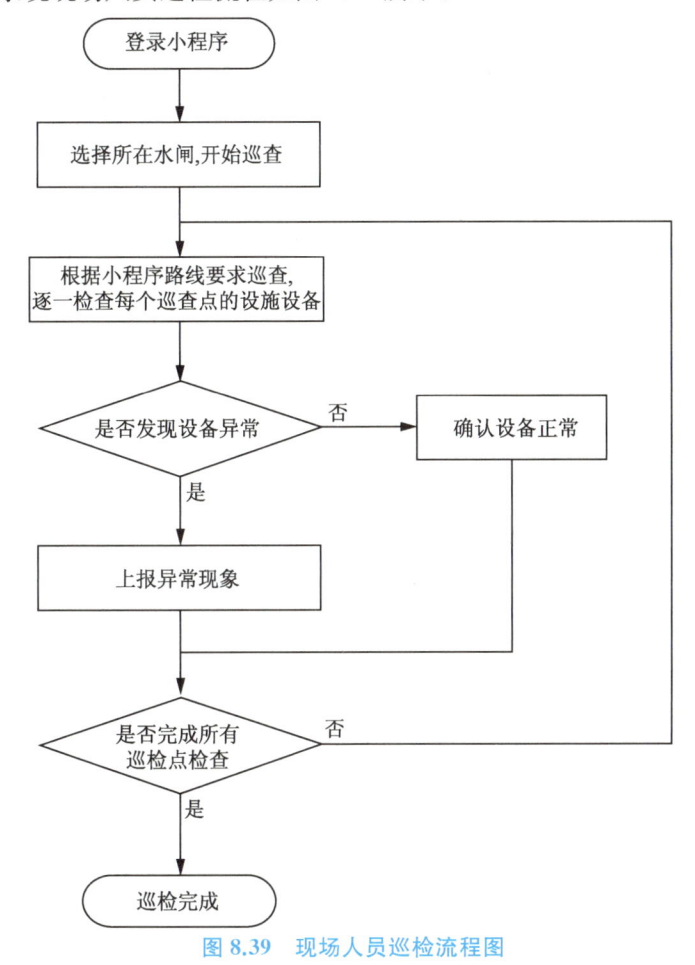

图 8.39　现场人员巡检流程图

5. 闸区巡检操作步骤

（1）打开巡检手机微信里的闸站巡查小程序，如图 8.40 所示。

图 8.40　水闸巡检小程序

（2）根据权限登录，输入巡检人员账号和密码。

（3）进入主界面，点击开始巡查图标。

（4）选择巡检水闸，点击巡查图标。

（5）按照小程序巡检水闸路线，到巡查点对设施设备进行现场检查。确认设施设备情况正常，点击正常图标，如有需求时拍摄现场照片，最后点击提交并继续图标，去往下一个巡查点。

（6）在水闸巡检过程中，发现设施设备有问题，点击异常图标并描述问题再点击提交并继续图标，去往下一个巡查点。

（7）按照小程序巡检水闸路线，完成所有巡检点检查后，点击完成巡查图标。

6. 巡检发现问题上报操作步骤

（1）进入主界面，点击问题上报图标。

（2）选择巡检水闸、区域和设备，并上传照片或视频，再点击问题上报图标。

（3）设施设备维修后，进入巡检小程序点击巡查考核图标。

（4）选择巡检水闸和设备问题项，点击反馈图标。

（5）添加修理完成后照片，点击提交图标。至此，完成问题上报到结案的全过程。

8.9 安防系统在泵闸运维中的应用探索

1. 安防系统简介

安防系统全称安全防范系统（security & protection system，SPS），是以维护社会公共安全为目的，运用安全防范产品和其他相关产品所构成的入侵报警系统、图像监控系统、门禁管理系统、火灾报警系统等，或由这些系统为子系统所组合或集成的电子系统或网络。

2. 安防系统在泵闸运维中的应用

（1）入侵报警系统。在泵闸管理区重要区域或重要设备周边安装入侵报警装置，通过布防可以及时探测非法入侵，并及时发出报警提醒，防止危及安全的事故发生。集中报警控制器通常安装在中控室位置，中控值班人员可以通过该设备对管理区内各位置的报警控制器的工作情况进行集中监视。一旦发生入侵行为，设备能及时记录入侵的时间、地点，同时通过设备发出报警信号。

（2）图像监控系统。在泵闸运维工作中，安全运行管理关乎着泵闸乃至所在区域的安全，为了保障现场人员、设施设备的安全，图像监控系统发挥举足轻重的作用，图像监控系统如图 8.41 所示。

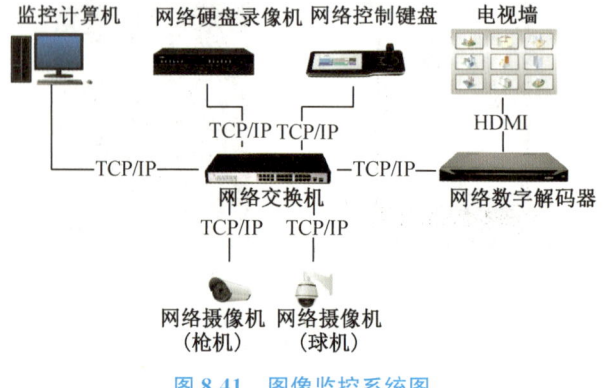

图 8.41　图像监控系统图

①在管理区各重要区域设置定焦摄像机,可应用于定点监视出入口处人员进出情况、闸门搁门器等重要设备的运行情况等,如图8.42所示。

图8.42 搁门器监控画面(定焦摄像机)

②在需要全方位监控的场所设置云台摄像机,可应用于设备运行前的河道巡视、机房巡视、管理区域整体巡视等,如图8.43所示。

图8.43 启闭机房监控画面(全方位云台摄像机)

③在有对话需求的场所可设置具有声音监听、喊话功能的监控系统,可应用于船闸管理中对停泊区船舶和违规钓鱼人员的远程管理等。

④在某些特殊位置设置智能视频监控系统,利用探测报警功能实现对特殊工况的智慧管理,可应用于人员入侵监测、船只闯入监测、船只数量统计、河道漂浮物监测、泵闸开启状态分析等,如图8.44所示。

图8.44 船只闯入监控平台

⑤在中控室设置监控计算机和电视墙，通过在系统显示器或监视器屏幕上可实时查询监控画面，获取录像内容的回放及检索。系统支持多画面回放，所有通道具有同时录像，系统报警屏幕、声音提示等功能。它大大降低了值守人员的工作强度，提高了安全防卫的可靠性。此外，终端显示部分还实现了另外一项重要工作——控制。这种控制包括摄像机云台、镜头控制，报警控制，报警通知，自动、手动设防，防盗照明控制等功能，操作者只需要在系统桌面点击鼠标操作即可，如图 8.45 所示。

图 8.45　图像监控显示屏

（3）门禁管理系统。为了防止恐怖袭击或人为蓄意破坏，以及方便管理及记录泵房出入人员，在中控室、机房、泵房等区域安装门禁系统，通过人脸识别或指纹识别的方式进行实名认证，并记录下进出时间。通过门禁管理软件，可对人员出入权限进行管理，同时支持历史回溯，查询方便，结合视频监控系统可实时掌握当班作业人员的状态。合理设计门禁分布，选用适合的应用模式，可以使整个门禁系统更具有规划性，同时也充分保障了较高的安全性和性价比，从实质上解决了老旧管理模式的安全隐患，如图 8.46 所示。

① 一般场所可以使用进门读卡器、出门按钮方式；
② 特殊场所可以使用进出门均需要刷卡的方式；
③ 重要场所可以采用进门刷卡加乱序键盘、出门单刷卡的方式；
④ 要害场所可以采用进门刷卡加指纹加乱序键盘、出门单刷卡的方式。

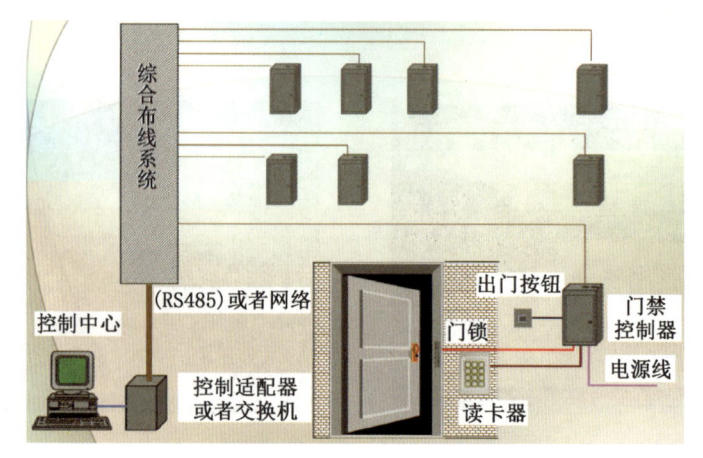

图 8.46　标准门禁系统组成

(4) 火灾报警系统。为避免因火灾造成人员生命和财产的巨大损失，采用火灾自动报警系统是预防、控制及减小火灾危害的主要措施。在火灾初期，可通过探测器实时监测烟雾和环境温度，自动产生火灾报警信号；当现场人员发现火情时，通过按下附近的手动报警按钮，也可人为方式产生火灾报警信号。火灾报警控制器在控制室挂墙安装，当控制器接收到火警信号，控制器显示盘处将即时显示报警的探测器编号及汉字提示等信息，同时发出声音报警，以通知失火区域的人员，如图 8.47 所示。

图 8.47　火灾报警控制器及系统分布图

8.10　钉钉平台在泵闸运维中的应用探索

1. 钉钉平台简介

钉钉（DingTalk）是一款为企业打造的免费沟通和协同的多端平台，提供 PC 版、Web 版、Mac 版和手机版，支持手机和电脑间文件互传。钉钉平台通过云计算、移动协同、物联网、人工智能等新模式，帮助企业全方位提升沟通和协同效率。

2. 钉钉平台在泵闸运维中的应用

（1）内部沟通。实现企业内部沟通平台的统一，通过自动匹配关联组织架构实现成员管理，通讯录一目了然，对接工作方便。钉钉平台通过群聊、私聊、密聊、钉邮等多种沟通方式保证沟通顺畅，"已读未读"标记帮助及时掌握已发消息阅读状态；电话视频会议的应用突破地域界限，实现公司总部与各项目部之间、部门与部门之间的远程会议，打破沟通边界，让工作沟通更人性化、更直接，大大减少沟通成本，提高沟通效率。

（2）考勤管理。钉钉平台根据不同的岗位要求分组进行考勤设置，如：运行工根据排班设置打卡，机修人员根据常日班机制设置等。管理人员可以实时掌握考勤数据，并自动生成报表存档。

（3）审批管理。钉钉平台移动化、无纸化的透明流程管理，简化了审批流程，缩短了审批时间。

（4）工作汇报。由于各项目部比较分散，上层领导无法及时获知项目部的运营情况，通过钉钉日志功能，项目部可通过文字、图片甚至附件等多种形式汇报工作，领导也能随时随地了解员工的工作情况。

（5）文件管理。钉盘作为一个安全的企业云盘，提供了专业的文件存储备份、企业内外共享、管理、协作等服务，分为我的文件、企业内部文件（包括公共区、群文件夹）、共享文件3个分区。根据文件的不同属性，将文件上传至不同分区，分类存放，支持在线编辑和存取。

（6）每月一考。借助钉钉云课堂的线上考试功能，开展泵闸运维从业人员"每月一考"活动，从而达到进一步提高泵闸运维从业人员的综合素质、强化自主学习意识的目的。

（7）业务管理。根据泵闸运行养护要求，借助钉钉氚云平台，泵闸运维人员通过自定义表单、流程、报表等功能，可满足设备管理、泵闸维修管理、项目发包（采购）管理、项目施工管理、物资及备件管理、日常巡视记录等在线管理需求，流程按需配置，全程自动化流转，实现高效内外协作，让业务流程更清晰、更高效。

钉钉平台应用如图 8.48 所示。

图 8.48 钉钉平台应用

8.11 泵闸智慧运维平台应用探索

1. 目的

泵闸运维企业建立泵闸智慧运维平台，能紧密结合精细化管理的工作要求，满足泵闸工程控制运用、检查观测、设备设施管理、维修养护、项目管理、安全管理、档案资料、制度与标准、水行政管理、任务管理、效能考核等方面的业务管理需要，力求具备较完整的泵闸工程智慧运维功能。

泵闸智慧运维平台一般可设置综合事务、运行管理、检查观测、设备设施、安全管理、项目管理、水行政管理等基本管理模块和移动客户端，具体模块和功能可视实际需求确定，如图 8.49 所示。

图 8.49 泵闸智慧运维平台

2. 总体要求

(1) 泵闸智慧运维平台应符合网络安全分区分级防护的要求，一般将泵闸工程监测监控系统和业务管理系统布置在不同网络区域。

(2) 泵闸智慧运维平台应采用当今运用成熟、先进的信息技术方案，功能设置和内容要素符合泵闸工程管理标准和规定，能适应当前和未来一段时间的使用需求。

(3) 泵闸智慧运维平台应紧密结合泵闸工程业务管理特点，客户端符合业务操作习惯。系统具有清晰、简洁、友好的中文人机交互界面，操作简便、灵活、易学易用，便于管理和维护。

(4) 泵闸智慧运维平台各功能模块应以工作流程为主线，实现闭环式管理。不同功能模块间的相关数据应标准统一、互联共享，减少重复台账。

3. 基本功能

(1) 综合事务。泵闸智慧运维平台可设置任务管理、教育培训、制度与标准、档案管理、绩效考核等功能项。

① 任务管理功能项可将管理事项进行细化分解、落实到岗到人，并进行主动提醒，对完成情况跟踪监管，提高工作的执行力。

② 教育培训功能项可制订培训计划并上报，记录培训台账，对培训工作进行总结评价，也可为个人业绩考核提供参考。

③ 制度与标准功能项可录入查询规章制度、管护标准、工作手册、操作规程、作业指导书等，供学习执行，也应反映管理制度与标准的修订、审批过程信息。

④ 档案管理功能项可按照档案管理分类，对系统形成的电子台账进行档案管理、查阅。它能按照科技档案分类，对系统形成的电子台账进行管理，提供查询功能。

⑤ 绩效考核功能项可进行单位(或项目部)效能考核和个人绩效考核，记录考核台账，单位(或项目部)管理成效、个人工作业绩，可调取系统其他模块信息提供给考核评价参考。

(2) 运行管理。泵闸智慧运维平台可设置调度管理、操作记录、值班管理、"两票"管理、运行日志等功能项。

① 调度管理功能项可实现泵闸工程调度指令下发、执行，能够记录、跟踪调度指令的流转和执行过程，并能够与监控系统的调令执行操作进行关联与数据共享。

② 操作记录功能项可对泵闸工程调度指令下达、操作执行、结束反馈等全过程信息进行汇总、统计与查询。在监测监控系统中执行操作流程，在业务管理系统中调取监测监控系统操作记录和运行数据，并与调度指令执行记录一并进行汇总、查询。

③ 值班管理功能项可以自动对班组进行排班，实现班组管理、生成排班表、值班记事填报、值班提醒、交接班管理等。

④ "两票"管理功能项可实现工作票的自动开票和自动流转，用户可对工作票进行执行、作废、打印等操作，并自动对已执行和作废的工作票进行存根，便于统计分析。同时可对操作票链接查询。

⑤ 运行日志功能项可实现业务管理系统与监控系统主要运行参数、控制操作自动链接录入，将工程各类数据录入运行日志及相关运行报表，便于系统查询与相关功能模块的

链接引用。

（3）检查观测。泵闸智慧运维平台可设置日常检查、定期检查、专项检查、检测试验、工程观测等功能项。

① 日常检查功能项按照日常巡查、经常检查不同的工作侧重点，主要采用移动巡检的方式进行，预设检查线路、内容、时间，任务可自动或手动下达给检查人员，对执行情况进行统计查询。对发现问题提交相应处置模块。

② 定期检查功能项可编制任务并下达至相应检查人员，检查人员按定期检查要求执行交办的检查任务，并将检查结果录入系统，形成报告，对存在问题进行处理。如需检修可运行相应功能模块。

③ 专项检查功能项可根据泵闸工程所遭受灾害或事故的特点来确定检查内容，参照定期检查的要求进行检查，重点部位应进行专门检查、检测或专项安全鉴定。对发现的问题应进行分析，制定修复方案和计划并上报。

④ 试验检测功能项可录入查看泵闸工程年度预防性试验、日常绝缘检测、防雷检测、特种设备检测等试验检测的统计情况，并对历年数据进行统计分析。对试验发现的问题可提交处理并查询处理结果。

⑤ 工程观测功能项主要包括观测任务、仪器设备、观测成果和问题处置等，将垂直位移、河床断面、扬压力测量、伸缩缝测量等原始观测数据导入系统，由系统自动计算，生成各个观测项目的成果表、成果图，并能以可视化方式展示查询。

（4）设备设施。泵闸智慧运维平台可将设备设施进行管理单元划分和编码，以编码作为识别线索，进行全生命周期管理，并设置对应二维码进行扫描查询。可设置基础信息、设备管理、建筑物管理、缺陷管理、备品备件等功能项。

① 基础信息功能项主要包括设备设施编码、技术参数、二维码和工程概况、设计指标等。编码作为设备设施管理的唯一身份代码，设备设施全生命周期管理信息都可通过编码或对应的二维码进行录入查询。

② 设备管理功能项的重点是建立设备管理台账，记录和提供设备信息，反映设备维护的历史记录，为设备的日常维护和管理提供必要的信息，一般包括设备评级、设备检修历史、设备变化、备品备件、设备台账查询等内容。

③ 缺陷管理功能项可对泵闸工程发现的设施设备缺陷按流程进行规范处置，形成全过程台账资料。能积累缺陷管理资料和信息，统计分析缺陷产生原因，有利于采取预防和控制对策。

④ 备品备件功能项主要适用于泵闸工程备品备件的采购、领用及存放管理，制定备品备件合理的安全库存，将备品备件和材料的申请、采购、领用进行流程化管理。可以实时查询调用备品备件的所有信息。

（5）安全管理。泵闸智慧运维平台的安全管理可遵循安全生产法规，结合安全生产标准化建设的要求，从目标职责、现场管理、隐患排查治理、应急管理、事故管理、安全鉴定等方面设置功能项，部分内容可链接生产运行、检查观测、设备设施、教育培训等功能模块信息，形成全过程管理台账，对问题隐患进行统计查询、警示提醒和处置跟踪。

（6）项目管理。泵闸智慧运维平台能够按照上海市泵闸工程维修养护项目管理相关规定,注重实施的计划性、规范性、及时性。针对计划申报、批复实施、项目采购、合同管理、施工管理、方案变更、中间验收、决算审核、档案专项验收、竣工验收、档案管理等方面的工作。泵闸智慧运维平台可设置项目下达、实施方案、实施准备、项目实施、验收准备、项目验收等功能项,实现全过程全方位的管理监督,可实时了解工程形象进度、经费完成情况和工作动态信息,实现网络审批,查询历史记录,提高项目管理效率。

(7) 水行政管理。泵闸智慧运维平台水行政管理主要包括人员落实、划界确权、执法巡查、涉水监管和普法宣传等功能项,能形成日常工作记录台账,通过 GIS 地图查看泵闸工程管理范围线及桩(牌)矢量分布图,实地埋设的管理线桩(牌)、界桩、界牌、告示牌等已知点地理坐标信息。同时,对泵闸工程管理范围进行移动巡查,并记录违法违章事件处置或上报全过程资料。

(8) 移动客户端。为便于信息的及时发布上传、发布和查询,泵闸智慧运维平台可开发手机 APP 移动客户端,推送泵闸工程运行信息、工作任务提醒、工作实时动态、异常情况预警等。

8.12 数字标识标牌的应用前景

经济和社会的发展是科技进步的原动力和催化剂,在未来将会有更多的新材料和新技术得以应用到泵闸目视项目的设计和制作当中去,目视标识产品的科技化程度将会越来越高,科技发展所带来的新成果将会在标识产品中得到充分的体现,这一点毋庸置疑,因为目视项目设计制作不是一成不变的静态发展,而是带有鲜明时代特点和时代烙印的动态化产物,所以目视标识产品科技化程度的提高也会是指日可待。数字标识标牌将会凭借互动、多元化的显示效果等诸多的特色优势成为泵闸工程运维精细化管理的宠儿。

泵闸工程主入口或展示室、教学室、技师工作室,以教育推广为重要目标。在宣传展示的目标上除了介绍知识,还要引发观众美感,进而激发其深入了解的兴趣。为了达到这一目的,目前泵闸工程管理单位和运维单位正执着地追求声、光、电以及 3D、4D 等科技效果的运用,最大限度地激发观众的参观兴趣,将管理文化魅力更加直白、生动地展现出来。

与传统的泵闸工程参观相比,新型的泵闸工程宣传展示方式,突出优势就是拥有对文化的深入研究,如何既能进行相应知识解说,又能体现科技创新、管理特色和文化自觉,正成为泵闸工程提升运行和社会服务质量的关键点。借助数字标识标牌,参观者就可以更加自主地掌控节奏。可以设立专门的数字标识标牌信息处,参观者可以通过多点触摸等方式自主查询,结合图片、视频等多种形式,详尽了解自己所感兴趣的管理成效。同时,对于部分难以通过实物展示的管理特色和创新成果,可通过数字标识标牌的虚拟技术进行还原展示,让观众能够更为直观地进行了解。

数字标识标牌还可以与时下流行的社交平台进行整合,可以设计专门的信息展示平台,汇集参观者的感想、点评等,在活跃氛围的同时,更对自身形象进行推广,一举两得。

8.13 泵闸工程目视精细化项目的设计探索

泵闸工程目视化的最终成效,很大程度上取决于设计的优化。泵闸工程目视精细化项目的设计应包括自主设计和专业设计。自主设计是专业设计的基础,也是专业设计的深化。泵闸工程目视项目设计工程中,除了与其他工程设计有着一定的共性外,它还有着十分具体的个性,包括标识标记、说明及名称的准确性、标识显示的易辨性、标牌材质及色彩的实用性。应将泵闸工程目视化作为一种管理文化工程项目,在设计和应用中,注意把握目视应用的原则和要点,以期达到最佳效果。同时,应坚持自主设计与专业设计相结合,基本要点的把握与现场运维的动态更新相结合。

8.13.1 泵闸工程目视项目设计的基本要求

1. 内容

(1) 内容包括文字和图形,文字应准确、简洁,图形应清晰、美观。

(2) 文字格式符合以下要求:

① 字体宜采用黑体、楷体或宋体,每个工程相同用途的标识标牌所用字体应统一;

② 字号、间距、行距应与标识标牌尺寸协调。

2. 材质

(1) 室内标识标牌宜采用附着式或悬挂式,选用耐久性好、安装方便的贴面材料制作。

(2) 室外标识标牌宜采用卧式或立式,选用耐久性好、强度高的材料制作。

(3) 标识标牌内容变更频率较高时,宜选择便于更替的材料制作。

3. 形状和尺寸

(1) 标识标牌的形状和尺寸应根据实际情况合理设置。

(2) 并排摆放的标识标牌,其形状和尺寸宜保持一致。

4. 颜色

(1) 标识标牌的前景色和背景色应对比明显,能突出显示标识标牌内容。

(2) 标识标牌的颜色应与环境协调。

5. 注意事项

(1) 项目设计要按泵闸工程的实际需要进行,讲求实效,不搞花架子,不搞形式的东西。

(2) 项目设计要严格统一标准,不搞五花八门的东西。

(3) 项目设计要做到简单、明了,一看就懂,便于泵闸工程运行、维护、监督执行。

(4) 标识标牌要做到醒目、清楚,设置在大家看得到的地方。

(5) 项目设计在实施时注意节俭办事,不要形成新的浪费。

(6) 目视管理规定要严格执行,严格遵守,违反了目视管理规定要严肃对待,严肃处置,决不可流于形式。要加强目视管理的权威性。

8.13.2　泵闸工程目视项目设计中的规范性要求

泵闸工程目视项目设计中凡是国家和行业有规定要求的，必须统一执行国家和行业标准。这些标准包括：

泵站技术管理规程(GB/T30948—2014)；
水闸技术管理规程(SL75—2014)；
安全色(GB2893—2008)；
安全标志及其使用导则(GB2894—2008)；
公共信息图形符号(系列)(GB/T10001—2012)；
图形符号术语(GB/T15565—2020)；
公共信息导向系统设置原则与要求(系列)(GB/T15566—2020)；
标志用图形符号表示规则公共信息图形符号的设计原则与要求(GB/T16903—2021)；
设备用图形符号(系列)(GB/T16273—2008)；
消防安全标志第1部分：标志(GB13495.1—2015)；
消防安全标志设置要求(GB 15630—1995)；
工作场所职业病危害警示标识(GBZ 158—2003)；
道路交通标志和标线(系列)(GB 5768—2009)；
内河助航标志(GB 5863—1993)；
起重机械安全规程(系列)(GB/T6067—2010)；
工业管道的基本识别色、识别符号和安全标识(GB7231—2003)；
疏散平面图设计原则与要求(GB/T 25894—2010)；
公共服务领域英文译写规范(系列)(GB/T 30240—2013)；
消防应急照明和疏散指示系统技术标准(GB51309—2018)；
电力电缆线路运行规程(DL/T 1253—2013)；
消防安全标志通用技术条件(系列)(XF 480.1—2004)；
公路交通标志和标线设置规范(JTGD82—2009)；
电力系统厂站和主设备命名规范(DL/T1624—2016)；
国家电网公司安全设施(Q/GDW434)；
上海市水闸维修养护技术规程(SSH/Z10013)；
上海市水利泵站维修养护技术规程(SSH/Z10012)。

除以上标准以外还应执行水利、水运、电力等部门其他相关规范性文件要求。

8.13.3　泵闸工程目视项目设计中的视觉性要求

标志的设置位置应合理醒目，应能引起观察者注意、迅速判读，有必要的反应时间或操作距离。例如，设置的安全文明标志，应使大多数观察者的观察角接近90°。标志不应设在门、窗、架等可移动的物体上。标志前不得放置妨碍认读的障碍物。

泵闸工程管理区标识标牌安装的位置要显眼，易被人一眼所见，要避免被树木花草、建筑物遮挡，并且标识标牌设置的环境应该要亮度充足，要避免处于阴暗的地方，因为阴暗处容易被人忽视。

标识标牌采用粘贴方式时,应粘贴在表面平整的硬质底板或墙面上,粘贴高度宜为1 600 mm。标识标牌当采用竖立方式安装时,支撑件要牢固可靠,标志距离地面高度宜为800 mm。高度均指标识标牌下缘距地面的垂直距离。当不能满足上述要求时,可视现场情况确定。

标识标牌应突出透明化,将需要看到的被遮隐的地方显露出来。

标识标牌应突出界限化,标示正常与异常的定量界限,使之一目了然。

8.13.4 泵闸工程目视项目设计中的材质要求

标牌制作的材质种类很多,如常用的金属材质有铜、铝、不锈钢;常用的非金属材质有塑料薄膜、硬质塑料等。其中哪种材质用于哪些环境,具备哪些特点,在设计时必须进行科学分析。必须了解各种材质的性质,如金属标牌,若无严密、牢固的防蚀刻的保护层,应绝对禁止用于有蚀刻性液体或气体逸出的设备上。如三氯化铁、氯化铜、硫酸铜、过硫酸铵、氯化锌及酸、碱等溶液和气体,对铜、铝等都有很强的蚀刻作用。短则几天,长则数月就会使这些标牌面目全非,无法辨认。

非金属标牌,不宜用于高温环境中工作的热加工设备,以免温度过高使其变形或提前老化,严重者致使材质熔化或炭化。任何材质在具体的产品上都有一定的适用领域,否则,不但反映设计者对材料适用性能方面的认识不足,同时也将会给社会产生极大的资源浪费。

下面,介绍几种目视项目材质。随着科技及工艺的发展,将会有更多新型材料不断加入目视行业的产品制作中来。

1. 木材

木材是能够次级生长的植物所形成的木质化组织,是多孔纤维状的组织。乔木和灌木在初生生长结束后,根茎中的维管形成层开始活动,向外发展出韧皮,向内发展出木材。选择木材用作目视项目,看起来自然、环保。目视项目设计中常用的木材为防腐木、塑木、密度板等。

2. 石材

这里的石材是天然粗加工的石材,这类石材的纹理特别漂亮,自带一份文化底蕴,不少景区用石材材质来制作目视牌,形成自有的肌理体验,因为其比较坚固,不容易损坏,但缺点是太厚重,不利于加工,表面处理成本高。

3. 金属

金属是目视项目设计中最常用的一种材质,它可以做出很多高品质的目视牌,主要以不锈钢、冷轧板、铝合金板、耐候钢、铜板等材质形式进行运用。同时,金属材质因其特有的易切割、焊接特性,多变的表面处理工艺,往往被用以替代前面所提及的原生态材质。常见的金属表面处理工艺包括高分子纳米渗透纹理、金属复合电镀、高密度仿生、升华热转印、水转印等。

(1) 不锈钢材料。它指耐空气、水蒸汽、水等弱腐蚀介质和酸、碱、盐等化学侵蚀性介质腐蚀的钢,又称不锈耐酸钢。不锈钢有亮光(镜面)和亚光(拉丝)2种,质感好,氧化缓慢,平整性好,表面光洁,有较高的塑性、韧性和机械强度,耐酸、碱性气体、溶液和其他介质的腐蚀,是一种不容易生锈的合金钢,但不是绝对不生锈,成本高,色彩比较灰暗、单一。型号有201号、304号、316号等。规格为1 000×2 000 mm、1 220×2 400 mm、1 500×3 000 mm。常用厚度为0.8 mm、1.0 mm、1.2 mm、1.5 mm、2.0 mm、3.0 mm等。

(2) 冷轧薄钢板。它是普通碳素结构钢冷轧板的简称,俗称冷板。冷轧薄钢板由普通碳素结构钢热轧钢带,经过进一步冷轧制成厚度小于4 mm的钢板。常温下轧制不产生氧化铁皮,因此,冷轧薄钢板表面质量好,尺寸精度高,再加之退火处理,其机械性能和工艺性能都优于热轧薄钢板,在许多领域已逐渐用它取代热轧薄钢板,它硬度高,加工相对困难些,但是不易变形,强度较高。优点为可塑性强,容易折弯、切割、焊接、打磨、加工方便,着色附着力强,可做各种造型,而且成本较低,但氧化快,易生锈(一般烤漆处理)。冷轧薄钢板规格为1 000×2 000 mm、1 220×2 440mm、1 250×2 500 mm、1 500×3 000 mm,常用厚度为0.8 mm、1.0 mm、1.2 mm、1.5 mm、2.0 mm、2.5 mm、3.0 mm等。

(3) 热轧钢板。它是以板坯(主要为连铸坯)为原料,经加热后由粗轧机组及精轧机组制成带钢,俗称热板。其硬度低,加工容易,延展性能好,强度相对较低,表面质量差点(有氧化、光洁度低),但塑性好,一般为中厚板。热轧钢板规格为1 260×6 000 mm、1 510×6 000 mm,常用厚度为3.0 mm、4.0 mm、5.0 mm、8.0 mm、10 mm、15 mm等。

4. 塑料

塑料的运用范围非常广,其成本可控且加工便利,时尚新颖。主要分亚克力、玻璃钢、PVC板、半透树脂、阳光板等类别。

亚克力板俗称有机玻璃,化学名称叫聚甲基丙烯酸甲酯,是由甲基丙烯酸酯聚合成的高分子化合物,是迄今为止合成透明材料中质量较优异的。它具有高透光度,有极佳的耐候性,尤其应用于室外,居其他塑胶之冠,并兼有良好的表面硬度与光泽,加工可塑性大,可制成各种所需要的形状及产品。亚克力板规格为1 220×2 440 mm、1 220×1 830 mm,常用厚度为2.0 mm、3.0 mm、5.0 mm、8.0 mm、10.0 mm、12.0 mm、15.0 mm、18.0 mm等。

5. LED显示屏

随着LED产业的进步,LED显示屏用途越来越广泛,它可以将文字、图片、动画及视频通过丰富多变的色彩实时显示,无论是白天还是晚上,呈现的内容都特别醒目。详细介绍参见本章第8.5节。

8.13.5 泵闸工程目视项目设计中的准确性要求

不论是标牌还是面板都具有标识和装饰的双重作用。就标识作用而言,品名、型号、规格、技术条件、刻度指示、文字说明等,必须清楚、准确。标识准确与否,直接反映出产品质量及精度的等级。

8.13.6 泵闸工程目视项目设计中的易辨性要求

标识显示是人机对话的语言。人们通过标识操纵设备,设备通过标识显示,做出相关信息的语言反馈。因此，标识必须易于辨认，文字、刻度必须准确、清晰，使设备的语言清楚易懂。对于一些视力有障碍的人士，可适当添加声音或触觉感应的辅助功能。在标识标牌上不适合用大段复杂的文字，应该使用简单精炼便于识别和记忆的文字。为了照顾不同文化差异人们的理解能力，可以使用通用的符号和图案作为文字标识的补充。

8.13.7　泵闸工程目视项目设计中的色彩要求

目视标识标牌的面饰色彩，可以根据不同的需要，设计得绚丽多彩。但是，单纯多彩和美观，并不能代替其实用性。色彩不仅具有装饰性，更具有功能性，二者的统一，才可称得上色彩应用的科学性与实用性。

特殊环境中的习惯流行色，虽然早已为人们所习惯，但最初确定其色彩时，仍然具有充分的科学依据，因此这些流行色彩一直为人们所沿用。譬如，交通路口的红灯，就是利用红光的波长这一特点能在雨雾天气发挥其色彩的功能作用，在很远距离都能清晰可见。同样，采用红色这一注目的特点，不单是为了装饰的需要，而在某些特定场合更有可能是利用色彩的功能唤起人们的联想。又譬如，利用红色装饰消防设备，以提醒人们的注意，在紧急时刻容易发现。由于习惯关系，红色的消防设备可以给人们以烈焰和鲜血的联想，从而使人们内心产生一种灭火的紧迫感。

8.13.8　泵闸工程目视项目设计中的经济性要求

在满足标识标牌功能与色彩效果的基础上，面饰的经济性是控制产品成本的有力措施之一。易耗产品的标牌面饰，如采用过于复杂的加工工艺或选用较为贵重的材质，势必增加产品成本；对高档名贵产品的标牌面饰，如采用粗糙的材质和加工工艺，会使标牌质量低劣，牢固性差，势必有损产品的名贵、精密的形象，甚至使产品不能发挥应有效果。因此，单纯地强调经济性或强调标牌面饰工艺，都不能设计出合理的产品。

产品的经济性与工艺、材料的选择是密切相关的。设计产品必须按现有的物质条件和工艺条件决定，离开现有的物质基础及工艺条件，设计要求过高的标牌面饰，其结果不仅达不到预期效果，设计失败，还将浪费大量的人力和物力。

8.13.9　泵闸工程目视项目设计中的艺术性要求

艺术性要求包括造型设计、色彩设计、标识设计和工艺选择。在能够表现目视项目功能的前提下，应将美学观点和艺术处理的手段融合在整个设计中。利用工艺、材料等条件，充分体现出产品的造型美及色彩美，使产品具有显著的艺术特色。造型设计的比例应当协调、美观，并兼顾科学性与经济性，即造型比例应为人们容易接受，而且便于加工。色彩设计应在符合产品使用性能的前提下，协调合理、重点突出。

在标识设计中，图案应具有特色，文字应清晰美观，符合人们的使用习惯。设计者应了解材料加工的工艺过程，这是保证产品设计的愿望符合材料加工可能性的重要因素之一。不同的材料加工工艺可产生不同的装饰效果，但有些完全不同的材料加工工艺，也可以产生相同的装饰作用。这就要求设计者清楚地了解各种工艺手段所能产生的艺术效果。

泵闸工程目视项目除了功能上的要求，还应和周边的环境和谐搭配，相互辉映，尤其是外围环境标识（包括公共信息图形符号、公共休息设施标志、导向标志等）要特色突出，有艺术感和文化气息。应坚持室内外目视风格的协调，将目视化与园林景观有机结合。

8.13.10　泵闸工程目视项目设计中的时代性要求

目视项目设计的科学性、艺术性及先进的工艺构成了产品的时代性。好的目视项目设计能反映出时代科学技术的面貌，也能体现现代的审美观。各个不同的阶段都会出现一些有代表性的设计潮流与工艺技术，有时还会在某一个时期形成一种时代的潮流，使人们产生新的感受。各个时期的目视项目的设计都应会留下时代的烙印，记载着时代进步的历程。

随着形势发展，设计思想应逐步开放，注重与国际接轨，目视项目的设计风格应注意标识标牌的装饰作用，体现个性化的设计和展示；注重新材料、新技术、新结构的运用。技术正是这一时期有代表性的设计。

应注重泵闸工程部分标识系统的唯一性，彰显本单位的形象、特色、主题文化，泵闸工程目视项目应以此为设计指导理念，实现量身而设的唯一性。

应注重泵闸工程区域指示和提醒标识的关怀性，前方或周边环境有什么需要特别注意的事项等，给人们以温馨提醒，"以人为本"的理念是贯穿的精髓。

同时，设计中应突出信息化，要充分利用二维码技术、考勤系统、视频系统、LED显示屏、多点触摸显示屏、目视巡检系统、泵闸工程三维展示、360°全景活动以及采用视觉化语言编制管理流程等，将泵闸工程的管理要素充分展示。

8.13.11　泵闸工程目视项目设计中的安全性要求

泵闸工程目视项目设置后，不应构成对人身伤害、设备安全的潜在风险或妨碍正常工作。在专项设计时，应按相应的设计规范要求进行，应确保使用者在安全距离内容易看到且易于阅读；能及时提醒使用者注意潜在危害并采取相应措施。必要时，应为目视标识标牌提供适当的保护措施，以避免由于磨损、日照、玷污、温度骤变等原因造成其破损、脱落、褪色和模糊。同时，也应注重目视标识标牌的耐久性。

第 9 章

泵闸工程目视精细化管理的实施

9.1 泵闸工程目视精细化管理实施的总体思路和工作要点

9.1.1 总体思路

泵闸工程管理单位、运行养护单位其推进泵闸工程目视精细化管理应基于行业工作性质和特点，根据实际需求，在现有规范化管理的基础上，借鉴精细化管理的理念和方法，倡导精益求精的工作态度，弘扬追求卓越的"工匠精神"，转变工程管理传统思维模式，把精细化管理作为泵闸工程规范化管理的"升级版"、安全运行的"总开关"；贯彻"精、准、细、严"的核心思想，在泵闸工程现场推行系统化、标准化、流程化、信息化的基本方法，形成全过程、重细节、闭环化、可追溯的目视管理机制，重点推进"八大管理目视化"（管理事项目视化、管理标准目视化、管理制度目视化、管理流程目视化、管理安全目视化、管理文化目视化、管理平台目视化、管理评价目视化），通过细化目标任务、明晰工作标准、规范作业流程、健全管理制度、加强安全管理、构建信息平台、弘扬先进文化、强化考核评价，探索符合现代化要求的泵闸工程现场精细化管理模式，促进泵闸工程管理由粗放到规范、由规范向精细、由传统经验型向现代科学型管理转变，构建更加科学高效的工程管理新体系，保证泵闸工程安全运行，促进水利工程管理水平提档升级。

9.1.2 工作目标

目视精细化管理工作在市管泵闸工程（含船闸工程）现场逐步推进，立足实际，典型示范，拓展延伸，永续渐进，实现目视精细化管理全覆盖，促进管理体系不断完善、管理技术不断升级、管理能力不断增强、管理质效不断提升，构建水利工程精细化管理新模式，在市管泵闸工程中建成一批目视精细化管理示范工程，打造水利工程管理"上海品牌"。

9.1.3 工作要点

1. 实施管理事项目视化

根据年度工作计划，细化分解季、月、周工作任务清单，将任务落实到管理岗位、具体人员，并在泵闸工程现场目视。

2. 实施管理标准目视化

制定控制运用、检查观测、维修养护、安全生产等管理行为和设备设施状况、工程环境等方面的工作标准体系,并通过标识标牌、管理看板等形式在泵闸工程现场目视。

3. 实施管理流程目视化

规范控制运用、检查观测、维修养护、安全生产、水政执法、档案管理、环境管理等主要工作流程,编制典型工作作业指导书,将主要内容张贴或悬挂,引导运维和管理掌握要领。

4. 实施管理制度目视化

完善管理细则、规章制度、操作规程等制度体系,主要职责和操作规程应上墙展示,并注重管理制度执行效果的监督评估和总结提高。

5. 实施管理安全目视化

推行安全生产标准化建设。通过安全标志、管理看板等形式,在泵闸工程现场明确安全目标,落实安全责任,加大现场安全投入,加强安全教育,开展危险源辨识和风险控制,抓好隐患排查和治理,做好应急响应,确保所管泵闸工程安全生产无事故,并坚持持续改进。

6. 实施管理文化目视化

在泵闸工程管理中,坚持文化引领,倡导设计文化、细节文化、素质文化、安全文化、廉政文化、监督文化等行为,梳理水文化文脉,将先进的文化元素、管理理念融入泵闸工程设施运维,融入治水、用水、管水、节水、护水、乐水细节,自觉提升水文化品位,推进现代水利发展。

7. 实施管理平台目视化

借助信息技术开发泵闸工程管理信息系统,将精细化管理相关要求结合到工程监控和管理信息化应用系统中,促进工程管理可视化、精细化落地生根。

8. 实施管理评价目视化

建立工作目标管理、个人绩效考核、现场目视管理等考核机制,落实奖惩激励措施。开展目视精细化管理工作评价,通过 PDCA 循环法,促使泵闸工程管理水平不断提升。

9.2 泵闸工程目视精细化管理的工作流程

9.2.1 实施步骤

泵闸工程目视项目精细化管理的实施步骤,参见表 9-1。

表 9-1 泵闸工程目视项目精细化管理实施步骤表

序号	作业顺序	作业要点	备注
1	准备工作	标杆学习,引入理念;现场诊断,了解情况;成立机构,开展培训;选定场所,准备物资。	
2	划分区域和管理事项	按部门划分区域,分为职能部门与运行养护部门,按工种分区域。	便于目视化标识张贴,更方便泵闸工程统一管理。

续表

序号	作业顺序	作业要点	备注
3	现场整理	区分现场需要和不需要的物品,不需要的要坚决清理;持续推进,持续完善。	不进行整理,员工无法养成习惯;好制度无法贯彻。
4	现场整顿	将必需品放置于任何人都能立即取到和立即放回的状态,明确责任人,实行科学布局,快捷取用。	
5	现场清扫	清扫是从上到下,从里到外进行;全员参与。	彻底清扫能发现设备隐患;能够使目视物清洁美观。
6	委托设计和业务培训	委托专业人员进行设计,明确设计基本要求,把握设计原则。	
7	标识制作、选定颜色并标示	清理各类物品后,在正常状态下制作标识(突出标准化和个性化)。选定合适的颜色;选定符合单位 CI(企业形象)及整体目视要求。	颜色统一明确,规范。
8	标识标牌安装维护	按标识标牌安装、维护标准进行。	
9	结果和实例整理	在实践中不断搜集各种有效方法,并加以整理,形成本单位独有的目视化管理体系。	
10	标准化	不断改进、完善、整理,逐步将目视管理形成标准化,以最直接、有效的目视方法论,指导本单位的目视管理工作。	

9.2.2 实施流程图

泵闸工程目视精细化项目实施流程图如图 9.1 所示。

9.3 泵闸工程目视精细化的准备工作

9.3.1 标杆学习,引入理念

此阶段的主要工作是通过学习供电、交通、水利等行业优秀企业目视化管理和精细化管理的经验,导入目视精细化理念,使泵闸管理单位和运维企业中高层管理人员了解目视精细化管理的含义、内容和作业,为开展泵闸工程全面目视精细化管理打好基础。包括参观考察、业务培训、聘请专家授课、召开动员会、组织恳谈会等。

9.3.2 现场诊断,了解情况

此阶段的主要工作是对泵闸工程运维企业及其现场项目部的现状进行诊断,应用科学的方法找出泵闸工程现场及管理上存在的问题,分析问题产生的原因,为下一步制定推进方案、明确推进目标奠定基础。调查诊断也可以借助外力,聘请专家到现场指导,然后

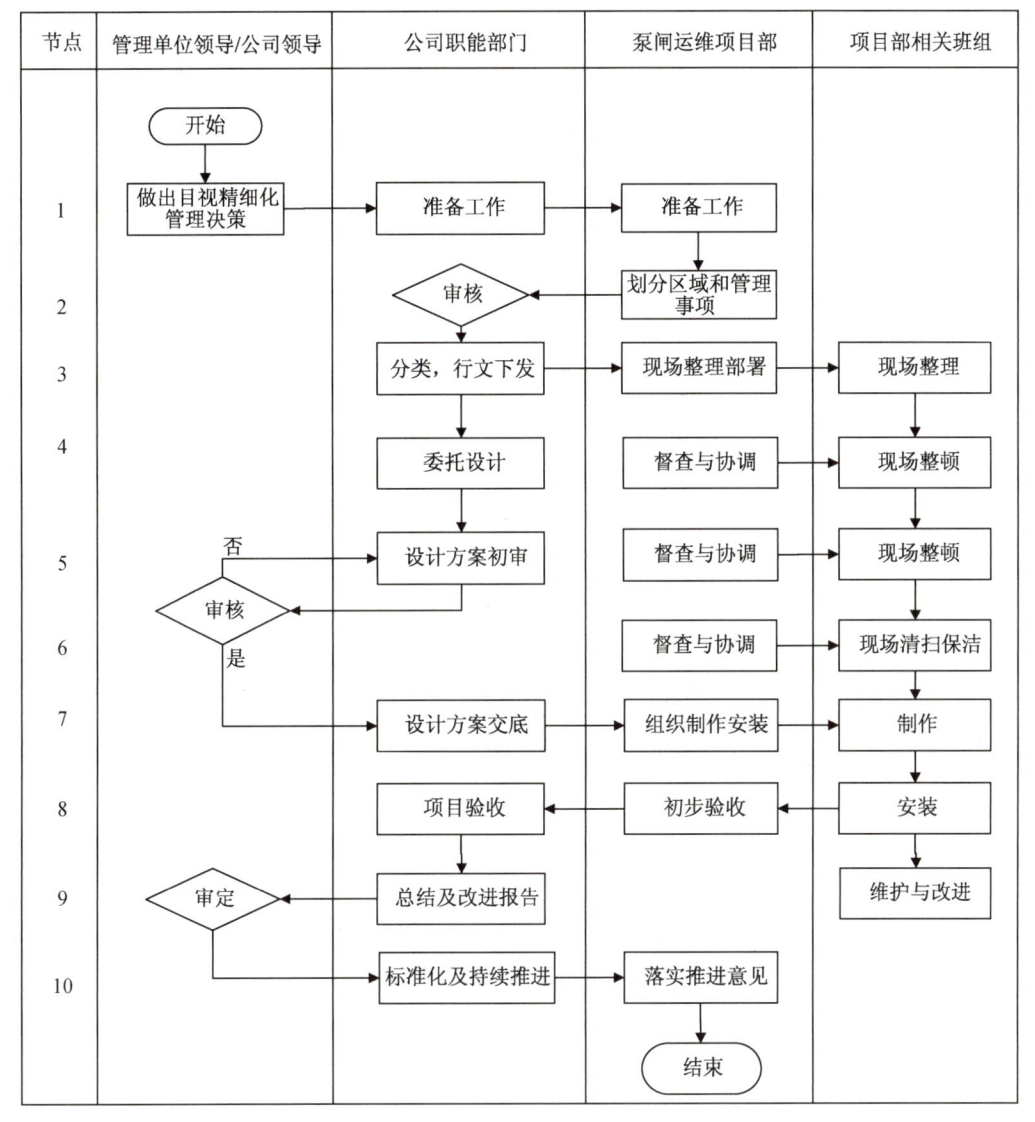

图 9.1　泵闸工程目视精细化项目实施流程图

进行客观的统计分析,形成报告。自我评估与诊断标准可参照本书第 3 章相关配置要求进行,即：

表 3-3 泵闸工程上下游引河目视化功能配置；

表 3-4 泵闸工程厂房入口(门厅)目视化功能配置；

表 3-5 泵房、水闸桥头堡、启闭机房目视化功能配置；

表 3-6 泵房(水闸)进出水侧及清污机桥目视化功能配置；

表 3-7 变配电间目视化功能配置；

表 3-8 中控室、集控中心目视化功能配置；

表 3-9 安全工具室目视化功能配置；

表 3-10 防汛物资及备品件仓库目视化功能配置；

表 3-11 档案资料室目视化功能配置；

表 3-12 其他室内区域（含项目部）目视化功能配置；
表 3-13 泵闸工程管理区目视化功能配置；
表 3-14 泵闸工程检修间及日常维修养护时目视化功能配置；
表 3-15 泵闸工程大修或专项工程维修施工现场目视化功能配置；
表 3-16 泵闸工程及管理区消防器材目视化功能配置。

9.3.3 机构成立，计划制定

此阶段的主要工作是成立泵闸工程运维公司和现场项目部的目视精细化管理组织机构，明确相应的职责，并制定试点计划和全面推进计划。

9.3.4 场所选定，物资准备

此阶段的主要工作是选定试点场所，可分别在所管的泵站、水闸、船闸、泵闸组合工程中选取样板进行试点，从而以点带面。认真选定目视精细化推进集中办公场所，并通过设置宣传栏进行宣传引导。应准备的物资和工具包括：

(1) 常用办公用品。彩色打印机、塑封机、白板、数码相机、优盘等。

(2) 常用物资。硬板文件夹、硬胶套、塑料封套、磁性贴、木纹胶、小不干胶带、地胶带、双面胶、红色打印纸、尼龙扎带绳、线缆定位贴、裁剪刀、剪刀、广告纸、去污膏、地垫、标签打印机、刻字机等。

9.4 泵闸工程目视精细化基础工作中的"整理"

9.4.1 "整理"的概念

"整理"是把要与不要的人、事、物分开，再将不需要的人、事、物加以处理。其要点是对生产现场的现实摆放和停滞的各种物品进行分类，区分什么是现场需要的，什么是现场不需要的；其次，对于现场不需要的物品，坚决清理出生产现场。

"整理"的流程大致可分为：基础工作、管理事项划分、设备物资分类、设备物资归类、淘汰、处理以及现场的改善这 7 个步骤。

9.4.2 现场检查

在实施现场整理工作之前，首先要做好对泵闸运维现场、办公区域、检修工具间、库房、室外管理区等区域的检查工作。

(1) 泵闸运维现场检查。主要检查设备、材料、工器具、地面、环境，如零部件、推车、工具、工具柜、材料箱、油桶、油盒、保温材料、检修电源等。

(2) 办公区域检查。主要检查办公设施、办公用品地面，如橱柜里的物品、桌上的物品、公告栏、标语、电风扇、纸屑、杂物等。

(3) 检修工具间检查。主要检查设备、工具、个人物品、地面，如工作台面、角料、余料、手套、螺丝刀、扳手、图表、资料、电源线等。

（4）库房检查。主要检查设备、物料、地面，如材料、货架、标签、名称等。

以上各区域进行全面检查应不留死角，为区分必需品与非必需品创造条件。

9.4.3 必需品和非必需品的区分

在明确管理事项（参见本书第3章3.1节）的基础上，泵闸工程现场应区分必需品和非必需品。

1. 必需品

必需品是指经常使用的物品，如果没有它，就应购入替代品，否则将影响正常工作。必需品包括：

（1）正常使用的设备、设施、装置等。

（2）使用中的推车、叉车、装载机、工作梯、工作台等。

（3）有使用价值的消耗用品。

（4）有用的原材料、配品、配件等。

（5）使用中的办公用品、用具等。

（6）使用中的看板等。

（7）有用的图纸、文件、资料、记录、杂志等。

（8）使用的仪器、仪表、工具等。

（9）使用的私人用品。

2. 非必需品

非必需品分为两类：一类是指对生产、工作无任何作用的或不具有使用功能的物品，另一类是使用周期较长的物品，例如半年甚至1年才使用1次的物品。非必需品一般包括：

（1）废弃无使用价值的物品：

① 地面上的废纸、杂物、油污、灰尘等；

② 不能使用的破抹布、拖把等；

③ 损坏的钻头、砂轮片、刀具、锯条等；

④ 损坏的垃圾桶、包装箱、指示牌、看板等；

⑤ 超过保管期的文件、过期的杂志、停止使用的标准等；

⑥ 无法修复的设备、仪器、仪表等；

⑦ 过期变质的物品、报废的零部件。

（2）不使用的物品：

① 多余的办公设备，如桌椅、电脑等；

② 多年不使用的设备、设施；

③ 已停用的设备、需要淘汰的物品等；

④ 不用的私人物品；

⑤ 为生产需要，多余准备的备料、备件。

3. 非必需品清理原则

非必需品清理时，主要看物品有没有使用价值，而不是看原来的购买价值。

(1) 非必需品判断原则：

① 本岗位、工作现场是否有用；

② 近期是否有用；

③ 是否完好可用；

④ 是否超过近期使用量。

(2) 必需品与非必需品的区别见表9-2。

表9-2 必需品与非必需品的区别

项　目	使用频率（用途）	处理方法
必需品	每时使用	随身携带或现场存放
	每日使用	现场存放
	每月使用	仓库储存
非必需品	半年及以上使用	仓库储存
	永远不用	处　理
	不能使用	报废处理

9.4.4 非必需品的处理

(1) 入库保管。对于使用次数少、使用频率低的专用设备设施、工具、材料，处理方法是入库保管。

(2) 转移使用。对于本泵闸工程、办公场所不使用，但是其他工程、办公场所可以用到的设备设施、工具、材料，处理方法是转移到有用的场所使用。

(3) 修复利用。对于有故障的设备、损坏的工具、材料，安排技术人员进行修复，使其恢复使用价值。

(4) 改作他用。将材料、设备、零部件等非必需品进行改造，修旧利废，用于其他设备或项目上，使其发挥最大作用。

(5) 联系退货。由于设计变更、规格变更、设备更新等原因，致使一些设备、材料无法安装使用。在这种情况下，应及时和供应商联系，协商退货，回收货款。

(6) 折价出售。

(7) 若物品对单位没有任何使用价值，可根据情况进行折价出售，以便回收资金。

(8) 特别处理。对于一些涉及保密的物品（如重要技术资料等）、污染环境的物品（如化学物品等），需要根据其性质做特别处理。

(9) 丢弃。对于已经丧失使用价值，损坏后无法修复利用的物品，过期、变质的资料物品，主要处理方法是丢弃。

(10) 报废处理。对于一些彻底无法使用和发挥其使用价值的物品，履行报废处置手续，回收统一处理。

9.5 泵闸工程目视精细化基础工作中的"整顿"

9.5.1 "整顿"的概念

"整顿"是合理安排生产及办公现场物品放置的方法,是将必需品放置于任何人都能立即取到和立即放回的状态,明确责任人,并进行有效的目视管理,实行科学布局,快捷取用。"整顿"要求在放置方法、现场目视视觉效果上下工夫,让员工能非常容易地了解工作的流程,并遵照执行。

9.5.2 "整顿"的作用

(1) 分类清晰、提高效率。如果没有做好整顿工作,物品杂乱摆放,会使员工很难找到所需物品,造成时间和空间的浪费,而整顿可以将物品的寻找时间减少至最少。

(2) 巡检定位、优化操作。将巡检点、巡检位置、巡检路线、仪表指示范围等用目视化方法进行整顿,可以大大提高巡检工作的效率和准确性,并降低巡检或操作错误的可能性。

(3) 形迹定置、交接顺畅。经过"整顿"后,物品不但整齐摆放,还可按照形迹化管理要求,使每一件工器具、办公用品都有固定的存放位置。当物品丢失或借出时,能一目了然地及时发现,既提高了物品管理的规范性,又减少了交接班时间。

(4) 规范流程、保障安全。"整顿"规范工作流程,创建好的工作秩序,让非专业人员也能明白其要求和做法,并且易于区分安全区域与危险区域,从而有效保障作业安全。

(5) 目视图解、利于培训。泵闸工程运维现场的工作流程等细节均采用目视方式,如仪表的指示范围用颜色标识等,便于员工理解和记忆,可以减少培训时间,提高培训效率。

9.5.3 "整顿"的步骤

1. 现状分析

根据区域的功能定位(参见本书第3章3.1节)来进行现状分析。首先考虑硬件是否满足需要;其次,从安全、出入方便、取放快捷的角度,考虑是否需要进行布局调整;最后,从便于维持、方便使用的角度考虑,确定物品的放置位置。

2. 物品分类

以泵闸工程现场工具间为例,根据工器具各自的特征,物品可以按其材质、特点、用途、成套、放置方式等划分类别,便于下一步布局的设计。

(1) 制定物品分类标准。

(2) 将物品按照用途、功能、形状、重量、数量、使用频度分类摆放。

(3) 确定分类后每一类物品的名称。

3. 布局定位

物品分类后,空间应进行重新布局,制作空间布局定置图,明确物品放置场所依据物品分类后的用途、功能、形状、重量、数量、使用频度,决定摆放方式(竖放、横放、直角、斜置、吊放、钩放等)、摆放位置(放何层、放上或下、放中间等)。

4. 标识制作

标识在人与物、物与场所的关系中起着指导、控制、确认的作用。在泵闸工程运行养护过程中,设施设备品种繁多,规格复杂,作业的内容、方式各有不同,其要求需要依据规范和管理单位的信息来指引。

5. 责任落实

根据泵闸运行养护项目部特点与班组情况,泵闸工程运行养护现场、办公区域应划分成小区域,落实责任到各个班组。各个班组再根据具体区域情况进行细分,明确具体责任人,做到每个区域、每台设备、每个文件柜等都有责任人。责任人的职责应有相应的制度进行规定,同时有检查、监督、考核等管理办法,实行闭环管理。

9.6 泵闸工程目视精细化基础工作中的"清扫"

9.6.1 "清扫"的概念

"清扫"就是生产现场处于无垃圾、灰尘的整洁状态。不管开展什么工作,都会有垃圾和废物产生,而清扫这些垃圾、废物以及外部环境带来的灰尘都是必然要开展的工作。清扫本身就是日常工作的一部分,而且是所有工作岗位上都会存在的工作内容。

泵闸工程的"清扫"不仅包括环境的清扫,还包括设备的擦拭和保洁,以及污染发生源的治理。

9.6.2 "清扫"的作用

(1) 提高生产效率和工作效率。
(2) 减少故障,保障运行品质。
(3) 加强安全,减少安全隐患。
(4) 养成节约的习惯,降低生产运营成本。
(5) 缩短作业周期,保证按期完成作业任务。
(6) 提高运维企业的形象,改善企业的精神面貌,形成良好的企业文化。

9.6.3 "清扫"的步骤

1. 制定"清扫"程序和方法

"清扫"程序和方法要明确由谁来打扫、何时打扫、打扫哪里、怎样打扫、用什么工具来打扫、要打扫到何程度等一系列的程序和规则。

"清扫"污垢的要点是"从大到小,从上到下,从里到外,从角落到中心"。"清扫"规则应包括以下内容:

(1) 清扫对象。明确清扫的范围。
(2) 清扫场所。窗户、通道、设备、工作现场、检修机械等。

(3) 清扫的责任人。姓名、小组等。

(4) 清扫的时间。开始日的起止时间等。

(5) 使用的工具。棉纱、拖布、扫帚、吸尘器、清洗剂等。

(6) 清扫到什么样的程度。制定泵闸工程每个区域和现场每台设备的清扫保洁标准。

(7) 按照什么方法清扫。清扫的程序。

难以清扫的地方,经常是最轻易遗漏的地方。假如对难以清扫的部分不是有意识地去进行专门地清扫,那就永远会被忽视了。在清扫计划中应该对难以清扫的部分制订专门的清扫计划。

狭窄、阴暗易出现污垢的"角落"要特别重视,如不易进行清理而很混杂的"里面",如抽屉的里面、货架的里面、设备外壳的里面;眼睛看不到的地方,如货架的上面、工作台的上面、机械设备的顶面、建筑物的梁、柜橱的上面;不易想到的地方,如工作台的下边、货架和设备的里边、间隙、窗户、同其他相邻物的交接处;污染很厉害的地方,如厕所、布满油污和切屑的地面、设备的里边、堆切屑的地方、堆放原材料的地方等。

2. 建立合理的员工清扫责任区

清扫责任区的建立应以管理区域和运行设备的清扫和维护为基础进行划分,对每个地方的设备、物品归纳到由每个员工进行负责,规定时间进行维护,并且制定相关的维护方法。

要确保清扫的效果,必须树立全员参与的意识,实行岗位责任制和值班制。这会对其中共同使用的工装和工具等物品的治理产生好的效果,因为这些往往会由于大家都有"应该由别人来做"的想法而成了"被人遗忘的角落"。

将作业现场的空地和设备、物料等进行区分后,必须确定责任人;被明确的责任人和执行者要有主人翁的意识和责任感;对每个空地和设备、物料都要规定清扫方法和程序,并进行定期的检查。

3. 对泵闸工程各区域按要求进行清扫

(1) 打扫地面、墙壁和窗户。在泵闸作业环境的清理中,地面、墙壁和窗户的清扫必不可少。了解过去清扫时出现的问题,明确清扫后要达到的目的。清理整顿地面安置的物品,处理不需要的物品。全体员工用扫帚清扫地面,将垃圾清除,将附着涂料和油污等污垢清除。分析地面、墙壁、窗户的污垢来源,想办法杜绝污染源,并研究以后的清扫方法。

(2) 划定区域界线。将地面、窗户等地方清洁以后,要将放置物品的场所明确地予以区分。何种物品放置在何处位置,应明白无误地予以确认和标识。

目视化时,首先要明确决定作业的场地、通道,然后要划定区域界线,因为何种物品放置在何处位置,这是在"整理"和"整顿"阶段就要予以确定的;其次要注重在决定了设备、器材、工具、备件等的位置后,需在相关物品上记上相应的标志,同时对空闲区域、小件物品区域、危险和重要物品区域等也应设法用颜色予以区别。

(3) 杜绝污染源。一说起清扫,经常想起是除去污垢而成为洁净的状态,其实最有效的清扫是杜绝污染。

污染大部分由外而来，凡是刮大风时随风而来的灰尘或砂粒对设备来说危害很大。另外，在搬运散装物品时，也要考虑在搬运过程中防止撒落。

为杜绝外来污染，要将窗户密封，不留缝隙；在搬运废弃物时，要设法不要撒落；在运送油料等液体时，要预备合适的容器；在作业现场，要检查各种管道以防止泄漏；对擦拭用的棉纱、材料、工具等，要定点放置。

（4）设备要清扫保养。泵闸设备一旦被污染就容易出现故障，并缩短使用寿命，是造成设备缺陷和发生故障的原因之一。为了防止这类情况的发生，必须杜绝污染源。污染源通常与设备运行和日常工作有关，应定期进行设备和工具及其使用方法等方面的检查，要经常细心地进行清扫。

要经常对设备和机械、装置内部进行清扫，不要留有死角。

（5）明确适合作业的服装及身体状态。适合作业的服装包括衣袖、上衣下摆（或裤脚）不被卷入机械的穿着方法，劳保用具的正确佩戴，禁止穿拖鞋；适合作业的身体状态是指干净的工作服、指甲和头发的整齐、严禁出现酒后作业等情况。

（6）建立适合作业的工作现场。照明、空调状况及工作场所的良好氛围，对保持大家都能够轻松愉快地开展泵闸运维工作起着积极作用。

（7）落实发生源对策。质量和安全等问题如只追求表面光鲜还是不能杜绝今后问题的发生，应查明发生问题产生的原因，制定并彻底实施对策非常重要。

9.6.4 泵闸工程清扫保洁标准

1. 泵闸工程清扫保洁后的检查

泵闸工程清扫后要检查效果，具体可以检查以下内容：

（1）污垢是否清除。

（2）机械设备产生污垢的来源是否杜绝。

（3）地面（机械设备的四周、通道、堆放物品的场所、办公室、楼梯等）是否进行了彻底地清扫。

（4）地面、墙面等损坏的地方是否进行了修补。

（5）机械设备是否进行了擦拭和检查。

（6）难以清扫的、有障碍的场所是否清扫干净。

2. 泵闸工程部分区域清扫保洁标准

泵闸工程部分区域清扫保洁标准见表9-3、表9-4、表9-5、表9-6、表9-7、表9-8、表9-9、表9-10、表9-11和表9-12所示。

表9-3 泵闸工程建筑物通用清扫保洁标准

序号	部位	要求
1	屋顶及墙面	1. 各房屋建筑屋顶及墙体无渗漏、无裂缝、无破损；外表干净整洁、无蛛网、积尘及污渍。屋面防水良好，无渗漏。柔性防水屋面无裂缝、空鼓、龟裂、断离、破损、渗漏，防水层流淌；刚性防水屋面表面无风化、起砂、起壳、酥松，连接部位无渗漏、损坏，防水层无裂纹、排水不畅或积水。 2. 外墙饰面砖无脱落、空鼓、开裂，保温面层无开裂、渗漏、脱落及损伤。

续表

序号	部位	要求
2	地面	地面平整、地面砖等无破损、无裂缝及油污等。
3	门窗等局部	门窗完好、启闭灵活,玻璃洁净完好,符合采光及通风要求。围护墙体、门窗框周围、窗台、穿墙管道根部、阳台、雨篷与墙体连接处、变形部位无渗漏。
4	防护栏杆	防护栏杆牢固、无松动破损,混凝土栏杆外观无缺陷、变形,金属栏杆无拼接变形及损伤,表面无缺陷、无锈蚀。
5	照明	照明灯具安装牢固、布置合理,照度适中,开关室及巡视检查重点部位应无阴暗区,各类开关、插座面板齐全,清洁、使用可靠。
6	防雷接地	防雷接地装置无破损、无锈蚀、连接可靠。
7	落水管	无破损、无阻塞、固定可靠。
8	钢结构	钢结构构件无裂纹,表面无缺陷、锈蚀,表面涂装无脱落。
9	房屋建筑周围	房屋建筑周围散水、地沟与外墙结合界面处无裂缝,房屋建筑物无倾斜。雨水井、污水井、屋面漏水口等排水系统排水畅通。

表 9-4 泵房、启闭机房等主副厂房现场清扫保洁标准

序号	部位	要求
1	清洁度	泵房、启闭机室无与运行无关的杂物,设备设施完好清洁。
2	上墙图表	控制室墙面设有水闸平立面图、电气主接线图、始流曲线图等图表,并设有安全警示标语。
3	消防器材	泵房、启闭机室应按要求设灭火器材,编号管理,并有位置标识。
4	监视设备	置于墙面、屋顶的监视摄像机等应保持完好,清洁。
5	电缆管线布线	设有专用电缆沟、管道沟,排列整齐,不影响巡查人员通过;电缆桥架无锈蚀、接地可靠,封闭完好,支架固定牢固。
6	安全警示标识	安全警戒线、楼梯踏步警示标识齐全,醒目。

表 9-5 中控室现场清扫保洁标准

序号	部位	要求
1	一般要求	控制室无与运行无关的杂物,座椅排列整齐,设备设施完好、清洁。
2	墙面	设有相应的规章制度。
3	控制台面	控制台面定点、整齐摆放监视屏、鼠标、打印机、电话机、对讲机及文件架,文件架内临时资料包括各种操作票、空白表、签字笔等,应摆放整齐,已填写记录表存放不超过一周,禁止摆放其他无关物品。
4	工控机、多功能电源插座	保持完好、清洁,布线整齐合理、通风良好。
5	软件资料	控制室内有调度指令、送电联络单、值班记录、机电设备运行记录、操作票、应急处置手册、突发事件应急处置预案及相关操作规程、电气图纸等资料。
6	室内窗帘	保持洁净,安装可靠,高度一致,空调设施完好。

续表

序号	部位	要求
7	座椅	定点摆放，排列整齐。
8	器材配置	定期检查手持式移动电源、钥匙箱、移动式测温仪、移动式测振仪等设施是否配备齐全。

表9-6 高、低压开关室现场清扫保洁标准

序号	部位	要求
1	绝缘垫	高、低压开关室开关柜前后操作、作业区域均需设置绝缘垫，绝缘垫应无破损，符合相应的绝缘等级，颜色统一、铺设平直。
2	照明及面板	开关室柜前后均需设足够亮度的日常照明及应急照明装置，处于完好状态。照明灯具安装牢固、布置合理，照度适中，开关室及巡视检查重点部位应无阴暗区，各类开关、插座面板齐全、清洁、使用可靠。
3	室内电缆沟	开关室内电缆沟完好，无积尘、渗水、杂物，钢盖板无锈迹、破损，铺设平稳、严密。
4	上墙规程	室内墙面应设有岗位职责、电气操作规程、主接线路及巡视检查内容。
5	支架桥架	开关室内电缆支架、桥架应无锈蚀，桥架连接固定可靠，盖板及跨接线齐全，支架排列整齐、间距合理，电缆排列整齐、绑扎牢固、标记齐全。
6	备用断路器及操作小车	定点摆放，罩防尘罩，保持清洁、无杂物。
7	接地测试点	试验接地点设置合理、涂色规范明显。
8	房屋清洁度	室内整洁，门窗关好，无渗水漏雨现象。
9	操作记录	操作记录完整，按要求摆放。
10	安全用具	安全用具齐全、完好，按要求进行了试验，试验标签在有效期内。
11	灭火器	灭火器按要求摆放，无缺失，在有效期内，压力符合要求。
12	安全保卫	禁止非工作人员进入高低压开关室，必要时须由值班人员陪同。

表9-7 直流室现场清扫保洁标准

序号	部位	要求
1	一般要求	直流屏、保护屏、微机屏前后操作、作业区域均需设置绝缘垫，绝缘垫应无破损，符合相应的绝缘等级，颜色统一、铺设平直。
2	墙面	室内墙面应设有巡视检查内容、保护定值一览表等。
3	通风、照明	通风散热良好，日常照明和应急照明亮度要足够。
4	环境温度	严格控制直流室的环境温度，不能长期超过30℃。
5	室内窗帘	保持洁净，安装可靠，高度一致，空调设施完好。

表 9-8 站变室清扫保洁标准

序号	部 位	要 求
1	一般要求	站变高低压两侧、隔离柜前后均需设置绝缘垫,绝缘垫应无破损,符合相应的绝缘等级,颜色统一、铺设平直。
2	室内墙面	室内墙面应设有岗位职责、巡视检查内容。
3	通风、照明	通风散热良好,日常照明和应急照明装置完好,配备纱窗。
4	消防器材	室内消防灭火器定点摆放,定期检查。

表 9-9 值班室清扫保洁标准

序号	部 位	要 求
1	清洁度	室内保持清洁,卫生,空气清新、无杂物,隔音良好。室内窗帘保持洁净,安装可靠,空调设施完好。
2	上墙制度	控制室墙面设有值班管理制度。
3	台面物品	桌面电话机、对讲机、记录资料等应定点摆放,无其他杂物(如烟灰缸、烟头等)。
4	座椅	座椅摆放整齐,衣物设衣柜摆放,禁止随意放于桌面、椅背等处。
5	空调窗帘等	室内窗帘保持洁净,安装可靠,空调设施完好。
6	值班人员	着装规范、得体,言谈举止文明、大方。
7	仪器配置	配备手持式移动电源、钥匙箱、移动式测温仪、移动式测振仪等。
8	物品使用	电脑及其他设施爱惜使用,不得有意损坏。

表 9-10 办公室清扫保洁标准

序号	部 位	要 求
1	清洁度	室内保持整洁,卫生,空气清新、无与办公无关的物品。定时清洗窗帘等物品。
2	上墙制度	控制室墙面设有相关制度、岗位职责。
3	办公桌椅	办公桌椅固定摆放,桌面桌内物品摆放整齐。
4	书柜和资料柜	书柜及资料排列摆放整齐,清洁无破损。
5	空调窗帘等	室内窗帘保持洁净,安装可靠,空调设施完好。

表 9-11 档案室清扫保洁标准

序号	部 位	要 求
1	清洁度	室内保持整洁,卫生,空气清新、无关物品不得存放。
2	上墙制度	档案室墙面设有相关制度、岗位职责、平面分布图。
3	档案柜及档案	库房档案柜及档案排列规范、摆放整齐、标识明晰。各类档案的保管应分不同载体,按年代、组织机构和不同保管期限分别排列,并根据案卷的排列顺序编制卷号以固定案卷的位置。
4	"九防"措施	落实"九防"措施:防盗、防火、防光、防虫、防尘、防潮、防鼠、防污染、防高温。要定期检查、通风。

续表

序号	部 位	要 求
5	标识标牌	严禁吸烟,严禁存放易燃易爆等标志齐全。
6	阅览桌椅	办公桌椅固定摆放,桌面桌内物品摆放整齐。
7	照 明	照明灯具及亮度符合档案室要求。
8	空调设施	室内窗帘保持洁净,安装可靠,空调设施完好。
9	必备物品	温度计、碎纸机、除湿机配备齐全、保存完好。做好温湿度记录,档案室内相对湿度保持在45%～60%之间,温度保持14℃～24℃左右,各类档案的保管应分不同载体,按年代、组织机构和不同保管期限分别排列,并根据案卷的排列顺序编制卷号以固定案卷的位置。在高温高湿季节要及时采取有效措施,改善档案室环境。

表9-12 会议室清扫保洁标准

序号	部 位	要 求
1	清洁度	室内保持整洁,卫生,空气清新,无关物品不得存放。
2	会议桌椅	会议桌椅定点摆放,物品摆放整齐。
3	投影设施	投影设施完好、清洁、能正常使用。
4	空调设施	室内窗帘保持洁净,安装可靠,空调设施完好。
5	插 座	各类插座完好,能正常使用。

9.7 开展业务培训,提升泵闸工程目视精细化的实施能力

9.7.1 目的和要求

泵闸工程目视精细化管理项目实施重点在于如何做好该项目的项目管理,真正成为一个优秀的项目部管理和作业人员。

解决的方法是除了学习各种目视精细化项目管理知识、主动参加目视精细化项目管理活动以外,还应引导项目部的每个成员树立一些基本管理理念,告诉所有成员项目部的目视精细化项目管理要做哪些工作(对工作内容和工作范围加以明确),由谁来做,何时做,怎么做?我们的管理对象是谁,与我们工作相关的单位有哪些,如何处理各种关系,怎样做才能把有限的资源迅速整合到一起发挥最大作用,如何建立有效的沟通渠道,如何有效规避或控制泵闸工程运维管理中的风险,如何提高运维管理效率等一系列问题。解决好上述问题,可对提高项目部的项目管理效率和项目管理水平有较大的现实意义。

1. 明确目视精细化项目管理目标和分解目标

目视精细化项目管理的两个基本方法就是"目标管理"和"过程控制"。目标管理的内容包括:目标的设定和分解,目标的责任到位和执行,检查目标的执行结果,评价目标和修

正目标,形成目标管理的计划、实施、检查、处理循环,即 PDCA 循环。对项目管理而言,每个 PDCA 循环都是一个过程控制。项目部的每个成员必须逐步养成有目的有计划地去从事具体的管理工作,同时还要及时检查和总结,为以后的管理工作提供成功经验和失败教训,并形成典型案例,引起大家重视。

目视精细化管理项目实施时,必须及时制定出明确的项目管理目标和分解目标,以及相应的考核标准,并组织学习和宣传,贯彻到每名员工,使得每个成员明白自己的工作岗位和工作职责、工作内容,以及相关的任务,各负其责相互配合,项目部才能高效运转,形成一个有机整体。

2. 全员参与,通力配合

从目视精细化项目管理的实际出发,"项目管理"可以概述为"一个中心两个基本点"。即:"以项目管理中的协调管理为中心,落实项目的实体安全和项目管理过程安全"。"以项目管理的协调管理为中心",是指按照目视精细化的相关指标内按期保质完成项目管理事项;"落实项目的实体安全",是指保证目视精细化项目管理过程中的质量目标全部落实;"落实项目管理过程安全",是指在目视精细化项目管理过程中所有项目管理人员的管理目标都得到保证,并加以实现。目视精细化项目管理人员必须明白项目的管理重要性,时刻重视运行安全和工作质量,把自己的具体工作和个人行为与安全目标和质量目标相结合,人人头脑中都有"安全第一、预防为主、综合治理"和"百年大计、质量第一"的理念,通过连续不断地宣传和培训,把实现这些具体的项目目标变成每个人的自觉行动。项目部要坚持全员、全过程、全方位、全天候的动态管理,通过对泵闸管理现场人、物、环境等多方面因素的全面了解和掌控,实现目视精细化项目现场的各项管理目标。

在目视精细化项目管理过程中,项目部的任何人都是项目管理的执行者,要求每个人都有明确的职责分工,但同时又必须相互联系和相互配合。要想完成各项管理目标,需要大家的团结协作和相互配合,以实现项目管理的过程控制。

3. 实现目视精细化全过程的连续管理

项目部的目视精细化管理是全过程的连续管理,是从推进目视精细化开始直至项目完成,这是每个项目部成员都必须牢记的理念。从目视精细化项目启动开始的各项准备,到现场整理、整顿、工程检查、保养、维修、运行、应急处理突发事件、项目扫尾、移交和合同结束,整个目视精细化项目管理应渗透到泵闸工程运维工程管理的各个环节和各个过程。

项目部的目视精细化项目管理是动态的过程管理,从人力资源的调配,到物力、财力等各种资源的统筹安排,再到目视内容的及时更新,都要根据项目管理特点和不同时期加以调整。管理者要制定详细的管理计划,并根据计划和项目管理要求调动人力、物力和财力等各种资源,满足现场目视精细化需要。

4. 加强内部培训,提升班组及员工的目视精细化管理水平

在目视精细化项目执行过程中,应加强项目部的团队建设和业务培训,营造出一个学习型、团结型、富有战斗力的项目管理团队,使得每个项目部成员不但明白自己的岗位职责和工作程序,同时还能了解相关的岗位职责和工作程序,掌握目视精细化项目管理的基本知识和处理一般问题的能力。项目经理应该营造这种团结学习的气氛,项目部成员在工作中能够相互关心、相互理解和相互支持,彼此坦诚。经过一个具体的目视精细化项目

管理后,项目部的所有成员不但对本专业的问题处理能力得到提升,同时也会提高自身的组织能力、领导能力和决策能力,达到"经过一个项目锻炼出一批项目管理人才"的目的。

针对泵闸运行养护项目部的内部培训,要制定好一个比较完善的培训计划,包括培训的内容和次序、主讲人和培训者、培训地点并提前下发给相关人员。培训内容一般应包括:

(1) 目视精细化项目管理方面的基本知识,目视精细化项目管理方法和处理问题的一些技巧,主要由专业人员、公司部门管理人员、现场项目经理讲解。

(2) 各专业人员讲解所负责的目视精细化项目管理内容和管理知识的培训,以及相关标准规范、规定指南等。

(3) 专业工程师讲解所负责的目视精细化专业知识培训。

(4) 有关目视精细化项目管理体系文件的学习和讨论。

项目部的培训方式可以多种多样、不拘一格,既可以集中讲课,也可以座谈讨论、技术交底等。培训要从实战的角度出发,重在提高每个项目部成员的管理意识和责任意识。各员工通过培训,明确项目部的目视精细化各项管理目标和各自的岗位责任,熟悉处理项目问题的方式方法和工作程序;通过培训,逐步掌握"项目预控"的真正含义,并能够主动发现问题,寻找可预控的最佳措施;通过培训,最大限度地调动自己工作积极性和创造性,使得项目部能够快速形成一个学习型和团结型的管理团队,最终提高项目部的整体目视精细化管理水平。

5. 及时处理目视精细化项目问题,保留书面结论

目视精细化项目管理过程中一定会遇到各种各样的问题,处理项目问题要本着"有利于目视精细化项目顺利进行的原则"和"处理项目问题简单化、专题化、系统化的原则"。所谓"有利于项目顺利进行的原则"是指所采取的处理措施技术上可行、经济上合理、花费时间较短,问题处理后不会对项目的执行留有任何潜在的安全隐患;所谓"处理项目问题简单化"是指抓住问题的主要矛盾和主要方面;"处理项目问题专题化"是指将问题逐一分类和分解;"处理项目问题系统化"是指处理问题时要注意由此引发的相关变化(包括质量、进度、费用变化,以及对相关专业和相关方面的影响)。处理项目问题切忌"小题大做""简单问题复杂化"和"无休止地追求十全十美"。目视精细化项目管理讲究的是效率和效益,高效率地处理问题,保证目视精细化项目的各项目标顺利实施才是我们最为关心的。此外,处理目视精细化问题还要"文字化",要保留书面结论。对处理不了的问题不能隐瞒和拖延,要及时上报项目主管领导和管理单位相关部门,以寻求得到领导重视和管理单位相关部门的支持,其目的是及时处理项目执行过程中的棘手问题,保证目视精细化项目管理的顺利进行。

6. 处理目视精细化项目问题时应有费用的概念

在处理目视项目问题时,每个成员都应有"费用"的概念,都应记住增加任何工作都要花费时间和费用的,而增加的时间往往会折合成费用。在目视精细化项目管理中,不能片面地追求某一方面的完美,那样就会消耗更多资源和浪费更长时间,达不到本单位提出的高效率和高效益的要求。如果一味地提高质量标准,就会造成局部费用的增加。因此,项目部的每个成员处理问题时都要遵守"以大局为重""综合考虑"的原则,妥善处理好质量、

费用、安全相互关系。

7. 注重目视精细化项目管理的实战性

泵闸工程目视精细化项目管理是一项实战性很强的管理工作,要求项目部每名成员都要有强烈的责任感,每个人都应潜下心来观察项目的执行情况,主动去发现问题和处理问题,并不断总结经验教训,逐步形成自己独特的精细化管理风格。泵闸工程运维目视精细化项目是实实在在的,是一种实践过程,其本质不在于"知"而在于"行";其验证不在于逻辑,而在于成果;其唯一权威就是考核认定的结果。作为项目管理者,切不可"纸上谈兵",必须把所学知识与具体的项目管理实践相结合,才能找到切合实际的行之有效的管理方法,才能保证目视精细化项目的顺利实施。目视精细化项目管理者应选出切实可行的措施或方案并加以实施,达到目视精细化项目管理的最佳效益。目视精细化项目管理没有最好只有更好,各项评级指标都合格才是最佳,该项目管理才能是成功的。

8. 积极探索目视精细化的管理方法创新之道

管理讲究创新,目视精细化管理项目也一样。管理创新是管理者在其知识、经验、才能和气质等因素的基础上进行的,在从事管理中非规范化地、创造性地、巧妙地运用管理条件、遵守管理原则、引进和应用各种管理技巧、手段和方法进行的活动。管理创新贯穿于整个目视精细化管理过程和管理活动的各个方面,是管理者执行管理职能、提高管理效能不可缺少的重要因素。因此,目视精细化项目管理不要试图找到或采用一种固定模式,也不要照搬人家的管理经验。目视精细化项目管理者应该把理论知识和实践经验与我们要做的目视精细化具体项目和管理对象相结合,通过思维创新,制定出符合自身实际的行之有效的目视精细化管理方法并加以实施,才能收到预期效果。

总之,要搞好目视精细化项目管理,首先应该了解该项目特点,包括项目内容、范围、所处地理位置的条件、目标要求等;其次,将所学的目视精细化管理知识和所经历的经验教训与具体的项目实际结合起来,找出一套符合目视精细化项目要求的切实可行的管理方法;最后,将可行的目视精细化管理方法付诸行动并在管理过程中不断地补充、修改和完善,才能收到良好效果。

9.7.2 目视精细化项目推进中培训教育及提升能力的相关内容

1. 明确岗位职责和工作标准

泵闸运维岗位职责和工作标准包括项目经理、技术负责人、工程管理员、安全员、运行班长、泵闸运行工、资料员、电工、起重工、检修班长、检修人员、信息化运行系统维护人员、绿化养护工、门卫、炊事员、保洁员等岗位职责及工作标准。

2. 抓好泵闸运行值班管理

(1) 项目部应编制值班表并通知到值班人员,值班人员未经批准不得擅自调换。

(2) 值班人员应持证上岗,并明确岗位职责。

(3) 值班人员值班时应着装整洁,精神饱满,严禁酒后上班,并应严格执行以下规定:

① 不得穿着拖鞋、凉鞋、高跟鞋等进入工作场所;

② 应穿着公司统一配发的工作服,佩戴工牌上岗;

③ 不得在中控室、泵房、启闭机房、电气设备间等工作场所抽烟;

④ 巡视检查时应按规定穿戴好劳动保护用品。

(4) 值班人员在值班期间应做好以下工作：

① 严格执行上级调度指令和调度方案，并按照操作规程的要求进行各项检查和开、停机(开、关闸)操作；

② 按照巡视制度要求开展巡视工作；

③ 按照故障或事故处理制度的规定，及时对故障或事故进行处理并及时汇报；

④ 负责值班期间安全运行与环境管理工作，随班对保洁责任区进行保洁，严禁无关人员进入值班场所干扰泵闸正常运行；

⑤ 及时接听值班电话，并做好来电来访记录；

⑥ 认真准确填写值班记录；

⑦ 严格按照交接班制度完成交接班工作。

(5) 值班人员在岗期间应坚守岗位，认真履行职责，不得做与值班工作无关的事情。

(6) 值班期间如因病或其他特殊原因不能坚守岗位的，应及时上报至项目部并服从其安排，严禁私自脱岗。

(7) 项目部应不定时地进行岗位巡视，对值班人员的值班情况进行检查。

(8) 项目部应对值班情况进行考核，并将考核结果上报公司进行奖惩，对表现优秀或突出的给予精神或物质奖励；对擅自脱岗、渎职的视情节轻重给予批评教育或惩罚，对于造成责任事故的应追究相应责任。

3. 加强泵闸运行交接班管理

(1) 交班人员应提前 15 min 完成以下工作，做好交班准备：

① 对工程及设备进行 1 次全面检查；

② 清点公物用具，搞好清洁卫生；

③ 整理值班记录，填好运行值班日志。

(2) 接班人员应提前 15 min 进入值班现场，准备接班。

(3) 交班人员应向接班人员移交值班记录、运行值班日志、相关技术资料、工器具及钥匙等，并向接班人员详细介绍以下内容：

① 开、停机(开、关闸)情况；

② 工程及设备运行状况；

③ 设备操作情况；

④ 在班时发生的故障及处理情况；

⑤ 正在进行维修项目及人员、机械情况；

⑥ 人员到访情况。

(4) 接班人员初步熟悉和掌握设施设备运行情况后，接班人员和交班人员共同对其进行 1 次巡视。

(5) 交班人员应待交接班工作完成并经交、接班双方签字后方能离开值班现场。若接班人员没有按时接班，应联系项目部进行处理，不得擅自脱离岗位。

(6) 交接班时间内，如设备出现故障或事故，应由交班人员负责，接班人员协助共同排除，恢复正常后履行交接班手续。一时不能排除的事故应由项目部相关负责人认可，再进行交接班。

（7）交接班时段内正在进行重要操作时，应等待操作完成后再履行交接班手续。

（8）交接班工作如不符合要求，接班运行班长有权延迟接班时间，并请求相关负责人处理。由于交接不清而造成工程及设备事故的应追究交、接班人员的责任。

4. 加强员工业务培训教育

项目部应加强员工业务培训教育，包括加强学习、业务培训，有定期例会制度和晨会管理办法和台账，严格内部考核奖惩，做好上级检查考核准备工作。例如：某泵闸工程运行养护项目部员工教育培训任务清单见表9-13。

表9-13 某泵闸运行养护项目部教育培训任务清单

序号	工作内容	实施时间及频率	工作要求及成果	责任对象
1	制定年度教育培训计划	每年1月	1.提交本项目部学习培训计划，并组织实施。 2.检查督促学习培训工作。 3.通过测验、考评等形式，力求收到成效。	负责人。
2	政治理论学习	全年	参加单位组织的集中学习、自学。	所有人。
3	安全教育培训	每季度1次	全员参加安全教育培训，按计划进行。	公司安全质量部。
4	例会、晨会、技术和安全交底	全年	定期例会、晨会、技术和安全交底。	技术负责人。
5	新员工岗位培训	每年8月和9月，每季度，适时	1.与本岗位相关的岗位责任、规章制度、操作规程等。包括安全生产法律、规程、标准；泵闸工程安全应急管理、安全生产事故案例等。 2.新技术、新知识；业务知识专题培训。	技术负责人闸门运行工。
6	特种作业人员管理	高压电工证、电焊工证3年复审1次	电工、电焊工、起重工等特种作业人员持证上岗，做好特种作业人员培训、复审、统计工作及证书管理，按照国家有关规定要求进行学习培训。	技术负责人持证人员。
7	相关方和外来人员安全教育、告知	适时	施工人员持证上岗，进入本单位前对其进行安全教育和危害告知，填写外来单位安全告知记录和外来参观学习人员安全记录。	技术员相关方人员。
8	职业技能竞赛	适时	积极组织参加职业技能竞赛。	公司安全质量部。
9	人才培养、师徒结对	全年	落实人才培养措施，包括师徒结对、定向委培等。	项目经理、技术负责人。
10	预案或应急处置方案演练	每年不少于1次或每半年不少于1次	对安全生产应急预案（每年不少于演练1次）或现场应急处置方案（每半年不少于演练1次），制订演练计划、方案，并组织实施和总结。	项目经理、技术负责人。

续表

序号	工作内容	实施时间及频率	工作要求及成果	责任对象
11	"四新"应用及科技创新	全年	推广新技术、新材料、新工艺、新设施设备应用。使用前应专题培训。	项目经理、技术负责人。
12	培训效果评估和总结	每年1次	控制培训效果评估和总结。	项目经理。

5. 遵守岗位行为规范

项目部员工自觉遵守岗位行为规范，包括日常行为规范、上下班及同事关系要求、来访和参观接待规范、会务行为规范及参会行为规范、岗位语言规范等。

6. 加强项目部精神文明建设

项目部要加强其精神文明建设，包括引导项目部及员工遵纪守法，落实员工职业道德守则，积极开展文体活动，强化文明服务，重视窗口形象，现场文化充分展示。人人争当先进，员工队伍和谐稳定，开展社会公众满意度测评应达到优良以上等级，测评结果予以公示。例如社会公众对某泵闸工程管理和服务评价测评见表9-14。

表9-14　社会公众对某泵闸工程管理和服务评价测评表

| 类别指标 | 序号 | 评价内容 | 对目前现状的满意程度 ||||| 凡评价"不满意"和"很不满意"的，请说明具体原因。 |
			5 很满意	4 满意	3 一般	2 不满意	1 很不满意	
环境设施	1	泵闸工程主体结构和附属设施完好						
	2	泵闸工程上下游河道水面干净、水质优良、岸坡环境卫生整洁、无水污染现象						
	3	泵闸工程上下游河堤绿化美观，河坎生态护坡，植物多样化、绿化覆盖率高						
	4	泵闸主体结构美观，景观功能明显提升						
举止仪表	5	泵闸运行及巡查养护管理人员着装统一						
	6	工作人员持证上岗、标识明显						
	7	工作人员文明用语、礼貌待人						
办事公开	8	防汛信息及时公开						
	9	标识标牌醒目、清晰						
	10	监督投诉电话公开						

续表

类别指标	序号	评价内容	对目前现状的满意程度					凡评价"不满意"和"很不满意"的,请说明具体原因。
			5 很满意	4 满意	3 一般	2 不满意	1 很不满意	
行业诚信	11	工程巡查到位,确保防汛安全						
	12	行业服务承诺兑现						
	13	不欺诈、不损害社会公众利益						
	14	承担社会责任,自动参与社会公众活动						
服务态度	15	工作人员主动、热情、周到						
	16	业务咨询有问必答						
	17	接待来电来访用语亲切、耐心						
	18	得理让人,不与民众发生争执						
业务水平	19	泵闸工程设施设备养护规范						
	20	泵闸工程设施设备维修及时,重视质量						
	21	工作人员熟悉防汛知识						
反应能力	22	工程安全隐患及时发现及时处置						
	23	接报后2h之内赶到事故现场						
	24	重视群众投诉、及时处理不推诿,主动告知处理结果						
工作成效	25	防汛措施有力,保证安全度汛						
	26	安全运行无重大事故						
	27	逐步增加生态景观和文化功能						
	28	智慧管理能力不断提升						
遵守纪律	29	遵守职业操守,员工无违法行为						
	30	巡查养护人员按规定时间要求巡查养护						
	31	汛期值班人员在岗到位						

续表

类别指标	序号	评价内容	对目前现状的满意程度					凡评价"不满意"和"很不满意"的,请说明具体原因。
			5 很满意	4 满意	3 一般	2 不满意	1 很不满意	
便民措施	32	宣传防汛防台、爱河护河知识						
	33	防汛通道畅通,方便居民出行						
	34	泵闸及配套工程维修养护施工噪音小、无扬尘,环境保护好,不扰民						

7. 抓好档案资料管理的培训

档案资料管理的培训包括明确技术档案资料管理一般要求、技术档案资料收集要求、泵闸工程日常管理技术档案资料收集内容、技术档案资料整理归档要求、技术档案资料验收移交要求、技术档案资料保管要求、技术档案资料保密要求、技术档案资料鉴定与销毁规定、档案管理员(资料员)岗位职责及岗位条件等。

8. 做好信息上报工作

泵闸运行养护项目部应明了向管理单位提供的信息和文件,包括管理月报、汛前和汛后工程检查报告、年度管理工作总结、不定期的管理工作报告、日常管理文件收集整理,认真进行各阶段总结,对工作中的不足及时加以整改。

9. 加强项目部考核管理

项目部考核管理包括内部管理考核、管理单位对运行养护项目部的考核等,应按公司相应的考核管理办法执行。

10. 加强项目部标准化建设

项目部标准化建设包括合理设置项目部岗位、梳理项目部管理设施应具备的基本条件、完善项目部规章制度、加强项目部财务物资管理、做好项目部档案管理工作、制定并执行后勤保障和环境管理标准等。

9.8 目视项目中的标识标牌制作

9.8.1 标识标牌构造

1. 标识标牌部件

标识标牌一般由底板、支撑件、基础等组成,各组成部分应连接可靠。

2. 标识标牌形状

(1) 常用的形状包括矩形、圆形、三角形、椭圆形和其他不规则形状。

(2) 矩形标识标牌,竖款长宽比宜选用 2∶1、3∶2、5∶4 等,横款长宽比宜选用 4∶3、3∶2、5∶3、2∶1 等。矩形标识标牌(宽×高)一般为 400 mm×300 mm;900 mm×

600 mm；1 500 mm×2 000 mm；2 000 mm×1 500 mm；2 500 mm×2 000 mm。圆形标识标牌直径一般为 300 mm 和 500 mm。

（3）标志标识的规格、尺寸、安装位置可视所要传递信息的视距要求、设置的位置和环境进行调整，但对于同一泵闸工程、同类设备（设施）、同一种标志的标识标牌规格、尺寸及安装位置应统一，且不得影响明示效果。

3. 颜色与字体

（1）安全色是传递安全信息含义的颜色，包括红、蓝、黄、绿 4 种颜色。红色传递禁止、停止、危险或提示消防设备设施的信息，蓝色传递必须遵守规定的指令性信息，黄色传递注意、警告的信息，绿色传递安全的提示性信息。

（2）标识标牌要素中的符号和文字与其背景应有足够的对比度，否则宜采用推荐颜色的补色。

所谓对比色指使安全色更加醒目的反衬色，包括黑、白 2 种颜色。

黑色用于安全标志的文字、图形符号和警告标志的几何边框，白色作为安全标志红、蓝、绿的背景色，也可用于安全标志的文字和图形符号。

安全色与对比色同时使用时，应按照表 9-15 所示搭配使用。

表 9-15　安全色的对比色

安全色	对比色
红　色	白　色
黄　色	黑　色
蓝　色	白　色
绿　色	白　色

安全色与对比色的相间条纹为等宽条纹，倾斜约 45°。红色与白色相间条纹表示禁止或提示消防设备设施的安全标记，黄色与黑色相间条纹表示危险位置的安全标记，蓝色与白色相间条纹表示指令的安全标记，传递必须遵守规定的信息，绿色与白色相间条纹表示安全环境的安全标记。

（3）安全标志的颜色、图形、文字说明应当符合《安全色》（GB 2893—2008）、《安全标志及其使用导则》（GB 2894—2008）、《公共信息图形符号（系列）》（GB/T 10001—2012）最新的规定要求。

（4）临时性道路交通标志应当符合《公路临时性交通标志》（GB/T 28651—2012）和《道路交通标志和标线（系列）》（GB 5768—2009）要求。

（5）消防安全标志应当符合《消防安全标志 第 1 部分：标志》（GB 13495.1—2015）和《消防安全标志设置要求》（GB 15630—2015）要求。

（6）字体要求：

① 汉字应采用简体字；

② 汉字字体宜选用黑体、楷体、宋体、仿宋体等，如有特殊需求，可选用其他字体；

③ 英文应使用相当于汉字黑体的无衬线的等线字体；

④ 字体大小、间距、行距宜根据标识标牌的大小、内容多少确定。同一用途的标识标牌所用字体、间距、行距应统一。

4. 标识标牌内容

（1）标识标牌内容宜包括标志、文字、表格、图案等。

（2）对外展示、宣传工程形象的泵闸工程标识标牌设计风格宜统一，可在标牌左上方设置管理单位 LOGO 和名称，右下方可设置运维单位 LOGO 和名称。

5. 标识标牌材料

标识标牌材料的选择应根据使用环境、安装方式等确定，宜选用环保、安全、耐用、阻燃、耐腐蚀、不变形、不褪色、易于维护的材料。

（1）材料选择首先要考虑视觉效果及表现理念。例如要表现传统文化和自然淳朴的风格，就要考虑用木料、石材等一些容易表现风格的材料；要表现有时代气息、个性新颖、独特，可以考虑用亚克力板、玻璃钢、铝塑板、PVC 板、阳光板、弗龙板等。

（2）材料选择注意施工结构的合理性。在考虑视觉效果后施工结构就显得尤为重要，有些材料视觉效果很好，却很难加工实施，结构复杂，材料性能比较模糊，这类材料建议不要使用。在不能确定其结构是否合理，是否能承受外界压力的情况下，坚决不能施工，以免留下安全隐患和后续维修的麻烦。

（3）使用期限的考虑。根据不同客户的需求，有些标识标牌只是在某一较短的时间段使用，有些却要长期使用，这时就需要考虑标识标牌的寿命问题。临时性标识标牌由于使用时间短，普通材料基本都能满足，只要充分考虑视觉效果和使用成本就可以；长期性标识标牌选材时就要注意使用的寿命，选材不当不仅会造成经济损失，也对以后的维修带来麻烦。

① 除特殊要求外，安全标识标牌、设备标识标牌宜采用工业级反光材料制作。

② 涂刷类目视标识材料应选用耐用、不褪色的涂料或油漆。各类标线应采用道路线漆涂刷。

③ 桩类标识标牌宜选用坚固耐久的材料，工程建设永久性责任牌宜选用大理石、花岗岩等青色石材，界桩、公里桩、百米桩可采用石材、钢筋混凝土等材料，贴面式公里牌、百米牌亦可采用不锈钢板、铝板、耐候钢板等材料。

（4）使用场地的选择。标识的使用场地根据建筑环境，分为室内和户外 2 种。由于在户外使用时要经受太阳光照射，还有风吹雨淋，在设计时要充分考虑选材和工艺；其次，不同的地理位置会有不同的气候特点，湿度、降水量、温差、气压等都是影响标识正常使用的因素，在设计时也要慎重考虑。

① 室内标识标牌应选用牢固耐久、安装方便、不易变色、美观清晰的贴面材料，可选用铝塑板、亚克力板、PVC 板等，并满足安全要求。

② 户外标识标牌底板应选用牢固、耐久性强的材质制作，可选用不锈钢板、铝板、耐候钢板等材料，标牌底板背面可采用原色，也可采用其他淡雅的颜色；户外标识标牌单面板式，底板厚度应根据底板材料强度、刚度合理确定，底板厚度宜大于等于 1.5mm，底板折边可取 20～40 mm；户外标识标牌双面板式，采用 2 块标牌正反固定一起或正反两面均有标识信息的标牌。

③ 户外警示标线、巡查(视)工作线路指引牌应牢固、耐久、易维护,同时结合标识环境条件、管理需要选用相关材料。这些牌、线室内可采用常温溶剂型、加热溶剂型和热熔型材料粘贴,户外可采用油漆喷涂、不锈钢等易维护的材料。

④ 夜间有警示要求的标识标牌宜采用反光材料制作。

⑤ 低压配电屏(箱)、二次设备屏等有触电危险或易造成短路的作业场所装设的目视标识应使用绝缘材料制作。

(5) 使用和服务维修的成本。如前文在谈到设计要点时所述,标识标牌的设计制作不能一味追求视觉效果的满足,而忽视经济上的承受力,导致设计方案不能被采纳实施。同时,也要考虑为今后的标识标牌的维护减压,如让其频繁维修,或维修成本过高,那么对于标识设计制作来说也是失败的。

9.8.2 制作工艺

1. 一般要求

(1) 标识标牌中有人员信息、联系方式等可能更换的信息宜做成活动牌,信息可采用不干胶直接粘贴等方式标注,以便于更换。

(2) 支撑件应具有一定的强度和刚度,可选用槽钢、角钢、工字钢、管钢等材料。标志应安装稳固,满足抗风、抗拔、抗撞击等要求。不需要使用支撑件的标志,可直接悬挂、粘贴于附着物上。

(3) 标识标牌需要在自然光线不足的场所或夜间使用时,应确保标识标牌有足够的照明或使用内置光源,设置照明标识标牌。

(4) 标识标牌应图形清楚,无毛刺、尖角、孔洞,边缘和尖角应适当倒棱,呈圆滑状,带毛边处应打磨光滑,避免存在安全隐患。

2. 部分标识标牌制作工艺

(1) 不锈钢标识标牌制作工艺。工艺流程为:

排版→激光切割→下立边料→焊接→清洗→抛光→包装。

① 排版过程中严格按照标识系统字体按比例排版,经过审稿员的审核后方可切割。

② 下立边料按照标识系统规定字体厚度下料,下料要求宽度误差在±2 mm 之内。

③ 焊接过程中立边和正面对接处焊接牢固,不得有漏焊。所有焊接均采用锡焊,焊缝不超过 2 mm。焊接后一定要用 10%的氢氧化钠溶液清洗 5 min,完全清除表面残留的酸性溶液。

④ 抛光要均匀,保证正面光泽度一致,对角和焊缝处要细致处理,既要光洁度又要保留直角。抛光后要马上进行成品包装,确保运输过程中不产生划痕。

(2) 丝印标识标牌制作工艺。工艺流程为:

制版→基材处理→印刷→光油处理。

① 制版。准备网框和感光菲林膜。把绷好的网框用 10%磷酸钠水溶液清洗,除去油污。线网感光菲林膜是一种以聚烯醇胶为主体的感光胶,菲林膜是在 0.06~0.12 mm 透明塑料片基上涂布明胶为主体感光剂,涂布前按图形大小,每边多出 20 mm,用布把膜上的粉末污物擦除干净。

曝光。把菲林膜与底版在晒版机内压紧,用碳精灯或氙灯进行曝光。网框与光源的距离为 50～60 cm,曝光时间 2～6 min。

显影。曝光后,将菲林膜放在平板上,先用温水浸润网膜 1～2 min,再用水喷头喷淋,用水溶去非感光部分(图形部分)晒版、显影后的菲林膜,直到图形清晰为止。

贴菲林膜。把曝光后的菲林膜面贴在丝网上,膜的背面用橡皮板或其他纸板轻轻刮贴,使膜与网接触牢固后放在烘箱内,在温度 55 ℃±2 ℃ 的条件下烘烤 8～12 min,干燥后,把网框固定在印版台上进行试印。

② 基材处理。不论双色板、亚克力板还是不锈钢板,表面均需除去油污和灰尘。所有基材不得有划痕。

③ 印刷。丝网印刷的质量、墨层的厚薄与丝网粗细、油墨黏度、刮板的硬度、角度、制版方法都有密切关系。

各类板材料用三点边定位。套色印刷时先印浅色再印深色。

印版与承印物的距离为 1～2 mm,距离大小与丝网的选择有关,尼龙丝网弹力好,伸缩性大,一般 2～3 mm。

刮板用聚氨酯橡胶板,其硬度为 70°～75°,厚度为 8～9 mm,印刷时的刮板角度以 70°为宜,刮板速度应采用匀速直线运动。

印刷后的标牌为了避免在裁切和运输过程中造成创伤,表面要贴透明压敏胶保护膜,背面要贴双面胶纸。

(3) 烤漆标识标牌制作工艺。工艺流程为:

预处理→除油→水洗→除锈→水洗→磷化→干燥→喷塑(喷漆)。

① 预处理。它是根据具体生产现场的条件及处理工件表面状况不同,而采取的物理手段,其主要目的是消除化学处理中影响处理质量和周期的控制因素,维护化学制剂的使用寿命。

② 除油。工件除油在常温情况下用除油剂浸渍 25 min,去除重油污时间还要延长。为加速除油速度,可使工件与槽液做相对运动或辅以机械外力。除油质量的检验方法是用水冲洗,工件表面水膜连续即除油干净。

③ 除锈。一般锈蚀和冷轧板的冷作硬化层的去除时间为 25 min,重锈及氧化皮的去除时间应适当延长,直至全部去除。为加快除锈速度,可使工件与槽液做相对运动或辅以机械外力。但除锈时间不宜过长,以免产生金属过腐蚀"氢脆"及金属表面黑色"碳化物富积"的形成。一般除锈质量的检验标准为目视无未除尽的锈迹或氧化皮残留,表面为均匀的银灰色金属基体即可。

④ 磷化。工件磷化时间为 25 min。磷化时应使工件保持静止状态,磷化后提出工件,并在槽子上空静置 30～60 s,尽量使磷化液滴干流入槽中。

⑤ 水洗。工件在每进行 1 次处理均需进行水洗。水洗一般采用溢流,时间为 90～120 s,将工件上下振动 8～10 次。由于工件形状复杂,夹缝较多,水洗应充分。水在使用数日后应及时更换新水。

⑥ 干燥。根据磷化后的工件必须及时干燥的要求,工件必须及时送入炉进行烘干,如不能烘干,应用压缩空气吹干。工件内特别是夹缝、夹层等易聚集溶液的地方,在吹干

前可先倾侧工件,倒出多余的溶液,然后吹干其夹缝、夹层等。

⑦ 喷漆。喷漆后产品母线的色彩应符合要求,涂漆应均匀、无流痕、刷痕、起泡、皱纹、漏底等缺陷,搭接面不得粘漆。

底漆喷涂要特别注意边缘、棱角。由于被涂物件的边角部位是易锈蚀的薄弱部位,而且存在死角不易喷涂到,使得这些部位涂层最薄,因此要加强注意。

底漆层在再涂漆前一定要干燥适度。干燥度过小,底涂层易产生不良变化;干燥度过大,与面漆结合不好,还易形成缩孔和"发酵"。另外,完成底涂的工件要防止被再玷污。

面漆涂漆应在底漆完全干燥后进行,完全封闭的焊接内腔可不涂漆。面漆涂漆应均匀、致密、光亮,并完全覆盖前一道漆层,一般涂 2~3 层。户外产品,底、面漆的总厚度应不低于 60 μm;户内产品,底、面漆的总厚度应不低于 40 μm。

工件漆膜未干之前应妥善保护,避免烈日直晒或严寒冰冻。

这里应注意两点:
①施工方法用刷涂时,漆的黏度应相应增加;
②工件干燥规范规定的干燥时间根据其大小适当增减。

9.9 标识标牌安装与维护

9.9.1 标识标牌安装基本要求

(1) 标识标牌的安装应可靠,便于维护,易于观察,适应使用环境要求。

(2) 标识标牌宜设置在明亮、醒目的位置,应能引起观察者注意、迅速判读、有必要的反应时间或操作距离。应避免被树木、设备、建筑物遮挡,标识标牌前不得放置妨碍认读的障碍物。

(3) 标识标牌不宜安装在门、窗、架等可移动的物体上,以免标识标牌随母体物体相应移动,影响认读。

(4) 标识标牌的设置,不得妨碍行人通行和车辆交通,不应存在对人身伤害、设备安全的潜在风险或妨碍正常工作。

(5) 消防安全标志应设置在醒目、与消防安全有关的地方,并使观察者看到后有足够的时间注意它所表示的内容并符合《消防安全标志 第 1 部分:标志》(GB 13495.1—2015)、《消防安全标志设置要求》(GB 15630—2015)的规定。环境标志宜设在有关场所的入口和醒目处。局部信息标志应设在所涉及的相应危险地点或设备附近的醒目处。

(6) 标识标牌的平面与视线夹角接近 90°,观察者位于最大观察距离时,最小夹角不低于 75°,标识标牌应设置在明亮的环境中。

(7) 多个标识标牌在一起设置时,应按警告、禁止、指令、提示类型的顺序,先左后右、先上后下排列。

(8) 便桥便道的相关标志视泵闸工程现场实际情况,按《道路交通标志和标线(系列)》(GB 5768—2009)的规定执行。

9.9.2 标识标牌安装方式

（1）泵闸工程标识标牌常用的安装方式主要有单柱式、多柱式、悬臂式、落地式、地埋式、附着式、悬挂式、地面式。悬挂式和附着式的固定应稳固不倾斜，柱式的标识标牌和支架应牢固地连接在一起。

（2）单柱式安装是指标识标牌安装在 1 根立柱上，适用于室外中、小型各种形状的标识标牌，如图 9.2 和图 9.3 所示。

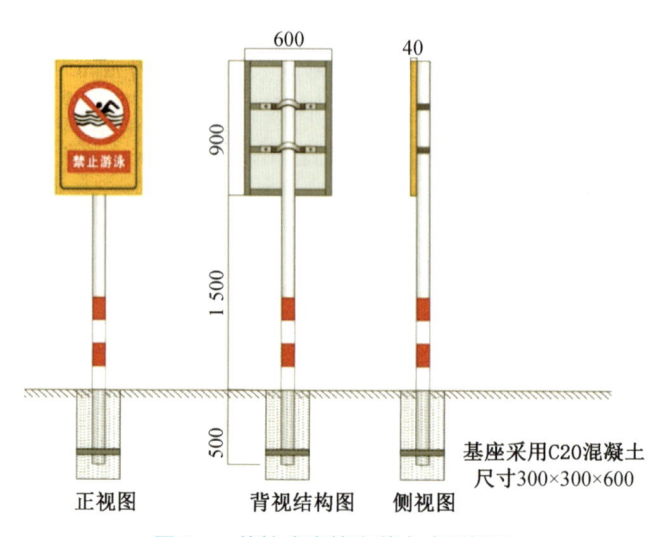

图 9.2　单柱式支持安装方式（单面）

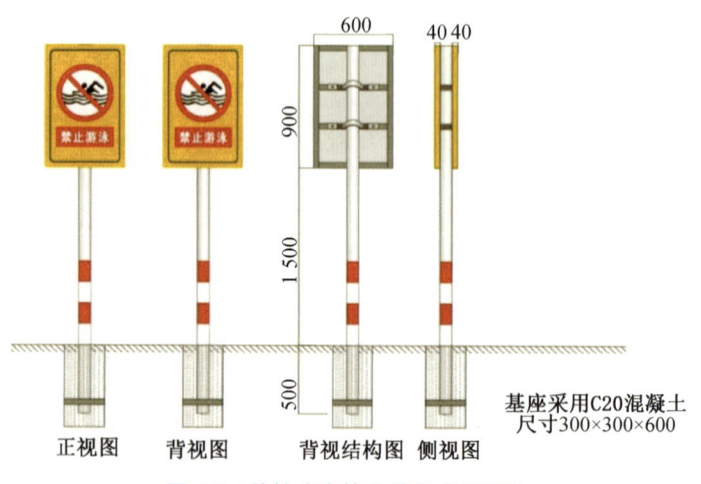

图 9.3　单柱式支持安装方式（双面）

（3）多柱式安装是指标志板安装在 2 根及 2 根以上立柱上，适用于室外大、中型长方形的标识标牌，如图 9.4 所示。

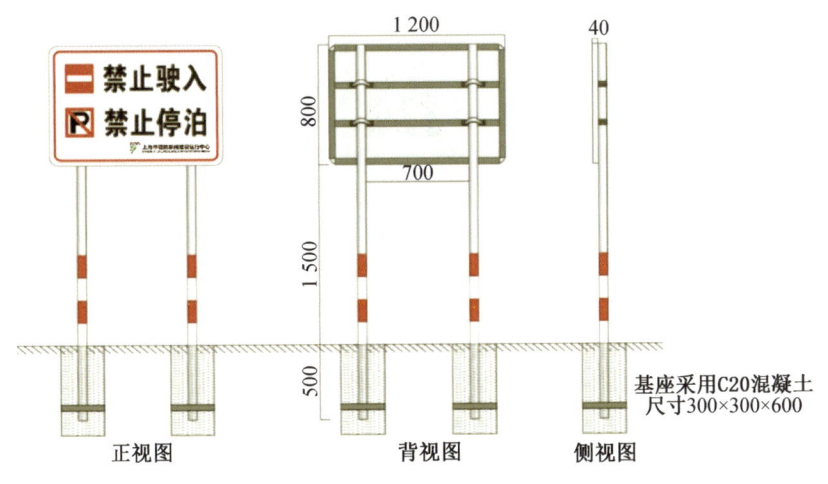

图 9.4　多柱式支持安装方式

（4）悬臂式安装是指标识标牌安装于 1 根立柱的悬臂上，适用于室外大、中型尺寸长方形的标志牌，如图 9.5 所示。

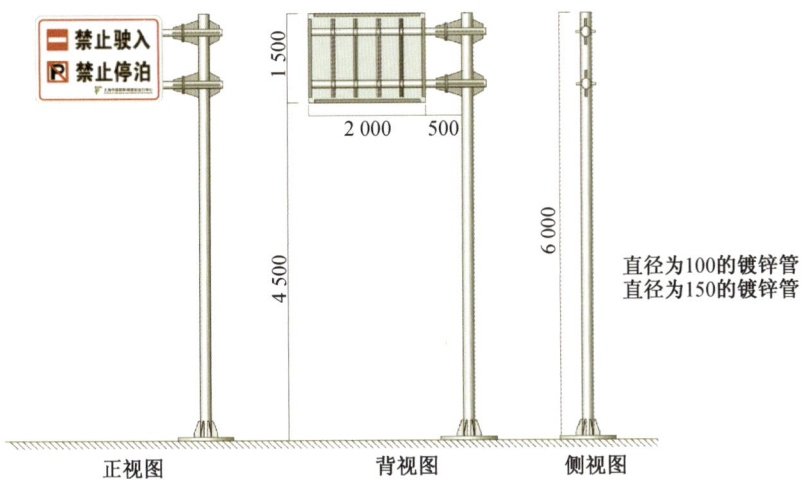

图 9.5　悬臂式支持安装方式

标识标牌采用悬挂方式安装时，在防护栏上的悬挂高度宜为 800 mm；当采用粘贴方式时，应粘贴在表面平整的硬质底板或墙上，粘贴高度宜为 1 600 mm；当采用竖立方式安装时，支撑件要牢固可靠，标志距离地面高度宜为 800~1 200 mm。高度均指标识标牌下缘距离地面的垂直距离。当不能满足上述要求时，可视现场情况确定。

（5）落地式安装是指标识标牌直接坐落于地面的安装方式，适用于周边有较大空间、尺寸较大的标志标牌，如图 9.6 所示。

图 9.6 落地式支持安装方式

（6）地面式安装是指通过镶嵌、喷涂等方法将标识标牌以平面方式固定在地面的安装方式。适用于指示方向的标识牌。

（7）地埋式是将标识标牌的一部分直接填埋于地下的安装方式，适用于室外不能移动的标志标牌，如图9.7所示。

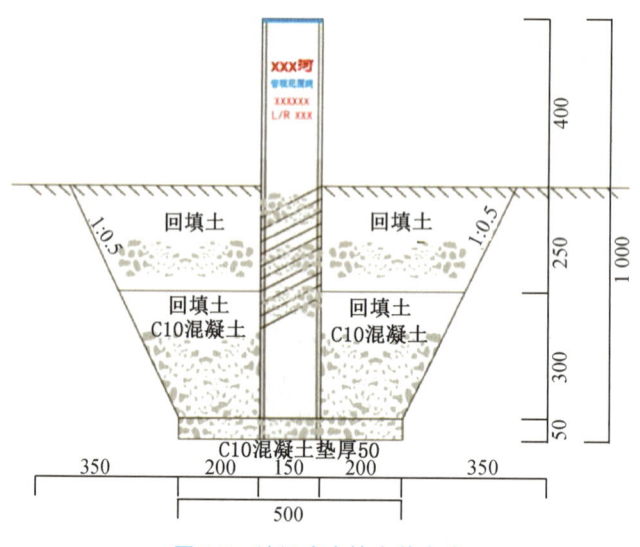

图 9.7 地埋式支持安装方式

（8）附着式安装是将标识标牌背面固定在建筑物、设备上的安装方式，适用于周边有墙面、设备可以附着的标识标牌。

（9）悬挂式安装是将标识标牌与建筑物、设备连接或固定为悬空的安装方式，适用于周边有建筑物、设备可以悬挂的标识标牌。

（10）标识标牌的立柱、底座应牢固、耐久，具有一定的强度和刚度。立柱、底座的断面尺寸、连接方式、基础大小、埋设深度等，应根据设置地点的地基条件、风力、板面大小及支撑方式计算确定。安全标识标牌立杆下部色彩颜色应和主标志的颜色一致，如图9.8所示。

图 9.8　固定安全标志的标志杆色带

（11）标识标牌和立柱的连接应根据板面大小、连接方式选用。在设计连接部件时，应保证安装更换方便、连接牢固、板面平整。

（12）单柱式、多柱式标识标牌内边缘不应侵入道路建筑限界，距车行道或人行道的外侧边缘或路肩不小于 250 mm。下缘离地面的高度宜为 1 500～2 500 mm，下缘离地面的高度可根据实际情况减小，但不宜小于 1 200 mm，设置在有行人、非机动车的路侧时，下缘离地面的高度宜大于 1 800 mm。

（13）位于各种机动车车道上方的悬臂式标识标牌下缘离地面的高度应大于 4 500 mm，位于小客车车道上方的悬臂式标识标牌下缘离地面的高度应大于 3 500 mm，位于非机动车道、人行道上方的各类标识标牌下缘离地面的高度应大于 2 500 mm。

（14）附着式标识标牌设置的高度宜与眼睛视线高度基本一致，下缘离地面高度宜为 1 200～1 400 mm。地埋式标识标牌的埋深宜在 400～600 mm。

9.9.3　墙面附着式标识牌安装工艺流程

安装流程为：

测量、放线→清除基体→涂抹黏接剂→自检→清洁。

（1）测量放线：

① 按照设计在基体上确定安装位置，使用水平仪和标准钢卷尺等引出标高线；

② 测量时误差不能超过±2 mm。

（2）用羊毛刷清除表面灰尘，若有油污用酒精擦拭。

（3）标识标牌在安装中先用双面胶固定，确定其平直后再用玻璃胶固定。若安装不锈钢字可在字背面填充芙蓉板后固定安装。

（4）需要在墙面打孔固定的（需得到管理单位的同意），应首先确认墙面大理石砖或者瓷砖是否与墙面之间有无空隙，用水钻钻孔，以防破坏墙面大理石或者瓷砖。

（5）需粘贴的标识应考虑所用材料对粘贴对象的破坏程度，尽量做到破坏最少又美观牢固且容易拆除清理。

9.9.4　制作安装质量保障措施

1. 采购

材料严格执行规定选购，按照合同和图纸的要求先采购样品。样品在送到现场经泵闸管理单位或运行养护项目部确认后,进行批量采购。在现场施工中,成品在现场经运行养护项目部确认后进行安装。在没有征得运行养护项目部同意的情况下,施工安装人员不得随意安装不合格产品。

2. 加工

每道工序严格按操作规程执行,质检员严格按抽检方案检查。产品按设计施工图纸进行加工,所有材料必须符合合同规定,加工现场使用的各类量具、工具应定期检查,玻璃胶必须是国内名优产品且性能指标、安全使用年限达标;成品出厂时,应附有质量检验证书及检验人员的签字。

3. 包装运输

出厂的所有成品、半成品应采用保护膜来保护材料表面,以免在运输、安装时损伤材料表面,其在包装成捆后运到现场。材料运到现场后应进行特殊保护。

4. 安装

安装人员的素质、技术水平是决定工程质量的一个不可忽视的重要因素。安装人员应为经过专业技术培训的技术工人,所有技术应向施工人员交底。

5. 成品保护

如遇雨雪及大风天气,涂装过的工件应及时进行覆盖保护,防止飞扬尘土和其他杂物侵入。

9.9.5 标识标牌维护

(1) 泵闸工程标识标牌的管理要按区域、分门类落实到谁主管谁负责,明确使用人、责任人。

(2) 对室内、室外的标识标牌按名称、功能、数量、位置统一登记建册,有案可查。

(3) 对标识标牌进行日常检查和定期检查,重要标识标牌应建立每班巡场检查交接制度,一般性标识标牌至少每季度检查1次,特别是防汛防台期间一些警示标识要明确专人检查落实。

(4) 维持标识标牌表层的美观大方、光洁、漆料颜色完好无损及其组成件的稳固性,提醒人们应该尽量减少坚硬物体或锐利物件与之产生撞击、刺划。

(5) 标识标牌维护时,应确保外观保持精美,表面无螺钉、划痕、气泡及明显的颜色不均匀,烤漆须无明显色差。所有标识系统的图形应符合《公共信息标志用图形符号》(GB/T 10001—2012)最新的规定要求,标识系统本体的各种金属型材、部件,连同内部型钢骨架,应满足国家有关设计要求(应符合抗风载荷的要求),保证强度,收口处应做防水处理。标识标牌发现有倾斜、破损、变形、变色、字迹不清,立柱松动倾斜、油漆脱落等不符合要求的问题时,应做好记录,及时维修,并向管理单位报告。

(6) 标识标牌在日常保养时,木材应落实防腐措施;亚克力材质需要注意清洁、打蜡、黏合和抛光;石材需要防止开裂;铝合金材质需要擦拭和打蜡。

标识标牌的表层定期清洗时,可准备稀释酒精或肥皂水,用软布或毛刷擦拭即可,切忌用硬毛刷或者是粗布擦拭,擦拭时需顺着标识标牌表层纹路(如有纹路的话)擦拭。

常用的亚克力板标识标牌,如果没有经特殊性处置或加入耐硬剂,则自身易损坏、划伤，因而，其平常的尘土处置，可以用掸子或清水清洗，再以软塑布料擦拭；若是标识标牌表层油污的处置，可用毛巾蘸啤酒或温热的食醋慢慢地擦拭，另外也可以使用目前市场上出售的玻璃清洗剂，忌用酸碱性较强的溶液清洁。冬天亚克力制品表面易结霜，可用布蘸浓盐水或白酒来擦拭，效果很好。

如果亚克力标识标牌表面有划痕磨损，可以采用以下方式处理：

① 轻微划痕可以用纯棉布包些牙膏用力擦拭即可；表面磨损不是很严重，可尝试使用抛光机(或汽车打蜡机)装上布轮，沾适量液体抛光蜡，均匀打光即可改善不完美效果。

② 较深的划痕可用如下方式处理：

a. 用水砂纸(最细的)，加水将划痕处及其四周磨平；

b. 用水冲刷干净，再用牙膏擦拭即可；

c. 如果以上处理还看得到划伤，表示砂纸打磨的深度还不够，应再操作一遍。

注意：

水砂纸磨后表面会雾化，用牙膏擦拭后就可以恢复光亮。

如果标牌不小心损坏，可以使用 IPS 胶粘胶、胶粘二氯甲烷胶或速干剂进行贴合。

(7) 标识标牌维修养护应保证拆装方便，所有标识标牌系统的安装挂件、螺栓均应做镀锌防腐处理；采用型材的部分，其切口不应留有毛刺、金属屑及其他污染物；成品的表面，不论是原有表面或有其他涂覆层，其表面均不得有划痕和碰损；所有标识标牌均应考虑安装及检修的方便。

(8) 标识标牌在使用过程中可根据实际情况进行必要的调整。在进行设施和其他施工作业时，如需移动或拆除标识标牌，应经管理单位同意。

(9) 在标识标牌设施的保护范围内，不得栽种影响其工作效能的树木，不得堆放物件或修建建筑物和其他标志，对影响标识标牌发挥正常工作效能的设施，应妥善遮蔽。

(10) 在整修或更换安全标识标牌时应有临时性标识标牌替换，以避免发生意外的伤害。

(11) 状态标识要经常验证，损坏丢失应及时更换增补。

(12) 标识标牌位置设置不当应及时处理。包括标识标牌设置的位置、大小与方向没有充分考虑观赏者的舒适度和审美要求；文字图案的排版设计不符合人们的阅读习惯，可读性差。标识要位置适当，设置于泵闸工程内的交通流线中，如出入口、交叉口、巡查点等显眼的位置；要有最大的能见度，使人们一眼就能捕捉到所需要的信息，做到简单易懂。

(13) 标识标牌内容不统一连续的、译文翻译或拼写错误的，应加以纠正。特别是信息符号不符合国家标准，描述不专业，很难理解或易误读。泵闸工程要统一标识标牌风格，内容准确无误才能提高标识标牌的可观性、实效性，不然只会起到反作用。

(14) 对于有连接电路的标识标牌，应定期检查其电源线和漏电保护装置，避免因为线路老化在高温、雨水等环境下引发火灾。

(15) 标识标牌的修复。

① 混凝土警示柱的修补。表面局部破损部位采用人工进行凿毛，露出密实混凝土后，采用人工抹压丙乳水泥砂浆进行处理。处理后的表层应与原面板颜色一致并与周边混凝土相适应，避免出现材料结合不好造成而成开裂，面板应表面清洁，厚度均匀，填充

密实。

② 标识标牌刷漆修复。材料品种应符合设计和选定样品要求,严禁脱皮、漏刷、透底,无流坠、皱皮。标识标牌表面应光亮、光滑,均匀一致,颜色相同,无明显刷纹。

(16) 泵闸工程管理区较大型户外标识标牌的维护方法。

① 灌浆托换法。主要原理是利用特用的灌浆液增加土层硬度,起到固化的目的,同时,灌浆托换后的户外大型标牌具有良好的防水能力,可以有效防止地下水对地基的侵蚀。

② 坑式托换法。户外大型标牌由于地基的浇筑材料不同,会因地质和环境等原因出现地基松动,此时可采用坑式托换法对其进行维护,具体方法为:在户外大型广告标牌底部 1~1.5 m 处加入 2 层地基,将底层地基受力由 2 层地基共同承担。

③ 围套加固法。受地形和环境的影响,户外大型标牌在 1~2 年后可能开始出现地基松动的现象,为了避免该现象发生,可定期进行围套加固。围套加固指对户外大型标牌地基进行再次加固,可采用钢筋或水泥围栏。

9.10 其他目视项目的实施

9.10.1 形迹管理项目的实施

1. 实施要点

(1) 绘画或者制作出来的形迹醒目、标准化,尤其是恢复原位时其规格、型号合适。

(2) 制作出来的凹模容易被识别,避免出现相似形迹。

(3) 位置相对固定,形状相对单一,摆放整齐,便于物品查找、归位,并实现美观、整洁。

(4) 注重节约空间,而不能为了形迹而四处杂乱无章地进行形迹管理,那样只会显得更乱、更加浪费空间。

(5) 一些比较零散而又常用的物品,可以集中起来进行形迹管理,例如将文具集中放置在抽屉中并标注形迹;将工具统一悬挂在展板上或者展示柜(包括推拉式)并设置成看板展示区等。

2. 实施方法及常用材料、载体

(1) 绘图。一般是指针对那些视觉效果相对较好的物品,直接在其载体或者存放位置,根据其投影形状进行绘图、标记。例如垃圾桶在地面上的位置可绘制垃圾桶底部形状标记;墙壁上统一置放工具的区域直接画出工具的形状。

(2) 制作凹模。一般是针对相对零散的零部件、工具等物品,在特殊材料中镂空出物品的形状形成凹模,物品可以稳定地嵌入其中,便于取用、归位,甚至携带。

凹模具体材料可以是海绵、泡沫、胶垫、塑料板、广告纸等,常用载体为工具箱、工具车等。

(3) 看板展示板或者展示柜。一般是针对比较零散而又需要集中取放的零件、工具等物品,将其集中在某一个展示板或者推拉式的展示柜、展示架中,同时进行绘图标记或者嵌入凹模。例如,同一个泵闸工程、不同轮流值班的维修组,完全可以使用1套通用的零件、工具,这样可极大地节约成本,并减少查找物品、归位物品的时间。

看板展示板或者展示框常用载体为工具(零件)展示板、工具(零件)展示柜、工具(零件)展示架、工具车等。

9.10.2 灯箱的制作安装

1. 制作材料

(1) 龙骨。木条、角铁或铝合金型材。

(2) 光源。日光灯管2套。

(3) 面板。有机玻璃色板或PVC色板。

(4) 支架。三角铁架。

2. 制作工具

电钻、十字改锥、钢钉、钢锯、木锯、铲锤、手钳、小钉、乳胶、勾刀、钢丝锯、有机玻璃胶。

3. 制作安装要点

(1)设计。制作人员应根据所需设计要求确定灯箱的尺寸、颜色、字体的主次排列、图文的变化、横竖摆放。

(2)龙骨规格。一般为六面体。用料规格为200 mm×200 mm或300 mm×300 mm。

(3)角铁加工。条件具备自己加工,无条件的可外加工。

(4)木材钉架。采用20 mm×20 mm的方木进行钉架。

(5)下料。制作人员下料时,将木料两头锯20 mm×10 mm的榫头,抹上白乳胶粘贴后钉上,下料数量为长木料和短木料各4根。

(6)铝料。采用地柜铝合金料,锯成45°角,用插件连接。

(7)安装灯管。一般安装日光灯管2~3根。日光灯管40 W长1.2 m,用于1.3 m以上灯箱。日光灯管30 W长0.9 m,用于1.1~1.3 m的灯箱。

(8)上板。制作人员在有机玻璃板上钉小钉时,应将小钉钉在距离有机玻璃板最边沿5 mm处,每侧钉上4个小钉即可。其后,在板侧面钻眼,再将电线穿出。

(9)上铝条。铝条采用20 mm×20 mm铝角,铝角的长度(或宽度)应比装好的有机玻璃板面的长度(或宽度)多出2 mm。制作人员应将铝角头按45°角锯开,用镖钉均匀地钉在20 mm厚板的侧面上。

(10)粘贴"有机字"。制作人员应按设计要求,将"有机字"排列在灯箱面上,轻轻地打上格子,把字摆正,然后用有机玻璃胶进行粘贴。可采用医用针管吸入有机胶水,慢慢地注射在"有机字"的边缘。同时,检查一下"有机字"有无错字、掉字、反字现象,查看每个字是否粘牢。

(11)清洁。制作人员用干净的小块布沾些水挤少许牙膏对"有机字"进行均擦;均擦后再用布块沾些水,对制作的灯箱表面进行大面积抹擦,此时水不宜多,布湿即可。

9.11 泵闸工程目视项目实施中的保障措施

9.11.1 完善组织

1. 精心组织

泵闸工程管理单位及运行养护单位应根据水利部、上海市水务局关于泵闸工程精细化、标准化的相关指导意见,制定泵闸工程目视精细化管理的实施计划和方案,落实工作责任,加强宣传引导和队伍建设,加大经费保障力度,促进目视精细化管理工作有序推进。

2. 明确职责

(1) 领导层。领导层应统一思想,提高认识,把目视精细化管理作为是对泵闸工程管理的发展规划和目标任务分解、细化和落实的过程,是提升工作成绩和整体执行能力的一个重要途径。领导应明确分工负责抓好目视精细化管理工作。

(2) 相关部门。相关业务部门是目视管理的归口部门,负责目视管理规范的制订和修编、目视管理工作的定期监督和检查、目视项目的审批。

(3) 基层管理单位。基层管理单位是目视管理的组织部门,负责所辖泵闸工程目视管理工作的组织协调,负责组织相关专业班组对泵闸工程上报的目视项目进行审核。

(4) 运行养护单位。运行养护单位负责所辖区域目视项目的制作、完善,保持其规范性、完整性,并负责所有目视标识的安装维护工作。

运行养护单位定期对所辖区域的目视精细化管理进行回顾,不断完善目视项目,对于改变了的目视标识或者针对新设备、新作业、新风险而增加的目视标识,应上报管理单位审核,并经过职能部门批准后方可实施。

9.11.2 标准化、精细化

泵闸工程目视精细化管理是一项系统工作,需要科学安排,有序推进。管理单位和运行养护单位应结合多年来开展的规范化管理基础工作、近年来开展的标准化、精细化完善提升工作,合理地评估软、硬件水平,科学地制订全面目视精细化管理方案,强化计划管理,有效地把握实施进度,全面地提升工作水平,使目视精细化管理推进工作有序有效地推进。

泵闸工程目视精细化管理从某种意义上讲,就是对泵闸工程管理单位制度化、规范化、精细化程度的考评。管理单位和运行养护单位应建立比较完善的规章制度体系和精细化评价标准体系,在目视精细化管理推进工作中既要对管理制度和精细化评价标准进一步落实,也要做好推进制度和方法本身的构建和有效执行,将目视精细化管理成效与项目部经济利益挂钩,与管理单位和运行养护单位的部门以及个人绩效考核挂钩,调动全体员工创建的积极性。管理单位与运行养护单位现场项目部应签订创建工作目标责任状,确定奖惩方法,激励各部门、各项目部和全体员工做好泵闸工程目视精细化管理落实工作。

9.11.3 以点带面

"他山之石，可以攻玉"，学习先进水管单位和其他行业的成功经验，有助于少走弯路，更有效地做好泵闸工程目视精细化管理工作。各泵闸工程管理及运行养护单位要组织管理、设计、制作安装人员调研学习，对照标杆，创新发展。同时也应组织专家到现场指导推进。专家的指导、兄弟单位成功的工作经验，可为本单位的目视精细化管理工作提供有益的启示。

在学习外部标杆的同时，各泵闸工程管理及运行养护单位在本单位、本泵闸工程管理项目中，可精心选定单个工程、局部单元的现场目视项目试点，从而以点带面，逐步推广。

1. 样板先行

上海迅翔水利工程有限公司先后选取张家塘泵闸、淀东泵闸、元荡节制闸、大治河二线船闸作为样板区，集中公司资源，在管理单位支持下，经过目视精细化管理，现场改善工作达到了一个较高的水准，用事实说话，使全员上下一心，积极参与。样板区的试行过程是发现问题、暴露问题并解决问题的探索过程，又是集思广益、选取最优方案或措施的实践过程，积累了一定的管理经验。

2. 实施改进

样板区现场开展目视化精细化管理后，注重实施改进，并注意收集保留如下相关资料：改进前后状况；基本数据（空间、面积、数量、费用、视觉效果、耐久性等）；基本流程；重点问题；整个改进推进思路及过程；最终改进结果。

3. 组织观摩

样板区打造后，邀请水利专家和部分泵闸工程管理单位进行观摩，同时组织本公司各泵闸工程运行养护项目部参观学习，在充分肯定成绩的同时进一步完善，使其成为企业的示范榜样。

4. 借鉴样板区管理经验，在全公司渐进推广

（1）提出推广方案，包括推广批次、数量、区域、注意事项。

（2）落实推广经费、时间。

（3）着手编制和应用相关技术规范、管理制度、作业指导书等文件。

9.11.4 持续改进

泵闸工程管理单位及运行养护单位应结合自身实际情况，加强对目视精细化管理工作的总结和实际成效的考核评价，注重学习借鉴其他单位的成功经验和做法，要不断拓展目视精细化管理的内涵，延伸目视精细化管理范围，逐步实现目视精细化管理全覆盖。

目视精细化管理的理念、方法应长期贯穿于工作之中，形成常态化的工作机制，由易到难，由浅入深，总结完善，持续改进，不断提高目视精细化管理与业务工作的契合度，用目视精细化管理助推泵闸工程管理标准化、长效化、现代化。

附录 A

泵闸工程规章制度明示一览表

泵闸工程规章制度明示一览表

序号	名称	主 要 内 容（要 点）	备注
1	泵站调度管理制度	1.明确本工程的调度部门和调度权限。 2.明确控制运用方案主要内容及相关的纪律要求。 3.接到调度指令后进行运行前检查、开停机的相关规定。 4.机组运行过程中调停、工况调节的相关规定。 5.调度指令记录、回复。 6.相关水闸的配合运行。	
2	水闸调度管理制度	1.明确本工程调度的主管部门、控制运用方案及相关的纪律要求。 2.管理单位接到指令后，预警、指令执行等规定。 3.水闸超标准控制运用。 4.调度指令记录、回复。 5.相关泵站的配合运行。	
3	计算机监控系统管理制度	1.开关机的操作规定。 2.计算机参数设置、软件的安装。 3.计算机使用的纪律。 4.系统网络安全隔离的规定。 5.UPS、计算机测控系统、各传感器的维护。 6.机房环境卫生。	
4	操作票制度	1.操作票使用的范围。 2.操作票的签发。 3.操作票的执行、监护。 4.操作人的操作、防护，监护人的唱票、监督的规定。 5.操作人、监护人签字，监护人向发令人汇报的要求。	
5	运行值班制度	1.值班人员执行调度指令的规定。 2.值班人员的着装、上下班纪律。 3.设备巡查，相关规章制度的执行，运行记录的填写要求等。 4.异常情况的处理。 5.工作现场及值班室清洁。	
6	交接班制度	1.交接班时间、纪律要求。 2.交接班双方的职责，特别是设备异常运行的交接要求。 3.处理事故或进行重要操作时如何交接班。 4.交接班手续的办理。	

续表

序号	名　称	主　要　内　容（要　点）	备注
7	运行巡查制度	1.运行人员值班期间,应按规定的巡视路线和项目对运行设备、备用设备、水工建筑物等进行认真地巡视检查。 2.每班巡视检查频次,遇有特殊情况应增加巡视频次。 3.高压电气设备巡视检查人员要求。 4.巡视检查高压电气设备时,不得进行其他工作,不得移开或越过遮栏。在不设警戒线的地方,应保持足够的安全距离。 5.雷雨天气巡视室外高压设备时要求。 6.高压设备发生接地时,室内不得接近故障点 4 m 以内,室外不得接近故障点 8 m 以内。进入上述范围内的人员要求。 7.在巡视检查中发现设备缺陷或异常运行情况,应及时处理并详细记录在运行日志上。对重大缺陷或严重情况应立即向上级汇报。	
8	工程观测制度	1.观测项目(由上级下达观测任务书确定)。 2.观测设施的布置、观测方法、观测时间、测量次数、测量精度、观测记录、资料整理与整编等方面的规定。 3.观测工作的基本要求。 4.观测成果审核、分析和整理、上报。 5.异常情况的处理。 6.观测成果资料整编、归档。 7.观测成果应用。	
9	设备管理制度	1.根据设备说明书编制操作规程,组织运行人员学习、演练、使用的要求。 2.设备建档挂卡、编号、旋转方向指示的规定。 3.设备缺陷登记内容、程度、类别及消除措施,存在问题、时间等记录要求。 4.设备日常管理频次及要求。 5.设备保养、校验的规定。 6.根据缺陷的严重程度,进行分类、汇报及处理的规定。	
10	工作票制度	1.为保证安全工作条件和设备的安全运行,检修人员在进行检修和安装时,下列情况必须执行工作票制度: (1)直流系统带电检修。 (2)低压设备带电处理事故。 (3)靠近带电设备转动部分的检修和安装工作。 (4)带电试验和测量工作。 2. 检修结束后检修负责人将工作票退回注销,停止运行的检修设备在工作票未注销以前不得投入运行。	
11	危险物品管理制度	1.辨识与评估的职责。 2.辨识和评估的方法。 3.危险物品及重大危险源的管理。	
12	消防安全管理制度	1.消防安全责任制。 2.消防安全管理。 3.防火检查。 4.火灾隐患整改。 5.消防安全宣传教育和培训。 6.灭火、应急疏散预案和演练。	

续表

序号	名称	主要内容（要点）	备注
13	档案管理制度	1.文件资料收集。 2.文件资料整理。 3.立卷归档。 4.档案保管。 5.档案借阅。 6.档案销毁。	
14	事故应急处理制度	1.事故发生时,值班长应立即向项目经理汇报,组织人员进行抢救,控制事故的发展,消除事故的根源,解除对人身和设备的威胁,项目经理及时向上级汇报。 2.在事故不致扩大的情况下,通过应急措施尽量保持其他设备继续运行。 3.主机事故跳闸后,应立即查明原因,排除故障后再行启动。 4.在事故处理时,运行人员必须坚守在自己的工作岗位上,集中注意力保持运行设备的安全运行,只有在接到值班长的命令或者在对人身安全或设备有直接威胁时,方可停止设备运行或离开工作岗位。 5.值班人员应把事故情况和处理经过记载在运行日志上。	

附录 B

泵闸工程运维岗位职责及安全生产职责明示一览表

附表1 泵闸工程运维人员岗位职责明示一览表

序号	名称	主要内容	备注
1	项目经理职责	1.贯彻执行国家的有关法律法规、方针政策及公司的决定、指令,根据合同规定执行管理单位相关要求和指令。 2.全面负责项目部业务及安全管理工作,落实公司各项规章制度,保障工程安全运行,全面落实并完成所管工程承担的引排水和防汛防台任务。 3.负责检查监督各运行班的安全运行情况,督促对运行资料进行检查、分项、管理等。 4.负责本项目部财务相关工作,做好本项目部的廉政建设。 5.组织制定、实施项目部年度、月度工作计划。 6.项目部的岗位排班和考勤工作。 7.推动科技进步和管理创新,加强员工教育,提高员工队伍素质。 8.协调处理各种关系,完成上级交办的其他工作。	
2	技术负责人	1.贯彻执行国家有关法律法规、方针政策,公司的规章制度和项目部的决定、指令。 2.积极参加各种培训学习,熟悉并掌握上海市泵闸工程维修养护技术规程等相关规程,不断提高业务水平和能力。 3.全面负责项目部技术管理工作,掌握工程运行状况,保障工程安全和效益发挥。 4.负责组织对项目部员工进行技术培训和考核。 5.组织制定、实施项目部科技创新年度计划。 6.组织制定工程调度运行方案、技术改造方案及维修养护计划;参与维修项目工程验收工作,指导防汛抢险技术工作。 7.负责建筑物和设备评级工作。 8.负责编制起草设备操作、运行及检修规程等技术文件。 9.负责建筑物险情和设备故障排除及事故处理工作,提出有关技术报告。	

续表

序号	名 称	主 要 内 容	备注
3	工程管理员	1.贯彻执行国家有关法律法规、方针政策及上级主管部门的决定、指令。 2.积极参加各种培训学习,熟悉并掌握泵闸技术管理等相关规程,不断提高业务能力和水平。 3.协助技术负责人编制起草设备操作、运行及检修规程等技术文件。 4.具体负责检查监督各运行班的安全运行情况,发现问题及时督促整改。 5.参与编制、实施泵闸工程经济运行方案。 6.参与设备等级评定,协助技术负责人制定、组织并落实检修和节能技术改造计划。 7.负责排查运行设备的故障,参与设备事故处理,提出分析报告。 8.负责机电设备和水工建筑物技术资料整理、分析和归档。 9.负责对设施、设备进行经常检查,发现在工程管理范围内有危害建筑物安全的违法违规行为,应进行处理或上报。 10.全面掌握建筑物的状况,负责对建筑物安全等级进行评定,协助制定更新改造和维修养护计划。 11.负责组织并实施建筑物维修养护工作,对建筑物维修养护质量进行监督,参与建筑物维修养护的验收。	
4	安全员	1.贯彻执行国家有关法律法规、方针政策及上级主管部门的决定、指令。 2.积极参加各种培训学习,熟悉并掌握泵闸技术管理等相关规程,不断提高业务水平和能力。 3.负责安全生产宣传教育工作。 4.参与制定安全管理制度,落实安全措施。 5.对安全运行进行监督和检查,发现问题及时督促整改。 6.参与防汛抢险工作。 7.负责对安全标志进行检查,对安全监测和安全用具情况进行监督。 8.参与安全事故的调查处理及监督整改工作。	
5	资料员	1.负责按照考核要求编制运行养护台账。 2.负责项目部资料归档及管理。 3.负责管理单位及公司管理系统信息上报工作。 4.负责配合管理单位完成工程档案管理工作。 5.参与设施设备检查及维修工作。 6.完成上级交办的其他工作。	

续表

序号	名称	主要内容	备注
6	运行班长	1.贯彻执行国家有关法律法规、方针政策及上级主管部门的决定、指令。 2.坚守工作岗位，带头遵守劳动纪律，严格执行规章制度，认真做好本班的运行值班工作。 3.积极参加各种培训学习，了解本工程的设计功能以及其所在流域的作用，熟悉并掌握泵闸技术管理规程、业务知识及相关安全操作规程等，并具备应急处理工程突发事件的能力。 4.服从调度命令，组织执行开、停机及相关操作。 5.全面负责本班的安全生产，组织巡视检查建筑物和设备运行情况，对运行中出现的故障应及时进行处理和报告，保证当班期间的人身及设备安全。劝阻无关人员进入值班现场。 6.带领全班人员完成当班期间的各项工作及领导安排的其他工作，搞好团结、相互学习，取长补短，起到传、帮、带作用，积极参加各项活动和义务劳动。 7.保管好所用的仪表和工器具，带领班员搞好设备及环境卫生。 8.负责交接班工作，检查本班值班人员的值班情况及各类记录，做好运行值班日志、交接班等记录工作。	
7	当班运行人员	1.贯彻执行国家有关法律法规、方针政策及上级主管部门的决定、指令。 2.坚守工作岗位，遵守劳动纪律，严格执行规章制度，认真做好运行值班工作。 3.积极参加各种培训学习，了解本工程的设计功能以及其所在流域的作用，熟悉并掌握泵闸技术管理规程、业务知识及相关安全操作规程等，并具备应急处理工程突发事件的能力。 4.服从调度命令，执行开、停机及相关操作。 5.负责对建筑物和设备运行情况进行巡视检查，协助运行班长对运行中出现的故障进行处理，保证当班期间的人身及设备安全。 6.完成当班期间的各项工作及领导安排的其他工作，搞好团结、相互学习，取长补短，积极参加各项活动和义务劳动。 7.保管好所用的仪表和工器具，搞好设备及环境卫生。 8.协助运行班长做好交接班工作，填写运行值班日志、交接班记录等。	

续表

序号	名称	主要内容	备注
8	检修班长	1.在项目部负责人领导下进行工作,负责本班的维修施工任务,在业务上接受技术人员的指导。 2.具体负责维修施工保养工作的实施,根据工作需要对检修人员合理分工。 3.贯彻执行工程相关检修规程,建立正常的检修秩序,养成良好的工艺作风。 4.指导并带领本班工人做好工作,确保项目的安全、质量和进度。 5.协助技术人员进行故障、事故分析,根据具体情况编制施工计划。 6.加强对检修材料的管理,妥善保管和正确使用安全用具、工具、备品件及其他原材料。 7.检修结束后,亲自或指定有关检修人员向运行人员接待设备和工程检修情况,配合运行人员一起启动设备,及时消除启动过程中的异常情况。 8.配合做好有关工序和阶段性验收工作。 9.严格劳动纪律,做到文明施工。 10.完成项目部负责人交办的其他工作。	
9	检修人员	1.检修人员应执行"安全第一""质量第一"的方针,检修前应充分做好准备,全面落实组织措施的安全技术措施,保质保量地完成检修任务。 2.严格工艺标准和检修标准,在保证检修质量前提下缩短检修工期。做到该修必修,修必修好,确保设备安全运行。 3.坚持检修验收制度,检修人员应做好检修技术记录,积累和管理各种技术资料。 4.检修人员应在保证质量的前提下,对工具、备品和材料使用应本着勤俭原则办事,反对浪费。检修人员应做到文明生产,现场应及时清扫干净。 5.对检修事故和设备异常情况,应认真进行调查,如实反映情况按照四不放过的要求,认真分析事故原因,分析事故性质,落实责任,吸取教训,拟定对策。 6.完成领导或班长交办的其他工作	

附表 2　泵闸工程运维人员安全生产职责明示一览表

序号	名　称	主　要　内　容	备注
1	项目经理职责	1.负责本项目部的一切安全生产工作及其他工作。 2.建立、健全安全生产责任制。 3.组织制定安全生产规章制度和操作规程。 4.保证安全生产投入的有效实施。 5.督促、检查安全生产工作,及时消除生产安全事故隐患。 6.组织制定并实施生产安全事故应急救援预案。 7.及时、如实报告生产安全事故。	
2	技术负责人及工程管理员	1.分管安全生产工作,定期听取汇报,及时解决安全生产中的重大问题。 2.组织制定、修订安全规章制度和编制安全技术措施计划,并组织实施。 3.组织安全生产大检查,落实重大事故隐患的整改。 4.组织开展各项安全生产竞赛活动,总结推广安全生产工作先进经验,并奖励 先进个人。 5.组织安全教育和考核工作。 6.组织各类重大事故和恶性未遂事故的调查处理,并及时上报。 7.定期召开安全生产会议,分析安全生产动态,及时解决安全生产存在的问题。 8.负责分管(专业)业务范围内的安全工作。 9.定期检查分管范围对安全生产各项制度的执行情况,及时纠正失职和违章行为。 10.负责处理分管范围安全、防火工作中存在的重大问题。 11.负责组织分管范围内的定期和不定期的安全、防火检查,对查出的问题落实整改。 12.负责组织分管范围内重大事故的调查处理。	
3	安全员	1.协助项目经理组织推动生产中的安全工作。贯彻执行劳动保护的法令和制度。 2.汇总和审查安全技术措施计划,督促切实按期执行。 3.组织和协作部门制定或修订安全规章制度和安全技术操作规程。对这些制度、规程的贯彻执行,进行监督检查,并按月汇报。 4.每月组织1次安全生产、文明生产检查,并协助解决问题。同时建立安全生产台账、事故报表汇总等工作。 5.对员工进行安全生产的宣传教育(包括员工的考试),指导各部门安全员工作。 6.负责管理项目部安全和消防设施、设备的检查和维护保养工作,检查监督项目部人员劳保用品的合理使用; 7.参加工伤事故、设备事故的调查和处理,进行事故的统计分析和上报。提出事故的防范措施,并督促按期实施。 8.经常深入现场检查督促工作,遇有特别紧急的不安全情况,有权指令先行停工,撤离人员至安全区,并同时报告分管安全工作的负责人研究处理。 9.总结和推广安全生产的先进经验,有权提出对部门、个人在安全生产方面的奖惩意见。	

续表

序号	名 称	主 要 内 容	备注
4	运行班长	1.认真贯彻执行安全规章制度,严格执行操作规程。 2.对本班组安全生产和员工人身安全、健康负责。 3.发现事故苗头和事故隐患及时处理和上报。 4.组织安全生产活动,强调安全生产纪律,监督本班安全制度的实施。 5.发生事故立即报告,并采取积极有效措施,制止事故扩大,组织员工分析事故原因。 6.对有明显危险或严重违反操作规程的情况有权停止操作,并安排好岗位操作人员,报告领导。 7.有权制止未经三级安全教育和安全考核不合格员工独立操作。 8.检查员工合理使用劳保用品和正确使用各种消防器材。	
5	运行人员	1.认真学习上级有关安全生产的指示,规定和安全规程,熟练掌握本岗位操作规程。 2.上岗操作时必须按规定穿戴好劳动保护用品,正确使用和妥善保管各种防护用品和消防器材。 3.上班要集中精力搞好安全生产,平稳操作,严格遵守劳动纪律,认真做好各种纪录,不得串岗、脱岗、严禁在岗位上睡觉、打闹和做其他违反纪律的事情,对他人违章操作加以劝阻和制止。 4.认真执行岗位责任制,有权拒绝一切违章作业指令,并立即越级向上级汇报。 5.严格执行交接班制度,发生事故时要及时抢救处理保护好现场,及时如实向领导汇报。 6.加强巡查及时发现和消除事故隐患,自己不能处理的应立即报告; 7.积极参加安全活动,提出有关安全生产的合理化建议。	
6	仓库管理员	1.材料的采购必须按照采购计划单进行采购,保质、保量购买,不得有误。 2.入库物资必须按采购计划验收。验收内容包括品种、规格、数量、质量。验收入库的物资及时登账、建卡、上架、码放。不符合要求的物资不得入库,未记账的物资不得发放。 3.库存物资必须控制在储备定额以内,定期盘点,年终盘存,每月25日前报出物资动态情况及需进库的物资。 4.严格执行物资供应计划,不得任意更改凭证、单据、领退料,特殊情况应经领导批准。 5.物资发放坚持先进先出,原材料、设备及附件不得拆零发放。季节性物资、低值易耗品按原定量发放。工量器具严格按制度发放。 6.认真做好仓库的防火、防盗、防腐、防锈等工作,特别要注重易燃易爆、有毒有害,易变质物资的保管工作,防止发生意外事故。 7.贯彻落实《仓库防火安全管理规则》《危险化学品安全管理条例》及气瓶安全规程等有关规定。 8.熟悉材料的名称、用途,准确发放材料,不出差错。 9.协助相关部门进行报废物资的回收、处理、变卖工作,执行相应的安全规定。 10.完成临时交办的任务。	

附录 C

泵闸工程运维安全操作规程明示一览表

泵闸工程运维安全操作规程明示一览表

序号	名　称	主　要　内　容（要　点）	备注
1	闸门启闭操作规程	1.启闭前的准备工作。 2.设备操作对工作人员的要求。 3.启闭前检查的主要内容及要求。 4.闸门启闭顺序及启闭过程中的注意事项。	
2	水闸配电设备操作规程	1.配电设备操作对工作人员的要求。 2.停送电操作步骤及应采取的安全保障措施。 3.需要带电作业时,应落实安全技术措施及监护要求。 4.启闭柴油发动机组备用电源时的操作程序及要求。	
3	柴油发动机组操作规程	1.启动发电机组前,检查的内容及其他准备工作。 2.机组启动的步骤和要求。 3.柴油机启动后,转速的调整及水温和油温的控制。 4.空载运行正常后,变阻器调整及电压和频率的控制。 5.送电的步骤和要求。 6.机组运行过程中的安全措施及注意事项。 7.停机的步骤及要求。 8.机组长期不用时,每月至少试运行1次。	
4	泵站运行规程	1.泵站运行人员的分工和职责。 2.开机前的准备工作,操作前检查的主要内容及要求。 3.主变投运及站用电源切换。 4.辅机设备投运。 5.开停机操作。 6.机电设备运行巡查。 7.泵站运行事故及不正常运行处理。	
5	高压开关室操作规程	1.高压开关设备投运前检查的主要内容及要求。 2.高压开关投运操作步骤和注意事项。 3.高压开关停运操作步骤和注意事项。 4.高压开关设备运行过程中巡视检查的内容及注意事项。 5.高压开关紧急停运的操作条件和要求。 6.操作记录要求。	

续表

序号	名称	主要内容（要点）	备注
6	低压开关室操作规程	1.低压开关设备投运前检查的主要内容及要求。 2.站投运操作步骤和注意事项。 3.低压开关投运操作步骤和注意事项。 4.低压开关停运操作步骤和注意事项。 5.低压开关紧急停运的操作条件和要求。 6.站停运操作步骤和注意事项。 7.低压开关设备运行过程中巡视检查的内容及注意事项。 8.操作记录要求。	
7	行车操作规程	1.行车启用前相关检查内容。 2.行车送电步骤及注意事项。 3.起吊时挡位操作顺序及换挡要求。 4.行车工与挂钩工的相互配合要求。 5.起吊路线选择。 6.中吨位物件试吊要求。 7.行车突然停电应急处置。 8.反接制动相关工作要求。 9.起吊结束后工作要求。	

附录 D
泵闸工程运行巡视内容明示一览表

泵闸工程运行巡视内容明示一览表

序号	名　称	主　要　内　容	备注
1	泵房、岸、翼墙及上、下游引河巡视	1.检查拦河设施是否完好,有无威胁工程的漂浮物,影响泵闸工程运行。 2.岸、翼墙后回填土有无雨淋沟、塌陷,挡墙是否完好、无倾斜、无裂缝、无渗漏、无损坏现象。 3.检查混凝土及石工建筑物有无损坏和裂缝,伸缩缝是否完好,伸缩缝内有无杂草、杂树生长,各观测设施是否完好。 4.泵房:屋顶、室内外墙面等是否完好、无缺损、无渗漏。 5.闸室:闸墩是否有破损;闸室内有无漂浮物,有无倾斜、露筋、裂缝、渗漏现象,伸缩缝是否完好,观测标记是否完好。 6.清污机桥:清污机桥混凝土、栏杆等是否完好,无露筋,观测标记是否完好。	
2	上、下游堤防	1.堤防迎水侧:护坡是否存在裂缝、空洞、塌陷、滑动、隆起、露筋、断裂;齿坎是否断裂、悬空;堤脚是否冲刷陡立、坍塌;防汛墙有无裂缝、倾斜等;滩面是否存在刷坑、坍塌等现象;对易坍地段,应注意设立的观测标志是否完好,控导设施是否稳定完好。 2.防汛通道是否畅通。 3.堤防背水侧:有无裂缝、崩塌、滑动、隆起、窨潮、冒水、渗水、管涌、沼泽等现象;导渗、减压设施及排水系统有无堵塞、损坏;有无白蚁、鼠、獾等动物营巢做穴迹象;有无挖土、取土等现象。 4.压力涵管:建筑物与土体接合处及其上、下游有无裂缝、塌陷、渗水、冒沙等情况;岸(翼)墙是否存在绕渗、管涌等;出水流态是否正常,关闭时是否有渗水现象。 5.检查块石护坡是否完好,灌浆缝是否完整,有无坍塌、移动等现象,排水沟是否畅通,护坡有无雨淋沟、有无塌陷,发现有雨淋沟等应及时修复。 6.有无种植、取土、违章搭建、倾倒垃圾等其他影响堤防安全的行为。	

续表

序号	名称	主要内容	备注
3	主机组巡视	1.轴承无偏磨、过热现象,温度不大于50℃。 2.主水泵振动、声响正常。 3.水泵无渗漏现象。 4.三相电源电压不平衡最大允许值为±5%。主电机运行电压应在额定电压的95%~110%范围内。如低于额定电压的95%时,定子电流不超过额定数值且无不正常现象,可继续运行。 5.电机定、转子电流、电压、功率指示正常,无不正常上升和超限现象;电动机的电流不应超过铭牌规定的额定电流,一旦发生超负荷运行,应立即查明原因,并向运行养护项目部负责人或技术负责人报告。特殊情况下超负荷运行时,须经项目部负责人或技术负责人与管理单位负责人研究后决定。其过电流允许运行时间并应按厂家提供技术资料规定取值。电动机运行时其三相电流不平衡之差与额定电流之比不得超过10%。 6.电机定子线圈、铁芯及轴承温度正常;主电动运行时最高允许温度为130℃时,电动机定子线圈温度不超过100℃,温升不得超过80℃。是否停机由值班人员根据现场情况确定。 7.主水泵运行时各部分的振动要求不大于设计及厂家要求数值。 8.当电动机各部温度与正常值有较大偏差时,应立即检查电动机和辅助设备应无不正常运行情况。	
4	变压器巡视	1.电流和温度是否超过允许值,温控装置工作是否正常。 2.套管是否清洁,有无破损裂纹和放电现象。 3.变压器声响正常。 4.各冷却器手感温度应相近,风扇运转正常。 5.吸湿器完好,吸附剂干燥。 6.电缆、母线及引线接头应无发热现象,绝缘子是否有裂纹与闪烙痕迹。 7.压力释放器、防爆膜应完好无损,瓦斯继电器内应无气体。 8.接地是否良好,一、二次侧引线及各接触点是否紧固、松动,各部分的电气距离是否符合要求。 9.外部表面应无积污。	
5	高低压开关柜巡视	1.高低压开关柜应密封良好,接地牢固可靠;隔板固定可靠,开启灵活。 2.隔离触头应接触良好,无过热、变色、熔接现象。 3.继电器外壳无破损、整定值位置无变动、线圈和接点无过热、无过度抖动。 4.仪表外壳无破损,密封良好,仪表引线无松动、脱落,指示正常。 5.二次系统的控制开关、熔断器等应在正确的工作位置并接触良好。 6.操作电源工作正常,母线电压值应在规定范围内。 7.导线与端子排接触良好,导线无损伤,标号无脱落;绞线不松散、不断股、固定可靠。	

续表

序号	名　称	主　要　内　容	备注
6	高压断路器巡视	1.断路器的分、合位置指示正确。 2.绝缘子、瓷套管外表清洁,无损坏、放电痕迹。 3.绝缘拉杆和拉杆绝缘子应完好,无断裂痕迹、无零件脱落现象。 4.导线接头连接处,无松动、过热、熔化变色现象。 5.断路器外壳接地良好。 6.真空断路器灭弧室无异常现象。 7.弹簧操作机构储能电机行程开关接点动作准确、无卡滞变形;分、合线圈无过热、烧损现象;断路器在分闸备用状态时,合闸弹簧应储能。	
7	互感器巡视	1.电压互感器电压、电流互感器电流指示应正常。 2.一、二次接线端子与引线连接应无松动、过热现象。 3.瓷瓶应清洁,无裂纹、破损及放电痕迹。 4.充油电压互感器,油位、油色应正常,外观无锈蚀、渗漏油现象,呼吸器通畅,吸湿剂不应至饱和状态。 5.当线路接地时,供接地监视的电压互感器声音应正常,无异味。 6.电流互感器无二次开路或过负荷引起的过热现象。 7.运行中无异常声响,无异常气味。	
8	进出水闸门巡视	1.检查配电柜等电气设备,嗅一嗅有无绝缘过热之焦味;听一听有无火花放电声,机械振动声,电压过高或电流过大所引起的异常声音;摸一摸设备非带电部分的温度和振动情况;看一看有无放电火花、变色、变形、损坏、渗油情况,继电器、仪表和信号灯指示是否正常。 2.闸门开度是否一致,闸门是否振动,发生振动应及时处理,注意闸下流态、水跃形式。 3.拍门附近有无淤积、杂物。 4.液压启闭机系统:密封是否良好,轴承润滑是否良好,电机工作是否正常,接地是否正常,液压油缸启闭是否灵活,限位是否可靠,主油箱、补油箱有无渗漏油。	
9	冷却水系统巡视	1.温度:循环水进水温度为 2℃～35℃。 2.压力:冷却水供水管压力为 0.2～0.26 MPa,供水母管压力大于 0.1 MPa。 3.电机、水泵运转平稳,无异常气味、振动及声响。 4.水泵无渗漏。 5.管道、闸阀完好,无渗漏,阀位正确。 6.冷却水流量大于 25 m³/h。 7.液位计工作灵敏可靠、指示准确。	
10	排水系统巡视	1.管道及接头无渗、漏现象;管路畅通。 2.闸阀位置正确,指示清晰,无渗漏。 3.液位计工作灵敏,对比上位机数据应一致。 4.排水系统运行时,电机、水泵运转平稳,无异常声响。	

续表

序号	名称	主要内容	备注
11	清污机巡视	1.运转是否有异常声响。 2.减速机油位是否正常。 3.拉齿是否弯曲,是否夹带大的垃圾危及清污机运行。 4.皮带是否跑偏,挡轮是否运转。 5.钢丝绳是否有断丝现象。 6.防护罩是否安全、完好。 7.栅条是否弯曲、有大的垃圾堵塞。	
12	中控室巡视	1.运行环境: (1)门窗完好; (2)屋顶和墙面无渗、漏水; (3)室内清洁,无蛛网、积尘; (4)中控台桌面清洁,物品摆放有序。 2.温、湿度。室内温度15℃～30℃,湿度不高于75%且无凝露,否则应开启空调、除湿设备。 3.工控计算机: (1)工控机(OP、OP2)工作正常无异常信息和声响; (2)软件运行流畅,界面调用正常,无延迟; (3)监控软件界面中设备位置信号与现场一致; (4)机组及辅机监控设备通信正常,数据上传正确,状态指示正确; (5)语音报警正常。 4.视频系统: (1)计算机运行正常,无异常声响,显示器显示正常; (2)软件运行流畅,无卡滞; (3)摄像头调节控制可靠,录像调用正常; (4)画面清晰,无干扰。 5.测振系统: (1)计算机运行正常,无异常声响,显示器显示正常; (2)软件运行流畅; (3)数值上传正确,实时刷新。 6.工程监控主机: (1)计算机运行正常,无异常声响,显示器显示正常; (2)软件运行流畅,数据实时刷新。	
13	闸门巡视	1.闸门启闭过程中,检查运行平稳,无倾斜、异常声响;门槽内无异物卡阻;止水橡皮与门槽无过紧或过松现象。 2.闸门静止状态时,检查闸门位置准确,无下滑、倾斜、漏水现象;闸门关闭时,闸门与门槽无杂物;止水橡皮无老化、撕裂现象;闸门无变形,防腐层完好,排水通畅。 3.闸门表面是否清洁,防腐是否良好,结构是否完好,有无变形。	
14	启闭机巡视	密封是否良好,轴承润滑是否良好,电机工作是否正常,接地是否正常,液压油缸启闭是否灵活,限位是否可靠,主油箱、补油箱有无渗漏油。	

附录 E

泵站工程图表明示位置一览表

泵站工程图表明示位置一览表

序号	名　称	电机层	水泵层	主变室	高压开关室	低压开关室	继电保护室	控制室
1	工程概况	有						
2	工程平面图、立面图、平面图	有						
3	主要电气设备揭示表	有			有	有	有	
4	泵站主要技术参数表	有						
5	主水泵装置综合特性曲线	有						
6	电气主接线图	有			有	有		
7	压力油系统图	有						
8	低压气系统图	有						
9	供排水系统图	有						
10	供、排水工作示意图		有					
11	巡视路线图	有	有	有	有	有	有	有
12	巡视检查内容	有	有	有	有	有	有	有
13	危险源风险告知牌	有	有	有	有	有	有	有

附录 F
水闸工程图表明示位置一览表

水闸工程图表明示位置一览表

序号	名称	桥头堡	启闭机房	控制室	高压开关室	低压开关室	发电机房	检修间
1	工程概况	有						
2	工程平面图、立面图、平面图	有	有					
3	设备揭示表		有		有	有	有	有
4	水闸主要技术参数表	有	有					
5	水位-流量关系曲线			有				
6	闸下安全始流曲线			有				
7	启闭机控制原理图		有					
8	巡视路线图	有	有	有	有	有	有	有
9	巡视检查内容	有	有	有	有	有	有	有
10	危险源风险告知牌	有	有	有	有	有	有	有

附录 G

泵闸工程管护标准一览表

附表1 泵闸工程水工建筑物管护标准

序号	部位	要求
1	正常运用	泵闸工程水工建筑物应按设计标准运用,当超标准运用时应采取可靠的安全应急措施,报上级主管部门经批准后执行。
2	管理范围作业活动要求	严禁在建筑物周边兴建危及泵闸安全的其他工程或进行其他施工作业。 1.在水工建筑物附近,不得进行爆破作业,如有特殊需要应进行爆破时,应经上级主管部门批准,并采取必要的保护措施。 2.在泵闸管理范围内,所有岸坡和各种开挖与填筑的边坡部位及附近,如需进行施工,应采取措施,防止坍塌或滑坡等事故。 3.未经计算及审核批准,禁止在建筑结构物上开孔、转移或增加荷重、拆迁加固用的支柱或进行其他改造工作。
3	防冰冻措施	1.每年结冰前应准备好冬季防冻、防凌所需的器材。必要时,沿建筑物四周将冰块敲破,形成 0.5~1.0 m 的不冻槽,以防止冰块静压力破坏建筑物。 2.雨雪后应及时清除交通要道与工作桥、便桥等工作场所的积水、积雪。 3.当下游冰块有壅积现象时,应设法清除,以免冰块潜流至水泵内,损伤水泵叶轮。
4	上、下游堤顶	泵闸工程上、下游堤顶无裂缝及空洞,排水顺畅,堆积物应时清除。
5	堤防迎水坡	上、下游迎水坡无裂缝、损坏,变形缝完好,块石无松动现象,排水顺畅,无杂草、杂树生长或杂物堆放。
6	堤防背水坡	上、下游背水坡无渗水、漏水、冒水、冒沙、裂缝、塌坡和不正常隆起,无蛇、鼠、白蚁等动物洞穴。
7	浆砌石挡墙表面	应平整、无杂草、杂树、杂物和坍塌,勾缝完好,无破损、脱落。
8	混凝土表面	要求无破损,表面应保持清洁完好,积水、积雪应及时排除;门槽、闸墩等处如有苔藓、蚧贝、污垢等应予清除;闸门槽、底坎等部位淤积的砂石、杂物应及时清除,底板、消力池、门库范围内的石块和淤积物应结合水下检查定期清除。
9	排水设施	岸墙、翼墙、挡土墙上的排水孔及公路桥、工作便桥拱下的排水孔均应保持畅通。公路桥、工作桥和工作便桥桥面应定期清扫,工作桥的桥面排水孔的泄水应防止沿板和梁漫流。
10	公路桥、工作便桥的拱圈和工作桥的梁板构件	公路桥、工作便桥的拱圈和工作桥的梁板构件,应保证无裂缝,排水设施应完好,其表面应因地制宜地采取适当的保护措施,一般可采用环氧厚浆等涂料进行封闭防护,如发现涂料老化、局部损坏、脱落、起皮等现象,应及时修补或重新封闭。对于反滤设施,处于污水及污染环境的混凝土表面应采取防护措施,对于排水沟等排水设施要保证无破损、无淤积堵塞,排水通畅。对于室外各类栏杆应保证无破损,无露筋。

355

续表

序号	部位	要求
11	水下部位	位于水下的底板、闸墩、岸墙、翼墙、铺盖、护坦、消力池等部位,应检查底板、闸墩、铺盖、护坦、翼墙等有无损坏;门槽、门底预埋件有无损坏,有无块石、树枝等杂物影响闸门启闭;底板、闸墩、翼墙、护坦、消力池、消力槛等部位表面有无裂缝、异常磨损、混凝土剥落、露筋等;消力池内有无砂石等淤积物。如发生表层剥落、冲坑、裂缝、止水设施等损坏,应根据水深、部位、面积大小、危害程度等不同情况,选用钢围堰、气压沉柜等设施进行修补,或由潜水员进行水下修补。
12	两岸连接工程	1.岸墙及上、下游翼墙混凝土无破损、渗漏、侵蚀、露筋、钢筋腐蚀和冻融损坏等;浆砌石无变形、松动、破损、勾缝脱落等;干砌石工程保持砌体完好、砌缝紧密,无松动、塌陷、隆起、底部掏空和垫层流失。 2.上、下游翼墙与边墩间的永久缝及止水完好、无渗漏;上游翼墙与铺盖之间的止水完好;下游翼墙排水管无淤塞,排水通畅。 3.上、下游岸坡符合设计要求,顶平坡顺,无冲沟、坍塌;上、下游堤岸排水设施完好;硬化路面无破损。
13	工作桥、交通桥	1.工作桥面无坑塘、无拥包、无开裂,破损率应<1%,平整度应<5 mm(用3 m直尺法测定)。 2.桥面人行道应符合下列要求: (1) 破损率<1%; (2) 平整度<5 mm(用3 m直尺法测定); (3) 相邻物件高差<5 mm。 3.桥面泄水管畅通,无堵塞。
14	防渗、排水设施及永久缝	1.铺盖无局部冲蚀损害形象。 2.消力池、护坦上的排水井(沟、孔)或翼墙、护坡上的排水管应保持畅通,反滤层无淤塞或失效。 3.永久缝填充物无老化、脱落、流失现象。
15	护栏、栏杆、爬梯、扶梯	护栏、栏杆、爬梯、扶梯等设施表面应保持清洁。当变形、损伤严重,危及使用和安全功能的,应立即予以整修或更新,需油漆的应定期油漆。室内设施的油漆周期一般3年1次,室外设施的油漆周期一般2年1次。
16	电缆沟	1.盖板齐全、完整,无破损、缺失,安放平稳。 2.电缆沟无破损、塌陷、沉淀、排水不畅等情况。 3.电缆沟内支架牢固、无损坏。 4.电缆沟接地母线及跨接线的接地电阻值应满足要求,对损坏或锈蚀的应进行处理或更新。
17	定期巡查	应定期对泵站站身、翼墙,混凝土建筑物及上、下游引河河道等工程设施进行巡查,并做好巡视检查记录。泵站运行期间巡查应每天1次,泵站非运行期间应每周1次,若发现异常应及时向总值班汇报。

附表2　主电机管护标准

序号	部　位	要　　求
1	标识基本要求	应在每台电机明显位置上装有电机额定参数及其主要事项的铭牌,铭牌字迹清楚。按照"面向工程下游,从左至右、从小到大"的顺序依次编号,要求采用阿拉伯数字、宋体、红色,位于电机上部醒目位置,朝向巡视主通道方向。主电机旋转方向应在电机上机架处以红色箭头标识,要求标识醒目、大小、位置统一。
2	保　洁	1.电机表面应清洁,无锈蚀、油污、积尘。电机风道干净整洁。 2.保持电机周围环境干燥、清洁,大风、阴雨天气应关好厂房门窗,汛期湿度过大应对电机进行干燥,保证定子绝缘值符合规定要求。
3	油缸油位、油色	电机油缸油位、油色应正常,油位显示器清晰透明、准确。
4	电机油温、瓦温	电机油温、瓦温测量装置工作正常、显示准确。
5	电机进、出线电流互感器、避雷器	电机进、出线电流互感器、避雷器等应清洁,进出线接触良好,无发热现象,附设备表面完好,无缺陷。
6	油　漆	主电机外壳、电机轴、电动机盖板、联轴器护网等防护与标识油漆应无脱落。
7	电机响声与振动	电机运行时无异常响声,无异常振动。
8	技术档案	每台主电机应有下述内容的技术档案: 1.主电机履历卡片。 2.安装竣工后所移交的全部文件。 3.主电机检修后移交的文件。 4.主电机工程大事记。 5.预防性试验记录。 6.主电机保护和测量装置的校验记录。 7.其他试验记录及检查记录。 8.轴瓦检查记录及油处理加油记录。 9.主电机运行事故及异常运行记录。

附表3　主水泵管护标准

序号	部　位	工　作　标　准
1	标识基本要求	1.主水泵编号位于水泵叶轮外壳上或附近墙面上,序号与电机对应;联轴器层要求在每台机组对应位置有相应编号。 2.每台水泵应在机座的明显位置上牢固地装有制造厂水泵额定数据及其他必要事项的铭牌,制造铭牌的材料及刻画方法应能保证字迹在电机整个使用时期内不易磨失。
2	保　洁	水泵表面应完整清洁,无锈蚀、无油污、无积尘。油润滑轴承的水泵水导油色、油位应正常,油杯清晰透明,油位标志清楚、准确。
3	水泵联轴器	水泵联轴器连接牢固,螺栓锁片无变形、脱落。
4	检修进人孔	检修进人孔密封良好,人孔盖周围无窨潮、锈斑。
5	油　漆	转动部分、冷却水进水管、回水管等无锈蚀,涂色应符合标准。

续表

序号	部位	工作标准
6	防护	水泵防护设施齐全。
7	辅助管道	辅助管道有序。
8	电气线路	电气线路排列整齐,防护良好。
9	响声与振动	水泵运行时无异常响声,无异常振动。
10	水泵填料	水泵填料应无明显渗漏,运行期水泵填料漏水量适中、无发热现象。填料涵渗漏积水排放系统顺畅。
11	技术档案	每台主水泵技术档案应有下述内容: 1.主水泵履历卡片。 2.安装竣工后所移交的全部文件。 3.主水泵检修后移交的文件。 4.主水泵工程大事记。 5.相关性试验记录。 6.油处理及加油记录。 7.水导部件检查及维护记录。 8.主水泵运行事故及异常运行记录。

附表4 齿轮箱管护标准

序号	部位	工作标准
1	标识外观	1.每台齿轮箱应在设备本体的明显位置牢固地装有标明额定参数及其必要事项的铭牌,应保证在设备的整个使用周期内铭牌字迹清楚。 2.齿轮箱表面应清洁,无锈蚀、油污、积尘。
2	油箱	1.法兰、端盖、油窗、放油孔无漏油、渗油现象。 2.内腔润滑油脂颜色纯正,无杂物及污物。
3	传动部件	传动部件外观洁净,啮合、运动部位无杂物,润滑良好。
4	管道等	电气线路排列整齐,防护良好,辅助管道涂色应符合标准。

附表5 干式变压器管护标准

序号	部位	工作标准
1	标识基本要求	铭牌固定在明显可见位置,内容清晰高低压侧相序标识清晰正确,电缆及引出母线无变形,接线桩头连接紧固,示温片齐全,外壳及中性点接地线完好。
2	外观整洁	1.各部件外观应干净清洁,无杂物、积尘,各连接件紧固无锈蚀,无放电痕迹,变压器柜内无杂物、积尘,一次接线整齐,二次接线固定牢固,绝缘树脂完好、无裂纹、破损。 2.变压器室干净整洁,通风良好,消防器材齐备。
3	防小动物措施	运行时防护门应锁好,电缆及母线出线应封堵完好,确保变压器柜内无小动物进入。

续表

序号	部位	工作标准
4	干燥、负载等	1.干式变压器在停运期间,应防止绝缘受潮。 2.变压器中性线最大允许电流不应超过额定电流的25%,超过规定值时应重新分配负荷。 3.变压器运行期间,声响应正常。
5	测温仪表	测温仪表准确反映变压器温度,显示正常变压器温度不超过设定值
6	柜内风机	柜内风机运转正常,表面清洁,开停灵活可靠,可以现场手动开启,也可以根据温度参数设定值自动开启。
7	电气试验	定期进行电气试验,测试数值在允许范围内。
8	接线	接线桩头示温片齐全、标志清楚完好,无发热现象。
9	温度显示	温度显示系统准确,显示与实际应相符。
10	测试超温报警系统	开机前或停机后,应测试超温报警跳闸系统,确保运行时工作正常。
11	分接开关	合理调整分接开关动触头位置,保证输出电压符合要求。

附表6 高压开关柜管护标准

序号	部位	工作标准
1	标识基本要求	高压开关柜铭牌完整、清晰,柜前柜后均有柜名,开关按规定编有编号;开关柜控制部分按钮、开关、指示灯等均有名称标识;电缆有电缆标牌;高压开关柜内安装的高压电器组件,如断路器、互感器、高压熔断器、套管等均应具有耐久而清晰的铭牌。各组件的铭牌应便于识别,若装有可移开部件,在移开位置能看清亦可。
2	例行保养	高压开关柜柜体完整、无变形,外观整洁、干净、无积尘,防护层完好、无脱落、无锈迹,盘面仪表、指示灯、按钮以及开关等完好,仪表显示准确指示灯显示正常,及时清扫柜体及接线桩头灰尘,检查桩头应无放电痕迹和发热变色。
3	五防措施	高压开关柜应具备防止误分、合断路器,防止带负荷分、合隔离开关或隔离插头,防止接地开关合上时(或带接地线)送电,防止带电合接地开关(或挂接地线),防止误入带电隔室等5项措施,五防功能良好,闭锁可靠。
4	一次接线桩头等	高压开关柜柜内接线整齐,分色清楚,二次接线端子牢固,柜内清洁无杂物、积尘;一次接线桩头坚固,桩头示温片齐全,无发热现象;动静触头之间接触紧密灵活,无发热现象;柜内导体连接牢固,导体之间的连接处的示温片齐全,无发热现象。
5	柜底封堵	柜底封堵良好,防止小动物进入柜内。

续表

序号	部位	工作标准
6	连锁装置	在正常操作和维护时不需要打开的盖板和门,若不使用工具,则不能打开、拆下或移动;在正常操作和维护时需要打开的盖板和门(可移动的盖板、门),应不需要工具即可打开或移动,并应有可靠的连锁装置来保证操作者的安全。
7	观察窗	观察窗位置应使观察者便于观察应监视的组件及其关键部位的任意工作位置,观察窗表面应干净、清晰。
8	手车	高压开关柜手车进、出灵活,柜内开关动作灵活、可靠,储能装置稳定,断路器的位置指示装置明显,并能正确指示出它的分、合闸状态。柜内干净,无积尘,定期或不定期检查柜内机械传动装置,并对机械转动部分加油保养,确保机械传动装置灵活。
9	接地	高压开关柜接地导体应设有与接地网相连的固定连接端子,并应有明显地接地标志;高压开关柜的金属骨架及其安装于柜内的高压电器组件的金属支架应有符合技术条件的接地,且与专门的接地导体连接牢固。凡能与主回路隔离的每一部件均应能接地,每一高压开关柜之间的专用接地导体均应相互连接,并通过专用端子连接牢固。
10	断路器、接触器及其操动机构	1.高压开关柜内的断路器、接触器及其操动机构应牢固地安装在支架上,支架不得因操作力的影响而变形;断路器、接触器操作时产生的振动不得影响柜上的仪表、继电器等设备的正常工作;断路器、接触器的位置指示装置应明显,并能正确指示出它的分、合闸状态。 2.开关应分合灵活可靠,开关操作及指示机构应到位,断路器的行程以及每项主导电回路电阻值应符合相关规定。
11	二次接线回路	二次接线应紧固,辅助开关接触良好,接地线无腐蚀,如有腐蚀应进行更换。二次回路绝缘一般不低于1MΩ。
12	电气仪表校验	柜体表面电气仪表应进行校验工作。
13	绝缘垫	高压开关柜前后操作、作业区域均需设置绝缘垫,绝缘垫应无破损,符合相应的绝缘等级,颜色统一、铺设平直。
14	照明装置	开关柜前后要保证足够亮度的日常照明及应急照明装置,处于完好状态。照明灯具安装牢固、布置合理,照度适中,开关室及巡视检查重点部位应无阴暗区,各类开关、插座面板齐全,清洁、使用可靠。
15	电缆沟	开关柜内电缆沟要经常检查清理完好,保证无积水、渗水、杂物,钢盖板无锈蚀、无破损,铺设平稳、严密。
16	电缆及支架	开关柜内电缆支架、桥架应无锈蚀,桥架连接固定可靠,盖板及跨接线齐全,支架排列整齐、间距合理,电缆排列整齐、绑扎牢固、标记齐全。
17	试验接地点	开关柜试验接地点设置合理,涂色规范明显。
18	母线、绝缘子、电流互感器等元器件	母线、绝缘子、电流互感器等元器件定期清扫检查,紧固螺丝无松动,导电接触面无过热现象。

附表7　低压开关柜(含配电柜、照明、动力箱、开关箱)管护标准

序号	部位	工作标准
1	标识基本要求	低压开关柜铭牌完整、清晰,柜前柜后均应有柜名,抽屉上应标示出供电用途。
2	保养	1.低压开关柜外观整洁、干净、无积尘,防护层完好、无脱落、无锈迹,定时检查清扫柜体及接线桩头灰尘,检查桩头应无放电痕迹和发热变色;盘面仪表、指示灯、按钮以及开关等完好,仪表显示准确,指示灯显示正常;开关柜整体完好,构架无变形。 2.柜内清洁无杂物、积尘。
3	熔断器	柜内熔断器的选用、热继电器及智能开关保护整定值符合设计要求,漏电断路器应定期检测,确保动作可靠。
4	接线	1.低压开关柜柜内接线整齐,分色清楚,检查二次接线应紧固,辅助开关接地线无腐蚀,如有腐蚀应进行更换。 2.柜内导体连接牢固,导体之间连接处的示温片齐全,无发热现象。
5	防止小动物措施	柜与电缆沟之间封堵良好,防止小动物进入柜内,进而导致短路等事故。
6	接地	低压开关柜的金属骨架、柜门及安装于柜内的电器组件的金属支架与接地导体连接牢固,有明显地接地标志;每一低压开关柜之间的专用接地导体均应相互连接,并与接地端子连接牢固。
7	抽屉	低压开关柜抽屉进出灵活,闭锁稳定可靠,柜内设备完好。
8	门锁	门锁齐全,运行时门应处于关闭状态,室外开关柜应处于锁定状态。
9	仪表校验	柜体表面电气仪表应进行校验工作。
10	二次回路绝缘检查	二次回路绝缘检查,一般不低于1MΩ。
11	绝缘垫	低压开关柜前后操作、作业区域均需设置绝缘垫,绝缘垫应无破损,符合相应的绝缘等级,颜色统一、铺设平直。
12	照明	开关柜前后要保证足够亮度的日常照明及应急照明装置,处于完好状态。照明灯具安装牢固,布置合理,照度适中,开关室及巡视检查重点部位应无阴暗区,各类开关、插座面板齐全、清洁、使用可靠。
13	电缆沟	开关柜内电缆沟要经常检查清理完好,保证无积尘、无渗水、无杂物,钢盖板无锈迹、无破损、铺设平稳、严密。
14	电缆及支架	开关柜内电缆支架、桥架应无锈蚀,桥架连接固定可靠,盖板及跨接线齐全,支架排列整齐、间距合理,电缆排列整齐、绑扎牢固、标记齐全。
15	试验接地点	开关柜试验接地点设置合理,涂色规范明显。

附表 8 直流系统管护标准

序号	部 位	工 作 标 准
1	标识基本要求	直流系统包括逆变屏、直流屏、电池屏,要求铭牌完整、清晰,名称编号准确。柜前柜后均有柜名。
2	环 境	1.环境通风良好,周围环境无严重尘土、爆炸危险介质、腐蚀金属或破坏绝缘的有害气体、导电微粒和严重霉菌,屏柜周围严禁有明火。 2.屏柜外观整洁、干净、无积尘,防护层完好,无脱落、锈迹,柜面仪表盘面清楚,显示正确,开关、按钮可靠,柜体完好,构架无变形。 3.蓄电池运行环境温度在 10℃~30℃,最高不得超过 45℃,如容量满足运行需要,则最低温度可以适当降低,但不得低于 0℃。 4.直流装置控制母线电压保持在 220 V,变动不超过±2%。
3	日常巡视	1.每班应对充电装置、蓄电池进行 1 次巡视检查。内容有: (1) 充电装置工作状态、各电压、电流应正常; (2) 直流母线正对地、负对地电压应为零; (3) 蓄电池室通风、照明情况良好,温度符合要求,室内禁止吸烟,不得使用明火; (4) 充电装置、蓄电池室及蓄电池应保持清洁; (5) 蓄电池连接处无锈蚀,凡士林涂层完好; (6) 容器完整、无破损、漏液,极板无硫化、弯曲、短路; (7) 蓄电池电解液面、蓄电池温度应正常。 2.每月 1 次测量每只蓄电池电压,如过低应及时查明原因,进行恢复处理或更换。检查结果应记在蓄电池运行记录中。
4	柜内保养	柜内接线整齐,分色清楚,二次接线排列整齐,端子接线牢固,无杂物、积尘;电池屏电池摆放整齐;接线规则有序,接地线无腐蚀,如有腐蚀应进行更换;电池编号清楚,无发热、膨胀现象。
5	防小动物措施	屏柜与电缆沟之间封堵良好,防止小动物进入柜内,以免产生动物咬坏线路甚至发生短路等事故。
6	充放电	1.整流充电模块工作正常、切换灵活;充放电监控设备完好;绝缘监控装置稳定准确;电池巡检单元、交直流配电稳定可靠。 2.蓄电池每 1~3 月或蓄电池较深放电后,应进行 1 次均衡充电。每年按制造厂规定进行 1 次容量核对性充放电。 3. UPS 在同市电连接后,应始终向电池充电,并且提供过充、过放电保护功能;如果长期不使用 UPS,应定期对电池进行补充电,蓄电池应定期检查电池容量,电池容量下降过大或电池损坏应整体更换。
7	检测试验	直流系统能可靠进行数据监测及运行管理,对单体电池监测,进行电池容量测试,进行故障告警记录等。
8	接 地	屏柜的金属构架、柜门及其安装于柜内的电器组件的金属支架应有符合技术条件的接地,且与专门的接地导体牢固连接,并有明显地接地标志。
9	注意事项	1.更换电池以前应关闭触电模块或 UPS 并脱离市电,操作人员应摘下戒指、手表之类的金属物品,使用带绝缘手柄的螺丝刀,不应将工具或其他金属物品放在电池上,以免引起短路,不应将电池正负极短接或反接。 2.当发生直流系统接地时,应立即用绝缘监察装置判明接地极,并汇报项目负责人领导或技术负责人,征得同意后,进行拉路寻找,尽快查出故障点予以消除。

附表9 平面钢闸门管护标准

序号	部位	工作标准
1	标识基本要求	闸孔应有编号。编号原则：面对下游,从左至右按顺序编号。
2	日常保洁	闸门各类零部件无缺失,表面整洁,梁格内无积水,闸门横梁、门槽及结构夹缝处等部位的杂物应清理干净,附着的水生物、泥沙和漂浮物等应定期清除。
3	平面闸门滚轮、滑轮	平面闸门滚轮、滑轮等灵活可靠,无锈蚀卡阻现象;运转部位加油设施完好,油路畅通,注油种类及油质符合要求,采用自润滑材料的应定期检查。
4	轨道	平面闸门各种轨道平整,无锈蚀,预埋件无松动、变形和脱落现象。
5	平面钢结构	平面钢结构完好,无明显变形,防腐涂层完整,无起皮、鼓泡、剥落现象,无明显锈蚀;门体部件及隐蔽部位防腐状况良好。
6	止水	止水橡皮、止水座完好,闸门渗漏水符合规定要求(运行后漏水量不得超过0.15 L/s.m)。
7	吊座、锁定	1.平面闸门吊座、闸门锁定等级无裂纹、锈蚀等缺陷,闸门锁定灵活可靠,启门后不能长期运行于无锁定状态。 2.吊座与门体应连接牢固,销轴的活动部位应定期清洗加油。吊耳、吊座出现变形、裂纹或锈损严重时应更换。
8	钢结构防腐	钢闸门外表单个锈蚀面积不得大于8 cm²,面积和不得大于防腐面积的1%。当出现锈蚀时,应尽快采取防腐措施加以保护,其主要方法有涂装涂料和喷涂金属等。实施前,应对闸门表面进行预处理。表面预处理后金属表面清洁度和粗糙度应符合《水工金属结构防腐蚀规范》(SL 105—2007)规定。
9	门体的稳定性	1.门体的稳定性满足安全使用要求。平面钢闸门主要钢构件变形、弯曲、扭曲度应符合相关规定。门体无开裂、脱焊、气蚀、损坏、磨损。门体内无淤积物,表面无附着物。门体一次性更换构件数≤30%。 2.钢闸门门叶及其梁系结构等发生结构变形、扭曲下垂时,应核算其强度和稳定性,并及时矫形、补强或更换。

附表10 避雷器、过电压保护器管护标准

序号	部位	工作标准
1	特性试验	每年应对投运的避雷器、过电压保护器进行1次特性试验,并对接地网的接地电阻进行测量,接地电阻一般不应超过10Ω。当机房接地与防雷接地系统共用时,接地电阻要求小于1Ω。
2	避雷装置年度校验	避雷装置年度校验应于每年3月底前(即雷雨季节前)完成,确保避雷装置完好。

附表11 电缆管护标准

序号	部位	工作标准
1	负荷电流	电缆的负荷电流不应超过设计允许的最大负荷电流。

续表

序号	部位	工作标准
2	工作温度	长期允许工作温度应符合制造厂的规定。
3	外观	电缆外观应无损伤、绝缘良好;排列整齐、固定可靠。
4	直埋电缆	室外直埋电缆在拐弯点、中间接头等处应设标示桩,标示桩应完好无损。
5	室外外露电缆	室外露出地面上的电缆的保护钢管或角钢不应锈蚀、位移或脱落。
6	引入室内的电缆	引入室内的电缆穿墙套管、预留管洞应封堵严密。
7	电缆沟	沟道内电缆支架牢固,无锈蚀,沟道内应无积水。
8	标识	电缆标示牌应完整、应注明电缆线路的名称、号码、根数、型号、长度等。
9	电缆头	电缆头接地线良好,无松动断股、脱落现象,动力电缆头应固定可靠,终端头要有与母线一致的黄、绿、红三色相序标志。

附表12 照明设备管护标准

序号	部位	工作标准
1	完善设施	泵闸工程控制室、配电房、启闭机房、闸室、主干道、楼梯踏步、临水边、通航场所等处均应布置足够亮度的照明设施。
2	室外照明装置	室外高杆路灯、庭院灯、泛光灯等固定可靠,螺栓连接可靠,无锈蚀;灯具强度符合要求,无损坏坠落危险。
3	室外灯具线路	室外灯具线路应采用双绝缘电缆缆或电线穿管敷设,管路应有一定强度,草坪灯、地埋灯有防水防潮功能,损坏应及时修复,防止发生触电事故。
4	灯具防腐	所有灯具防腐保护层完好,油漆表面无起皮、剥落现象,灯具接地可靠,符合规定要求。
5	节能与照明度	照明灯具优先采用节能光源,因光源损坏影响照明度时应及时修复,保证作业安全。
6	电气控制设备	灯具电气控制设备完好,标志齐全清晰,动作可靠,室外照明灯具应设漏电保护器。
7	日常使用	注重环保节能,定时器按照季度调整控制时间。

附表13 油系统管护标准

序号	部位	工作标准
1	标识	油系统电机、油泵应有完整的铭牌,铭牌表面清洁,字迹清楚。
2	电机防护罩、风扇	电机防护罩、风扇完好无变形,风扇表面无积尘,盘动灵活,暴露在外的旋转部位应加装安全防护罩。
3	保洁	1.设备及管道表面应完整清洁,无锈蚀、无积尘、无渗漏现象。 2.定期清洗油系统的容器,油管应保持畅通和良好的密封,无漏油、渗油现象。

续表

序号	部位	工作标准
4	压力表	各压力表表面清晰、指示准确。
5	泵站用油	1.泵站用油分为用作润滑、散热、液压的润滑油和用作绝缘、散热、消弧的绝缘油。润滑油、压力油的质量标准应符合有关规定,其油温、油号、油量等应满足使用要求,油质应定期检查,不符合使用要求的应予更换。 2.定期检查油箱油质、油位,检查油里面的水分、灰分含量,检查油的透明度、酸值等,若超过标准值,应该及时更换,确保泵站的安全运行。
6	闸阀	管道闸阀、安全阀等动作可靠、准确,阀门开关灵活,密封良好。
7	用油部位要求	在泵站运行过程中,机组各用油部位应设置油位信号器、油温信号器和油混水报警,确保各类用油的油位、油温、油压正常,从而确保各类油的黏度、闪点,保证油在较高温度下的稳定性、轴承良好的润滑性能以及液压油良好的流动性能。
8	保温措施	冬季需要一定的保温措施,防止各类油因达到其凝固点而凝固。
9	污油使用与处理	1.对于轻度劣化或被水和机械杂质污染了的污油,可以经过简单的处理例如沉清、压力过滤、真空过滤等机械净化方法后仍可继续循环使用。 2.对于深度劣化变质的废油,按牌号进行分别收集,储存于专用的油槽中,便于再生处理。 3.定期检查油再生设备吸附器、油化验仪器、设备等性能是否完好;保证油处理室地面易清洁,室内维护和运行通道顺畅,油处理室里的灯具应采用防爆型,电器应采用防爆电器。 4.应设置事故排油池,设置在油库底层或其他合适的位置上,容积为油槽容积之和。 5.新油入库应检查是否符合国家规定标准;对运行油进行定期取样化验,观察其变化情况,判断运行设备是否安全。
10	油管路布置	主厂房内油管路应与水、气管路的布置统一考虑,便于操作且整齐美观;油管应尽量明敷,如布置在管沟内,管沟应有排水设施,且敷设时应有一定的坡度,在最底部位装设排油接头;在油处理室和其他临时需连接油净化处理设备和油泵处,应装设连接软管用的接头;露天油管敷设在专门管沟内;油管路应采用法兰连接;油管路应避开长期积水处。布置集油箱处应该有排水措施,定期检查油路,确保油管无泄漏等现象。
11	压力油罐	压力油罐固定可靠,表面整洁,铭牌、编号清楚,表面油漆无脱落。
12	仪表柜、控制柜	液压油装置仪表柜、控制柜干净整洁,控制设备动作可靠、灵敏。

附表14 供、排水系统管护标准

序号	部位	工作标准
1	标识	水系统电机、水泵应有完整的铭牌,铭牌表面清洁,字迹清楚。

续表

序号	部 位	工 作 标 准
2	电机防护罩、风扇	电机防护罩、风扇完好无变形,风扇表面无积尘,盘动灵活。暴露在外的旋转部位应加装安全防护罩。
3	保 洁	设备及管道表面应完整清洁,无锈蚀、无积尘、无渗漏现象。
4	压力表	各压力表表面清晰、指示准确。
5	闸 阀	管道闸阀、止回阀、电磁阀等动作可靠、准确,阀门开关灵活,密封良好。
6	消防灭火装置	厂房设置有效的消防灭火装置,一旦发生火灾能够迅速扑灭,减少火灾损失,保证生产安全。
7	备用水源	供水、消防用水等系统除了主水源外,还应该有可靠的备用水源,取水水源至少应该有两路,保证机组在运行期间不能中断供水,取水口应设置拦污栅,定期对其进行清污。
8	水质、水量、水压	技术供水系统、消防用水系统的水质、水量、水压满足设备用水需求。
9	电动机	水泵用电动机在正常运行时,应保证足够干燥,以保证线圈的绝缘。
10	排 水	排水系统要能够及时可靠地排除渗漏积水,保证机组水下部分的检修。
11	其 他	保证示流装置良好,供水管路畅通,集水井和排水廊道无堵塞或淤积,供、排水泵工作可靠,对备用供、排水应定期切换运行,供、排水系统滤水器工作要正常。

附表15 拦污栅及清污机管护标准

序号	部 位	工 作 标 准
1	标 识	清污机铭牌完整,字迹清楚,工作正常。
2	日常保洁	1.清污机表面防护漆完好,无脱落、锈迹,发现局部锈斑,应及时修补。 2.拦污栅表面清洁,栅条无变形、卡阻、杂物、脱焊等。
3	控制运用	清污机、输送机控制正常,绝缘良好,轴承完好且经常加油。
4	传动机构	1.传动机构减速箱运转无异常声响。 2.传动齿轮无损伤,链条无损伤、脱节,链条经常加油养护,防止锈蚀。 3.减速箱油质良好,油位正常,无渗漏。
5	清污机安装角度	清污机安装角度与设计角度无太大偏差。
6	齿耙、栅条	清污机齿耙、栅条无变形,拦污栅条完整、平直、无变形,齿耙轴、耙齿无弯曲、变形,主轴轴头滑枕无锈蚀等。

附表 16　电动葫芦管护标准

序号	部　位	工　作　标　准
1	零部件	轨道及电动葫芦零部件无缺失,除转动部位的工作面外有防腐措施,着色符合标准。
2	日常保洁	轨道及电动葫芦表面清洁,无锈迹,油漆无翘皮、剥落现象。
3	轨　道	电动葫芦轨道平直、对接无错位,焊接牢固可靠;轨道无裂纹及锈蚀,轨道两端弹性缓冲器齐全且正常。
4	室外电动葫芦要求	室外电动葫芦应有防雨防尘罩,不用时停在定点位置,吊钩升至最高位置,禁止长时间地把重物悬于空中。
5	钢丝绳	电动葫芦卷筒上钢丝绳排列整齐,钢丝绳保持清洁,断丝不超过标准范围;当吊钩降至下极限位置时,卷筒上钢丝绳有效安全圈在 2 圈以上。
6	润滑油	电动葫芦保持足够的润滑油,润滑油的种类及油质符合要求。
7	限位装置	限位装置动作可靠,当吊钩升至上极限位置时,吊钩外壳到卷筒外壳之距离大于 50 mm。
8	制动器	电动葫芦制动器动作灵敏,制动轮无裂纹及过度磨损,弹簧无裂纹及塑性变形。
9	其　他	1.滑轮绳槽表面光滑,起重吊钩转动灵活,表面光滑无损伤。 2.滑触线无破损,与滑架接触良好;操作控制装置完好,上升下降方向与按钮指示保持一致,动作可靠;不用时电源牌切断状态,软电缆排列整齐,临时电源线拆除及时。

附表 17　金属管道管护标准

序号	部　位	工　作　标　准
1	标　识	按照规范设置标识。
2	外　观	管道及管道接头密封良好;管道外观无裂纹、变形、损伤情况;管道上的镇墩、支墩和管床处,无明显裂缝、沉陷和渗漏。
3	出水管道	出水管道的管坡应排水通畅,无滑坡、塌陷等危及管道安全的隐患。
4	暗　管	暗管埋土表部无积水、空洞,并设置管标。地面金属管道表面防锈层应完好;混凝土管道无剥蚀、裂缝和其他明显缺陷;非金属材料管道无变形、裂缝和老化现象。
5	检　测	定期对管道壁厚及连接处(含焊缝)进行检测。

附表 18　微机监控系统管护标准

序号	部　位	工　作　标　准
1	外　观	微机监控设备外观整洁、干净,无积尘;现地监控单元柜面仪表盘面清楚,显示准确,开关、按钮指示灯等完好。

367

续表

序号	部 位	工 作 标 准
2	柜 体	柜体防护层完好,无脱落、锈迹,构架无变形。
3	系统构造	监控系统应做到尽量简单可靠,不同设备之间工作协调配合良好。
4	电源开启	微机监控设备不能频繁开启电源,开启电源时间间隔应在 5 min 以上,以免烧毁机器设备和减少设备使用寿命。
5	接 地	1.微机监控机房采用联合接地,接地电阻应小于 1Ω,机房内各通信设备、通信电源应尽量合用同一个保护接地排。 2.微机监控系统接地应完好,其防雷接地应与保护接地共用 1 组接地体。
6	通 讯	微机监控系统中采集柜和操作站的通讯应保持良好,交换机、防火墙、路由器等通信设备运行正常,各通信接口运行状态及指示灯正常。
7	分级权限管理	计算机监控系统上位机上的工作实行分级权限管理,每级权限只能进行规定范围的操作。其权限由低到高可分为监视权限、运行权限、应用系统维护权限、操作系统维护权限、超级用户权限等。
8	安 全	严禁在计算机监控系统网络上随意挂接任何网络设备。

附表 19 视频监控系统管护标准

序号	部 位	工 作 标 准
1	基本要求	1.硬盘录像主机、分配器、摄像机等设备运行正常,安装牢固、表面清洁,硬盘录像软件运行正常。 2.计算机网络系统硬件配置要稳定可靠,网络拓扑结构清楚,便于维护管理。 3.系统具有根据授权期限实现联网及远程操作控制功能。
2	日常保养	1.定期对现场照明照度进行检查;摄像机像素合适,定期对云台和镜头进行检查,镜头清楚,防护罩干净、无积尘,安装支架完好、无锈蚀,云台转动灵活。 2.定期对常用配件(如稳压电源、分配器、视频分配器、专用线缆等)进行检查。 3.控制设备性能良好,设备干净整洁,设备控制灵活、准确。 4.定期对摄像装置启动、运行、关闭情况进行测试;复核配置文件;检查各个通道的连接电缆,确保连接良好。 5.定期测试各个通道的图像监视、切换、分割,各个活动摄像机的控制功能,硬盘录像机录像及回放功能,硬盘录像机远程浏览功能,确保上述各功能完好。 6.确保控制设备性能良好,设备干净整洁,设备控制灵活、准确,从而保障整个系统的"心脏"和"大脑"控制部分工作性能完好。
3	视频摄像机	1.视频摄像机线路整齐,连接可靠,确保传输部分完好、抗干扰能力强、信号传输通畅,从而保障系统的图像信号传送通道,电源、电压要符合工作要求。 2.可调视频摄像机接线不影响摄像头转动,避免频繁调节,尽量不要将摄像头调到死角位置。

续表

序号	部 位	工 作 标 准
4	监视点	在每个监视点,运行人员要能监视接入控制主机有关监视区域的实时视频图像,并可对特殊地点摄像机及云台进行远程控制,可按预设定的流程成组或单独自动巡视各监视区域,也可手动定点监视重要区域。
5	动态存储、抓拍	系统能根据侦测到的场景异常变化自动进行实时动态存储、抓拍,必要的报警及自动在相应显示器上推出报警画面功能。
6	回 放	系统可进行多画面同步实时存储,存储内容至少保留15天时间以待事故时检索。系统具备按录制时的图像质量进行回放的能力,可以快速地根据时间、事件、监视点等条件对存储资料进行查询检索,按照预设速度进行回放。
7	视频图像	1.每路视频图像上,均能叠加日期、时间、摄像头号、监视区域名称等。 2.保证将一路或多路视频信号任意输出至大屏幕电视墙或监视器上。
8	UPS	监控中心有在线式UPS,以确保设备稳定不间断运行。
9	实时监测	支持网络性能实时监测,能以不同颜色显示不同阈值的流量,提供对历史性能数据的统计分析功能。
10	监控柜管理	设备正常运行后不要轻易打开监控柜,以免触碰设备的电源线、信号线端口造成接触不良,影响系统正常运行。
11	显示器	显示器表面要干净无积尘,显示器显示清晰。
12	识别多种故障源	能够识别多种故障源:网络设备故障源、链路故障源、其他网络基础服务设施故障;多种告警方式:图像、声音、邮件、短信可按需灵活设置故障监测范围、监测方式和监测内容。

附表20 微机保护装置管护标准

序号	部 位	工 作 标 准
1	标 识	保护柜铭牌完整、清晰,柜前柜后均应有柜名。
2	保 洁	1.检查机架、电源模块风扇、板卡工作正常;检查内外部件、螺钉、端子是否紧固。 2.保护柜外观整洁、干净,无积尘,防护层完好,无脱落、锈迹,柜面各保护单元屏面清楚,显示准确,按钮可靠,柜体完好,构架无变形。 3.柜内接线整齐,分色清楚,二次接线排列整齐,端子接线牢固,无杂物、积尘。
3	日常保养	1.定期检查柜上各元件标志、名称是否齐全。 2.校验微机保护动作是否灵活,复位按钮是否可靠。 3.检查转换开关各种按钮动作是否灵活,接点接触有无压力和烧伤。 4.检查各盘柜上的表计、继电器及接线端子螺钉有无松动。 5.检查电压互感器、电流互感器二次引线端子是否完好,配线是否整齐,固定卡子有无脱落。 6.检查空气开关分合是否正常。

续表

序号	部位	工作标准
4	防止小动物措施	保护柜与进线电缆之间封堵良好,防止小动物进入柜。
5	接线	定期对内外各类电源线、信号线、控制线、通讯线、接地线的连接以及电缆牌号、接线标号正确与否等进行检查、固定、修复。
6	接地	保护柜应有良好可靠地接地,接地电阻应符合设计规定。电子仪器测量端子与电源侧应绝缘良好,仪器外壳应与保护柜在同一点接地。
7	电源电压	定期对电源电压进行检查、处理。
8	其他	日常检查维护中,不宜用电烙铁,如应用电烙铁,应使用专用电烙铁,并将电烙铁壳体与保护柜在同一点接地。

附表 21 工控机的管护标准

序号	部位	工作标准
1	保洁	及时对机壳内、外部件进行清理、处理。
2	例行保养	1.及时检查、固定线路板、各元器件及内部连线。 2.定期检查、固定各部件设备、板卡及连接件。 3.定期检查、修复电源电压。 4.定期对散热风扇、指示灯及配套设备进行清理和运行状态检查。 5.定期对显示器、鼠标、键盘等配套设备进行检查、清理。 6.定期对启动、运行、关闭等工作状态进行测试、修复。 7.定期对CPU负荷率、内存使用率、应用程序进程、服务状态进行检查、处理。 8.定期对磁盘空间进行检查、优化,临时文件及时清理。

附表 22 软件项目管护及系统功能检测标准

序号	部位	工作标准
1	软件项目管护	1.定期对操作系统、监控软件、数据库等进行启动、运行、关闭状态检查。 2.定期对操作系统、监控软件、数据库等软件版本、补丁、防毒代码库更新。 3.定期对数据库历史数据查询、转存。 4.定期对软件修改、设置、升级及故障修复等,做好修改后的软件功能测试、记录维护情况、更新说明书。 5.对软件维护及时进行前后备份,并做好备份记录。 6.检查并校正系统日期和时间。 7.软件运行日志分析、清除。

续表

序号	部位	工作标准
2	系统功能检测	1.工控机与现场采集箱的通信检查。 2.水位、闸门开度、电量及非电量、开关量等实时数据采集与校核。 3.控制功能、操作过程监视检查与修复。 4.画面报警、声光报警测试。 5.画面调用、报表生成与打印等功能测试。 6.主、从设备的冗余功能测试。 7.系统时钟同步检查与修复。 8.根据系统状况确定需要增加的项目。

附表23 卷扬式启闭机管护标准

序号	部位	工作标准
1	标识标牌	启闭机应编号清楚,设有转动方向指示标志,在启闭机外罩设置闸门升降方向标志。
2	固定防护	油缸支架与基体连接应牢固,活塞杆外露部位可设软防尘装置。
3	检验调试	调控装置及指示仪表应定期检验。
4		运行频次较少的启闭机定期进行试运行。
5	防渗漏	油泵、油管系统应无渗油现象。
6	液压油	工作油液应定期化验、过滤,油质应符合规定。
7		经常检查油箱油位,保持在允许范围内;吸油管和回油管口保持在油面以下。

附表24 液压式启闭机管护标准

序号	部位	工作标准
1	标识标牌	启闭机应编号清楚,设有转动方向指示标志,在启闭机外罩设置闸门升降方向标志。
2		启闭机传动轴等转动部位应涂红色油漆,油杯宜涂黄色标志。
3	机体防护	启闭机机架(门架)、启闭机防护罩、机体表面应保持清洁,除转动部位的工作面外,应采取防腐蚀措施。防护罩应固定到位,防止齿轮等碰壳。
4	润滑	注油设施(如油孔、油道、油槽、油杯等)应保持完好,油路应畅通,无阻塞现象。油封应密封良好,无漏油现象。一般根据工程启闭频率定期检查保养,清洗注油设施,并更换油封,换注新油。
5		机械传动装置的转动部位应及时加注润滑油,应根据启闭机转速或说明书要求选用合适的润滑油脂;减速箱内油位应保持在上下限之间,油质应合格;油杯、油道内油量应充足,并经常在闸门启闭运行时旋转油杯,使轴承得以润滑。
6	连接件	启闭机的连接件应保持紧固,不得有松动现象。
7	齿轮及齿形联轴节	开式齿轮及齿形联轴节应保持清洁,表面润滑良好,无损坏及锈蚀。

续表

序号	部 位	工 作 标 准
8	传动装置	应保持滑轮组润滑、清洁、转动灵活,滑轮内钢丝绳不得出现脱槽、卡槽现象;若钢丝绳卡阻、偏磨,应调整。
9	钢丝绳	钢丝绳应定期清洗保养,并涂抹防水油脂。钢丝绳两端固定部件应紧固、可靠;钢丝绳在闭门状态时不得过松。
10	制动装置	制动装置应经常维护,适时调整,确保动作灵活、制动可靠;液压制动器及时补油,定期清洗、换油。
11	开度指示	闸门开度指示器应定期校验,确保运转灵活,指示准确。

附表 25 仓库管护标准

序号	部 位	要 求
1	清洁度	仓库应保持整洁、空气流通、无蜘蛛网、物品摆放整齐。
2	上墙制度	仓库指定专人管理、管理制度在醒目位置上墙明示,清晰完好。
3	货架	货架排列整齐有序,无破损、强度符合要求、编号齐全。
4	物品分类	物品分类详细合理,有条件地利用计算机进行管理。
5	物品摆放	物品按照分类划定区域摆放整齐合理、便于存取,有通风、防潮或特殊保护要求的应有相应措施。
6	物品登记	物品存取应进行登记管理、详细记录。
7	危险品	危险品应单独存放,防范措施齐全、定期检查。
8	其他	照明、灭火器材等设施齐全、完好。

附表 26 防汛物资仓库管护标准

序号	部 位	要 求
1	基本要求	防汛物资应专库专存,专人负责,健全规章制度,并建立物资台账和物资管理档案。经常清查、盘点库存物资,做到账物相符。
2	可视化	防汛物资仓库要明示防汛物资管理责任体系及岗位职责、防汛物资管理制度、防汛物资储备制度、防汛物资调运制度、防汛仓库消防管理制度、防汛物资与工器具分布图、防汛物资调运路线图。
3	物资定额管理	防汛物资储备管理要做到物资定额储备,保证物资安全、完整,保证及时调用。

续表

序号	部 位	要 求
4	物资存放	1.防汛物资在库内要整齐摆放,留有通道,严禁接触酸、碱、油脂、氧化剂和有机溶剂等物质。每批(件)物品都应配有明显标签标明品名、编号、数量、质量和生产日期,做到实物、标签、台账相符。 2.编织袋、麻袋应按包装整齐码放,便于搬运,不得散乱堆放,下部要设有防潮垫层,不宜光照的物资要有遮光措施;编织袋要包装完好,麻袋码放时要注意通风。
5	检查保养	各种防汛物资在每年汛前都要进行1次检查: 1.充气式救生衣(圈)做4 h以上充气试验,重新涂撒滑石粉;硬质聚氨酯泡沫救生衣(圈)做外观检查; 2.编织袋、麻袋进行倒垛、检查,投放鼠药。
6	物资保管	仓库管理人员应根据储存物资的特点,做好"五无":无霉烂变质、无损坏和丢失、无隐患、无杂物积尘、无老鼠;做好"六防":防潮、防冻、防压、防腐、防火、防盗。
7	安全管理	保证物资管理的安全。切实做好防火、防盗等工作,定期检查消防等器材和设备,保障仓库和物资财产的安全。
8	物资出库	物资出库发放应严格执行防汛物资调拨令,并且手续完备、齐全,否则仓库管理人员有权拒绝拨付。
9	调用程序和手续	防汛物资的调用原则是"先近后远,先主后次,满足急需"。险情发生后,首先就地就近调用物资,尽快控制险情的发展,为后续物资的运抵争取时间。如果险情重大,一些抢险物资、设备当无法解决,可以向上级部门申请调用上级防汛部门的储备物资。
10	物资报废	根据抢险物料、救生器材的储备年限及时进行报废。

附表27 危化品管护标准

序号	部 位	要 求
1	基本要求	1.对于泵闸工程用油及油漆类等易燃易爆物品,应按要求单独设立易燃易爆物品仓库,按其特性采取相应措施分类存贮,并且应专人妥善保管,定期检查。 2.存放易燃易爆物品的仓库要指定专人管理,管理制度在醒目位置上墙明示,清晰完好。应急预案应完备。
2	照 明	存放易燃易爆物品的仓库要采用防爆装置的电气照明以防引起火灾。
3	消防器材	按存放的易燃易爆物品性质配置消防灭火器材,定时检查消防器材的完好性。
4	管理人员要求	仓库管理人员应掌握易燃易爆物品燃烧爆炸的应急处置方法,避免产生重大损失。
5	其 他	检修场所要严格控制使用易燃易爆物品,需要多少领用多少,使用后剩余的应立即返还仓库。

附表 28　食堂保洁标准

序号	部位	要求
1	清洁度	食堂应随时保持整洁卫生，无积垢，地面无积水。每天应对厨房、餐厅的地面、桌椅、灶台、工作台、水池、橱柜、餐具、炊具等进行彻底整理和清洁，确保无污痕、异味。做好苍蝇、蚊子、老鼠、蟑螂等预防和灭杀措施。冰箱、消毒柜、物品柜等上面不得摆放无关杂物，并保持整洁、干净、无污渍、油渍。冰箱内的物品应隔离、分区存放，防止串味。
2	炊具及排油烟设施	炊具清洁、油污应定期清理，排油烟设施能正常使用。
3	电、燃气设备	认真做好电、燃气的安全使用，电器燃气使用后及时关闭电源燃气源，下班后关好门窗，上好锁，妥善保管好食堂餐具和物品。液化气罐专人管理、不使用时每天及时关闭、防火防爆防中毒等安全措施到位。
4	食物	保持新鲜、清洁、卫生，不采购、不制作变质的食物，杜绝食物中毒事件的发生。
5	餐具消毒柜	食堂应配备消毒柜，每天开启消毒柜对餐具进行消毒，确保餐具卫生。
6	食品架	食品原料应在食品架上整齐摆放、保持清洁。
7	安全用电	电气设备应有防潮装置，不得超负荷使用、绝缘良好。
8	非工作人员管理	除厨房值班人员和帮厨人员，非就餐时间，其他人员无故不得进入食堂，不得擅自取用生熟食品。

附表 29　卫生间保洁标准

序号	部位	要求
1	清洁度	卫生间应随时保持整洁，空气清新、无蜘蛛网及其他杂物，地面无积水。无污水，无粪水外溢，无蚊蝇滋生地。
2	洁具	洁具清洁、无破损、结垢及堵塞现象，冲水顺畅。
3	挡板	挡板完好，安装牢固，标志齐全。
4	清洁用具	拖把、抹布等清洁用具应定点整齐摆放，保持洁净。
5	标识标牌	引导、提示标志规范、齐全。定期做好维护。

附表 30　消防设施保洁标准

序号	部位	要求
1	一般要求	消防设施应按照行业规定设置、建档挂牌、定期检查，限期报废。
2	灭火器	灭火器配置合理、定点摆放、压力符合要求，表面无积尘。
3	消防栓箱	消防箱体无锈蚀、变形，箱内无杂物、积尘，玻璃完好、标识清晰，箱内设施齐全。
		水带无老化及渗漏，水带及水枪在箱内按要求摆放整齐，不挪作他用。

续表

序号	部 位	要 求
4	消防机	消防机应定期试机,记录齐全,消防机室制度齐全、无其他杂物,进出通道畅通,油料充足、保存规范。
5	火灾报警装置	定期检查感应器、智能控制装置灵敏度,保持完好。

附表31 电气安全工具管护标准

序号	部 位	要 求
1	绝缘手套	定期进行工频耐压试验合格、试验标签贴于手套上,在专用橱柜定点摆放,保持完好。
2	绝缘靴	定期进行工频耐压试验合格、试验标签贴于绝缘靴上,在专用橱柜定点摆放,保持完好。
3	绝缘杆	定期进行工频耐压试验合格、试验标签贴于绝缘杆上,在专用橱柜定点摆放,保持完好。
4	验电器	定期进行工频耐压试验合格、试验标签贴于验电器上,在专用橱柜定点摆放,保持完好。
5	接地线	定期进行直流电阻及工频耐压试验合格、试验标签贴于接地线上,在专用橱柜定点摆放,保持完好。

附表32 劳保用品管护标准

序号	名 称	要 求
1	安全帽	安全帽应具有厂家安全生产许可证、产品合格证和安全鉴定合格证书,1年进行1次检查试验,不用时由本单位统一管理,摆放整齐、保持清洁。
2	安全带	安全带应具有厂家安全生产许可证、产品合格证和安全鉴定合格证书,1年进行1次检查试验。不用时由本单位统一管理,保持完好。

附录 H

泵闸工程设备日常维护清单

附表 1 主电机日常维护清单

序号	维护周期	维护内容	维护标准	维护工具或方法	注意事项
1	每周	清扫电机表面。	整洁无污渍、锈蚀。	中性清洁剂、棉纱布。	不要破坏设备表面。
2	每月	检查电刷装置及滑环零件的灰尘沉淀程度。	无灰尘沉淀。	目测。	发现沉淀较多影响运行时应及时清理。
3	每月	开机试运行 2 次。	运行时间>30 min。	真机带电试运行。	注意上、下游水位变化。
4	每季	清理电刷装置及滑环零件的灰尘沉淀。	清理干净,保持无灰尘、沉淀。	煤油、汽油及棉纱布。	注意防火。
5	每季	应检查电动机绕组的绝缘电阻。	定子绝缘电阻>10 MΩ,转子>0.5 MΩ。	测试定子绝缘用 2 500 V 摇表,转子绝缘使用 500 V 摇表。	如电动机绝缘电阻发生显著下降,应及时处理。
6	每年	检查润滑脂是否需要更换。	运行 8 000 h 需更换 1 次。	清洗后,使用专用工具加注。	油牌号应与原牌号相同,油量适中。
7	每年	检查冷却器是否可以正常工作。	冷却器未堵塞,流量正常。	启动冷却水泵,观察示流信号。	注意工作压力。
8	每年	检查定子内部槽楔是否松动。	无松动。	如有松动,可加垫条打紧或用环氧树脂粘牢。	注意保护绝缘不被破坏。
9	每年	检查转子线圈是否有松动、接头、阻尼条与阻尼环是否有脱焊和断裂。	无松动、连接紧固。	重新补焊。	注意电机绝缘不被破坏。
10	每年	检查定转子间隙。	满足安装规范要求。	竹塞尺。	注意保护绝缘。
11	每年	检查电源电缆接头与接线柱是否良好,接头和引线是否有烧伤现象。	接触良好、无发热、过热现象。	专用扳手工具、目测。	防止松动,保持接线盒内整洁。

续表

序号	维护周期	维护内容	维护标准	维护工具或方法	注意事项
12		电机内部除尘。	无灰尘、油污。	压力<0.2 MPa的干燥空气吹扫。	若有油污,应用面纱、酒精或汽油擦拭干净。
13	每年	检查电刷和集电环接触情况、检查碳刷的磨损量。	电刷在刷握内移动灵活、集电环的表面无烧伤、沟槽、锈蚀和积垢等情况;一般当电刷磨损至只剩25~30 mm时应更换;同一极性的电刷一起更换,不能只更换一部分。	弹簧秤、凡士林、汽油、0号砂纸、棉纱布等。	新换上的电刷要用细砂纸将电刷与集电环的接触面磨成圆弧,并经轻负荷运行1~2 h,使其接触面积达到80%以上。碳刷工作的压力为0.014 3~0.025 5 MPa。

附表2 主水泵日常维护清单

序号	维护周期	维护内容	维护标准	维护工具或方法	注意事项
1	每天	导轴承油箱、轮毂高位油箱、漏油箱、润滑油管路、闸阀、调节器等处是否有渗油现象,发现问题及时处理。	无渗漏。	目测,专用工具。	紧固或堵漏,无效时应更换零部件。
2	每周	检查导轴承油箱油位应正常。	正常范围。	目测。	越限时查明原因并补油。
3		检查推力轴承油箱油位应正常。	正常范围。	目测。	越限时查明原因并补油。
4		检查轮毂油箱油位正常,不足时应补油。	在刻度线标注的范围。	目测。	越限时查明原因并补油。
5		检查漏油油箱油位应正常。	在刻度线标注的范围。	目测。	越限时查明原因并补油。
6	每月	开机试运行2次。	运行时间>30 min。	真机带电试运行。	注意上、下游水位变化。
7		检查导轴承内稀油是否需要更换。	每运行300~500 h应更换1次,且加注前应进行过滤。	滤油机、加注油专用工具、棉纱布、清洁剂等。	长期不运转,一般为3个月以上,开机前应更换润滑油。
8		对泵体表面进行1次保洁。	无灰尘、污渍、油渍以及锈蚀等现象,表面整洁。	线手套、清洗液、塑料桶、毛巾、吸尘器等。	高空作业需佩戴必要的安全帽、安全带等防护用具。

续表

序号	维护周期	维护内容	维护标准	维护工具或方法	注意事项
9	每季	叶片角度动作实验。	调节器显示角度应与实际角度一致。	使用调节器调节。	
10		漏油箱油泵启、停试验。	自启动、停止正常。	人工测试。	防止油溢出。
11	每2年	水泵水下试验,主要检查导轴承间隙及磨损情况、填料磨损及密封情况、叶片与外壳之间的间隙。	在合格范围之内,其中导轴承总间隙0.25～0.413 mm,叶片与外壳之间单边间隙在3～3.51 mm。	关闭进出水闸门,启动检修排水泵抽空流道内渗漏水。	水下施工需注意防护,防止溺水,检查结束后勿遗漏工器具。

附表3　主变压器日常维护清单

序号	维护周期	维护内容	维护标准	维护工具或方法	注意事项
1	每天	外观巡视检查。	无渗漏油、无灰尘、污渍、套管油位正常、尾部无破损裂纹、无放电痕迹及其他异常现场,吸湿器干燥完好,瓦斯继电器内应无气体,接线桩头无发热。	目测、手持式红外线温度测试仪。	若变压器运行时,应注意正常声音为均匀地嗡嗡声,且无闪烙放电现象。
2	每季	清理表面。	整洁、无污渍、无锈蚀。	用干燥的棉毛巾擦拭。	停电后进行,注意作业安全。
3		擦拭瓷伞表面,以防沿面放电。	根据污秽情况,保持瓷伞表面干燥无灰尘、油污。	用干燥的棉毛巾擦拭。	停电后进行,并采取相应的安全措施。
4	每年	电气预防性试验。	参照《电力设备预防性试验规程》(DL/T 596—2021)。	电力设备试验专用仪器。	应在断电后进行,开第一种工作票,做好安全措施,观察上位机是否弹出报警简报信息。
5		微机保护出口搭跳试验。	跳高低压双侧开关。	万用表。	
6		轻、重瓦斯搭跳试验。	轻瓦斯报警,重瓦斯跳高低压双侧开关。	万用表。	
7		温度过高报警及跳闸试验。	顶层油温超过65℃时报警,超过85℃时跳高低压双侧开关。	万用表、热水杯。	
8		电缆、母排及引线接头保养。	接触良好,无发热现象,示温纸齐全。	用0号砂纸和专用工具去除氧化层、调整接触面。	登高作业注意安全,开第一种工作票,做好防护。
9		35 kV套管下部1个瓷伞至安装固定平台喷镀的金属检查。	无脱落破损,无放电痕迹。	如发现脱落时应涂刷半导体漆等以防放电。	注意作业安全,半导体漆型号应咨询变压器厂家。

附表 4　开关室日常维护清单

序号	维护周期	维护内容	维护标准	维护工具或方法	注意事项
1	每天	检查仪表、指示灯。	工作正常、指标准确。	目测。	异常时应先查明原因再及时更换。
2		有无放电现象。	无放电声音。	目测。	发现问题及时处理。
3	每周	检查柜体封堵密实。	防小动物措施完善。	打开柜内照明灯查看。	发现问题及时处理。
4	每月	对柜体表面进行保洁。	无灰尘、污渍。	线手套、干毛巾。	防止触电。
5	每年	电气预防性试验。	合格。	参照电气试验规程。	注意试验安全。
6		检查一次接线桩头以及二次回路接线端子。	一次接线桩头紧固，无发热现象，二次回路端子紧固，标号清晰。	细砂纸、凡士林、示温纸以及组合工具等。	停电后进行。
7		对高压断路器性能进行测试、维护。	搭跳试验，并按照断路器说明书进行维护。	手动。	做好测试结果及记录分析。

附表 5　直流屏日常维护清单

序号	维护周期	维护内容	维护标准	维护工具或方法	注意事项
1	每天	查看仪表、指示灯。	工作正常、指标准确。	目测。	异常时先检查接线，损坏时应及时更换。
2		电池室温度、湿度。	5℃～30℃，≤80%。	开启空调或除湿机。	保持良好的通风。
3		充电状态。	高频开关处于浮充状态，控制母线、合闸母线、蓄电池组、单体电池电压正常。	目测。	发现异常及时查明原因并处理。
4	每周	机柜清洁。	无灰尘、杂物。	面部擦洗、灰尘使用吸尘器。	防止触电。
5		切换交流一、二路供电。	切换正常、无异常报警。	手动切换。	注意观察工作状态。
6		蓄电池检查。	无裂缝、鼓包、漏液、电极处无腐烂、温度正常、无异味。	目测。	发现问题及时处理，必要时全部更换，不能超过环境温度。
7		交流停电，切换蓄电池供电。	切换正常、无异常报警。	手动关掉两路交流电源，试验3～5 min后再投入。	注意观察工作状态，检查电池组电压下降情况。

续表

序号	维护周期	维护内容	维护标准	维护工具或方法	注意事项
8	每年	直流检测单元测试。	测量数值准确。	通过人机界面查看。	在合格范围之内。
9		单体电池检测。	检查单体电池电压。	万用表或者触摸屏。	防止短路。
10	每季	均衡充电。	充电电流0.1C、均充电电压248 V、浮充电压230 V。	使用直流屏高频开关按照0.1C进行充电。	注意终止电压。
11	每年	直流馈线回路失电检查。	失电后应有声音或光字报警信号。	手动切换。	注意与计算机监控系统的联动。
12		一、二次回路检查维护。	接线紧固、标号清晰、电缆完好。	目测、专用工具。	停电后进行。
13	每2年	对电池组进行核对性充放电。	按照0.1C电流进行充放3次后,蓄电池组均达不到额定容量的80%,应进行更换。	使用直流屏高频开关进行充电,用电池放电仪进行恒流放电,并最终形成充放电报告。	蓄电池容量核对充放电时,放电后间隔1~2 h应进行容量恢复充电,禁止在深放电后长时间不充电,特殊情况下不应超过24 h。

附表6　继电保护设备日常维护清单

序号	维护周期	维护内容	维护标准	维护工具或方法	注意事项
1	每天	检查继电保护设备。	面板无故障、事故或越限报警信号,与上位机通讯正常,工作电源正常投入。	目测。	发现报警信号应及时查明原因并处理。
2		室内环境温度。	相对湿度≤75%,温度为-5℃~45℃。	目测。	不满足条件时应开启空调。
3	每周	对设备表面进行1次保洁。	无灰尘、污渍以及破损现象,表面整洁。	线手套、清洗液、棉毛巾、吸尘器等。	停电后进行,注意防止发生触电事故。
4	每月	核对有关电压、电流以及开关量变位、时钟等参数。	参数显示正常,与监控网内时钟误差在毫秒级,同时做好维护记录。	目测。	必要时与上位机进行时钟对时。
5		配合主机组试运行。	工作正常。	真机带试运行。	发现动作或报警时应查明原因。
6	每年	继电保护校验。	参照国家标准(DL/T 995—2016)及有关微机保护装置检验规程。	微机保护校验仪等。	恢复接线时注意接线的准确性。
7		二次回路检查维护。	接线端子连接紧固,标号清晰,排列整齐,电缆标牌无缺失、字迹模糊现象。	专用组合工具、目测。	专用组合工具、目测。

附表7 快速闸门、液压启闭机日常维护清单

序号	维护周期	维护内容	维护标准	维护工具或方法	注意事项
1	每天	管路、阀件等渗漏油检查。	无渗漏。	目测。	紧固或堵漏,无效时应更换零部件。
2	每周	设备保洁。	整洁无锈蚀。	线手套、清洗液、棉毛巾。	注意作业安全、停运时进行。
3	每月	试运行1次。	启闭正常。	全开、全关、工作闸门与事故闸门轮试。	注意机组倒转。
4		联动测试。	与主机断路器联动正常。	联合试运行。	严格执行操作。
5	每季	无。	无。	无。	无。
6	每年	检查止水。	完好、无渗漏。	人工检查。	停渗漏声音。
7		检查主、侧滚轮。	转动灵活。	起吊检查。	手动盘车。
8		液压油过滤。	检查合格。	使用真空滤油机。	操作安全。

附表8 技术供水系统日常维护清单

序号	维护周期	维护内容	维护标准	维护工具或方法	注意事项
1	每天	无。	无。	无。	无。
2	每周	设备保洁。	整洁、无锈蚀。	线手套、清洗液、棉毛巾。	注意作业安全。
3	每月	试运行1次。	供水泵工作正常、压力仪表指示准确。	带电运行。	注意闸阀位置。
4	每季	闸阀保养。	开关灵活。	使用润滑油脂保养螺杆,手动旋转至全开全关各1次。	注意闸阀位置。
5	每年	滤清器保养。	工作正常、过滤效果好。	打开清洗。	注意作业安全。
6		控制柜维护。	一、二次接线紧固、标号清晰、防小动物措施完好,元器件表面无积尘。	专用工具、干毛巾、毛刷、吸尘器。	停电后进行。

附录 I

RAL 标准色标色卡图

ral 1011 米褐色	ral 1012 柠檬黄	ral 1013 浅灰	ral 1014 象牙色	ral 1015 亮象牙	ral 1016 硫磺色	ral 1017 深黄色	ral 1018 绿黄色
ral 1019 米灰色	ral 1020 橄榄黄	ral 1021 油菜黄	ral 1023 交通黄	ral 1024 赭黄色	ral 1027 咖喱色	ral 1028 浅橙黄	ral 1032 金雀花黄
ral 1033 大丽花黄	ral 1034 粉黄色	ral 2000 黄橙色	ral 2001 橘红	ral 2002 朱红	ral 2003 淡橙	ral 2004 纯橙	ral 2008 浅红橙
ral 2009 交通橙	ral 2 010 信号橙	ral 2011 深橙	ral 2012 鲑鱼橙	ral 3000 火焰红	ral 3001 信号红	ral 3002 胭脂红	ral 3003 宝石红
ral 3004 紫红色	ral 3005 葡萄酒红	ral 3007 黑红色	ral 3009 氧化红	ral 3011 红玄武士	ral 3012 米红色	ral 3013 番茄红	ral 3014 古粉红色
ral 3015 淡粉红色	ral 3016 珊瑚红色	ral 3017 玫瑰色	ral 301 8 草莓红	ral 3020 交通红	ral 3022 鲑鱼粉红	ral 3027 悬钩子红	ral 3031 戈亚红色
ral 4001 丁香红	ral 4002 紫红色	ral 4003 石南紫	ral 4004 酒红紫	ral 4005 丁香蓝	ral 4006 交通紫	ral 4007 紫红蓝色	ral 4008 信号紫罗兰
ral 4009 崧蓝紫色	ral 5000 紫蓝色	ral 5001 蓝绿色	ral 5002 群青蓝	ral 5003 蓝宝石蓝	r al 5004 蓝黑色	ral 5005 信号蓝	ral 5007 亮蓝色
ral 5008 灰蓝色	ral 5009 天青蓝	ral 5010 龙胆蓝	ral 5011 钢蓝色	ral 5012 淡蓝色	ral 5013 钴蓝色	ral 5014 鸽蓝色	ral 5015 天蓝色
ral 5017 交通蓝	ral 5018 绿松石蓝	ral 5019 卡布里蓝	ral 5020 海蓝色	ral 5021 不来梅蓝	ral 5022 夜蓝色	ral 5023 冷蓝色	ral 5024 崧蓝蓝色
ral 6000 铜锈绿色	ral 6001 翡翠绿色	ral 6002 叶绿色	ral 6003 橄榄绿	ral 6004 蓝绿色	ral 6005 苔藓绿	ral 6006 橄榄灰绿	ral 6007 瓶绿色

RAL 标准色标色卡图

ral 6008 褐绿色	ral 6009 冷杉绿	ral 6010 草绿色	ral 6011 淡橄榄绿	ral 6012 墨绿色	ral 6013 芦苇绿	ral 6014 橄榄黄	ral 6015 黑齐墩果色
ral 6016 绿松石绿	ral 6017 五月绿	ral 6018 黄绿色	ral 6019 崧蓝绿色	ral 6020 铬绿色	ral 6021 浅绿色	ral 6022 橄榄土褐	ral 6024 交通绿
ral 6025 蕨绿色	ral 6026 蛋白石绿	ral 6027 浅绿色	ral 6028 松绿色	ral 6029 薄荷绿	ral 6032 信号绿	ral 6033 薄荷绿蓝	ral 6034 崧蓝绿松石
ral 7000 松鼠灰	ral 7001 银灰色		ral 7002 橄榄灰	ral 7003 苔藓灰	ral 7004 信号灰	ral 7005 鼠灰色	ral 7006 米灰色
ral 7008 土黄灰	ral 7009 绿灰色	ral 7010 油布灰	ral 7011 铁灰色	ral 7012 玄武石灰	ral 7013 褐灰色	ral 7015 浅橄榄灰	ral 7016 煤灰
ral 7021 黑灰	ral 7022 暗灰	ral 7023 混凝土灰	ral 7024 石墨灰	ral 7026 花岗灰	ral 7030 石灰色	ral 7031 蓝灰色	ral 7032 卵石灰
ral 7033 水泥灰	ral 7034 黄灰色	ral 7035 浅灰色	ral 7036 铂灰色	ral 7037 土灰色	ral 7038 玛瑙灰	ral 7039 石英灰	ral 7040 窗灰色
ral 7042 交通灰A	ral 7043 交通灰B	ral 7044 深铭灰色	ral 8000 绿褐色	ral 8001 赭石棕色	ral 8002 信号褐	ral 8003 土棕褐色	ral 8004 铜棕色
ral 8007 鹿褐色	ral 8008 橄榄棕色	ral 8011 深棕色	ral 8012 红褐色	ral 8014 乌贼棕色	ral 8015 粟棕色	ral 8016 桃花心木褐	ral 8017 巧克力棕
ral 8019 灰褐色	ral 8022 黑褐色	ral 8023 桔黄褐	ral 8024 哔叽棕色	ral 8025 浅褐色	ral 8028 浅灰褐色	ral 9001 彩黄色	ral 9002 灰白色
ral 9003 信号白	ral 9004 信号黑	ral 9005 墨黑色	ral 9010 纯白色	ral 9011 石墨黑	ral9016 交通白	ral 9017 交通黑	ral 9018 草纸白

标准色标色卡图(续)

附录I RAL标准色标色卡图

参考文献

1. 冯琪. 施工现场标识标牌大全[M]. 北京:中国建材工业出版社,2005.
2. 杨国新,孙秀霞. 标志设计与应用[M]. 北京:中国水利水电出版社,2014.
3. 刘传柱. 发电企业7S管理[M]. 北京:中国电力出版社,2014.
4. 岳新华. 全面可视化管理[M]. 深圳:海天出版社,2005.
5. 易新. 目视管理与5S[M]. 海口:海南出版社,2001.
6. 周元斌,等,水利工程标志管理指导手册[M]. 南京:河海大学出版社,2016.
7. 李家林,林岳儒. 目视精细化管理[M]. 海口:海天出版社,2011.
8. 北京科立特管理咨询公司. 实用的目视管理[M]. 北京:中国科学出版社,2011.
9. 准正锐质研发中心. 图解7S管理手册[M]. 北京:化学工业出版社,2018.
10. 张加雪,钱福军. 泵站工程管理[M]. 北京:中国水利水电出版社,2016.
11. 王玉荣,彭辉. 流程管理[M]. 北京:北京大学出版社,2011.
12. 金国华,谢林君. 图说流程管理[M]. 北京:北京大学出版社,2014.
13. 余文公,于桓飞. 水闸标准化管理[M]. 北京:中国水利水电出版社,2018.
14. 涂高发. 图说工厂目视管理[M]. 北京:人民邮电出版社,2014.
15. 广州供电局有限公司. 供电企业7S现场管理目视化手册[M]. 北京:中国水利水电出版社,2017.
16. 长江三峡通航管理局. 船闸运行维护管理实用知识[M]. 北京:人民交通出版社,2018.
17. 李端明. 泵站运行工[M]. 郑州:黄河水利出版社,2014.
18. 陈戎. 安全生产可视化管理[M]. 北京:中国石油大学出版社,2017.
19. 张家雪,钱江. 智慧船闸[M]. 南京:东南大学出版社,2018.
20. 王怀冲,单建军. 水利工程维修养护施工工艺[M]. 北京:中国水利水电出版社,2018.
21. 蔡丽琴. 泵闸工程运行与维护[M]. 上海:上海大学出版社,2016.
22. 白延辉,胡欣,伍爱群. 城市水安全风险防控[M]. 上海:同济大学出版社,2018.
23. 董慧勤. 泵闸工程安全生产可视化的实践与思考[J]. 上海水务,2019(1):53-54.
24. 马铃,于瑞东.可视化理念在泵闸管理中的应用探究[J]. 上海水务,2020(2):21-220.